# Theorie
# ideal plastischer Körper

Von

**W. Prager,** Eng. D.  und  **P. G. Hodge, Jr.,** Ph. D.
Professor of Applied Mechanics
Brown University, Providence, R. I.
U. S. A.

Associate Professor of Applied Mechanics
Polytechnic Institute of Brooklyn, N. Y.
U. S. A.

Ins Deutsche übertragen von

**F. Chmelka**
Dr. phil., Dr. techn., Privatdozent
an der Technischen Hochschule in Wien

Mit 97 Textabbildungen

Wien
Springer-Verlag
1954

ISBN-13:978-3-7091-7836-2          e-ISBN-13:978-3-7091-7835-5
DOI: 10.1007/978-3-7091-7835-5

# Vorwort

Die Grundlagen der mathematischen Theorie ideal plastischer Körper wurden von SAINT VENANT im Jahre 1870 geschaffen. Nachdem SAINT VENANT, LÉVY und BOUSSINESQ einige Anfangserfolge erzielt hatten, schlief das Interesse für den neuen Wissenszweig für nahezu ein halbes Jahrhundert wieder ein, und wichtige Beiträge, welche während dieser Zeit HAAR und v. KÁRMÁN (1909) und v. MISES (1913) lieferten, blieben praktisch unbeachtet. Erst die Behandlung des Torsionsproblems durch NADAI (1923), ferner die Arbeiten von HENCKY und PRANDTL über die Geometrie der Gleitlinien bei ebener plastischer Verformung (1923) und schließlich die Einbeziehung der elastischen Anteile in die Grundgleichungen durch PRANDTL (1924) und REUSS (1930) leiteten eine zweite Periode des Fortschritts ein. Seit dieser Zeit hat sich die Theorie in zunehmendem Maß weiter entwickelt. Das Zentrum der Aktivität (beurteilt, wenn auch vielleicht nicht immer gerade zutreffend, nach der Zahl der Veröffentlichungen) wechselte von Deutschland nach der Sowjetunion, dann nach England und schließlich, in der letzten Zeit, nach den USA. Obwohl also die Anfänge der Plastizitätstheorie relativ weit zurückreichen, ist nur ein sehr kleiner Teil des in dem vorliegenden Buch behandelten Stoffes älter als etwa drei Jahrzehnte, und vieles davon basiert auf Ergebnissen, die während der letzten fünf Jahre erhalten wurden[1]. Einige Forschungsergebnisse auf dem Gebiet des Traglastverfahrens, die in den Kapiteln VII und VIII dargestellt wurden, sind sogar hier zum ersten Male veröffentlicht worden.

Die Zunahme des Interesses an der Plastizitätstheorie in jüngster Zeit wird vielleicht am besten dadurch illustriert, daß während der letzten Durchsicht des Manuskripts des vorliegenden Buches nicht weniger als drei Lehrbücher über die genannte Theorie erschienen sind (*The inelastic behavior of engineering materials and structures*, von A. M. FREUDENTHAL, Wiley, 1950; *Theory of flow and fracture of solids*, von A. NADAI, Bd. I, McGraw-Hill, 1950; *The mathematical theory of plasticity*, von R. HILL, Oxford University Press, 1950).

Wie der Titel besagt, soll das vorliegende Buch keine erschöpfende Darstellung der allgemeinen Plastizitätstheorie bilden, sondern bloß eine Einführung in einen speziellen Teil derselben, nämlich in die Theorie der ideal plastischen Körper. Dies hat seinen Grund darin, daß dieser Zweig der Theorie heute bereits eine so gut wie endgültige Form angenommen hat und daß zahlreiche Ergebnisse, die für den praktisch tätigen Ingenieur

---

[1] Das Original des Buches erschien im Jahre 1951 unter dem Titel *Theory of Perfectly Plastic Solids* bei John Wiley & Sons, New York. (D. Übers.)

von Wichtigkeit sind, derzeit entweder bereits verfügbar sind oder leicht gewonnen werden können. Deshalb wurde das Hauptgewicht auf Probleme gelegt, welche lösbar sind, und weniger auf solche, deren Lösung noch nicht gelungen ist. Selbstverständlich haben die Verfasser nicht gezögert, soweit als möglich auch die Richtungen anzudeuten, in denen künftig die Forschung nutzbringend vorwärtsgetrieben werden könnte.

Das vorliegende Buch basiert auf einer Übersicht über die Theorie, welche einer der Autoren (P. G. H.) für das Office of Naval Research verfaßt hatte, als er als Mitglied einer Forschergruppe (Research Associate) an der Brown University[1] tätig war. Während das Original dieser Übersicht in erster Linie als Einführung in die Plastizitätstheorie für jene Leser gedacht war, die auf diesem Gebiet Forschungsarbeit zu leisten beabsichtigen, trachteten die beiden Autoren, daraus ein Lehrbuch herzustellen, das sowohl von Studierenden der Technik oder der angewandten Mathematik in höheren Semestern, als auch von bereits Graduierten benützt werden kann. Um den Umfang des Buches nicht allzusehr anwachsen zu lassen, waren die Autoren oft gezwungen, an Vollständigkeit der Darstellung zu sparen, gegenüber einer mehr ins einzelne gehenden Behandlung der Grundlagen. Indessen wurde, um auch dem Forscher gerecht zu werden, versucht, dieses Opfer an Vollständigkeit durch zahlreiche Literaturangaben nach Möglichkeit wettzumachen. Darüber hinaus wurden viele spezielle Anwendungen, die im Text keinen Platz fanden, dem Leser in Form von Aufgaben gestellt, was insbesondere dann von Wert sein dürfte, wenn das Buch als Unterlage zu einer Vorlesung benützt wird.

Ursprünglich sollte das Buch schon 1950 erscheinen. Indessen wurden wichtige Ergebnisse auf dem Gebiet des Traglastverfahrens (limit analysis) eben zu der Zeit gewonnen, als die endgültige Form des Manuskripts in Vorbereitung war. Die Einbeziehung dieser Ergebnisse und die Revision mehrerer Abschnitte im Hinblick auf das Licht, das diese Erkenntnisse auf die Beziehungen zwischen den Theorien von v. MISES und von PRANDTL-REUSS warfen, hat das Erscheinen des Buches um fast ein Jahr verzögert. Die Verfasser glauben jedoch, daß die Verbesserungen in der Darstellung der Theorie der ideal plastischen Körper, welche durch diese Änderungen erzielt wurden, die Nachteile des verspäteten Erscheinens aufwiegen.

Obwohl das Buch die „mathematische" Plastizitätstheorie behandelt, ist es in erster Linie für den Forscher auf technischem Gebiet und den Studierenden der Ingenieurwissenschaften geschrieben. An mathematischen Vorkenntnissen wurde beim Leser nur soviel vorausgesetzt, als für das Studium der höheren Festigkeitslehre oder der elementaren Elastizitätstheorie nötig ist. Die Verfasser hatten nicht die Absicht, Mathematik um ihrer selbst willen zu treiben. Anderseits jedoch zögerten sie nicht, jenes

---

[1] Brown University, in Providence, Rhode Island, USA. (D. Übers.)

mathematische Rüstzeug zu verwenden, das der Natur der zu behandelnden Probleme am besten entsprach. Wo nicht erwartet werden konnte, daß der Leser mit der betreffenden mathematischen Technik vertraut sei, dort wurde sie im Text vollständig erklärt. So wurde z. B. die numerische Integration hyperbolischer partieller Differentialgleichungen mittels der Methode der Charakteristiken in Kapitel V entwickelt und ferner die Index-Bezeichnung der cartesischen Tensoren in Kapitel VIII ausführlich erörtert. Zum Schluß mag eine Erklärung gegeben werden, warum sich das Buch auf die Behandlung ideal plastischer Körper beschränkt. Die Verfasser sind der Ansicht, daß die Theorie der ideal plastischen Körper eine so gut wie abgeschlossene Form angenommen hat, so daß sie als Wahlfach in die Ingenieurausbildung aufgenommen werden kann. Hingegen ist die Theorie des plastischen Körpers mit Verfestigung weit davon entfernt, diesen Zustand erreicht zu haben. So gehen z. B. fast alle Berechnungen von Spannungszuständen in Körpern mit Verfestigung von den mathematisch einfacheren „endlichen" Spannungs-Verzerrungsgesetzen aus, obwohl vom physikalischen Standpunkt aus lediglich die allerdings unhandlicheren Differentialgesetze Gültigkeit beanspruchen können. Da jedoch bisher noch keine allgemeinen Methoden zur Ermittlung von Spannungen, ausgehend von einem Differentialgesetz, entwickelt worden sind, ist es schwer zu sagen, wie zur Zeit ein Lehrbuch über die Theorie des plastischen Körpers mit Verfestigung geschrieben werden könnte, das für die Ermittlung von Spannungsverteilungen von praktischem Wert ist.

Die Verfasser haben eine Dankesschuld abzustatten. In mehr als einer Hinsicht verdankt dieses Buch seine Entstehung dem Umstand, daß das Office of Naval Research und das Bureau of Ships durch ihre Unterstützung die Forschungen über Plastizität an der Brown University ermöglichten. Eine Übersicht, verfaßt unter dem Forschungsauftrag „Contract N7onr-35801" bildete die erste Skizze zu dem vorliegenden Buch. Weiters zogen die Verfasser großen Nutzen aus zahlreichen Diskussionen mit ihren Mitarbeitern auf diesem Forschungsgebiet, besonders mit den Professoren D. C. DRUCKER, H. J. GREENBERG, E. H. LEE und P. S. SYMONDS und mit Frau Dr. ALICE WINZER. Schließlich ist noch zu sagen, daß ohne die Beiträge, welche zuerst in den technischen Berichten des obgenannten Forschungsauftrages veröffentlicht wurden, die Theorie des ideal plastischen Körpers ziemlich unvollständig geblieben wäre. Die Verfasser sind ferner den Hilfskräften des Instituts der angewandten Mathematik (Graduate Division of Applied Mathematics) der Brown University zu Dank verpflichtet, insbesondere Fräulein FRANCES C. GAJDOWSKI für die sorgfältige Herstellung des Manuskripts.

Januar 1951.

**William Prager** und **Philip G. Hodge, Jr.**

# Vorwort des Übersetzers

Wohl jeder, der einen englischen Text ins Deutsche überträgt, hat mit der Schwierigkeit zu kämpfen, daß das Englische mit seinem weitaus größeren Wortschatz viel differenziertere Ausdrucksmöglichkeiten besitzt als das Deutsche. Schon bei der Übersetzung des Titels des vorliegenden Buches tritt uns diese Schwierigkeit entgegen: ,,Theory of perfectly plastic solids'' würde wörtlich durch ,,Theorie vollkommen plastischer Körper'' wiederzugeben sein. Damit ist jedoch bereits die Möglichkeit einer Verwechslung gegeben, da auf den ersten Blick nicht klar ist, ob ,,vollkommen'' im Sinne von ,,ideal'' oder von ,,zur Gänze'' zu verstehen ist. Tatsächlich ist in dem vorliegenden Buch häufig von Körpern die Rede, die *zur Gänze* plastisch sind; dieser Zustand wird jedoch als ,,fully plastic'', also ,,vollplastisch'' bezeichnet, während ,,perfectly plastic solid'' einen Idealkörper bezeichnen soll, dem mathematisch leichter beizukommen ist als den wirklichen Körpern — eine Vereinfachung also, wie sie z. B. auch die ,,ideale Flüssigkeit'' oder das ,,ideale Gas'' darstellt. Aus diesem Grund wurde ,,perfectly plastic'' mit der in der deutschen Fachliteratur bereits eingebürgerten Bezeichnung ,,ideal plastisch'' übersetzt, obwohl sich damit neuerlich eine Unklarheit ergibt, da nämlich nicht alle Autoren unter einem ,,ideal plastischen'' Körper dasselbe verstehen. Zuweilen wird als *ideal plastisch* ein Material bezeichnet, das bis zum Erreichen der Fließgrenze überhaupt keine Formänderungen zeigt (oder dessen elastische Formänderungen gegenüber den plastischen vernachlässigt werden können), und das im plastischen Bereich unter konstanter Spannung plastisch fließt. Unter einer einachsigen Zug- oder Druckbeanspruchung zeigt ein solcher Stoff im plastischen Bereich eine waagrechte Spannungs-Dehnungslinie. Im Gegensatz hierzu wird dann ein Material, das sich im plastischen Bereich ebenso verhält wie das eben beschriebene, das jedoch vor Erreichen der Fließgrenze dem HOOKEschen Gesetz gehorcht, als *elastisch-plastisch* bezeichnet. Diese Terminologie ist aber nicht allgemein üblich. Vielfach, und dies scheint sich in neuerer Zeit immer mehr einzubürgern, werden diese beiden Typen von Körpern, für die also die waagrechte Spannungs-Dehnungslinie im plastischen Bereich unter einachsigem Zug bzw. Druck ein gemeinsames Charakteristikum darstellt, unter der Bezeichnung *ideal plastisch* zusammengefaßt, und in diesem Sinne soll diese Bezeichnung auch in dem vorliegenden Buch verstanden werden. (Im Laufe des Buches wird diese Definition des ideal plastischen Körpers noch verallgemeinert werden.)

Die eben geschilderte Schwierigkeit der Übersetzung eines Fachausdrucks war nicht die einzige ihrer Art. Für manche dieser Ausdrücke gab es überhaupt noch kein entsprechendes deutsches Wort und es mußte erst ein geeignetes gefunden werden. Für andere Ausdrücke wieder gibt es vielleicht eine treffendere Übersetzung als jene, die bereits allgemein eingeführt ist; die letztere wurde jedoch beibehalten, um jede Verwirrung zu vermeiden.

Da sich früher oder später jeder Leser, der sich eingehender mit der Plastizitätstheorie zu befassen gedenkt, gezwungen sehen wird, auch die anglo-amerikanische Literatur zu Rate zu ziehen, wurden im Text den wichtigsten deutschen Fachausdrücken die entsprechenden englischen Ausdrücke in Klammern beigefügt. Auf diese Art wird zweifellos eine bessere Einprägung in das Gedächtnis erzielt, als es durch die Gegenüberstellung der deutschen und der englischen Ausdrücke in Form einer Liste der Fall wäre. Ein alphabetisches Register der im Text angeführten englischen Fachausdrücke findet sich am Ende des Buches.

Die vorliegende deutsche Übertragung schließt sich so eng als möglich an den Originaltext an. Es wurden lediglich einige Verbesserungen auf Wunsch der Verfasser durchgeführt. Eine große Anzahl von Verbesserungsvorschlägen verdanken die Verfasser der aufmerksamen Lektüre ihres Buches durch Professor W. R. OSGOOD vom Illinois Institute of Technology in Chicago.

Dem Übersetzer obliegt es in erster Linie Professor W. PRAGER zu danken, für seine unermüdliche Hilfe bei der Klärung von hauptsächlich die Übersetzung betreffenden Fragen. Aber auch Professor E. MELAN von der Technischen Hochschule in Wien, der sich maßgebend für das Erscheinen dieser Übersetzung eingesetzt hat, ist der Übersetzer sehr zu Dank verpflichtet. Mit dem Springer-Verlag in Wien verbindet den Übersetzer eine langjährige, ausgezeichnete Zusammenarbeit, und wiederum hat der Verlag keine Mühe gescheut, um allen Wünschen gerecht zu werden.

Wien, im Oktober 1954.

**Fritz Chmelka**

# Inhaltsverzeichnis

**Berichtigung**

Im Titel des Abschn. 3, S. 19, lies: Spannungs-Verzerrungsbeziehungen statt:
Spannungs-Verzerrungsbedingungen.

# Einleitung

Die mathematische Plastizitätstheorie verdankt ihre Entwicklung einerseits dem Verlangen nach mehr der Wirklichkeit entsprechenden Methoden zur Bestimmung des Sicherheitsfaktors von Tragwerken oder Maschinenteilen, und andererseits der Notwendigkeit eines besseren Einblicks in technologische Formungsprozesse, wie Walzen, Ziehen und Strangpressen (extruding)[1]. Die plastischen Verformungen, die in diesen beiden Anwendungsgebieten auftreten, sind von sehr verschiedener Größenordnung. In einem Maschinenteil z. B. können größere Verformungen im allgemeinen nicht zugelassen werden, da sie den ungestörten Lauf der Maschine behindern würden, selbst wenn diese Formänderungen *für sich allein* noch keinen Bruch zur Folge hätten. Wenn überhaupt plastische Verformungen in einem Maschinenteil zugelassen werden, so werden sie in der Regel auf die Größenordnung der elastischen Formänderungen beschränkt sein müssen. Im Gegensatz dazu werden technologische Formungsprozesse plastische Verformungen von ganz anderer Größenordnung anstreben.

Der charakteristische Grundzug des mechanischen Verhaltens eines elastischen Stoffes wird in befriedigender Weise durch das berühmte HOOKEsche Gesetz dargestellt: *„ut tensio sic vis"*. Hingegen ist keine solche einfache Beschreibung für das mechanische Verhalten der plastischen Stoffe möglich, und eine mathematische Theorie, welche sämtliche mechanischen Erscheinungen, die im plastischen Bereich beobachtet werden, berücksichtigen wollte, würde nicht praktisch sein. Eine mathematische Theorie, mit der man arbeiten kann, muß das verwickelte mechanische Verhalten der Werkstoffe in einem gewissen Ausmaß idealisieren, und je nach dem Anwendungsbereich werden verschiedene Arten der Idealisierung zweckmäßig sein. Bevor wir auf die Erörterung solcher Idealisierungen eingehen, wollen wir einige wesentliche Grundzüge festhalten, indem wir das mechanische Verhalten eines zylindrischen Probekörpers bei einachsigem Zug betrachten. In der Nachbarschaft der Enden, wo die Axialkraft in den Probekörper eingeführt wird, ist der Spannungs- und Verformungszustand ziemlich verwickelt. Ist der Probekörper jedoch lang genug, dann kann angenommen werden, daß in seinem mittleren Teil der Spannungs- und Verformungszustand homogen ist. Die *Meßlänge* wird daher in diesem mittleren Teil

---

[1] Auspressen durch eine profilierte Düse, auch Ausflußpressen genannt. (D. Übers.)

gewählt und die folgenden Definitionen gelten sämtlich für den Zustand innerhalb der Meßlänge.

Wie im Materialprüfungswesen üblich, wollen wir als *Zugspannung* (tensile stress) $\sigma$ das Verhältnis von Axialkraft zur ursprünglichen Querschnittsfläche definieren, und als *Längsdehnung* (longitudinal extension) $\varepsilon$ das Verhältnis von Verlängerung der Meßlänge zur ursprünglichen Länge. Gleichzeitig mit der Längsdehnung erfolgt eine *Querzusammenziehung* (transverse contraction) $\delta$, welche als das Verhältnis der Abnahme des Durchmessers des Probestabes zur ursprünglichen Größe des Durchmessers definiert wird. Bei einem isotropen Stoff hat diese Kontraktion für jede Querrichtung denselben Wert. Die Werte $\sigma$, $\varepsilon$ und $\delta$ beschreiben den Spannungs- und Formänderungszustand (Verzerrungszustand) innerhalb der Meßlänge.

Für genügend kleine Werte von $\sigma$ und $\varepsilon$ wird der Probekörper nach Entlastung wieder seine ursprüngliche Gestalt annehmen. Jener Bereich der Spannung und Verformung, wo dies zutrifft, wird *elastischer Bereich* (elastic range) genannt. Innerhalb des elastischen Bereichs haben die Verhältnisse $\sigma/\varepsilon$ und $\delta/\varepsilon$ konstante Werte [HOOKEsches Gesetz (HOOKE's law)]. Der erste dieser Werte wird *Elastizitätsmodul* (YOUNG's modulus) genannt und mit $E$ bezeichnet, der zweite heißt POISSONsche *Konstante* (POISSON's ratio) und wird mit $\nu$ bezeichnet.

Erreichen Spannung (stress) und Formänderung [Verzerrung (strain)] Werte außerhalb des elastischen Bereichs, dann wird das Probestück nach Entlastung nicht mehr seine ursprüngliche Gestalt annehmen, sondern eine bleibende Verformung aufweisen.

Für die meisten Stoffe muß die Grenze des elastischen Bereichs *Elastizitätsgrenze* (elastic limit) durch ein Übereinkommen festgelegt werden, da der Übergang vom elastischen zum plastischen Bereich allmählich erfolgt, und genügend genaue Messungen auch für sehr kleine Spannungen stets bleibende Verformungen erkennen lassen. Für solche Stoffe werden wir übereinkommen, jene bleibenden Verformungen zu vernachlässigen, die eine gewisse Größe nicht überschreiten. Wir erreichen damit eine durch Vereinbarung festgesetzte Abgrenzung des elastischen Bereichs: je nach dem Anwendungsgebiet kann der elastische Bereich eines und desselben Stoffes verschieden festgelegt sein.

Es gibt jedoch einige Stoffe, wie z. B. Bronze und weicher Stahl, die einen plötzlichen Übergang vom elastischen in den plastischen Bereich zeigen. (Diese Erscheinung könnte etwa durch die Annahme erklärt werden, daß in dem betreffenden Material ein aus einer weniger nachgiebigen Komponente bestehendes Gerüst bei einer bestimmten Spannung zusammenbricht. Hat dieses Gerüst bisher den größeren Teil der Last getragen, so wird diese nunmehr von einer anderen, nachgiebigeren Komponente übernommen.) Für solche Stoffe ist es nicht nötig, die Grenze des elastischen Bereichs durch

Übereinkommen festzusetzen; ihr Erreichen entspricht vielmehr dem Eintritt eines bestimmten physikalischen Zustandes.

Das Spannungs-Dehnungsdiagramm der Abb. 1 ist typisch für Stoffe mit einer vereinbarungsgemäß festgesetzten Elastizitätsgrenze (Punkt $A$ der Abb. 1): die Spannung $\sigma$ ist eine monoton wachsende Funktion der Dehnung $\varepsilon$ [*Verfestigung* (work-hardening)]. Wenn der Probestab einer Spannung unterworfen wird, welche die Elastizitätsgrenze übersteigt (z. B. die Spannung entsprechend dem Punkt $B$ der Abb. 1), und dann teilweise entlastet wird, so erhält man für den Entlastungsvorgang ein Spannungs-Dehnungs-diagramm nach Art der Linie $BC$ der Abb. 1. Wenn der Probestab, nachdem der Punkt $C$ erreicht wurde, neuer-lich belastet wird, dann folgt die Spannungs-Dehnungslinie für die Wie-derbelastung ($CB$ in Abb. 1) nicht der Kurve für die Entlastung, die nach $C$ führte. Die Entlastungskurve $BC$ und die Belastungskurve $CB$ bilden vielmehr eine schmale Schleife, deren Flächeninhalt die während des Kreis-laufs $BCB$ verlorene mechanische

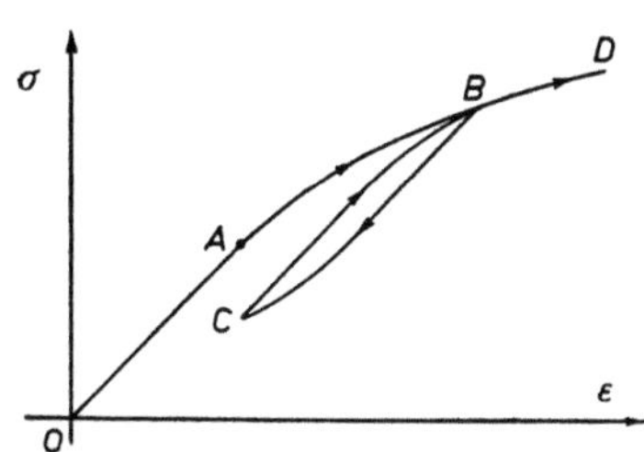


Abb. 1. Das Spannungs-Dehnungsdia-gramm für ein Material mit konventio-nell festgesetzter Elastizitätsgrenze.

Arbeit angibt. (Die Breite der Schleife ist in Abb. 1 übertrieben dargestellt.) Aus Versuchen von BERLINER [1] hat PRANDTL [2] die folgenden Gesetze für Spannungs-Dehnungsdiagramme bei wiederholter Entlastung und Be-lastung abgeleitet:

1. Unmittelbar nach jedem Wechsel der Richtung der Formänderung (z. B. in Punkt $C$ der Abb. 1), ist die Neigung der Spannungs-Dehnungskurve die gleiche wie am Beginn der ersten Belastung (im Punkt $O$).

2. Die Form irgend eines Zweiges (z. B. $CB$) der Spannungs-Dehnungs-linie ist eindeutig bestimmt durch die Lage desjenigen Punktes ($C$), wo die letzte Umkehr der Richtung der Verformung stattgefunden hat.

3. Falls die Richtung der Verformung nicht neuerlich umgekehrt wird, dann läuft jeder solche Zweig (z. B. $CB$) durch denjenigen Punkt ($B$), wo die vorletzte Umkehr der Verformungsrichtung stattgefunden hat; nach Passieren dieses Punktes geht die Spannungs-Dehnungslinie so weiter, als wäre die Schleife ($BCB$) überhaupt nicht durchlaufen worden.

Sämtliche *zeitabhängigen Effekte*, wie etwa der Einfluß der Formände-rungsgeschwindigkeit (strain rate) auf die Elastizitätsgrenze, oder das lang-same Anwachsen der bleibenden Verformungen unter konstanter Belastung (*Kriechen*) wurden in PRANDTLS Gesetzen nicht berücksichtigt. Wenn die Belastung nicht zu plötzlich auf das Tragwerk aufgebracht wird und über nicht zu lange Zeiten darauf einwirkt, dann können diese Zeiteffekte für die meisten Baustoffe ohne weiteres vernachlässigt werden, zumindest solange, als das Tragwerk nicht dazu bestimmt ist unter höheren Temperaturen Lasten zu tragen.

Wegen dieser Vernachlässigung der Zeiteffekte stellen PRANDTLS Gesetze bereits eine idealisierte Beschreibung des mechanischen Verhaltens der konstruktiv verwendeten Metalle dar; indessen sind sie noch immer viel zu kompliziert, um als Grundlage einer arbeitsfähigen Plastizitätstheorie dienen zu können. Eine Theorie, welche ein weites Anwendungsgebiet beherrscht, kann nur um den Preis weiterer, drastischer Vereinfachungen gewonnen werden. Die *klassische Plastizitätstheorie*, mit der sich dieses Buch befaßt, nimmt ein *ideal plastisches Material* (perfectly plastic material) an, das ist ein Stoff, welcher keine Verfestigung zeigt, sondern unter konstanter Spannung plastisch fließt. Das mechanische Verhalten eines solchen Stoffes unter einachsigem Zug oder Druck wird durch das Spannungs-Dehnungsdiagramm der Abb. 2 dargestellt.

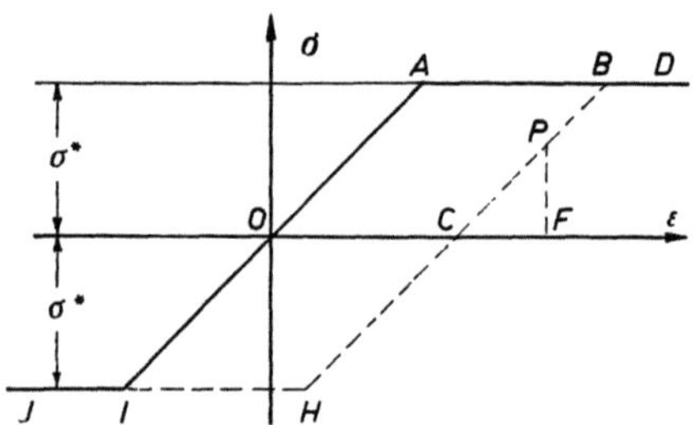

Abb. 2. Spannungs-Dehnungsdiagramm eines ideal plastischen Materials.

Für genügend kleine Werte der Längsdehnung verhält sich der Werkstoff elastisch: $\sigma = E\,\varepsilon$. Diese lineare Beziehung zwischen Spannung und Dehnung wird durch das Stück $OA$ des Diagramms in Abb. 2 dargestellt. Sobald die Spannung einen bestimmten kritischen Wert $\sigma^*$ erreicht, die Fließspannung im Zugbereich (yield stress in tension) und auf diesem Wert gehalten wird, dann fließt der Stoff plastisch unter der konstanten Spannung $\sigma^*$. Dieses Fließen (flow) unter konstanter Spannung wird durch den Teil $AB$ des Diagramms der Abb. 2 dargestellt. Während dieses Fließens haben wir zwischen Spannung und Dehnung keine umkehrbar eindeutige Zuordnung mehr.

Wenn der Stab bloß Spannungen unterworfen wird, die kleiner sind als $\sigma^*$, dann nimmt er nach Entlastung wieder seine ursprüngliche Gestalt an. Falls jedoch die Spannung eine endliche Zeit lang auf den Wert $\sigma^*$ gehalten wird, bevor wieder entlastet wird, dann tritt während dieser Zeit plastisches Fließen ein, und der Stab zeigt nach der Entlastung eine bleibende Verformung. Der Zusammenhang zwischen Spannung und Dehnung während einer derartigen Entlastung wird durch das Stück $BC$ des Diagramms der Abb. 2 dargestellt, und die bleibende Verlängerung ist durch die Strecke $OC$ gegeben. Die Linie $BC$ für die Entlastung ist parallel zur Linie $OA$, die für die erste Belastung erhalten wurde.

Wenn der Probestab, nachdem er vollständig oder teilweise entlastet wurde, neuerlich belastet wird, dann stimmt die Spannungs-Dehnungslinie für die Wiederbelastung mit der Linie für die vorhergegangene Entlastung solange überein, bis der kritische Spannungswert $\sigma^*$ abermals erreicht wird. Darnach fließt das Material wiederum plastisch, so als ob sich die Entlastung und die Wiederbelastung überhaupt nicht ereignet hätten. Der Zusammenhang zwischen Spannung und Dehnung während einer solchen Wiederbelastung und anschließendem plastischen Fließen wird durch den Linienzug $CBD$ der Abb. 2 dargestellt.

Wenn jedoch der Probekörper, nachdem plastisches Fließen stattgefunden hat, vollständig entlastet, und sodann auf Druck belastet wird, dann ergibt sich als Spannungs-Dehnungsdiagramm der Linienzug $CHIJ$. (Es wurde angenommen, daß die Fließspannung für Zug- und Druckbeanspruchung dieselbe Höhe $\sigma^*$ hat.) Wenn der Probekörper direkt auf Druck beansprucht worden wäre, ohne vorher auf Zug beansprucht worden zu sein, dann hätte sich als Spannungs-Dehnungsdiagramm die Linie $OIJ$ ergeben.

Führen wir in beliebiger Weise einen Versuch aus, bestehend aus Belastung, Entlastung und Wiederbelastung auf Zug oder Druck, so können wir in der $\sigma$, $\varepsilon$-Ebene der Abb. 2 nur Punkte des unendlich langen Streifens zwischen den beiden Parallelen $AD$ und $JH$ erreichen. Für einen beliebigen Punkt $P$ dieses Streifens kann die Dehnung $(OF)$ als Summe aus der *bleibenden Dehnung* (permanent strain) $(OC)$ und der elastischen Dehnung (elastic strain) $(CF)$ aufgefaßt werden. Die erstere ist jene Dehnung, die sich nach vollständiger Entlastung aus dem durch den Punkt $P$ dargestellten Zustand ergeben würde, die letztere ist die Abnahme der Dehnung während dieser Entlastung. Da $PC$ als parallel zu $OA$ angenommen wurde, hängen die Spannung $\sigma$ in $P$ und die elastische Dehnung $\varepsilon'$ nach dem HOOKEschen Gesetz miteinander zusammen:

$$\varepsilon' = \frac{\sigma}{E}, \tag{a}$$

wo $E$ der Elastizitätsmodul ist. Wenn die Spannung $\sigma$ und die bleibende Dehnung $\varepsilon''$ bekannt sind, dann folgt die Gesamtdehnung (total strain) $\varepsilon$ aus

$$\varepsilon = \varepsilon'' + \frac{\sigma}{E}. \tag{b}$$

Um unsere Beschreibung des mechanischen Verhaltens eines ideal plastischen Körpers bei reiner Zug- oder Druckbeanspruchung zu vervollständigen, müssen wir noch ein Gesetz für die Querzusammenziehung $\delta$ aufstellen. Auch diese Formänderung kann in einen elastischen und in einen plastischen Anteil zerlegt werden. Die elastische Querzusammenziehung hängt mit der elastischen Längsdehnung durch das HOOKEsche Gesetz zusammen:

$$\delta' = \nu\,\varepsilon', \tag{c}$$

wo $\nu$ die POISSONsche Konstante ist. Bezüglich der bleibenden Querzusammenziehung wird in Übereinstimmung mit Versuchsergebnissen [3] angenommen, daß sie mit der bleibenden Längsdehnung in solcher Weise zusammenhängt, daß sich keine bleibende Volumsänderung ergibt. Um diese Bedingung mathematisch auszudrücken, wollen wir einen kleinen Würfel betrachten, der aus dem Material so herausgeschnitten ist, daß seine Kanten parallel, bzw. normal zu den Achsen des Probestabes sind. Die Kanten in der Längsrichtung des Stabes erfahren dann die bleibende Dehnung $\varepsilon''$ und die Kanten quer dazu die bleibende Kontraktion $\delta''$. Wenn wir die ursprüngliche Länge der Würfelkante als Längeneinheit wählen, dann haben die längs, bzw. quer gerichteten Kanten des bleibend verformten Würfels die Längen $(1 + \varepsilon'')$, bzw. $(1 - \delta'')$. Daher ist das Volumen des bleibend verformten Würfels gleich $(1 + \varepsilon'')\,(1 - \delta'')^2$ oder gleich $1 + \varepsilon'' - 2\,\delta''$, wenn höhere Potenzen der kleinen bleibenden Verformungen $\varepsilon''$ und $\delta''$ vernachlässigt werden. Wenn also keine bleibende Änderung des Volumens eintreten soll, dann ist die bleibende Querkontraktion gegeben durch

$$\delta'' = \frac{\varepsilon''}{2}, \tag{d}$$

und das Verhältnis von Gesamtquerkontraktion $\delta$ zu Gesamtlängsdehnung $\varepsilon$ ist gleich

$$\frac{\delta}{\varepsilon} = \frac{\delta' + \delta''}{\varepsilon' + \varepsilon''}$$
$$= \frac{2\,\nu + \varepsilon''/\varepsilon'}{2\,(1 + \varepsilon''/\varepsilon')}. \tag{e}$$

Im elastischen Bereich ist $\varepsilon'' = 0$ und Gl. (e) liefert $\delta/\varepsilon = \nu$, wie es sein soll. Während des plastischen Fließens behält die elastische Dehnung $\varepsilon'$ den Wert $\sigma^*/E$ bei, den sie an der Elastizitätsgrenze hatte, während die plastische Dehnung $\varepsilon''$ monoton anwächst. Daher nimmt das Verhältnis $\varepsilon''/\varepsilon'$ während des plastischen Fließens monoton zu. Beachten wir ferner, daß die POISSONsche Konstante $\nu$ nicht den Wert $\frac{1}{2}$ überschreiten kann (s. [4], S. 104), so zeigt Gl. (e), daß das Verhältnis $\delta/\varepsilon$ während des plastischen Fließens monoton wächst, wobei es, beginnend vom Wert $\nu$ an der Elastizitätsgrenze, sich asymptotisch dem Wert $\frac{1}{2}$ nähert.

Zweifellos stellt das mechanische Verhalten eines ideal plastischen Stoffes, wie es eben beschrieben wurde, eine weitgehende Idealisierung des tatsächlichen Verhaltens eines typischen, konstruktiv verwendeten Metalls dar. Obwohl die Vorstellung eines ideal plastischen Materials recht passend erscheint für die Behandlung des anfänglichen Fließens unter konstanter Spannung, wie es gewisse Stähle zeigen, bevor Verfestigung einsetzt, scheint dieser Begriff ganz zwecklos zu sein im Falle von Metallen mit Verfestigung wie z. B. von Aluminiumlegierungen, wie sie im Flugzeugbau verwendet werden. Indessen kann das mechanische Verhalten eines sich verfestigenden plastischen Körpers bei einachsigem Zug etwa dadurch beschrieben werden, daß man eine Anzahl ideal plastischer Körper mit verschieden hohen Fließgrenzen (yield limits) betrachtet. Diese Körper seien alle der gleichen Längsdehnung unterworfen, während die axialen Lasten, welche sie tragen, zu addieren sind, um die Axiallast zu erhalten, die an dem äquivalenten Körper mit Verfestigung wirkt.

Um die Erörterung zu vereinfachen, wollen wir den Fall zweier ideal plastischer Stäbe betrachten, mit den Fließgrenzen $\sigma_1{}^*$ und $\sigma_2{}^* > \sigma_1{}^*$. Die Querschnittsflächen der beiden Stäbe seien mit $F_1$ und $F_2$ bezeichnet und die Spannungen mit $\sigma_1$, bzw. $\sigma_2$. Der Elastizitätsmodul soll für beide Stäbe denselben Wert $E$ haben. Solange die gemeinsame Längsdehnung $\varepsilon$ der Stäbe kleiner ist als $\sigma_1{}^*/E$, sind die Axialkräfte gegeben durch

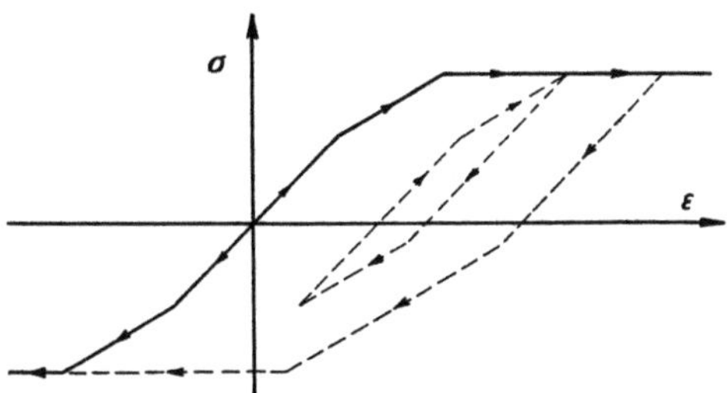

Abb. 3. Spannungs-Dehnungsdiagramm für eine Kombination ideal plastischer Körper.

$P_1 = E\,\varepsilon\,F_1$ und $P_2 = E\,\varepsilon\,F_2$, und die Spannung $\sigma$ in dem äquivalenten Stab aus dem sich verfestigenden Material ist gleich

$$\sigma = \frac{P_1 + P_2}{F_1 + F_2} = E\,\varepsilon \qquad (0 \leqslant \varepsilon \leqslant \sigma_1{}^*/E). \tag{f}$$

Diese Beziehung gilt bis zum Wert $\varepsilon = \sigma_1{}^*/E$. Wenn $\varepsilon$ diesen Wert überschreitet, aber unterhalb $\sigma_2{}^*/E$ bleibt, dann wird bloß der erste Stab plastisch. Dementsprechend ist dann $P_1 = \sigma_1{}^* F_1$, $P_2 = E\,\varepsilon\,F_2$, und

$$\sigma = \frac{\sigma_1{}^* F_1 + E\,\varepsilon\,F_2}{F_1 + F_2} \qquad (\sigma_1{}^*/E \leqslant \varepsilon < \sigma_2{}^*/E). \tag{g}$$

Schließlich werden, wenn $\varepsilon$ den Wert $\sigma_2{}^*/E$ überschreitet, beide Stäbe plastisch. In diesem Fall ist $P_1 = \sigma_1{}^* F_1$, $P_2 = \sigma_2{}^* F_2$, und

$$\sigma = \frac{\sigma_1{}^* F_1 + \sigma_2{}^* F_2}{F_1 + F_2} \qquad (\varepsilon \geqslant \sigma_2{}^*/E). \tag{h}$$

Die volle Linie in Abb. 3 ist die Spannungs-Dehnungslinie, wie sie den Gln. (f), (g), (h) entspricht, welche das mechanische Verhalten des zusammengesetzten Körpers während der ersten Belastung beschreiben. Die Betrachtung kann leicht auf die Fälle der Entlastung und Wiederbelastung ausgedehnt werden. Die strichlierten Linien in Abb. 3 sind die Spannungs-Dehnungslinien, die man auf diese Weise erhält. Wir sehen, daß dieses Modell eines sich verfestigenden Stoffes den PRANDTLschen Gesetzen (s. S. 3) gehorcht.

Für die erste Belastung besteht das gemeinsame Spannungs-Dehnungs-diagramm der beiden ideal plastischen Körper aus den drei geraden Teilen, die den Gln. (f), (g), (h) entsprechen. Wenn wir die Zahl der Komponenten unseres Modells vergrößern, dann können wir erreichen, daß irgend eine gegebene Spannungs-Dehnungskurve durch ein Spannungs-Dehnungs-Polygon so eng als wir es wünschen angenähert wird. Um für den zusammengesetzten Körper eine stetig gekrümmte Kurve zu erhalten, müßte die Anzahl der Komponenten ins Unendliche wachsen. Bezüglich weiterer Einzelheiten sei der Leser auf eine Arbeit von Bohnenblust und Duwez [5] verwiesen.

Wir sind nun in der Lage, die beiden Anwendungsgebiete der Plastizitätstheorie, welche am Beginn dieser Einleitung erwähnt wurden, in einer mehr ins Einzelne gehenden Form zu besprechen. Wir wollen zuerst jene einfachen Fachwerke betrachten, die in Abb. 4 dargestellt sind. Um die Behandlung zu vereinfachen, wollen wir annehmen, daß alle Stäbe aus dem gleichen ideal plastischen Werkstoff hergestellt seien und daß sie durch entsprechende seitliche Festhaltung am Ausknicken gehindert seien.

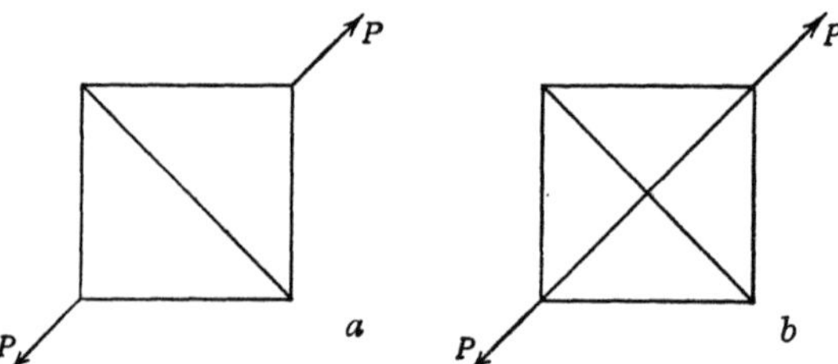


Abb. 4 a. Statisch bestimmtes Fachwerk. Abb. 4 b. Statisch unbestimmtes Fachwerk.

Das Fachwerk der Abb. 4 a ist statisch bestimmt (statically determinate), das heißt, die Kräfte in seinen Stäben können aus den Gleichgewichtsbedingungen allein ermittelt werden, ohne daß man auf das mechanische Verhalten der Stäbe eingehen muß. Die Spannungen in den Stäben dieses statisch bestimmten Fachwerks sind der Größe der beiden Lasten $P$ proportional. Wenn diese Lasten langsam anwachsen, dann wird schließlich die Fließspannung $\sigma^*$ in mindestens einem Stab des Fachwerks erreicht werden und dieser Stab wird plastisch zu fließen beginnen. In diesem Zustand hat das Fachwerk die Möglichkeit, sich viel weitgehender zu verformen, als dies in den meisten Anwendungsgebieten zugelassen werden kann. Ist $\sigma$ der Absolutwert der Spannung, welche die Belastung $P$ in dem am höchsten beanspruchten Stab des Fachwerks hervorruft, dann ist der Sicherheitsfaktor (safety factor) des statisch bestimmten Fachwerks gegeben durch $\sigma^*/\sigma$. Das heißt, die tatsächliche Belastung kann in diesem Verhältnis vergrößert werden, bevor das Fachwerk unbrauchbar wird. Um den Sicherheitsfaktor in diesem statisch bestimmten Fall zu ermitteln, haben wir einfach die Spannungen zu bestimmen, die durch die gegebene Belastung hervorgerufen werden.

Nun betrachten wir das Fachwerk der Abb. 4 *b*, das wir uns aus dem Fachwerk der Abb. 4 *a* durch Hinzufügen eines Diagonalstabes in der Wirkungslinie der beiden Lasten $P$ hervorgegangen denken. Das so erhaltene Fachwerk ist statisch unbestimmt (statically indeterminate). Selbst im elastischen Bereich hängen die Stabkräfte vom mechanischen Verhalten der Stäbe ab. Das mechanische Verhalten eines Stabes wird am besten durch seine *Federkonstante* (spring constant) gekennzeichnet, das ist jene Last, die nötig ist, um eine Verlängerung von der Größe der Längeneinheit hervorzurufen. Wenn die Federkonstante des neu hinzugefügten Diagonalstabes viel größer ist als die Federkonstanten der übrigen Stäbe, dann wird dieser Diagonalstab den größten Teil der Last tragen. Dieser Stab wird natürlich durch jenen Teil der Last, den er trägt, verlängert werden, doch wird diese Verlängerung klein sein, und nur ein kleiner Teil der Belastung $P$ wird nötig sein, um die übrigen Stäbe (das sind die Stäbe des Fachwerks der Abb. 4 *a*) dieser Verlängerung des neu hinzugekommenen Stabes anzupassen. Falls jedoch der neue Diagonalstab eine viel kleinere Federkonstante hat als die anderen Stäbe, dann wird er nur einen kleinen Teil der Belastung tragen.

Für gegebene Federkonstanten der Stäbe und innerhalb des elastischen Bereichs sind die Spannungen in den Stäben natürlich proportional der Belastung $P$. Wenn diese langsam anwächst, wird schließlich die Fließgrenze $\sigma^*$ in einigen Stäben erreicht werden. Für die folgende qualitative Erörterung wollen wir annehmen, daß die Fließgrenze zuerst in dem hinzugefügten Diagonalstab erreicht werde. Wenn der Stab für sich allein vorhanden wäre, dann würde er jetzt unter konstanter Spannung plastisch fließen. Als Teil des Fachwerks jedoch ist seine Verlängerung durch die anderen Stäbe behindert. Solange diese elastisch gespannt sind, wird die Verformung des aus diesen Stäben gebildeten Systems (Abb. 4 *a*) und damit auch die Verlängerung des hinzugefügten Diagonalstabes klein bleiben, obwohl dieser letztere Stab die Fließgrenze erreicht hat.

Wir bezeichnen mit $P^*$ jene Belastung, für die die Spannung in der hinzugefügten Diagonale die Fließgrenze $\sigma^*$ erreicht. Da wir angenommen haben, der Stab sei ideal plastisch, so kann seine Spannung nicht über $\sigma^*$ anwachsen, auch wenn die Belastung $P$ den Wert $P^*$ übersteigt. Mit anderen Worten, die hinzugefügte Diagonale beteiligt sich nicht an der Aufnahme der Überschußlast (excess load) $P - P^*$. Dieser Überschuß muß daher von den übrigen Stäben aufgenommen werden, die das System der Abb. 4 *a* bilden. Die Kräfte, welche die Überschußlast in den Stäben dieses Systems hervorruft, sind statisch bestimmt. Die Gesamtspannungen, welche die Belastung $P > P^*$ in den Stäben des Fachwerks der Abb. 4 *b* hervorruft, werden daher durch Überlagerung der folgenden Spannungszustände erhalten: 1. Die

Spannungen, welche die Belastung $P^*$ in den Stäben des Fachwerks der Abb. 4 b hervorruft und 2. die Spannungen, welche die Überschußlast $P - P^*$ in den Stäben des Fachwerks der Abb. 4 a bewirkt. Es ist klar, daß die Gesamtspannungen jetzt nicht mehr der Gesamtlast $P$ proportional sind.

Wenn die Überschußlast langsam anwächst, dann wird die Fließgrenze schließlich in wenigstens einem Stab des Fachwerks der Abb. 4 a, welches die Überschußlast trägt, erreicht werden. Dieses Fachwerk erhält damit die Möglichkeit beliebig große Formänderungen anzunehmen[1], und ist daher nicht länger fähig, das plastische Fließen in der hinzugefügten Diagonale einzuschränken, wo die Fließgrenze bereits unter der Last $P^*$ erreicht wurde. Das statisch unbestimmte Fachwerk der Abb. 4 b wird demnach unbrauchbar, wenn die Überschußlast $P - P^*$ so groß geworden ist, daß es wenigstens in einem Stab des statisch bestimmten Fachwerks der Abb. 4 a zum Fließen kommt. Wir bezeichnen die Gesamtlast, für die dieser Fall eintritt, mit $P^{**}$. Der Sicherheitsfaktor des statisch unbestimmten Fachwerks unter einer gegebenen Belastung $P$ wird demnach definiert als das Verhältnis $P^{**}/P$. Da die Spannungen in den Stäben, schon lange bevor die Grenzlast (limiting load)[2] $P^{**}$ erreicht wurde, aufgehört haben, der Last proportional zu sein, kann der Sicherheitsfaktor für eine gegebene Belastung $P$ nicht mehr als das Verhältnis der Fließspannung $\sigma^*$ zu der Spannung $\sigma$ in dem am höchsten beanspruchten Stab berechnet werden. Nur wenn $P < P^*$ ist, ist das Verhältnis $\sigma^*/\sigma$ gleich dem Verhältnis $P^*/P$; für $P^* < P < P^{**}$ hingegen ist $\sigma^*/\sigma$ gleich der Einheit, da der Stab mit der höchsten Spannung der hinzugefügte Diagonalstab ist, der bereits die Fließgrenze erreicht hat. Um den Sicherheitsfaktor zu bestimmen, genügt es daher nicht mehr, die Spannungen unter den gegebenen Lasten allein zu ermitteln. Wir müssen vielmehr das Verhalten des Tragwerks studieren, wenn die Lasten langsam anwachsen und jene Grenzlast suchen, unter der das Tragwerk beliebig große Formänderungen annehmen kann.

Dieses einfache Beispiel zeigt die typischen Züge der Probleme, wie sie uns in der mathematischen Plastizitätstheorie entgegentreten. Solange die Lasten, welche auf einen elastisch-plastischen Körper einwirken, genügend klein sind, verhält sich der ganze Körper in der Regel[3] elastisch. Wenn die Lasten anwachsen, werden schließlich, bei einer bestimmten Lastgröße plastische Zonen erscheinen (Elastizitätsgrenze [elastic limit]). Wenn die Lasten weiter anwachsen, dann werden sich diese plastischen Zonen aus-

---

[1] „Beliebig groß" gilt jedoch für diese Formänderungen nur insofern, als sie die Geometrie des Fachwerks nicht in einem solchen Maße ändern, daß die vorher berechneten Stabkräfte kein Gleichgewichtssystem mehr darstellen.

[2] Diese Last $P^{**}$ wird im Deutschen als die *Traglast* bezeichnet. (D. Übers.)

[3] Dies muß nicht immer so sein. Beispielsweise wird sich auf dem Grund einer scharfen Kerbe in einem auf Zug beanspruchten Werkstück auch für eine beliebig kleine Axiallast stets eine kleine plastische Zone bilden.

dehnen. Zunächst wird noch kein plastisches Fließen von erheblichem Ausmaß stattfinden, da die plastischen Gebiete gewissermaßen gefesselt sind durch das umgebende elastische Material. Schließlich aber werden die plastischen Gebiete miteinander verschmelzen oder eine solche Anordnung eingehen, so daß mit Erreichen eines bestimmten kritischen Wertes der Belastung plastisches Fließen in großem Ausmaß möglich wird [*Grenze für uneingeschränktes plastisches Fließen* (flow limit)]. Für einen elastisch-plastischen Körper, der einem bestimmten Belastungsprozeß unterworfen wird, trennen die Elastizitätsgrenze und die Grenze für das uneingeschränkte Fließen drei Bereiche des mechanischen Verhaltens des Stoffes voneinander ab: Den elastischen Bereich [(elastic range), unterhalb der Elastizitätsgrenze], den Bereich *eingeschränkter plastischer Verformung* [(contained plastic deformation), zwischen der Elastizitätsgrenze und der Grenze für uneingeschränktes Fließen] und den Bereich des *uneingeschränkten plastischen Fließens* [(unrestricted plastic flow), jenseits der Grenze für uneingeschränktes Fließen.]

Für die Bestimmung von Sicherheitsfaktoren ist der Bereich der eingeschränkten plastischen Verformung der allerwichtigste. Für die Behandlung der technologischen Formungsprozesse jedoch ist der Bereich des uneingeschränkten plastischen Fließens maßgebend. In diesem Bereich können die plastischen Formänderungen die elastischen so weit übertreffen, daß die letzteren oft überhaupt vernachlässigt werden können. Mit anderen Worten, bei der Behandlung technologischer Formungsprozesse werden wir berechtigt sein, das Material als starr zu betrachten, solange die Spannungen noch nicht die Fließgrenze erreicht haben. Offensichtlich würde diese Idealisierung im Bereich der eingeschränkten plastischen Verformung nicht zweckmäßig sein. Es werden daher im folgenden zwei Theorien des ideal plastischen Körpers behandelt werden: Die Theorie von SAINT VENANT-LÉVY-MISES [6], [7], [8], welche die elastischen Formänderungen vernachlässigt, und die Theorie von PRANDTL-REUSS [9], [10], welche sowohl die elastischen als auch die plastischen Verformungen berücksichtigt.


## Literatur

1. BERLINER, S.: Über das Verhalten des Gußeisens bei langsamen Belastungswechseln. Diss., Göttingen, 1906.

2. PRANDTL, L.: Ein Gedankenmodell zur kinetischen Theorie fester Körper. Z. angew. Math. Mech. 8, 85—106 (1928).

3. BRIDGMAN, P. W.: The compressibility of thirty metals as a function of pressure and temperature. Proc. Amer. Acad. Arts Sci. 58, 165—242 (1922—1923).

4. LOVE, A. E. H.: A treatise on the mathematical theory of elasticity. Dover Publications, New York, 1946.

5. BOHNENBLUST, H. F. und P. DUWEZ: Some properties of a mechanical model of plasticity. J. Appl. Mech. 15, 222—225 (1948).

6. Saint Venant, B. de: Mémoire sur l'établissement des équations différentielles des mouvements intérieurs opérés dans les corps solides ductiles au delà des limites où l'élasticité pourrait les ramener à leur premier état. C. R. Ac. Sci. (Paris) **70**, 473—480 (1870).

7. Lévy, M.: Mémoire sur les équations générales des mouvements intérieurs des corps solides ductiles au delà des limites où l'élasticité pourrait les ramener à leur premier état. C. R. Ac. Sci. (Paris) **70**, 1323—1325 (1870).

8. Mises, R. v.: Mechanik der festen Körper im plastisch deformablen Zustand. Göttinger Nachr., math.-phys. Kl. **1913**, 582—592 (1913).

9. Prandtl, L.: Spannungsverteilung in plastischen Körpern. Proc. 1st Internat. Congr. Appl. Mech. (Delft 1924), pp. 43—54.

10. Reuss, E.: Berücksichtigung der elastischen Formänderungen in der Plastizitätstheorie. Z. angew. Math. Mech. **10**, 266—274 (1930).

# I. Grundlagen

## 1. Die Spannung

Das mechanische Verhalten irgend eines Kontinuums wird durch die Begriffe Spannung und Formänderung (Verzerrung) beschrieben. Die beiden ersten Abschnitte dieses Kapitels sollen einen kurzen Überblick über jene Eigenschaften der Spannungen und der Formänderungen geben, von denen angenommen werden darf, daß der Leser mit ihnen bereits von der Festigkeitslehre oder von der mathematischen Elastizitätstheorie her vertraut ist (s. z. B. [1], Einleitung und Kap. I und IV).

Der Spannungszustand in einem Punkt $P$ eines kontinuierlichen Mediums wird mathematisch durch den *Spannungstensor* (stress tensor) beschrieben. Betrachten wir ein kleines Flächenelement, welches durch den Punkt $P$ geht und auf der $x$-Achse eines rechtwinkeligen cartesischen Koordinatensystems $x, y, z$ senkrecht steht. Das Material auf der einen Seite dieses Flächenelements wird im allgemeinen eine Kraft auf das Material auf der anderen Seite ausüben. Wir bezeichnen die Kraft, die von dem Material auf der Seite der größeren Werte von $x$ ausgeübt wird, als den Vektor $d\mathfrak{P}$ und den Inhalt des Flächenelements mit $dF$. Dann ist der *Spannungsvektor*, welcher auf einem solchen Flächenelement durch den Punkt $P$ wirkt, definiert als der Grenzwert von $d\mathfrak{P}/dF$, wenn $dF$ gegen Null geht. Diese Spannung wollen wir zerlegen in eine Normalspannung (normal stress), die senkrecht zu dem Flächenelement wirkt, und in eine Tangential- oder Schubspannung (tangential oder shearing stress), die in dem Flächenelement wirkt. Die Normalspannung auf jenem Flächenelement in $P$, das auf der $x$-Achse senkrecht steht, wollen wir mit $\sigma_x$ bezeichnen, und die Komponenten der Schubspannung in der Richtung der $y$-, bzw. $z$-Achse mit $\tau_{xy}$, bzw. $\tau_{xz}$. In gleicher Weise sollen die Normal- und Schubspannungen auf Flächenelementen, die senkrecht auf der $y$-, bzw. $z$-Achse stehen, mit $\sigma_y, \tau_{yx}, \tau_{yz}$, bzw. $\sigma_z, \tau_{zx}, \tau_{zy}$ bezeichnet werden (Abb. 5). Diese neun Größen werden die Komponenten des Spannungstensors in Punkt $P$ genannt.

Wenn die Spannungsvektoren auf drei (zueinander senkrechten) Flächenelementen in einem Punkt $P$ bekannt sind, dann kann der Spannungsvektor für ein beliebiges Flächenelement durch $P$ leicht aus Betrachtungen über das Gleichgewicht gefunden werden (s. [1], S. 182). Wir nehmen an, daß die drei orthogonalen Flächenelemente in $P$ auf den Koordinatenachsen senkrecht stehen und bezeichnen die drei Richtungscosinus der Normalen des beliebig geneigten Flächenelements mit $l$, $m$, $n$. Bezeichnet $\mathfrak{S}$ den Spannungsvektor, der durch dieses Flächenelement hindurch von der Seite der positiven Normalen nach der anderen Seite übertragen wird, so sind die Komponenten von $\mathfrak{S}$ nach den Richtungen der Koordinatenachsen gegeben durch

$$
\begin{aligned}
S_x &= \sigma_x\, l + \tau_{yx}\, m + \tau_{zx}\, n, \\
S_y &= \tau_{xy}\, l + \sigma_y\, m + \tau_{zy}\, n, \\
S_z &= \tau_{xz}\, l + \tau_{yz}\, m + \sigma_z\, n.
\end{aligned}
\tag{1,1}
$$

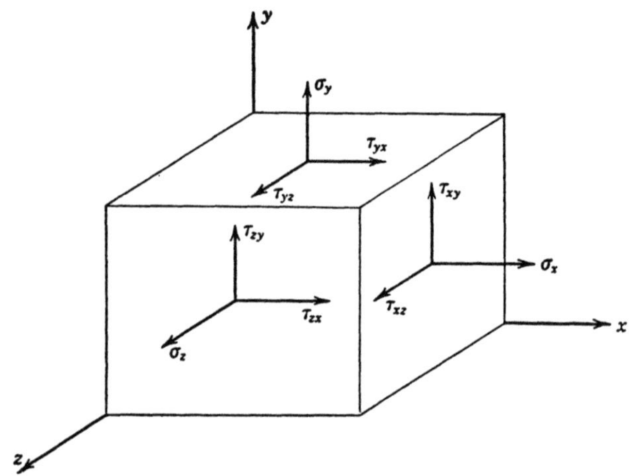


Abb. 5. Komponenten des Spannungstensors.

Wir wollen nun ein neues System rechtwinkeliger cartesischer Koordinaten $\xi$, $\eta$, $\zeta$ einführen, dessen $\xi$-Achse auf dem Flächenelement senkrecht steht, für das wir eben den Spannungsvektor berechnet haben. Die Richtungscosinus der $\xi$-Achse in bezug auf das Achsenkreuz $x$, $y$, $z$ sind dann $l$, $m$, $n$. Analog seien $l'$, $m'$, $n'$ und $l''$, $m''$, $n''$ die Richtungscosinus der $\eta$- und der $\zeta$-Achse. Die Normalspannung auf dem betrachteten Flächenelement ist dann

$$
\sigma_\xi = S_x\, l + S_y\, m + S_z\, n,
$$

und die Schubspannungen sind

$$
\begin{aligned}
\tau_{\xi\eta} &= S_x\, l' + S_y\, m' + S_z\, n', \\
\tau_{\xi\zeta} &= S_x\, l'' + S_y\, m'' + S_z\, n''.
\end{aligned}
$$

Unter Verwendung von (1,1) erhalten wir daraus

$$\sigma_\xi = \sigma_x\, l^2 + \sigma_y\, m^2 + \sigma_z\, n^2 +$$
$$+ (\tau_{xy} + \tau_{yx})\, l\, m + (\tau_{yz} + \tau_{zy})\, m\, n + (\tau_{zx} + \tau_{xz})\, n\, l,$$
$$\tau_{\xi\eta} = \sigma_x\, l\, l' + \sigma_y\, m\, m' + \sigma_z\, n\, n' + \qquad\qquad (1,2)$$
$$+ \tau_{xy}\, l\, m' + \tau_{yx}\, l'\, m + \tau_{yz}\, m\, n' + \tau_{zy}\, m'\, n + \tau_{zx}\, n\, l' + \tau_{xz}\, n'\, l,$$
$$\tau_{\xi\zeta} = \sigma_x\, l\, l'' + \sigma_y\, m\, m'' + \sigma_z\, n\, n'' +$$
$$+ \tau_{xy}\, l\, m'' + \tau_{yx}\, l''\, m + \tau_{yz}\, m\, n'' + \tau_{zy}\, m''\, n + \tau_{zx}\, n\, l'' + \tau_{xz}\, n''\, l.$$

Wenn eine physikalische Größe in bezug auf ein gegebenes rechtwinkeliges cartesisches Koordinatensystem durch neun Komponenten definiert wird, die sich nach den Gln. (1,2) transformieren, bzw. nach jenen Gleichungen, die aus (1,2) durch zyklische Vertauschung der Indizes $\xi, \eta, \zeta$ und der Richtungscosinus $l, l', l''$ usw. hervorgehen, dann wird diese Größe ein *Tensor* genannt. Wie der Name anzeigt, nahm der Begriff des Tensors seinen Ausgang von der Aufgabe, die Spannungen zu ermitteln, welche auf verschiedenen Flächenelementen in einem Punkt eines kontinuierlichen Mediums übertragen werden[1].

Aus der Bedingung, daß für ein Körperelement im Punkt $P$ die Momente im Gleichgewicht sein müssen, folgt (s. [1], S. 5), daß der *Spannungstensor* symmetrisch ist, das heißt, daß gilt:

$$\tau_{zy} = \tau_{yz}, \qquad \tau_{xz} = \tau_{zx}, \qquad \tau_{yx} = \tau_{xy}. \qquad (1,3)$$

Demnach wird der Spannungszustand in einem beliebigen Punkt $P$ eines kontinuierlichen Mediums durch die sechs Spannungskomponenten $\sigma_x, \sigma_y, \sigma_z,$ $\tau_{yz}, \tau_{zx}, \tau_{xy}$ vollständig definiert.

Es ist immer möglich, die Koordinatenachsen auf solche Art zu wählen, daß die Schubspannungen *im Punkt P* verschwinden (s. [1], S. 184), daß also gilt

$$\tau_{yz} = \tau_{zx} = \tau_{xy} = 0, \qquad \text{in } P. \qquad (1,4)$$

Diese Wahl muß nicht immer eindeutig sein [z. B. bei reinem hydrostatischem Druck, wo Gl. (1,4) für jede beliebige Wahl der Achsen gilt]: in jedem Fall aber werden drei orthogonale Achsen, für die (1,4) gilt, *Hauptachsen* (principal axes) genannt, und ihre Richtungen *Hauptrichtungen* (principal directions) in $P$. Die Normalspannungen auf jenen Flächenelementen durch $P$, welche normal zu den Hauptrichtungen in $P$ sind, heißen *Hauptspannungen* (principal stresses) und sollen mit $\sigma_1, \sigma_2, \sigma_3$ bezeichnet werden.

Die *mittlere Normalspannung* (mean normal stress) wird definiert durch

$$s = \frac{1}{3}\left(\sigma_x + \sigma_y + \sigma_z\right). \qquad (1,5)$$

Es ist oft zweckmäßig, anstatt der mittleren Normalspannung die mittlere Druckspannung (mean normal pressure) $p = -s$ zu verwenden.

---

[1] Lateinisch: tendo = ich spanne. (D. Übers.)

Aus der ersten Gl. (1,2) und den zwei Gleichungen, welche aus ihr durch zyklische Vertauschung der Indizes und der Richtungscosinus hervorgeht, erhalten wir, wenn wir beachten, daß gilt[1]

$$
\begin{aligned}
l^2 + l'^2 \;\;+ l''^2 &= 1, \\
l\,m + l'\,m' + l''\,m'' &= 0, \\
m\,n + m'\,n' + m''\,n'' &= 0, \\
n\,l + n'\,l' \;\;+ n''\,l'' &= 0,
\end{aligned}
\tag{1,6}
$$

die folgende Beziehung:

$$
\sigma_\xi + \sigma_\eta + \sigma_\zeta = \sigma_x + \sigma_y + \sigma_z.
\tag{1,7}
$$

Die Summe der drei Normalspannungen in bezug auf ein rechtwinkeliges Achsenkreuz in $P$ ist also unabhängig von der Orientierung dieser Achsen. Man nennt nun einen Ausdruck eine *Invariante* (invariant) eines Tensors, wenn er aus den Komponenten des Tensors in bezug auf ein rechtwinkeliges Achsensystem in solcher Weise gebildet ist, daß sich sein Wert nicht ändert, wenn diese Komponenten durch die entsprechenden Komponenten in bezug auf ein anderes rechtwinkeliges Achsenkreuz ersetzt werden. Gl. (1,7) zeigt, daß die mittlere Normalspannung eine Invariante des Spannungstensors ist. Wenn, speziell, der Spannungstensor auf die Hauptachsen bezogen wird, dann ist die mittlere Normalspannung gegeben durch

$$
s = \frac{1}{3}\,(\sigma_1 + \sigma_2 + \sigma_3).
\tag{1,8}
$$

Es ist oft zweckmäßig, den Spannungstensor zu zerlegen, und zwar in einen Kugeltensor, welcher der mittleren Normalspannung entspricht, und in den Deviator[2]. Der *Spannungsdeviator* (stress deviation) ist dann definiert als der Tensor mit den Normalkomponenten

$$
s_x = \sigma_x - s, \qquad s_y = \sigma_y - s, \qquad s_z = \sigma_z - s,
\tag{1,9}
$$

und denselben Tangentialkomponenten wie der Spannungstensor. Die Hauptrichtungen des Spannungsdeviators sind die gleichen wie die des Spannungstensors und die Hauptnormalkomponenten des Spannungsdeviators sind gegeben durch

$$
s_1 = \sigma_1 - s, \qquad s_2 = \sigma_2 - s, \qquad \cdot\, s_3 = \sigma_3 - s.
\tag{1,10}
$$

Aus der Definition des Spannungsdeviators folgt, daß gilt

$$
s_x + s_y + s_z = s_1 + s_2 + s_3 = 0.
\tag{1,11}
$$

---

[1] $l, l', l''$ und $m, m', m''$ sind die Richtungscosinus der $x$-, bzw. $y$-Achse in bezug auf die Achsen $\xi, \eta, \zeta$. Wir können $l, l'\, l''$ und $m, m', m''$ auch auffassen als die Komponenten von Einheitsvektoren $\mathfrak{l}$ und $\mathfrak{m}$ nach den Achsenrichtungen $\xi, \eta, \zeta$, wobei diese Einheitsvektoren in der $x$-, bzw. $y$-Achse liegen. Die erste Gl. (1,6) besagt, daß $\mathfrak{l}$ die Länge 1 hat und die zweite, daß $\mathfrak{l}$ und $\mathfrak{m}$ aufeinander senkrecht stehen.

[2] deviation = Abweichung, nämlich vom Kugeltensor. (D. Übers.)

Betrachten wir die sämtlichen Flächenelemente, welche durch eine der Hauptachsen im Punkt $P$ gelegt werden können. Der größte Absolutwert der Schubspannungen, welche durch diese Flächenelemente hindurch übertragen werden, tritt dann auf jenen Flächenelementen auf, welche die Winkel zwischen den beiden anderen Hauptrichtungen halbieren. Die Absolutbeträge der Schubspannungen auf diesen Flächenelementen werden *Hauptschubspannungen* (principal shearing stresses) genannt. Das gleiche gilt für die Flächenelemente durch die beiden anderen Hauptachsen in $P$, so daß wir insgesamt drei Hauptschubspannungen erhalten, die gegeben sind durch (s. [1], S.188)

$$\tau_1 = \frac{1}{2}\,|\sigma_2 - \sigma_3| = \frac{1}{2}\,|s_2 - s_3|,$$

$$\tau_2 = \frac{1}{2}\,|\sigma_3 - \sigma_1| = \frac{1}{2}\,|s_3 - s_1|, \qquad (1,12)$$

$$\tau_3 = \frac{1}{2}\,|\sigma_1 - \sigma_2| = \frac{1}{2}\,|s_1 - s_2|.$$

Die Normalspannungen, welche auf diesen Flächenelementen übertragen werden, wo die größten Schubspannungen auftreten, können mittels Gl. (1,2) berechnet werden, und ergeben sich zu

$$\frac{1}{2}\,(\sigma_2 + \sigma_3), \qquad \frac{1}{2}\,(\sigma_3 + \sigma_1), \qquad \frac{1}{2}\,(\sigma_1 + \sigma_2). \qquad (1,13)$$

## 2. Die Formänderung (Verzerrung)

Wenn Kräfte auf ein kontinuierliches Medium wirken, dann rufen sie nicht bloß Spannungen in dem Medium hervor, sondern verschieben auch seine kleinsten Teilchen. Wir bezeichnen mit $u_x$, $u_y$, $u_z$ die Verschiebungen (displacements) eines Punktes $P$ in der Richtung der Koordinatenachsen.

Betrachten wir ein Linienelement durch $P$ in der Richtung der $x$-Achse. Die *Dehnung* in der $x$-Richtung in $P$ ist dann definiert als der Grenzwert der Verlängerung der Längeneinheit dieses Linienelements, wenn seine Länge gegen Null geht. Wenn, wie in der Elastizitätstheorie, die Verschiebungen und ihre Ableitungen nach den Richtungen der Koordinatenachsen als sehr kleine Größen betrachtet werden können, dann ist die Dehnung in der $x$-Richtung gegeben durch (s. [1], S. 191):

$$\varepsilon_x = \frac{\partial u_x}{\partial x}. \qquad (2,1\ \text{a})$$

Die Dehnungen $\varepsilon_y$ und $\varepsilon_z$ in der $y$-, bzw. $z$-Richtung sind durch ähnliche Ausdrücke gegeben:

$$\varepsilon_y = \frac{\partial u_y}{\partial y}, \qquad \varepsilon_z = \frac{\partial u_z}{\partial z} \qquad (2,1\ \text{b})$$

Der Winkel zwischen zwei Linienelementen durch $P$, welche die Richtungen der positiven $y$-, bzw. $z$-Achse haben, wird im allgemeinen durch die Deformation eine Änderung erfahren. Die Abnahme dieses ursprünglich rechten Winkels wird *Gleitung* oder *Schiebung* (auch Schubverzerrung) genannt; sie wird mit $\gamma_{yz}$ bezeichnet und ist gegeben durch (s. [1], S. 191)[1]

$$\gamma_{yz} = \frac{\partial u_z}{\partial y} + \frac{\partial u_y}{\partial z} \qquad (2,2\ \text{a})$$

In gleicher Weise sind die Schiebungen, welche die Abnahme der ursprünglich rechten Winkel zwischen zwei sich schneidenden Linienelementen durch $P$ mit den Richtungen der positiven $z$- und $x$-Achse, bzw. den Richtungen der positiven $x$- und $y$-Achse darstellen, gegeben durch

$$\gamma_{zx} = \frac{\partial u_x}{\partial z} + \frac{\partial u_z}{\partial x}, \qquad \gamma_{xy} = \frac{\partial u_y}{\partial x} + \frac{\partial u_x}{\partial y} \qquad (2,2\ \text{b})$$

Dies ist die Definition der Schiebungen, wie sie in der technischen Praxis üblich ist. Wollen wir jedoch zum *Verzerrungstensor* (strain tensor) gelangen, dann haben wir die Dehnungen so zu verwenden, wie oben definiert, die Schiebungen jedoch durch 2 zu dividieren (s. [2], S. 20). Die Normalkomponenten des Verzerrungstensors sind also $\varepsilon_x, \varepsilon_y, \varepsilon_z$, die Tangentialkomponenten aber $\tfrac{1}{2}\gamma_{yz}, \tfrac{1}{2}\gamma_{zx}, \tfrac{1}{2}\gamma_{xy}$. Offensichtlich ist der Verzerrungstensor symmetrisch.

Der Verzerrungstensor hat viele Eigenschaften mit dem Spannungstensor gemein. In jedem Punkt eines Körpers existiert mindestens ein System von drei zueinander senkrechten Richtungen, welche auch nach der Deformation des Körpers zueinander senkrecht geblieben sind. Drei solche Richtungen werden *Hauptverzerrungsrichtungen* (principal directions of strain) genannt, und die Dehnungen in diesen Richtungen (*Hauptdehnungen*) werden mit $\varepsilon_1, \varepsilon_2, \varepsilon_3$ bezeichnet.

Wir definieren die *mittlere Dehnung* (mean normal strain) als

$$e = \frac{1}{3}(\varepsilon_x + \varepsilon_y + \varepsilon_z) = \frac{1}{3}(\varepsilon_1 + \varepsilon_2 + \varepsilon_3). \qquad (2,3)$$

Die Normalkomponenten des *Verzerrungsdeviators* (strain deviation) sind dann definiert als

$$e_x = \varepsilon_x - e, \qquad e_y = \varepsilon_y - e, \qquad e_z = \varepsilon_z - e, \qquad (2,4)$$

und die Tangentialkomponenten durch die Werte $\tfrac{1}{2}\gamma_{yz}, \tfrac{1}{2}\gamma_{zx}, \tfrac{1}{2}\gamma_{xy}$. Die Hauptnormalkomponenten des Verzerrungsdeviators sind

$$e_1 = \varepsilon_1 - e, \qquad e_2 = \varepsilon_2 - e, \qquad e_3 = \varepsilon_3 - e. \qquad (2,5)$$

---

[1] *Dehnungen* (normal strains) und *Schiebungen* (shear strains) werden im Englischen unter der Bezeichnung *strains*, im Deutschen gewöhnlich unter der Bezeichnung *Verzerrungen* zusammengefaßt. (D. Übers.)

Man sieht sofort, daß gilt

$$e_x + e_y + e_z = e_1 + e_2 + e_3 = 0. \qquad (2,6)$$

Schließlich können wir die *Hauptschiebungen* (principal shear strains) definieren als

$$\gamma_1 = |\varepsilon_2 - \varepsilon_3| = |e_2 - e_3|,$$
$$\gamma_2 = |\varepsilon_3 - \varepsilon_1| = |e_3 - e_1|, \qquad (2,7)$$
$$\gamma_3 = |\varepsilon_1 - \varepsilon_2| = |e_1 - e_2|.$$

Um Formeln für die *Verzerrungsgeschwindigkeiten* (strain rates) zu erhalten, können wir das eben Ausgeführte auf die Geschwindigkeitskomponenten (velocity components) $v_x$, $v_y$ und $v_z$ im Punkt $P$ anwenden. In diesem Buch werden wir zur Kennzeichnung zeitlicher Ableitungen den Punkt benützen:

$$\dot{\varepsilon}_x = \frac{\partial v_x}{\partial x}, \qquad \dot{\varepsilon}_y = \frac{\partial v_y}{\partial y}, \qquad \dot{\varepsilon}_z = \frac{\partial v_z}{\partial z} \qquad (2,8)$$

$$\dot{\gamma}_{yz} = \frac{\partial v_z}{\partial y} + \frac{\partial v_y}{\partial z}, \qquad \dot{\gamma}_{zx} = \frac{\partial v_x}{\partial z} + \frac{\partial v_z}{\partial x}, \qquad \dot{\gamma}_{xy} = \frac{\partial v_y}{\partial x} + \frac{\partial v_x}{\partial y} \qquad (2,9)$$

Die Formeln für die mittlere Dehnungsgeschwindigkeit (mean normal strain rate), die Normalkomponenten des Deviators der Verzerrungsgeschwindigkeiten (normal components of the strain rate deviation) und die Hauptschiebungsgeschwindigkeiten (principal shear rates) werden erhalten, indem man über jede Größe in den Gln. (2,3) bis (2,7) einen Punkt setzt.

## 3. Die Gleichgewichtsbedingungen. Einfache Spannungs-Verzerrungsbedingungen

Die Kräfte, welche an einem deformierbaren Körper angreifen, können in zwei Gruppen eingeteilt werden: Volums- oder Massenkräfte (body forces), welche auf sämtliche Teilchen des Körpers wirken und Oberflächenkräfte (surface forces), welche nur auf die Teilchen an der Oberfläche wirken. Schwerkraft, Fliehkraft und magnetische Anziehung sind Beispiele für die erste Art dieser Kräfte, normal oder tangential wirkende Flächenbelastung für die zweite. $X, Y, Z$ seien die Komponenten der Massenkraft pro Volumseinheit, welche auf den Körper wirkt. Diese Größen werden ebenso wie die Komponenten der Verschiebung und der Geschwindigkeit im allgemeinen Funktionen der Koordinaten des betrachteten Teilchens sein, sowie auch der Zeit $t$. In jedem Punkt des Körpers müssen dann die drei Gleichgewichtsbedingungen (equations of equilibrium) erfüllt sein (s. [1], S. 195)[1]

---

[1] Für langsames plastisches Fließen, wie es im folgenden behandelt werden soll, kann man annehmen, daß alle Trägheitseffekte zu vernachlässigen sind. Deshalb können wir hier die Gleichgewichtsbedingungen anwenden, an Stelle der Bewegungsgleichungen.

$$\frac{\partial \sigma_x}{\partial x} + \frac{\partial \tau_{xy}}{\partial y} + \frac{\partial \tau_{zx}}{\partial z} + X = 0,$$

$$\frac{\partial \tau_{xy}}{\partial x} + \frac{\partial \sigma_y}{\partial y} + \frac{\partial \tau_{yz}}{\partial z} + Y = 0, \qquad (3,1)$$

$$\frac{\partial \tau_{zx}}{\partial x} + \frac{\partial \tau_{yz}}{\partial y} + \frac{\partial \sigma_z}{\partial z} + Z = 0.$$

Diese Gleichungen gelten für jedes deformierbare Medium. Wir haben jedoch sechs Spannungskomponenten und drei Verschiebungs- (oder Geschwindigkeits-)komponenten, das sind also zusammen neun unbekannte Funktionen des Ortes und der Zeit zu bestimmen, hingegen haben wir nur drei Gleichgewichtsgleichungen. Um die Spannungen und Verzerrungen in einem deformierbaren Körper ermitteln zu können, müssen wir zu den Gln. (3,1) noch sechs weitere Gleichungen hinzufügen. Diese ergeben sich aus den Beziehungen zwischen den Spannungen und den Verzerrungen (stress-strain relations) in einem beliebigen Punkt des Körpers.

Diese Beziehungen nehmen verschiedene Form an, je nach der Art des betrachteten kontinuierlichen Mediums. Im folgenden sollen nur die Spannungs-Verzerrungsbeziehungen *isotroper* Stoffe behandelt werden; mit anderen Worten, es sollen nur Stoffe betrachtet werden, die nach allen Richtungen die gleichen Eigenschaften zeigen.

Ein ideal elastischer Körper (perfectly elastic body) ist gekennzeichnet durch einen umkehrbar eindeutigen Zusammenhang zwischen Spannung und Verformung. Wenn also ein elastischer Körper belastet wird, und hierauf die Last wieder entfernt wird, dann wird er wieder seine ursprüngliche Gestalt annehmen. Wenn wir, wie dies gewöhnlich geschieht, voraussetzen, daß die Beziehungen zwischen Spannungen und Verzerrungen linear sind, dann kommen in diesen Beziehungen nur zwei Konstante vor, die das elastische Verhalten des Stoffes vollständig charakterisieren (s. [1], S. 7 und [2], Sec. 22). Wenn $G$ den *Schubmodul* (Gleitmodul, shear modulus, modulus of rigidity) und $K$ den *Kompressionsmodul* (bulk modulus) bezeichnet, dann können die sechs Spannungs-Verzerrungsbeziehungen, welche unter dem Namen HOOKEsches Gesetz bekannt sind, am einfachsten in folgender Form geschrieben werden[1]:

$$s_x = 2\,G\,e_x, \qquad s_y = 2\,G\,e_y, \qquad s_z = 2\,G\,e_z,$$

$$\tau_{yz} = G\,\gamma_{yz}, \qquad \tau_{zx} = G\,\gamma_{zx}, \qquad \tau_{xy} = G\,\gamma_{xy}, \qquad (3,2)$$

$$\sigma_x + \sigma_y + \sigma_z = 3\,K\,(\varepsilon_x + \varepsilon_y + \varepsilon_z).$$

---

[1] Beachten wir die Gln. (1,11) und (2,6), dann ergibt sich, daß wir eine Identität erhalten, wenn wir die ersten drei Gln. (3,2) addieren. Daher können nur zwei von den ersten drei Gleichungen als unabhängig angesehen werden und (3,2) stellt daher nur die erforderlichen sechs Gleichungen dar.

Schub- und Kompressionsmodul können durch die mehr vertrauten Konstanten, nämlich den Elastizitätsmodul $E$ und die POISSONsche Konstante $\nu$ wie folgt ausgedrückt werden:

$$G = \frac{E}{2(1+\nu)}, \qquad K = \frac{E}{3(1-2\nu)}. \tag{3,3}$$

Wir sehen, daß die Zeit nicht in das HOOKEsche Gesetz eingeht. Die Spannungen und Verzerrungen sind gänzlich unabhängig davon, mit welcher Geschwindigkeit sie sich allenfalls ändern (sie sind also unabhängig von der zeitlichen Spannungsänderung und der Verzerrungsgeschwindigkeit). Ferner hängt der Spannungszustand in irgend einem Zeitpunkt nur ab vom Verzerrungszustand in diesem Zeitpunkt und nicht von der Vorgeschichte der Verformung (strain history).

Für eine zähe (reibende) Flüssigkeit (viscous fluid) ist der Spannungsdeviator proportional der zeitlichen Ableitung des Verzerrungsdeviators, und nicht dem Verzerrungsdeviator selbst. Die Spannungs-Verzerrungsbeziehungen für eine *inkompressible zähe Flüssigkeit* lauten:

$$s_x = 2\mu\,\dot{e}_x, \qquad s_y = 2\mu\,\dot{e}_y, \qquad s_z = 2\mu\,\dot{e}_z,$$
$$\tau_{yz} = \mu\,\dot{\gamma}_{yz}, \qquad \tau_{zx} = \mu\,\dot{\gamma}_{zx}, \qquad \tau_{xy} = \mu\,\dot{\gamma}_{xy} \tag{3,4}$$

wo $\mu$ den Reibungskoeffizienten (coefficient of viscosity) darstellt. Die sechste unabhängige Gleichung liefert die Bedingung der Unzusammendrückbarkeit (condition of incompressibility):

$$\dot{\varepsilon}_x + \dot{\varepsilon}_y + \dot{\varepsilon}_z = 0. \tag{3,5}$$

## 4. Fließbedingungen

Das mechanische Verhalten eines *ideal plastischen Körpers* bei einachsigem Zug oder einachsigem Druck wurde bereits in der Einleitung beschrieben. Die dortigen Ausführungen zeigen, daß das Spannungs-Formänderungsgesetz eines ideal plastischen Stoffes folgendes enthalten muß:

1. Die Spannungs-Verzerrungsbeziehung für den elastischen Bereich,

2. das Kriterium [*Fließbedingung* (yield condition)], welches anzeigt, wo das plastische Fließen einsetzt [Belastung (loading)] oder aufhört [Entlastung (unloading)],

3. die Spannungs-Verzerrungsbeziehung für den plastischen Bereich.

Für den elastischen Bereich wird das HOOKEsche Gesetz als gültig angenommen [Gl. (3,2)]. In einer etwas abgeänderten Form wird dieses Gesetz auch für Entlastungsvorgänge als gültig angenommen, denen der Körper unterworfen wird, nachdem bereits plastisches Fließen stattgefunden hat. Dieses modifizierte HOOKEsche Gesetz setzt die zeitliche Ableitung der Spannung, die sogenannte *Spannungsgeschwindigkeit* (stress rate) zur zeitlichen Ableitung der Verzerrung (Verzerrungsgeschwindigkeit) in Beziehung, und nicht die Spannung zur Verzerrung, wie es die Gln. (3,2) tun. Diese Modifikation ist notwendig, weil am Beginn des Entlastungsprozesses Spannung und Verzerrung nicht mehr dem HOOKEschen Gesetz gehorchen, wenn bereits plastisches Fließen stattgefunden hat.

Ebenso wie die Werte der elastischen Konstanten (Schubmodul und Kompressionsmodul) durch Versuche ermittelt werden müssen, so muß man auch für irgend einen gegebenen elastisch-plastischen Körper die Fließbedingung und die Spannungs-Verzerrungsbeziehung im plastischen Bereich experimentell bestimmen. Mathematische Überlegungen können wohl einige allgemeine Hinweise bezüglich der Art der Fließbedingung und der Spannungs-Verzerrungsbeziehung im plastischen Bereich geben, indessen werden die Versuche stets einen letzten Prüfstein für jede solche Theorie darstellen.

Der Rest dieses Abschnittes wird der Erörterung der Fließbedingungen gewidmet sein, und der nächste Abschnitt der Besprechung der plastischen Spannungs-Verzerrungsbeziehungen, die wir im weiteren Verlauf dieses Buches benützen werden.

Wir wollen die Besprechung der Fließbedingungen damit beginnen, daß wir das erste Auftreten einer plastischen Verformung in einem ideal plastischen Material betrachten, das bisher noch niemals über den elastischen Bereich hinaus deformiert worden ist. Da wir das HOOKEsche Gesetz im elastischen Bereich als gültig angenommen haben, ist die Verzerrung in dem Augenblick, wo die plastische Verformung einsetzt, durch die Spannungen in diesem Augenblick eindeutig bestimmt. Daraus folgt, daß, was auch immer für eine Kombination von Spannung und Verzerrung *physikalisch* die Bedingung dafür sein mag, daß sich plastische Verformungen einstellen, es stets möglich sein wird, diese kritische Kombination von Spannung und Verzerrung *mathematisch* durch die Spannungskomponenten allein auszudrücken. Zumindest für das erste Auftreten plastischer Verzerrungen kann demnach die Fließbedingung in der Form

$$f\left(\sigma_x, \sigma_y, \sigma_z, \tau_{yz}, \tau_{zx}, \tau_{xy}\right) = 0 \tag{4,1}$$

geschrieben werden.

Innerhalb des elastischen Bereichs, und bis zum tatsächlichen Einsetzen der plastischen Verformung wurde das Material als *isotrop* vorausgesetzt. Das heißt, die Form des HOOKEschen Gesetzes, Gl. (3,2) und insbesondere die Werte der Elastizitätskonstanten $G$ und $K$ hängen nicht von der Lage des Koordinatensystems ab. Diese Isotropie bedingt eine Einschränkung der Form der Funktion $f$, welche auf der linken Seite der Gl. (4,1) steht: Der Wert von $f$ darf sich nicht ändern, wenn die Spannungskomponenten bezüglich der Achsen $x, y, z$ durch die entsprechenden Komponenten in irgend einem anderen rechtwinkeligen Achsenkreuz $\xi, \eta, \zeta$ ersetzt werden. Mit anderen Worten, der Ausdruck auf der linken Seite der Gl. (4.1) muß eine Invariante des Spannungstensors sein.

Das Kriterium für das erste Auftreten plastischer Formänderungen ist also ziemlich weitgehenden Beschränkungen unterworfen, welche aus der Annahme folgen, daß wir es bis zum Einsetzen plastischer Verformung mit einem isotropen, elastischen Material zu tun haben, das dem Hookeschen Gesetz, Gl. (3,2), gehorcht. Es besteht hingegen keine Notwendigkeit, daß diese Beschränkungen auch für jenes Kriterium gelten, welches anzeigt, wann das plastische Fließen aufhört (Entlastung) und neuerlich beginnt [Wiederbelastung (reloading)]. Nachdem plastisches Fließen stattgefunden hat, ist die Verzerrung in einem bestimmten Augenblick nicht mehr durch die augenblicklich herrschende Spannung allein bestimmt, sondern hängt von der gesamten Belastungsvorgeschichte (history of loading) ab. Darüber hinaus kann das Material während des plastischen Fließens anisotrop werden.

Im folgenden wollen wir jedoch festsetzen, daß die Kriterien für die Entlastung und Wiederbelastung ebenfalls allen jenen Einschränkungen unterworfen seien, die wir oben für das Kriterium, betreffend das erste Auftreten plastischer Verzerrungen auseinandergesetzt haben. In gewissem Sinn kann diese Festsetzung als allgemeine Definition für den Begriff „ideal plastisch" (perfectly plastic) betrachtet werden, den wir bisher nur in Verbindung mit einachsiger Zug-, bzw. Druckbeanspruchung definiert haben. Wenn diese Definition des Begriffes „ideal plastisch" zugrundegelegt wird, dann fordert die Fließbedingung eines ideal plastischen Materials das Verschwinden einer Invariante des Spannungstensors. Das Vorzeichen dieser Invariante kann so gewählt werden, daß der elastische Bereich durch negative Werte dieser Invariante gekennzeichnet ist. In diesem Falle entsprechen positive Werte der Invariante Spannungszuständen, die in einem ideal plastischen Werkstoff nicht verwirklicht werden können (z. B. bei einachsigem Zug eine Spannung oberhalb der Zugfließgrenze).

Es wurde gefunden, daß rein hydrostatischer Druck keine nennenswerte plastische Verformung bewirkt (s. Einleitung [3]). In Verallgemeinerung dieser Tatsache wird gewöhnlich angenommen, daß die plastische Verformung nur vom Spannungsdeviator und nicht von der mittleren Druckspannung abhängt. Unter dieser Annahme muß die Fließbedingung das Verschwinden einer Invariante des Spannungsdeviators ausdrücken.

Wenn der Spannungsdeviator auf seine Hauptachsen bezogen wird, dann muß sich jede Invariante des Spannungsdeviators als *symmetrische* Funktion seiner Hauptwerte $s_1, s_2, s_3$ darstellen lassen, das heißt als eine Funktion, die sich nicht ändert, wenn die Variablen $s_1, s_2, s_3$ in irgend einer Weise miteinander vertauscht werden. Denn die Art, wie wir die Indizes 1, 2, 3 auf die Hauptachsen verteilen, darf den Wert einer Invariante nicht beeinflussen.

Ein wohlbekannter Lehrsatz der Algebra (s. [3], S. 241) besagt, daß jede symmetrische Funktion von $n$ Veränderlichen durch $n$ *linear unabhängige* symmetrische Funktionen dieser Veränderlichen ausgedrückt werden kann. Wir wollen diesen Satz auf die symmetrischen Funktionen der Hauptwerte $s_1, s_2, s_3$ des Spannungsdeviators anwenden. Als die drei linear unabhängigen Funktionen dieser Variablen wählen wir

$$J_1 = s_1 + s_2 + s_3,$$

$$J_2 = \frac{1}{2}\,(s_1{}^2 + s_2{}^2 + s_3{}^2), \qquad (4,2)$$

$$J_3 = \frac{1}{3}\,(s_1{}^3 + s_2{}^3 + s_3{}^3).$$

Die Funktion $J_1$ verschwindet gemäß Gl. (1,11). Jede Invariante des Spannungsdeviators, welche durch die Hauptwerte ausgedrückt ist, kann daher auch durch die Größen $J_2$ und $J_3$ dargestellt werden. Die Ausdrücke $J_2$ und $J_3$ selbst sind spezielle Formen, welche gewisse Invarianten des Spannungsdeviators annehmen, wenn man diesen Tensor auf Hauptachsen bezieht. Diese letzteren Invarianten mögen ebenfalls mit $J_2$ und $J_3$ bezeichnet werden. Man kann zeigen (s. Anhang zu diesem Kapitel), daß gilt

$$J_2 = \frac{1}{2}\,(s_x{}^2 + s_y{}^2 + s_z{}^2) + \tau_{yz}{}^2 + \tau_{zx}{}^2 + \tau_{xy}{}^2, \qquad (4,3)$$

$$J_3 = \begin{vmatrix} s_x & \tau_{xy} & \tau_{zx} \\ \tau_{xy} & s_y & \tau_{yz} \\ \tau_{zx} & \tau_{yz} & s_z \end{vmatrix}. \qquad (4,4)$$

Jede Invariante des Deviators und daher auch jede Fließbedingung, welche die oben aufgestellten Forderungen erfüllt, kann demnach durch die Invarianten (4,3) und (4,4) dargestellt werden.

Die am meisten verwendete Fließbedingung, wenn auch nicht historisch die älteste, lautet

$$J_2 - k^2 = 0, \qquad (4,5)$$

wo die Konstante $k$ die Fließgrenze für reinen Schub darstellt. Bei reinem Schub können nämlich die Koordinatenachsen so gewählt werden, daß $\tau_{xy}$ die einzige nicht verschwindende Spannungskomponente ist. Dann reduziert sich die Invariante $J_2$ nach Gl. (4,3) auf $\tau_{xy}{}^2$, und die Fließbedingung (4,5) besagt, daß der Absolutwert von $\tau_{xy}$ gleich $k$ ist.

Wenden wir nun die Fließbedingung (4,5) auf den Fall des einachsigen Zuges in der $x$-Richtung an. In diesem Fall ist $\sigma_x$ die einzige nicht verschwindende Spannungskomponente. Die mittlere Normalspannung [Gl. (1,5)] ist $s = \sigma_x/3$ und die einzigen nicht verschwindenden Komponenten des Spannungsdeviators sind nach Gl. (1,9)

$$s_x = \frac{2}{3}\,\sigma_x, \qquad s_y = s_z = -\frac{1}{3}\,\sigma_x. \qquad (4,6)$$

Damit ergibt sich für die Invariante (4,3) der Wert

$$J_2 = \frac{1}{3}\,\sigma_x{}^2. \tag{4,7}$$

Setzen wir dies in die Fließbedingung (4,5) ein und lösen nach $\sigma_x$ auf, so finden wir, daß das Material bei einachsigem Zug fließt, sobald die Zugspannung den Wert

$$\sigma_x = k\,\sqrt{3} \tag{4,8}$$

erreicht. Die Fließbedingung (4,5) sagt demnach voraus, daß das Verhältnis zwischen den Fließspannungen bei einachsigem Zug ($\sigma_x$) und reinem Schub ($k$) den Wert $\sqrt{3}$ hat.

Eine andere, oft benützte Fließbedingung geht von der Annahme aus, daß während des plastischen Fließens die größte Hauptschubspannung [Gl. (1,12)] einen konstanten Wert hat, welcher gleich der Fließspannung $k$ bei reinem Schub ist. Wenn $\sigma_2$ die größte und $\sigma_3$ die kleinste Hauptspannung ist, dann könnte diese Fließbedingung in der Form

$$\sigma_2 - \sigma_3 = s_2 - s_3 = 2\,k \tag{4,9}$$

geschrieben werden. Indessen befriedigt diese Schreibweise nicht die Forderung, daß die Art, in der die Hauptachsen mit den Indizes 1, 2, 3 bezeichnet werden, auf die Form der Fließbedingung ohne Einfluß sein soll. Die vorliegende Fließbedingung besagt, daß während des plastischen Fließens eine der Differenzen $(s_2 - s_3)$, $(s_3 - s_1)$. $(s_1 - s_2)$ den absoluten Wert $2\,k$ hat. Dies wird mathematisch durch die Gleichung

$$[(s_2 - s_3)^2 - 4\,k^2]\,[(s_3 - s_1)^2 - 4\,k^2]\,[(s_1 - s_2)^2 - 4\,k^2] = 0. \tag{4,10}$$

ausgedrückt. Diese Gleichung stellt die *Fließbedingung der konstanten größten Schubspannung* (yield condition of constant maximum shearing stress) in einer Form dar, welche in den Hauptwerten der Komponenten des Spannungsdeviators symmetrisch ist. Der entsprechende Ausdruck, durch die Invarianten (4,3) und (4,4) dargestellt, lautet

$$4\,J_2{}^3 - 27\,J_3{}^2 - 36\,k^2\,J_2{}^2 + 96\,k^4\,J_2 - 64\,k^6 = 0. \tag{4,11}$$

Um dies zu verifizieren, brauchen wir bloß den Fall zu betrachten, daß der Spannungsdeviator auf seine Hauptachsen bezogen ist. Indem wir die beiden letzten Gln. (4,2) in (4,11) einsetzen und ferner (1,11) benützen, finden wir, daß Gl. (4,11) mittels elementarer, wenn auch ein wenig langwieriger Rechnungen auf die Form (4,10) gebracht werden kann.

Im Fall des einachsigen Zuges in der $x$-Richtung ist die größte Hauptspannung gleich $\sigma_x$, während die beiden anderen Hauptspannungen gleich Null sind. Die größte Differenz zwischen zwei Hauptspannungen ist daher gleich $\sigma_x$ und die Fließbedingung (4,9) sagt voraus, daß das Verhältnis zwischen den Fließspannungen bei einachsigem Zug ($\sigma_x$) und bei reinem Schub ($k$) den Wert 2 hat.

Die Fließbedingung der konstanten größten Schubspannung wurde zuerst von TRESCA[1] [4] aufgestellt. SAINT VENANT und LÉVY verwendeten sie in ihrer mathematischen Plastizitätstheorie (s. Einleitung, [6] und [7]). In manchen praktisch wichtigen Problemen der Plastizität sind die Hauptrichtungen der Spannung durch die Symmetriebedingungen des Problems bestimmt (s. Kap. IV). In solchen Fällen kann oft aus den physikalischen Gegebenheiten erkannt werden, welche der drei Hauptspannungen [Gln. (1,12)] die größte ist. In diesen speziellen Fällen nimmt die Fließbedingung der konstanten größten Schubspannung die mathematisch einfache Form (4,9) an. Im allgemeinen wird jedoch nicht *von vornherein* bekannt sein, welche von den drei Hauptschubspannungen die größte ist. Dann muß die Fließbedingung der konstanten größten Schubspannung in ihrer allgemeinen Form (4,11) verwendet werden, welche, in anderer Bezeichnung, von REUSS stammt [7]. Wie man sieht, ist diese allgemeine Form ziemlich kompliziert und ihre Verwendung hat mühsame Rechenarbeit zur Folge.

Die Fließbedingung (4,5) wurde zuerst von MISES formuliert (s. Einleitung, [8]). Zu jener Zeit war die Fließbedingung der konstanten größten Schubspannung allgemein als eine angemessene Darstellung der experimentellen Ergebnisse anerkannt. MISES führte aus, daß die Fließbedingungen (4,5) und (4,9) für reinen Schub die gleiche Fließspannung ergeben, während diese beiden Theorien für den Fall des einachsigen Zuges ein Verhältnis der Fließspannungen von $\sqrt{3}/2$ vorhersagen. Er wies ferner darauf hin, daß der Unterschied in den Vorhersagen der beiden Fließbedingungen für keinen anderen Spannungszustand größer ist als für den einachsigen Zug. Da dieser größte Unterschied nur ungefähr 15% beträgt, schlug er die Verwendung der mathematisch einfacheren Fließbedingung (4,5) vor, als eine Näherung für die Fließbedingung der konstanten größten Schubspannung, die im allgemeinsten Fall durch eine ziemlich verwickelte mathematische Beziehung dargestellt wird [Gl. (4,11)]. Nachfolgende Versuche zeigten, daß die MISESsche Fließbedingung die Fließgrenzen der meisten konstruktiv verwendeten Metalle im großen und ganzen mindestens ebenso gut darstellt, wie die Bedingung der konstanten größten Schubspannung. Mit Ausnahme gewisser spezieller Probleme, wo die zweite Fließbedingung eine einfachere mathematische Form annimmt als die erste, wird daher im allgemeinen die MISESsche Fließbedingung bei der Spannungsermittlung in ideal plastischen Körpern zugrunde gelegt.

---

[1] In der englischen Literatur wird diese Bedingung oft GUESTsche Fließbedingung genannt [5], während sie in der deutschen manchmal als MOHRsche Fließbedingung bezeichnet wird (s. [6], S. 192). In Wirklichkeit ist sie bloß ein spezieller Fall der allgemeineren Fließbedingung, welche MOHR vorgeschlagen hat.

Mises' Begründung scheint nachfolgenden Forschern etwas zu abstrakt vorgekommen zu sein. Deshalb wurden verschiedentlich Versuche gemacht, die „physikalische Bedeutung" der Invariante $J_2$ festzustellen. Natürlich ist keineswegs befriedigend definiert, was unter „physikalischer Bedeutung" zu verstehen ist. Man könnte z. B. erklären, daß die Wurzel aus dem Mittel der Quadrate der Hauptwerte des Deviators, also der Ausdruck

$$\sqrt{\frac{1}{3}\left(s_1{}^2 + s_2{}^2 + s_3{}^2\right)}\,,\tag{4,12}$$

die „Intensität des Spannungsdeviators" darstelle. Unter dieser Annahme kann dann die Invariante $J_2$ mit Hilfe der Intensität des Spannungsdeviators interpretiert werden, welche, wie die zweite Gl. (4,2) zeigt, gleich $\sqrt{2\,J_2/3}$ ist.

Die verbreitetste Interpretation der Invariante $J_2$ benützt den Begriff der *Oktaeder-Schubspannung*, welcher von Nadai eingeführt wurde [8]. Betrachten wir in einem beliebigen Punkt $P$ eines unter Spannung stehenden Körpers ein Flächenelement, das mit den Hauptrichtungen in $P$ gleiche Winkel einschließt. Ein solches Flächenelement hat bezüglich der Hauptachsen des Spannungszustandes die gleiche Orientierung wie die Fläche eines regelmäßigen Oktaeders in bezug auf dessen Achsen. Aus diesem Grund werden die Normal- und die Schubspannung, welche durch dieses Flächenelement hindurch übertragen werden, *Oktaeder-Normalspannung* (octahedral normal stress) und *Oktaeder-Schubspannung* (octahedral shearing stress) genannt. Alle drei Richtungscosinus der Normalen eines solchen Flächenelements bezüglich der Hauptachsen des Spannungszustandes haben denselben Absolutwert. Da ihre Quadratssumme gleich der Einheit sein muß, wird ein „Oktaederflächenelement" definiert sein durch die Richtungscosinus

$$l = m = n = \frac{1}{\sqrt{3}}\,.$$

Wählen wir die Achsen $x$, $y$, $z$ in der Richtung der Hauptspannungen $\sigma_1$, $\sigma_2$, $\sigma_3$ und wenden die erste Gl. (1,2) an, so finden wir den folgenden Wert für die Oktaeder-Normalspannung:

$$\sigma_{okt} = \frac{1}{3}\left(\sigma_1 + \sigma_2 + \sigma_3\right).\tag{4,13}$$

Die Oktaeder-Normalspannung ist also gleich der mittleren Normalspannung $s$ [Gl. (1,8)]. Um die Oktaeder-Schubspannung zu erhalten, ist es zweckmäßig, den Spannungstensor in den Spannungsdeviator und in einen Kugeltensor, entsprechend der mittleren Normalspannung, zu zerlegen. Diesem Kugeltensor entspricht eine Normalspannung von der Größe $s$ auf sämtlichen Flächenelementen durch den betrachteten Punkt, jedoch keinerlei Schubspannung. Die Normalspannung $\sigma_{okt}$, welche durch das Oktaederflächenelement übertragen wird und deren Größe als gleich $s$ gefunden wurde, wird daher dem Kugeltensor zuzuordnen sein. Daraus folgt, daß die einzige Spannung, welche der Spannungsdeviator auf dem Oktaederflächenelement zur Folge hat, die Oktaeder-Schubspannung ist. Um ihre Größe zu finden, berechnen wir zunächst ihre Komponenten in der Richtung der Koordinatenachsen. Indem wir Gl. (1,1) auf den Spannungsdeviator anstatt auf den Spannungstensor anwenden und die Koordinatenachsen genau so wie oben wählen, erhalten wir die folgenden Werte für diese Komponenten:

$$S_x = \frac{s_1}{\sqrt{3}}, \qquad S_y = \frac{s_2}{\sqrt{3}}, \qquad S_z = \frac{s_3}{\sqrt{3}}. \tag{4,14}$$

Damit ist die Oktaeder-Schubspannung gegeben durch

$$\tau_{okt} = \sqrt{S_x{}^2 + S_y{}^2 + S_z{}^2} = \sqrt{\frac{1}{3}\,(s_1{}^2 + s_2{}^2 + s_3{}^2)}. \tag{4,15}$$

Die Oktaeder-Schubspannung ist also gleich der oben definierten Intensität des Spannungsdeviators, und liefert damit eine weitere Möglichkeit, die Invariante $J_2$ zu interpretieren, welche gleich ist $3\,\tau_{okt}{}^2/2$.

Eine andere physikalische Interpretation von $J_2$ wurde von HENCKY gegeben [9]. Innerhalb des elastischen Bereichs kann die mechanische Arbeit, welche bei der Erzeugung einer gegebenen Deformation geleistet wird, als Summe aus zwei Teilen betrachtet werden. Der erste stellt die Arbeit dar, welche zu der mit der gegebenen Verformung verbundenen Volumsänderung erforderlich ist [Volumsänderungsarbeit (work corresponding to the change of volume)], und die zweite die Arbeit, welche geleistet werden muß, um die Gestalt des Körpers zu ändern [Gestaltsänderungsarbeit (work corresponding to the change of shape)]. HENCKY zeigte, daß die Gestaltsänderungsarbeit, ausgedrückt durch die Spannungen, die durch das HOOKEsche Gesetz mit den Verzerrungen verknüpft sind, gleich $J_2/2\,G$ ist. Innerhalb des elastischen Bereichs wird sowohl die Volumsänderungsarbeit als auch die Gestaltsänderungsarbeit in Form von elastischer Energie in dem Material aufgespeichert. Nach HENCKY bedeutet die Tatsache, daß manche Stoffe zu fließen beginnen, wenn $J_2$ einen bestimmten kritischen Wert $(k^2)$ erreicht, daß diese Stoffe nur eine endliche Speicherfähigkeit für die mit der Gestaltsänderung verbundene elastische Energie besitzen.

Die Interpretationen der Invariante $J_2$ durch die Oktaeder-Schubspannung und durch die elastische Gestaltsänderungsarbeit sind bloß erwähnt worden, weil auf sie in der Literatur über Plastizität immer wieder hingewiesen wird. In Wirklichkeit aber verdankt die MISEssche Fließbedingung [Gl. (4,5)] ihre Bedeutung für die mathematische Plastizitätstheorie nicht dem Umstand, daß die Invariante $J_2$ auf diese oder jene Art physikalisch interpretiert werden kann, sondern vielmehr der Tatsache, daß sie die mathematisch einfachste Form besitzt, die mit den allgemeinen Forderungen, welche eine Fließbedingung erfüllen muß, in Einklang steht. Daß sie sich auch in verhältnismäßig guter Übereinstimmung mit den Versuchsergebnissen bezüglich des Fließens konstruktiv verwendeter Metalle befindet, muß als ein glücklicher Zufall angesehen werden. Doch auch wenn diese Übereinstimmung weniger befriedigend gewesen wäre, hätte die mathematisch einfache Fließbedingung (4,5) die Aufmerksamkeit jener Forscher auf sich gezogen, welche an der Entwicklung einer allgemeinen und dennoch handlichen Theorie der Plastizität interessiert waren.

Um den Preis größerer mathematischer Schwierigkeiten können auch Fließbedingungen aufgestellt werden, welche mit den Versuchsergebnissen besser übereinstimmen als die Bedingungen von TRESCA oder MISES. In der Literatur können zahlreiche solche Fließbedingungen gefunden werden. Obwohl diese Fließbedingungen wertvolle Hilfsmittel für eine genaue Darstellung experimenteller Ergebnisse bilden, sind sie auf jeden Fall viel zu kompliziert, um als Grundlage einer mathematischen Plastizitätstheorie dienen zu können. Eine systematische Erörterung dieser Fließbedingungen findet sich in [10], Kap. 2. Bezüglich einer Übersicht über die Versuchsergebnisse sei der Leser auf eine Arbeit von MARIN [11] verwiesen.

## 5. Spannungs-Verzerrungsbeziehungen im plastischen Bereich

Die Fließbedingung ist für sich allein noch nicht ausreichend, um das mechanische Verhalten eines ideal plastischen Materials zu charakterisieren; sie muß noch durch die Spannungs-Verzerrungsbeziehungen für den plastischen Bereich ergänzt werden. Im vorliegenden Abschnitt sollen diese Beziehungen besprochen werden, beginnend mit jenen der PRANDTL-REUSSschen Theorie (s. Einleitung, [9] und [10]).

Im plastischen Bereich kann die *Gesamtverzerrung* (total strain) als Summe aus der *elastischen Verzerrung* (elastic strain) und der *plastischen* oder *bleibenden Verzerrung* (plastic or permanent strain) betrachtet werden. Die letztere ist jene Verzerrung, die nach vollständiger Entlastung des betrachteten Volumelements zurückbleibt; die erstere stellt die Abnahme der Verzerrung dar, welche während dieses Entlastungsvorganges zu beobachten ist. Die mittlere Dehnung und der Verzerrungsdeviator mögen in gleicher Weise in elastische und plastische Anteile zerlegt werden. Im folgenden sollen einfache Striche die elastischen Anteile und Doppelstriche die plastischen Anteile kennzeichnen.

Alle im folgenden behandelten Plastizitätstheorien nehmen an, daß sich keine bleibende Volumsänderung einstellt. Das bedeutet, daß der plastische Anteil der mittleren Dehnung $e$ [Gl. (2,3)] verschwinden muß:

$$e'' = \frac{1}{3}\left(\varepsilon_x'' + \varepsilon_y'' + \varepsilon_z''\right) = \frac{1}{3}\left(\varepsilon_1 + \varepsilon_2 + \varepsilon_3\right) = 0. \tag{5,1}$$

Die plastischen Verzerrungsdeviationen sind daher identisch mit den plastischen Verzerrungen:

$$e_x'' = \varepsilon_x'', \qquad e_y'' = \varepsilon_y'', \qquad e_z'' = \varepsilon_z''. \tag{5,2}$$

Weiters nehmen alle diese Theorien an, daß während des plastischen Fließens die Änderungsgeschwindigkeit der plastischen Verzerrung (oder, was dasselbe ist, die Änderungsgeschwindigkeit der plastischen Verzerrungsdeviation) in jedem Zeitpunkt der augenblicklichen Spannungsdeviation proportional ist. Um die Gleichungen, welche diese Annahme ausdrücken, mit den Gleichungen für die Änderungsgeschwindigkeit der elastischen Verzerrung kombinieren zu können, schreiben wir sie in der Form

$$2G\,\dot{e}_x'' = \lambda\,s_x, \qquad 2G\,\dot{e}_y'' = \lambda\,s_y, \qquad 2G\,\dot{e}_z'' = \lambda\,s_z,$$
$$G\,\dot{\gamma}_{yz}'' = \lambda\,\tau_{yz}, \qquad G\,\dot{\gamma}_{zx}'' = \lambda\,\tau_{zx}, \qquad G\,\dot{\gamma}_{xy}'' = \lambda\,\tau_{xy}. \tag{5,3}$$

Hierin ist $\lambda$ ein *positiver*, skalarer Proportionalitätsfaktor, welcher in der Regel von der Zeit $t$ und von den Koordinaten $x$, $y$, $z$ abhängt. Es wird später gezeigt werden, daß wir mit Hilfe der Fließbedingung diesen Proportionalitätsfaktor aus unseren Gleichungen eliminieren können.

Nach dem HOOKEschen Gesetz ist die Änderungsgeschwindigkeit der elastischen Verzerrungsdeviation gegeben durch

$$2G\,\dot{e}_x' = \dot{s}_x, \qquad 2G\,\dot{e}_y' = \dot{s}_y, \qquad 2G\,\dot{e}_z' = \dot{s}_z,$$
$$G\,\dot{\gamma}_{yz}' = \dot{\tau}_{yz}, \qquad G\,\dot{\gamma}_{zx}' = \dot{\tau}_{zx}, \qquad G\,\dot{\gamma}_{xy}' = \dot{\tau}_{xy}. \tag{5,4}$$

Indem wir die Gln. (5,3) und (5,4) kombinieren, erhalten wir die folgenden Beziehungen für die Änderungsgeschwindigkeit der Gesamtverzerrung:

$$2G\,\dot{e}_x = \dot{s}_x + \lambda\,s_x, \qquad 2G\,\dot{e}_y = \dot{s}_y + \lambda\,s_y, \qquad 2G\,\dot{e}_z = \dot{s}_z + \lambda\,s_z,$$
$$G\,\dot{\gamma}_{yz} = \dot{\tau}_{yz} + \lambda\,\tau_{yz}, \qquad G\,\dot{\gamma}_{zx} = \dot{\tau}_{zx} + \lambda\,\tau_{zx}, \qquad G\,\dot{\gamma}_{xy} = \dot{\tau}_{xy} + \lambda\,\tau_{xy}. \tag{5,5}$$

Diese Gleichungen gelten natürlich nur während des plastischen Fließens, während also, gemäß der Fließbedingung (4,5) $J_2$ den konstanten Wert $k^2$ hat. Mit anderen Worten, die Gln. (5,5) gelten nur solange, als

$$J_2 = k^2 \qquad \text{und} \qquad \dot{J}_2 = 0 \tag{5,6}$$

ist. Differenzieren wir Gl. (4,3) nach der Zeit und setzen das Ergebnis in die zweite Gl. (5,6) ein, dann erhalten wir

$$\dot{J}_2 = s_x\,\dot{s}_x + s_y\,\dot{s}_y + s_z\,\dot{s}_z + 2\,\tau_{yz}\,\dot{\tau}_{yz} + 2\,\tau_{zx}\,\dot{\tau}_{zx} + 2\,\tau_{xy}\,\dot{\tau}_{xy} = 0. \tag{5,7}$$

Gl. (5,7) kann dazu benützt werden, um den Proportionalitätsfaktor $\lambda$ aus den Spannungs-Verzerrungsbeziehungen (5,5) zu eliminieren. Die sich hieraus ergebenden Ausdrücke werden sehr vereinfacht, wenn wir zur Abkürzung setzen:

$$\dot{W} = s_x\,\dot{e}_x + s_y\,\dot{e}_y + s_z\,\dot{e}_z + \tau_{yz}\,\dot{\gamma}_{yz} + \tau_{zx}\,\dot{\gamma}_{zx} + \tau_{xy}\,\dot{\gamma}_{xy}. \tag{5,8}$$

Die Größe $\dot{W}$ kann als die Arbeit interpretiert werden, welche die Spannungen pro Zeit- und Volumseinheit bei der Gestaltsänderung des Körpers leisten (im Gegensatz zur Volumsänderung; s. Anhang zu diesem Kapitel). Diese

Interpretation ist jedoch für das folgende nicht von Bedeutung. Wesentlich ist nur, daß die Größe $\dot{W}$ berechnet werden kann, sobald die Spannungen und die Verzerrungsgeschwindigkeiten bekannt sind.

Um $\lambda$ aus den Gln. (5,5) zu eliminieren, multiplizieren wir die ersten drei Gln. (5,5) der Reihe nach mit $s_x$, $s_y$, $s_z$ und die letzten drei mit $2\,\tau_{yz}$, $2\,\tau_{zx}$, $2\,\tau_{xy}$, und addieren. Unter Benützung der Gln. (5,8), (5,7), (4,3) und der Fließbedingung (4,5) erhalten wir schließlich

$$2\,G\,\dot{W} = 2\,\lambda\,k^2. \tag{5,9}$$

Da $\lambda$ als positive Größe definiert wurde, zeigt Gl. (5,9), daß $\dot{W}$ während des plastischen Fließens positiv sein muß. Wenn der Wert von $\lambda$, welcher aus (5,9) folgt, in die Gln. (5,5) eingesetzt wird und die so erhaltenen Gleichungen nach den Änderungsgeschwindigkeiten der Spannungsdeviationen aufgelöst werden, dann ergeben sich die folgenden Spannungs-Verzerrungsbeziehungen:

$$\dot{s}_x = 2\,G\left(\dot{e}_x - \frac{\dot{W}}{2\,k^2}\,s_x\right), \qquad \dot{\tau}_{yz} = G\left(\dot{\gamma}_{yz} - \frac{\dot{W}}{k^2}\,\tau_{yz}\right),$$

$$\dot{s}_y = 2\,G\left(\dot{e}_y - \frac{\dot{W}}{2\,k^2}\,s_y\right), \qquad \dot{\tau}_{zx} = G\left(\dot{\gamma}_{zx} - \frac{\dot{W}}{k^2}\,\tau_{zx}\right), \tag{5,10}$$

$$\dot{s}_z = 2\,G\left(\dot{e}_z - \frac{\dot{W}}{2\,k^2}\,s_z\right), \qquad \dot{\tau}_{xy} = G\left(\dot{\gamma}_{xy} - \frac{\dot{W}}{k^2}\,\tau_{xy}\right).$$

*Diese Beziehungen gelten im plastischen Bereich,* das heißt solange als $J_2 = k^2$ und $\dot{W} > 0$ ist. Wenn ein Spannungszustand gegeben ist, welcher die Fließbedingung $J_2 = k^2$ erfüllt, und Verzerrungsgeschwindigkeiten, welche, zusammen mit dem gegebenen Spannungszustand ein positives $\dot{W}$ liefern, dann bestimmen die Gln. (5,10) die Änderungsgeschwindigkeit des Spannungsdeviators. Um die Spannungsgeschwindigkeiten selbst zu erhalten, müssen wir die Gln. (5,10) mit der Beziehung zwischen der Änderungsgeschwindigkeit der mittleren Normalspannung und der Änderungsgeschwindigkeit der mittleren Dehnung kombinieren. Da der plastische Anteil der mittleren Dehnung als gleich Null angenommen wurde, erhalten wir diese Beziehung durch Differenzieren der letzten Gl. (3,2) nach der Zeit. Unter Benützung der Definition der mittleren Normalspannung [Gl. (1,5)] und der mittleren Dehnung [Gl. (2,3)] schreiben wir das Ergebnis dieser Differentiation in der Form

$$\dot{s} = 3\,K\,\dot{e}. \tag{5,11}$$

Da $\dot{\sigma}_x = \dot{s}_x + \dot{s}$ ist usw. [s. Gl. (1,9)], können die Spannungsgeschwindigkeiten $\dot{\sigma}_x$, $\dot{\sigma}_y$, $\dot{\sigma}_z$ mittels der Gln. (5,10) und (5,11) gefunden werden.

*Im elastischen Bereich* ($J_2 < k^2$) *und für Entlastung aus einem Spannungszustand an der Fließgrenze* ($J_2 = k^2$, aber $\dot{W} < 0$), tritt an Stelle der Gln. (5,10) das HOOKEsche Gesetz, ausgedrückt durch die Spannungs- und die Verzerrungsgeschwindigkeiten:

$$\dot{s}_x = 2G\,\dot{e}_x, \qquad \dot{\tau}_{yz} = G\,\dot{\gamma}_{yz},$$
$$\dot{s}_y = 2G\,\dot{e}_y, \qquad \dot{\tau}_{zx} = G\,\dot{\gamma}_{zx}, \qquad (5,12)$$
$$\dot{s}_z = 2G\,\dot{e}_z, \qquad \dot{\tau}_{xy} = G\,\dot{\gamma}_{xy}.$$

In vielen Anwendungen ergibt sich eine große Vereinfachung der Rechenarbeit, wenn man annimmt, daß auch die mittlere elastische Dehnung verschwindet. Häufig beeinflußt diese Annahme *vollständiger Inkompressibilität* (im Gegensatz zu plastischer Inkompressibilität) das Ergebnis der Spannungsberechnung nicht allzusehr, und die Ersparnis an mathematischer Arbeit kann erheblich sein. Beim Übergang von einem elastisch-kompressiblen zu einem vollständig inkompressiblen Material geht $K \to \infty$, während $\dot{e} \to 0$ geht. Damit wird Gl. (5,11) sinnlos und $\dot{s}$ muß als eine neue Unbekannte betrachtet werden. Dieses Hinzutreten einer weiteren Unbekannten wird ausgeglichen durch die Hinzufügung einer Gleichung, nämlich der *Bedingung für die Inkompressibilität*:

$$\dot{\varepsilon}_x + \dot{\varepsilon}_y + \dot{\varepsilon}_z = 0. \qquad (5,13)$$

Die Gln. (5,10) und (5,12) bleiben weiterhin gültig.

Wie in der Einleitung ausgeführt wurde, sind die elastischen und die plastischen Formänderungen in den meisten Problemen der eingeschränkten plastischen Verformung von derselben Größenordnung. In vielen Problemen des uneingeschränkten plastischen Fließens hingegen sind die plastischen Verformungen um so vieles größer als die elastischen, daß die letzteren überhaupt vernachlässigt werden können. Mit anderen Worten, wo die wirkenden Spannungen unterhalb der Fließgrenze liegen, dort kann das Material als starr betrachtet werden. Sofern dieser Standpunkt eingenommen wird, können die Spannungs-Verzerrungsbeziehungen von PRANDTL-REUSS, welche oben erörtert wurden, durch die viel einfacheren Spannungs-Verzerrungsbeziehungen von MISES (s. Einleitung [8]) ersetzt werden. Wenn man die elastischen Verzerrungen vernachlässigt, dann sind Gesamtverzerrung und plastische Verzerrung identisch. Da weiters die mittlere plastische Dehnung auf jeden Fall als gleich Null angenommen wurde, verschwindet die gesamte mittlere Dehnung, das heißt, das Material ist inkompressibel. Die Spannungs-Verzerrungsbeziehungen von MISES drücken aus, daß die Verzerrungsgeschwindigkeit der Spannungsdeviation proportional ist:

$$\dot{\varepsilon}_x = \mu\,s_x, \qquad \dot{\varepsilon}_y = \mu\,s_y, \qquad \dot{\varepsilon}_z = \mu\,s_z,$$
$$\dot{\gamma}_{yz} = 2\mu\,\tau_{yz}, \qquad \dot{\gamma}_{zx} = 2\mu\,\tau_{zx}, \qquad \dot{\gamma}_{xy} = 2u\,\tau_{xy}. \qquad (5,14)$$

Hierin ist $\mu$ ein *positiver* Proportionalitätsfaktor, ähnlich dem Faktor $\lambda$ in Gl. (5,3). Wiederum ermöglicht uns die Fließbedingung (4,5) diesen Proportionalitätsfaktor zu eliminieren. Zu diesem Zweck bilden wir den Ausdruck

$$I = \frac{1}{2}\left(\dot{\varepsilon}_x{}^2 + \dot{\varepsilon}_y{}^2 + \dot{\varepsilon}_z{}^2\right) + \frac{1}{4}\left(\dot{\gamma}_{yz}{}^2 + \dot{\gamma}_{zx}{}^2 + \dot{\gamma}_{xy}{}^2\right). \tag{5,15}$$

Dieser ist aus den Komponenten des Tensors der Verzerrungsgeschwindigkeiten $\dot{\varepsilon}_x$, $\dot{\varepsilon}_y$, $\dot{\varepsilon}_z$, $\frac{1}{2}\dot{\gamma}_{yz}$, $\frac{1}{2}\dot{\gamma}_{zx}$, $\frac{1}{2}\dot{\gamma}_{xy}$ auf genau die gleiche Art gebildet wie die Invariante $J_2$ aus den Komponenten des Spannungsdeviators $s_x$, $s_y$, $s_z$, $\tau_{yz}$, $\tau_{zy}$, $\tau_{xy}$. Folglich ist die Größe $I$ eine Invariante des Tensors der Verzerrungsgeschwindigkeiten. Indem wir die Größen (5,14) in (5,15) einsetzen und ferner Gl. (4,3) berücksichtigen, erhalten wir

$$I = \mu^2 J_2. \tag{5,16}$$

Die Fließbedingung (4,5) verlangt, daß während des plastischen Fließens $J_2 = k^2$ ist. Setzen wir diesen Wert von $J_2$ in Gl. (5,16) ein und lösen sie nach $\mu$ auf, so finden wir

$$\mu = \frac{\sqrt{I}}{k} \tag{5,17}$$

Mit diesem Wert für $\mu$ können wir die Gln. (5,14) wie folgt schreiben

$$s_x = \frac{k\,\dot{\varepsilon}_x}{\sqrt{I}}, \qquad s_y = \frac{k\,\dot{\varepsilon}_y}{\sqrt{I}}, \qquad s_z = \frac{k\,\dot{\varepsilon}_z}{\sqrt{I}},$$

$$\tau_{yz} = \frac{k\,\dot{\gamma}_{yz}}{2\sqrt{I}}, \qquad \tau_{zx} = \frac{k\,\dot{\gamma}_{zx}}{2\sqrt{I}}, \qquad \tau_{xy} = \frac{k\,\dot{\gamma}_{xy}}{2\sqrt{I}}. \tag{5,18}$$

Wenn die Verzerrungsgeschwindigkeiten, welche der Bedingung der Inkompressibilität genügen müssen [Gl. (5,13)], gegeben sind, dann kann die Invariante $I$ aus Gl. (5,15) berechnet werden. Die Spannungs-Verzerrungsgleichungen (5,18) liefern dann die Komponenten des Spannungsdeviators.

Zwischen den Spannungs-Verzerrungsbeziehungen von PRANDTL-REUSS und jenen von MISES bestehen gewisse Ähnlichkeiten, die beachtenswert sind. Wenn die Definitionen von $\dot{W}$ [Gl. (5,8)] und von $I$ [Gl. (5,15)] berücksichtigt werden, dann sieht man, daß die Spannungs-Verzerrungsbeziehungen von PRANDTL-REUSS [Gln. (5,10)] *homogen* von erster Ordnung in den Änderungsgeschwindigkeiten der Spannungen und der Verzerrungen sind, während die Spannungs-Verzerrungsbeziehungen von MISES homogen von der Ordnung Null in den Verzerrungsgeschwindigkeiten sind. Das bedeutet, daß in beiden Fällen die Spannung, die am Ende eines bestimmten Verformungsprozesses erreicht wird, unabhängig ist von der Zeit, die dieser Prozeß gedauert hat. Mit anderen Worten, keine der beiden Spannungs-Verzerrungsbeziehungen bringt irgendwelche *Effekte innerer Reibung* (viscosity effects) zum Ausdruck.

Die Spannungs-Verzerrungsbeziehungen von PRANDTL-REUSS liefern eindeutig die Änderungsgeschwindigkeiten der Komponenten des Spannungsdeviators, wenn die Spannungen und die Verzerrungsgeschwindigkeiten gegeben sind, und die Beziehungen von MISES liefern eindeutig die Komponenten des Spannungsdeviators, wenn die Verzerrungsgeschwindigkeiten gegeben sind. Keines der beiden Gleichungssysteme besitzt eine eindeutige Umkehrung. Beispielsweise definieren die Gln. (5,18) die Komponenten der Verzerrungsgeschwindigkeit nur bis auf einen willkürlichen, gemeinsamen Faktor, wenn ein Spannungszustand gegeben ist, der der Fließbedingung genügt. Dies ist eine Folge der Tatsache, daß ein ideal plastisches Material keine innere Reibung zeigt, wenn es unter dem Einfluß eines Spannungszustandes an der Fließgrenze im Fließen begriffen ist.

Die mathematische Plastizitätstheorie, welche SAINT VENANT und LÉVY aufgestellt haben (s. Einleitung, [6] und [7]) unterscheidet sich von der MISESschen Theorie insofern, als sie die Spannungs-Verzerrungsbeziehungen (5,14) mit der Fließbedingung von TRESCA [Gl. (4,9), (4,10) oder (4,11)] kombiniert, anstatt mit der MISESschen Fließbedingung [Gl. (4,5)]. Offensichtlich kompliziert dies die Elimination des Faktors $\mu$ aus den Gln. (5,14). Darüber hinaus zeigen neuere Untersuchungen, daß die Form der Spannungs-Verzerrungsbeziehungen (5,14) geändert werden muß, wenn eine andere Fließbedingung als die von MISES verwendet wird [12], [13]. MISES hat schon 1928 eine solche gegenseitige Abhängigkeit zwischen Spannungs-Verzerrungsbeziehung und Fließbedingung postuliert.

## Anhang

**a) Ableitung der Gleichungen (4,3) und (4,4).** Ausgedrückt in den Komponenten des Spannungstensors bezüglich der Koordinatenachsen sind die Komponenten des Spannungsvektors $\mathfrak{S}$, welcher durch das Flächenelement mit dem Einheitsvektor $\mathfrak{n}$ in der Normalenrichtung (Komponenten $l, m, n$) übertragen wird, gegeben durch die Gln. (1,1). Wenn $\mathfrak{n}$ nach einer *Hauptrichtung* des Spannungstensors weisen soll, dann muß der Vektor $\mathfrak{S}$ parallel zu dem Vektor $\mathfrak{n}$ sein; wir haben dann

$$\mathfrak{S} = \sigma \, \mathfrak{n}, \tag{A,1}$$

wo $\sigma$ die Größe der Hauptspannung in der Richtung von $\mathfrak{n}$ bezeichnet. Da $\mathfrak{S}$ die Komponenten $S_x, S_y, S_z$ hat und $\mathfrak{n}$ die Komponenten $l, m, n$, ist Gl. (A,1) gleichwertig den folgenden Gleichungen:

$$S_x = \sigma \, l, \qquad S_y = \sigma \, m, \qquad S_z = \sigma \, n. \tag{A,2}$$

Mit Hilfe von (1,1) können wir (A,2) in der Form

$$\begin{aligned}
(\sigma_x - \sigma) \, l + \tau_{xy} \, m + \tau_{zx} \, n &= 0, \\
\tau_{xy} \, l + (\sigma_y - \sigma) \, m + \tau_{yz} \, n &= 0, \\
\tau_{zx} \, l + \tau_{yz} \, m + (\sigma_z - \sigma) \, n &= 0.
\end{aligned} \tag{A,3}$$

schreiben. Wenn die Komponenten des Spannungstensors bezüglich der Koordinatenachsen gegeben sind, dann kann (A,3) als ein System linearer, homogener Gleichungen für die Richtungscosinus $l, m, n$ einer Hauptrichtung betrachtet werden, wobei $\sigma$ die zugehörige Hauptspannung ist.

Damit diese Gleichungen eine Lösung haben, welche die Bedingung $l^2 + m^2 + n^2 = 1$ erfüllt, der jedes Tripel von Richtungscosinus genügen muß, ist erforderlich, daß die Koeffizientendeterminante verschwindet:

$$\begin{vmatrix} \sigma_x - \sigma & \tau_{xy} & \tau_{zx} \\ \tau_{xy} & \sigma_y - \sigma & \tau_{yz} \\ \tau_{zx} & \tau_{yz} & \sigma_z - \sigma \end{vmatrix} = 0. \tag{A,4}$$

Wenn wir diese Determinante entwickeln, so können wir (A,4) in der Form

$$\sigma^3 - I_1 \sigma^2 - I_2 \sigma - I_3 = 0 \tag{A,5}$$

schreiben, wo

$$\begin{aligned} I_1 &= \sigma_x + \sigma_y + \sigma_z, \\ I_2 &= -(\sigma_x \sigma_y + \sigma_y \sigma_z + \sigma_z \sigma_x) + \tau_{yz}^2 + \tau_{zx}^2 + \tau_{xy}^2, \\ I_3 &= \begin{vmatrix} \sigma_x & \tau_{xy} & \tau_{zx} \\ \tau_{xy} & \sigma_y & \tau_{yz} \\ \tau_{zx} & \tau_{yz} & \sigma_z \end{vmatrix} \end{aligned} \tag{A,6}$$

ist. Gl. (A,5) ist eine kubische Gleichung; ihre Wurzeln sind die Hauptspannungen $\sigma_1, \sigma_2, \sigma_3$. Da diese nicht von der Lage des rechtwinkeligen Achsenkreuzes $x, y, z$ abhängen, müssen die Koeffizienten $I_1, I_2, I_3$ der kubischen Gl. (A,5) ebenfalls unabhängig von der Lage der Koordinatenachsen sein. Folglich sind die Ausdrücke (A,6) *Invarianten* des Spannungstensors.

Der Spannungsdeviator kann als ein spezieller Spannungstensor betrachtet werden, für den die erste Invariante (A,6) zufällig verschwindet. Die Ausdrücke, welche wir erhalten, wenn wir in den Invarianten $I_2$ und $I_3$ an Stelle der Spannungskomponenten die Komponenten des Spannungsdeviators einsetzen, also die Ausdrücke

$$-(s_x s_y + s_y s_z + s_z s_x) + \tau_{yz}^2 + \tau_{zx}^2 + \tau_{xy}^2 \tag{A,7}$$

und

$$\begin{vmatrix} s_x & \tau_{xy} & \tau_{zx} \\ \tau_{xy} & s_y & \tau_{yz} \\ \tau_{zx} & \tau_{yz} & s_z \end{vmatrix} \tag{A,8}$$

sind daher Invarianten des Spannungsdeviators. Die letztere ist identisch mit der gemäß Gl. (4,4) definierten Größe $J_3$; und wegen (1,11) ist die erstere identisch mit der gemäß (4,3) definierten Größe $J_2$. Wenn wir nämlich zu (A,7) den Ausdruck $\frac{1}{2}(s_x + s_y + s_z)^2$, welcher gleich Null ist, addieren, erhalten wir

$$\frac{1}{2}(s_x^2 + s_y^2 + s_z^2) + \tau_{yz}^2 + \tau_{zx}^2 + \tau_{xy}^2, \tag{A,9}$$

was mit der rechten Seite von (4,3) übereinstimmt.

Wenn der Spannungsdeviator auf Hauptachsen bezogen wird, dann reduziert sich die Invariante (A,9) auf die rechte Seite der zweiten Gl. (4,2), und die Invariante (A,8) reduziert sich auf $s_1 s_2 s_3$, was, wie mit Hilfe von (1,11) gezeigt werden kann, mit der rechten Seite der letzten Gl. (4;2) identisch ist. Denn aus (1,11) folgt

$$s_3 = - (s_1 + s_2),$$

und damit erhalten wir

$$s_1 s_2 s_3 = - s_1 s_2 (s_1 + s_2) = - s_1{}^2 s_2 - s_1 s_2{}^2$$

und

$$\frac{1}{3} (s_1{}^3 + s_2{}^3 + s_3{}^3) = \frac{1}{3} [s_1{}^3 + s_2{}^3 - (s_1 + s_2)^3] = - s_1{}^2 s_2 - s_1 s_2{}^2.$$

**b) Interpretation von Gleichung (5,8).** Wie in Abschn. 2 ausgeführt wurde, kann der Verzerrungstensor zerlegt werden in einen Kugeltensor, welcher der mittleren Dehnung entspricht, und in den Verzerrungsdeviator. Der erstere verursacht nach allen Richtungen die gleiche Dehnung $e$, jedoch keinerlei Schiebungen; er hat daher eine Volumsänderung, jedoch keine Gestaltsänderung zur Folge. Der Verzerrungsdeviator hingegen bedeutet keine Volumsänderung [s. Gl. (2,6)], sondern bloß eine Gestaltsänderung.

Die Arbeit, welche von den Spannungen pro Zeit- und Volumseinheit bei der Verformung eines kontinuierlichen Mediums geleistet wird, ist gegeben durch

$$\sigma_x \dot{\varepsilon}_x + \sigma_y \dot{\varepsilon}_y + \sigma_z \dot{\varepsilon}_z + \tau_{yz} \dot{\gamma}_{yz} + \tau_{zx} \dot{\gamma}_{zx} + \tau_{xy} \dot{\gamma}_{xy}. \tag{A,10}$$

Wegen (2,4) kann dies in der Form

$$(\sigma_x + \sigma_y + \sigma_z) \dot{e} +$$
$$+ \sigma_x \dot{e}_x + \sigma_y \dot{e}_y + \sigma_z \dot{e}_z + \tau_{yz} \dot{\gamma}_{yz} + \tau_{zx} \dot{\gamma}_{zx} + \tau_{xy} \dot{\gamma}_{xy} \tag{A,11}$$

geschrieben werden. Im Hinblick darauf, was eben über die Zerlegung des Verzerrungstensors gesagt worden ist, bedeutet der Ausdruck in der ersten Zeile von (A,11) die Arbeit, welche pro Zeiteinheit bei der Änderung des Volumens geleistet wird, während der Ausdruck der zweiten Zeile die Arbeit darstellt, welche in der Zeiteinheit bei der Gestaltsänderung geleistet wird. Unter Benützung von (1,9) können wir die zweite Zeile von (A,11) wie folgt schreiben:

$$s (\dot{e}_x + \dot{e}_y + \dot{e}_z) +$$
$$+ s_x \dot{e}_x + s_y \dot{e}_y + s_z \dot{e}_z + \tau_{yz} \dot{\gamma}_{yz} + \tau_{zx} \dot{\gamma}_{zx} + \tau_{xy} \dot{\gamma}_{xy}. \tag{A,12}$$

Gemäß (2,6) verschwindet der Ausdruck in der ersten Zeile von (A,12). Der Ausdruck in der zweiten Zeile hingegen stimmt mit der gemäß (5,8) definierten Größe $\dot{W}$ überein.

# Aufgaben

**1.** Betrachte das Flächenelement durch die erste Hauptrichtung, welches mit der zweiten Hauptrichtung den Winkel $\vartheta$ einschließt. Zeige, daß die Normal- und die Schubspannung auf diesem Flächenelement gegeben sind durch

$$\sigma = \frac{1}{2}\,(\sigma_2 + \sigma_3) - \frac{1}{2}\,(\sigma_2 - \sigma_3)\cos 2\,\vartheta,$$

$$\tau = \frac{1}{2}\,(\sigma_2 - \sigma_3)\sin 2\,\vartheta,$$

und beweise damit die Gültigkeit der ersten Gl. (1,12) und der ersten Gl. (1,13).

**2.** Zeige, daß die Verzerrungskomponenten (2,1) und (2,2) die Verträglichkeitsbedingungen (equations of compatibility) erfüllen müssen:

$$2\frac{\partial^2 \varepsilon_x}{\partial y\,\partial z} = \frac{\partial}{\partial x}\left(-\frac{\partial \gamma_{yz}}{\partial x} + \frac{\partial \gamma_{zx}}{\partial y} + \frac{\partial \gamma_{xy}}{\partial z}\right),$$

$$\frac{\partial^2 \gamma_{yz}}{\partial y\,\partial z} = \frac{\partial^2 \varepsilon_y}{\partial z^2} + \frac{\partial^2 \varepsilon_z}{\partial y^2}.$$

zusammen mit vier weiteren Gleichungen, welche man durch zyklische Vertauschung der Indizes $x$, $y$, $z$ erhält. (Beachte, daß die Ableitung dieser Gleichungen keinen Gebrauch von dem Spannungs-Verzerrungsgesetz macht.)

**3.** Löse die Gln. (3,2) nach den Spannungskomponenten auf, um das HOOKEsche Gesetz in der Form

$$\sigma_x = \frac{E}{1+\nu}\left(\varepsilon_x + \frac{3\,\nu\,e}{1-2\,\nu}\right),\ldots, \qquad \tau_{xy} = \frac{E}{2\,(1+\nu)}\gamma_{xy}$$

zu erhalten.

**4.** Verifiziere, daß die durch Gl. (4,3) definierte Größe $J_2$ tatsächlich eine Invariante ist, dadurch, daß gezeigt wird, daß sich bei einer Drehung des Achsenkreuzes

$$J_2 = \frac{1}{2}\,(s_\xi{}^2 + s_\eta{}^2 + s_\zeta{}^2) + \tau_{\eta\zeta}{}^2 + \tau_{\zeta\xi}{}^2 + \tau_{\xi\eta}{}^2$$

ergibt.

**5.** Ein MISESscher Körper kann als Grenzfall eines PRANDTL-REUSSschen Körpers betrachtet werden, wenn der Schubmodul $G \to \infty$. Wende diesen Grenzübergang auf die Gln. (5,10) an, um

$$\dot{\varepsilon}_x = \frac{\dot{W}}{2\,k^2}\,s_x, \quad \ldots, \qquad \dot{\gamma}_{xy} = \frac{\dot{W}}{k^2}\,\tau_{xy}$$

zu erhalten. Zeige, daß dieselben Gleichungen direkt aus (5,14) und (4,5) erhalten werden können. Was ist der Vorteil der Gln. (5,18) gegenüber diesen Gleichungen?

**6.** Für ein inkompressibles elastisch-plastisches Material schlug H. HENCKY [9] für jene Fälle, wo keine Entlastung stattfindet, das folgende Spannungs-Verzerrungsgesetz vor:

$$\varepsilon_x = \frac{\partial u_x}{\partial x} = \frac{1 + \varphi}{2G}\, s_x,\ \ldots,$$

$$\gamma_{xy} = \frac{\partial u_y}{\partial x} + \frac{\partial u_x}{\partial y} = \frac{1 + \varphi}{G}\, \tau_{xy},\ \ldots.$$

Im elastischen Bereich ist $\varphi = 0$. Im plastischen Bereich liefert die Fließbedingung

$$\frac{1}{2}\left(s_x{}^2 + s_y{}^2 + s_z{}^2\right) + \tau_{yz}{}^2 + \tau_{zx}{}^2 + \tau_{xy}{}^2 = k^2$$

eine weitere Gleichung, so daß man ein System von 10 Gleichungen hat (3 Gleichgewichtsbedingungen, 6 Spannungs-Verzerrungsbeziehungen von der obigen Form und 1 Fließbedingung), für 10 unbekannte Funktionen von $x$, $y$, $z$ und $t$ (6 Spannungskomponenten, 3 Verschiebungskomponenten und $\varphi$). Betrachte einen Probekörper, welcher gleichmäßig verzerrt wird, so daß die Verhältnisse zwischen den einzelnen Verzerrungskomponenten während des Formänderungsprozesses konstant bleiben. Zeige, daß, solange keine Entlastung stattfindet, die Vorhersagen der HENCKYschen Theorie bei dieser Art des Versuches mit jenen der PRANDTL-REUSSschen Theorie für einen inkompressiblen Körper übereinstimmen.

## Literatur

1. TIMOSHENKO, S.: Theory of elasticity. New York: McGraw-Hill Book Co., Inc. 1934.

2. SOKOLNIKOFF, I. S.: Mathematical theory of elasticity. New York: McGraw-Hill Book Co., Inc. 1946.

3. BÔCHER, M.: Introduction to higher algebra. New York: The Macmillan Co. 1907.

4. TRESCA, H.: Mémoire sur l'écoulement des corps solides. Mém. pres. par div. sav. 18, 733—799 (1868).

5. GUEST, J. J.: On the strength of ductile materials under combined stress. Phil. Mag. (5) 50, 69—132 (1900).

6. MOHR, O.: Abhandlungen aus dem Gebiete der technischen Mechanik, 2. Aufl. Berlin: W. Ernst & Sohn. 1914.

7. REUSS, E.: Vereinfachte Berechnung der plastischen Formänderungsgeschwindigkeiten bei Voraussetzung der Schubspannungsfließbedingung. Z. angew. Math. Mech. 13, 356—360 (1933).

8. NADAI, A.: Plastic behavior of metals in the strain-hardening range. J. Appl. Physics 8, 205—213 (1937).

9. HENCKY, H.: Zur Theorie plastischer Deformationen und der hierdurch im Material hervorgerufenen Nebenspannungen. Proc. 1st Internat. Congr. Appl. Mech. (Delft 1924), pp. 312—317; s. auch Z. angew. Math. Mech. 4, 323—334 (1924).

10. Prager, W.: Mécanique des solides isotropes au delà du domaine élastique. Mémorial Sci. Math. No. 87. Paris: Gauthier-Villars. 1937.

11. Marin, J.: Failure theories of materials subjected to combined stresses. Proc. Amer. Soc. Civ. Engrs. **61**, 851—867 (1935).

12. Hill, R.: Plastic distortion of non-uniform sheets. Phil. Mag. (7) **40**, 971—983 (1949).

13. Drucker, D. C.: Some implications of work hardening and idea plasticity. Q. Appl. Math. **7**, 411—418 (1950).

14. Mises, R. v.: Mechanik der plastischen Formänderung von Kristallen. Z. angew. Math. Mech. **8**, 161—185 (1928).

# II. Fachwerke und Balken

## 6. Das elastisch-plastische Verhalten eines einfachen Fachwerks

Um gewisse charakteristische Züge des mechanischen Verhaltens elastisch-plastischer Systeme zu illustrieren, wollen wir das in Abb. 6 dargestellte einfache Fachwerk betrachten. Die Stäbe $OA$, $OB$ und $OC$, welche den Punkt $O$ mit den festen Punkten $A$, $B$, $C$ verbinden, sollen aus ideal plastischem Material bestehen. Das Fachwerk ist symmetrisch zu der Vertikalen $OB$ und die Last $P$ wirkt längs dieser Symmetrieachse. Im folgenden wollen wir, um die Stäbe $OA, OB, OC$ zu kennzeichnen, die Indizes 1, 2, 3 benützen; die Axialkräfte in diesen Stäben wollen wir mit $\overline{S}_1$, $\overline{S}_2$, $\overline{S}_3$ bezeichnen. Infolge der Symmetrie des Systems ist $\overline{S}_1 = \overline{S}_3$.

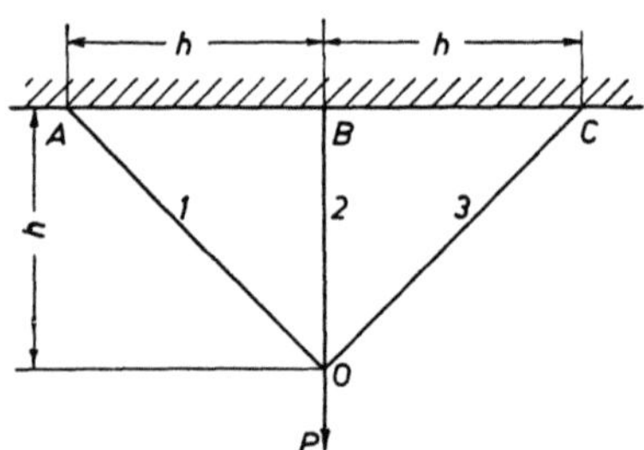



Abb. 6. Statisch unbestimmtes Fachwerk.

Das mechanische Verhalten des Stabes $i$ wird gekennzeichnet durch seine Nachgiebigkeit (compliance) $c_i$, das ist die elastische Verlängerung, welche durch die Kraft 1 hervorgerufen wird, und ferner durch die Fließkraft $Y_i$ (yield force), das ist jene Axialkraft, welche bei Zug- oder Druckbeanspruchung Fließen bewirkt.

Der *mechanische Zustand* des Stabes $i$ ist vollständig definiert durch seine Axialkraft $\overline{S}_i$ und seine bleibende Verlängerung $\Lambda_i$. Die totale oder gesamte Verlängerung $L_i$ wird durch Addition der elastischen und der plastischen Anteile erhalten:

$$L_i = c_i \overline{S}_i + \Lambda_i. \tag{6,1}$$

Es wird sich als zweckmäßig erweisen, *reduzierte Kräfte, reduzierte totale* und *reduzierte bleibende Verlängerungen* in folgender Weise zu definieren:

$$\overline{s}_1 = \overline{S}_1 \sqrt{c_1}, \qquad \overline{s}_2 = \overline{S}_2 \sqrt{\frac{c_2}{2}},$$

$$l_1 = \frac{L_1}{\sqrt{c_1}}, \qquad l_2 = \frac{L_2}{\sqrt{2\,c_2}}, \tag{6,2}$$

$$\lambda_1 = \frac{\Lambda_1}{\sqrt{c_1}}, \qquad \lambda_2 = \frac{\Lambda_2}{\sqrt{2\,c_2}}. \tag{6,2}$$

Mit Hilfe dieser Bezeichnungen kann Gl. (6,1) wie folgt geschrieben werden:

$$l_i = \overline{s}_i + \lambda_i. \tag{6,3}$$

Man beachte, daß die reduzierten Kräfte dieselbe Dimension haben wie die reduzierten Verlängerungen. Dies macht es möglich, den mechanischen Zustand des Fachwerks durch zwei Punkte darzustellen: Den *Kraftpunkt* (force point) $\overline{S}$ mit den rechtwinkeligen cartesischen Koordinaten $x = \overline{s}_1$, $y = \overline{s}_2$ und den (*plastischen*) *Deformationspunkt* (set point) $\Lambda$ mit den Koordinaten $\xi = -\lambda_1$, $\eta = -\lambda_2$. Das Quadrat des Abstandes des Kraftpunkts vom Ursprung ist

$$E = \overline{s}_1{}^2 + \overline{s}_2{}^2 = c_1 \overline{S}_1{}^2 + \frac{1}{2} c_2 \overline{S}_2{}^2, \tag{6,4}$$

und das Quadrat des Abstandes des Kraftpunkts vom Deformationspunkt ist

$$E^* = (\overline{s}_1 + \lambda_1)^2 + (\overline{s}_2 + \lambda_2)^2 = l_1{}^2 + l_2{}^2. \tag{6,5}$$

Die Größe $E$ [Gl. (6,4)] ist die *elastische Formänderungsarbeit* (elastic strain energy), welche den Kräften $\overline{S}_1$ und $\overline{S}_2$ zugeordnet ist; die Größe $E^*$ [Gl. (6,5)] ist die *fiktive Formänderungsarbeit* (fictitious strain energy), welche aus den tatsächlichen Verlängerungen $L_1$ und $L_2$ derart berechnet wurde, als ob diese innerhalb des elastischen Bereichs stattgefunden hätten.

Die Gleichgewichtsbedingung für den Knoten $O$ erfordert, daß $\overline{S}_1 \sqrt{2} + \overline{S}_2 = P$ ist, oder

$$\frac{x}{\sqrt{c_1}} + \frac{y}{\sqrt{c_2}} = \frac{P}{\sqrt{2}}. \tag{6,6}$$

Für einen gegebenen Wert $P$ stellt diese lineare Gleichung in $x$, $y$ eine Gerade dar, welche *Gleichgewichtslinie* (equilibrium line) für den gegebenen Wert $P$ genannt werden soll. Der Abstand dieser Geraden vom Ursprung ist proportional $P$, ihre Neigung ist jedoch unabhängig von $P$. Jeder Punkt auf dieser Gleichgewichtslinie entspricht Kräften $\overline{S}_1 (= \overline{S}_3)$ und $\overline{S}_2$, welche mit der gegebenen Last im Gleichgewicht sind. Die Tatsache, daß die Gleichgewichtsbedingungen eine Gleichgewichts*linie* anstatt bloß einen einzigen Kraft*punkt* bestimmen, zeigt an, daß das Fachwerk statisch unbestimmt ist.

Um eine zweite Gleichung in $x$, $y$ zu erhalten, müssen wir von dem Umstand Gebrauch machen, daß die Verlängerungen $L_1 (= L_3)$ und $L_2$ durch die vertikale Verschiebung $v$ des Knotens $O$ ausgedrückt werden können. Wir haben:

$$L_1 = \frac{v}{\sqrt{2}}, \qquad L_2 = v.$$

Eliminieren wir $v$ aus diesen beiden Gleichungen und benützen die Definitionen in der zweiten Zeile von (6,2), dann erhalten wir

$$l_1 \sqrt{c_1} - l_2 \sqrt{c_2} = 0,$$

oder, indem wir Gl. (6,3) und die Definitionen von Kraft- und Deformationspunkt benützen,

$$(x - \xi) \sqrt{c_1} - (y - \eta) \sqrt{c_2} = 0. \tag{6,7}$$

Diese lineare Gleichung in $x$, $y$ stellt eine Gerade durch den Deformationspunkt dar, welche normal ist zur Gleichgewichtslinie [Gl. (6,6)]. Diese Gerade soll *Verträglichkeitslinie* (line of compatibility) genannt werden, weil sie die Bedingung ausdrückt, daß die Gesamtverlängerungen $L_1$ ($= L_3$) und $L_2$ miteinander verträglich sein müssen. Man beachte, daß einem gegebenen bleibenden Verformungszustand, das heißt einem gegebenen Deformationspunkt, nur eine einzige Verträglichkeitslinie entspricht. Die Verträglichkeitslinien für verschiedene bleibende Verformungszustände und die Gleichgewichtslinien für verschiedene Größen der Belastung bilden ein rechtwinkeliges Netz.

Wenn die Belastung und die bleibenden Verlängerungen gegeben sind, dann können die Stabkräfte des Fachwerks dadurch bestimmt werden, daß man den Kraftpunkt ermittelt; dieser ist der Schnittpunkt der Gleichgewichtslinie, die zu der gegebenen Last gehört und der Verträglichkeitslinie, die den gegebenen bleibenden Verlängerungen entspricht. Der Kraftpunkt ist also der Fußpunkt des Lotes vom Deformationspunkt auf die Gleichgewichtslinie. Der Kraftpunkt kann somit als jener Punkt auf der Gleichgewichtslinie gekennzeichnet werden, für den der Abstand $\sqrt{E^*}$ [s. Gl. (6,5)] vom Deformationspunkt einen Kleinstwert hat. Im Hinblick auf die Erklärung, die oben für die Größe $E^*$ gegeben wurde, haben wir damit den folgenden Satz bewiesen: *Für gegebene Werte der Last und der bleibenden Verlängerungen liefern die tatsächlich vorhandenen Stabkräfte einen kleineren Wert der den Gesamtverlängerungen entsprechenden fiktiven Formänderungsarbeit als jedes andere System von Stabkräften, das mit der gegebenen Last im Gleichgewicht ist.* Dies ist eine spezielle Form, welche ein allgemeines Minimalprinzip von COLONNETTI [1] für das von uns betrachtete Fachwerk annimmt. Wenn, speziell, die gegebenen bleibenden Verlängerungen alle gleich Null sind, dann fällt der Deformationspunkt in den Ursprung, und die Ausdrücke $E^*$ und $E$ [Gl. (6,4)] werden identisch. Das Prinzip von COLONNETTI geht dann über in das Prinzip vom Minimum der Formänderungsarbeit (principle of minimum strain energy) der mathematischen Elastizitätstheorie.

Aus dem Vorhergehenden folgt, daß der Spannungszustand in dem elastisch-plastischen Fachwerk eindeutig bestimmt ist durch die Belastung und durch die bleibenden Verlängerungen, jedoch nicht durch die Belastung allein. Die bleibenden Verlängerungen hängen ihrerseits wieder von der Belastungsvorgeschichte (history of loading) ab.

Wir wollen nun sehen, in welchem Ausmaß die Belastungsvorgeschichte den mechanischen Zustand beeinflußt, welcher für eine gegebene Endbelastung erreicht wird. Diese Frage läßt sich sehr bequem in der oben eingeführten geometrischen Ausdrucksweise erörtern.

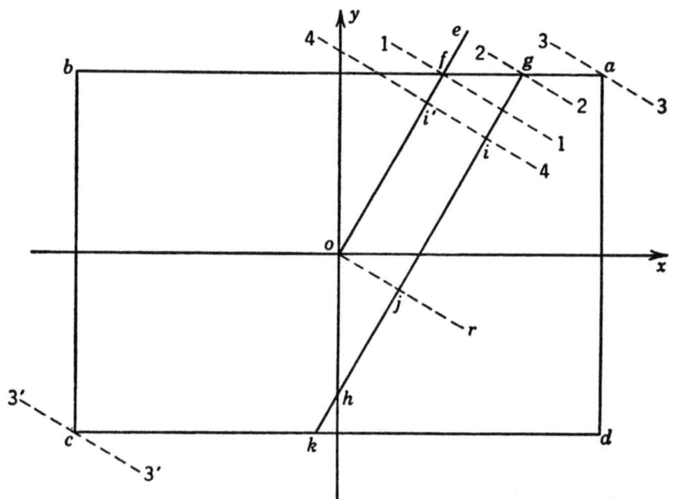

Abb. 7. Graphische Darstellung des Spannungs- und Formänderungszustands in dem Fachwerk der ·Abb. 6.

Der absolute Betrag der Kraft $\overline{S}_i$ in irgend einem Fachwerkstab kann nicht die Fließkraft $Y_i$ dieses Stabes überschreiten. Der Kraftpunkt kann daher nicht außerhalb des Fließrechtecks (yield rectangle) liegen, welches durch die Seiten $x = \pm Y_1 \sqrt{c_1}$ und $y = \pm Y_2 \sqrt{c_2/2}$ begrenzt ist [s. die beiden ersten Gln. (6,2)].

In Abb. 7 sei $abcd$ das Fließrechteck und $oe$ die Verträglichkeitslinie durch den Ursprung, wobei die Richtung $oe$ positiven Werten der Last $P$ entspricht. Wir wollen das mechanische Verhalten des Fachwerks studieren, wenn die Last $P$, beginnend vom Wert Null, langsam anwächst. Für genügend kleine Werte von $P$ verhält sich das Fachwerk elastisch: Der Deformationspunkt fällt mit dem Ursprung zusammen und der Kraftpunkt bewegt sich entlang $oe$. Die Elastizitätsgrenze des Fachwerks wird erreicht, wenn der Kraftpunkt eine Seite des Fließrechtecks erreicht. In Abb. 7 ist dies der Fall, wenn die Gleichgewichtslinie in die Lage 1 — 1 gekommen ist; der Kraftpunkt liegt dann im Punkt $f$. Wenn die Last $P$ weiter anwächst, z. B. auf jenen Wert, welcher der Gleichgewichtslinie 2 — 2 in Abb. 7 entspricht, dann bewegt sich der Kraftpunkt entlang der oberen Rechtecksseite von $f$ nach $g$; das heißt der Stab $OB$ fließt unter Zugbeanspruchung. Gleichzeitig bewegt sich der Deformationspunkt längs der negativen $y$-Achse von $o$ in eine solche Lage $h$, daß die Verträglichkeitslinie $hg$ senkrecht steht auf der Gleichgewichtslinie $2-2$. Wenn wir die Last weiter anwachsen lassen, dann erreicht die Gleichgewichtslinie schließlich die Lage $3-3$ und der Kraftpunkt die Ecke $a$ des Fließrechtecks. In diesem Augenblick beginnen die restlichen Stäbe des Fachwerks ebenfalls zu fließen, und das Fachwerk tritt in den Bereich des uneingeschränkten plastischen Fließens ein. Die Gleichgewichtslinie $3-3$ stellt somit die positive *Traglast* (limit load) dar, für die die *Tragfähigkeit* (carrying capacity) des Fachwerks erschöpft ist. In gleicher Weise stellt die Gleichgewichtslinie $3'-3'$ durch die Ecke $c$ des Fließrechtecks die negative Traglast dar. Da das Fließrechteck *konvex* ist, enthält jede Gleichgewichtslinie zwischen diesen beiden Grenzen stets Punkte innerhalb des Fließrechtecks. Es gilt daher das folgende Prinzip: *Die Tragfähigkeit eines Fachwerks kann nicht erschöpft werden unter irgend einer Last, für die sich mit ihr im Gleichgewicht befindliche Stabkräfte derart finden lassen, daß die Spannungen, die sie in den Stäben hervorrufen, zwischen der Zug- und der Druckfließgrenze liegen.* Dies ist die spezielle Form, welche ein allgemeines Prinzip von FEINBERG [2] für das hier betrachtete Fachwerk annimmt.

Wir wollen nun annehmen, daß die Last, nachdem sie jenen Wert erreicht hat, der durch die Gleichgewichtslinie $2-2$ dargestellt wird, nicht weiter anwächst, sondern abnimmt bis zu dem Wert, welcher der Gleichgewichtslinie $4-4$ entspricht. Während dieses Entlastungsvorganges finden keine Änderungen der bleibenden Stabverlängerungen statt; der Deformationspunkt verbleibt somit in der Lage $h$. Der Kraftpunkt bewegt sich daher längs der Verträglichkeitslinie $gh$ von $g$ nach $i$. Wir beachten, daß während der ersten Belastung der Kraftpunkt für dieselbe Lastgröße die Lage $i'$ hatte. Hier haben wir ein Beispiel für die Abhängigkeit des mechanischen Zustandes von der Belastungsvorgeschichte: Innerhalb des elastischen Bereichs ruft die Last, die durch die Gleichgewichtslinie $4-4$ dargestellt wird, einen mechanischen Zustand hervor, der durch den Kraftpunkt $i'$ und durch den Deformationspunkt $o$ dargestellt wird; nachdem die Elastizitätsgrenze des Fachwerks in der oben angegebenen Weise überschritten worden ist, ruft dieselbe Last einen mechanischen Zustand hervor, der durch den Kraftpunkt $i$ und den Deformationspunkt $h$ gekennzeichnet ist.

Wenn der eben beschriebene Entlastungsvorgang fortgesetzt wird, bis die Last vollkommen von dem Fachwerk entfernt worden ist, dann nimmt die Gleichgewichtslinie die Lage $or$ ein und der Kraftpunkt die Lage $j$. Dieser Punkt stellt somit den *Zwängs*- oder *Restspannungszustand* (residual state of stress) dar, welcher sich einstellt, nachdem die Last, die dem Kraftpunkt $g$ entsprach, vollkommen entfernt worden ist. Wir sehen, daß der Vektor $oi$ als Summe der beiden Vektoren $oi'$ und $oj$ betrachtet werden kann.

Somit kann der tatsächliche Spannungszustand erhalten werden durch Überlagerung des elastischen Spannungszustands, welcher der gegebenen Belastung entspricht, und des Restspannungszustands, welcher übrig bleibt, wenn man die Last vollkommen entfernt hat.

Wenn das Fachwerk nach der eben betrachteten Entlastung nun im entgegengesetzten Sinn belastet wird, dann verbleibt der Deformationspunkt in $h$ und der Kraftpunkt bewegt sich auf der Verträglichkeitslinie weiter, bis er die Seite $cd$ des Fließrechtecks im Punkt $k$ erreicht. Von da ab bewegt er sich längs $kc$, während sich der Deformationspunkt längs der $y$-Achse von $h$ nach aufwärts verschiebt.

Kehren wir nun zur Betrachtung jenes mechanischen Zustands des Fachwerks zurück, welcher durch den Kraftpunkt $g$ und den Deformationspunkt $h$ gekennzeichnet ist. Wir sehen, daß der Kraftpunkt $g$ jener Punkt der Gleichgewichtslinie 2 — 2 ist, der dem Ursprung $o$ am nächsten liegt, ohne außerhalb des Fließrechtecks zu fallen. Offenbar gilt diese Charakterisierung nur für jene Kraftpunkte, welche, wie $g$, im Wege *direkter Belastung* erreicht worden sind, bevor eine Entlastung stattgefunden hat. Der Kraftpunkt $i$ z. B. kann nicht in dieser Weise gekennzeichnet werden. Wir kommen also zu folgendem Ergebnis: *Solange keine Entlastung stattgefunden hat, liefern die tatsächlichen Stabkräfte des Fachwerks einen kleineren Wert der elastischen Formänderungsarbeit als irgend ein anderes System von Stabkräften, das mit der aufgebrachten Last im Gleichgewicht ist und das keine Spannungen zur Folge hat, welche die Fließgrenze überschreiten.* Dies ist die spezielle Form, welche ein allgemeines Prinzip von HAAR und KÁRMÁN [3] für das hier betrachtete Fachwerk annimmt.

PRAGER und SYMONDS [4] fanden, daß dieses Prinzip auch in einer anderen Form, nämlich mit Hilfe der Restspannungen ausgedrückt werden kann. Wir sehen, daß von allen Punkten der Gleichgewichtslinie 2 — 2, welche nicht außerhalb des Fließrechtecks liegen, der Punkt $g$ der Geraden $oe$ am nächsten liegt. Da das Quadrat des Abstandes des Punktes $g$ von dieser Geraden, welches gleich dem Quadrat der Strecke $oj$ ist, die elastische Formänderungsarbeit ist, die den durch den Punkt $j$ dargestellten Reststabkräften (residual bar forces) entspricht, kommen wir zu folgendem Ergebnis: *Solange keine Entlastung stattgefunden hat, ist die elastische Formänderungsarbeit, welche den tatsächlichen Reststabkräften des Fachwerks zugeordnet ist, kleiner als jene Arbeit, die zu irgend einem anderen System von Reststabkräften gehört, welches, zusammen mit den elastischen Stabkräften, die der aufgebrachten Belastung entsprechen[1], keine Spannungen jenseits der Fließgrenze bewirkt.*

---

[1] Unter diesen elastischen Stabkräften sind die fiktiven elastischen Stabkräfte zu verstehen, wenn bereits bleibende Formänderungen stattgefunden haben. (D. Übers.)

Die Prinzipe von HAAR-KÁRMÁN und PRAGER-SYMONDS charakterisieren die Kräfte, welche eine gegebene Last in den Stäben eines Fachwerks hervorruft, vorausgesetzt, daß dieser Belastungszustand durch einen Prozeß erreicht worden ist, der keinerlei Entlastung enthält. Falls Entlastung zugelassen wird, dann kann keine solche direkte Beziehung zwischen der Belastung und den Stabkräften aufgestellt werden. Die Stabkräfte hängen dann nicht nur von der augenblicklichen Belastung ab, sondern auch von allen Einzelheiten des Vorganges, durch den dieser Belastungszustand erreicht worden ist. Das Minimalprinzip, welches in diesem Fall gilt, wurde von GREENBERG [5] aufgestellt. In der oben benützten *geometrischen* Ausdrucksweise kann es wie folgt formuliert werden: *Wenn sich die Gleichgewichtslinie in Übereinstimmung mit der Veränderung der Last bewegt, dann beschreibt der Kraftpunkt den kürzesten Weg, der mit den Bedingungen verträglich ist, daß er stets auf der zu der augenblicklichen Last gehörigen Gleichgewichtslinie liegen muß und niemals außerhalb des Fließrechtecks liegen kann.* Der Leser wird leicht feststellen, daß dieser Satz beispielsweise für den Weg *ofgi* des Kraftpunkts in Abb. 7 gilt. In der Sprache der *Mechanik* kann GREENBERGS Prinzip wie folgt ausgedrückt werden: *Die elastische Formänderungsarbeit, welche der wirklichen infinitesimalen Änderung der Stabkräfte des Fachwerks entspricht, ist kleiner als jene, welche irgend einer anderen infinitesimalen Änderung der Stabkräfte entspricht, die mit der gegebenen infinitesimalen Änderung der Belastung im Gleichgewicht ist und die keine Spannungen jenseits der Fließgrenze zur Folge hat.*

Die eben für den Fall eines einfachen Fachwerks besprochenen Minimalprinzipe werden in Kap. VIII von einem allgemeineren Standpunkt aus erörtert werden. Es sei noch erwähnt, daß sich die oben eingeführte geometrische Sprache auch bei der Behandlung des elastisch-plastischen Verhaltens von komplizierteren Tragwerken bewährt hat [4], [6].

## 7. Biegung eines Balkens mit rechteckigem Querschnitt[1]

Als ein weiteres Beispiel zur Illustration der Grundlagen der Theorie ideal plastischer Körper, wollen wir die Biegung eines frei aufliegenden prismatischen Balkens mit rechteckigem Querschnitt betrachten. Die Koordinatenachsen und die Abmessungen des Balkens sind aus Abb. 8 zu ersehen. Wir nehmen an, daß der Balken eine gleichförmig verteilte Last $p$ trägt, welche in der Richtung der $z$-Achse wirkt.

Im Rahmen der Balkentheorie haben wir

$$\sigma_y = \sigma_z = \tau_{yz} = \tau_{xy} = 0. \tag{7,1}$$

---

[1] Bezüglich der Berechnung von Balken unter wiederholter Belastung s. [6]. Bezüglich der Behandlung von Balken mit anderen als rechteckigen Querschnitten s. [7], Kap. XI.

Unter Verwendung der vereinfachten Bezeichnung

$$\sigma_x = \sigma, \qquad \tau_{zx} = \tau, \tag{7,2}$$

gilt für die Komponenten des Spannungsdeviators

$$s_x = \frac{2}{3}\,\sigma, \qquad s_y = -\frac{1}{3}\,\sigma, \qquad s_z = -\frac{1}{3}\,\sigma,$$

$$\tau_{yz} = 0, \qquad \tau_{zx} = \tau, \qquad \tau_{xy} = 0, \tag{7,3}$$

und die MISESsche Fließbedingung (4,5) lautet

$$\sigma^2 + 3\,\tau^2 = 3\,k^2. \tag{7,4}$$

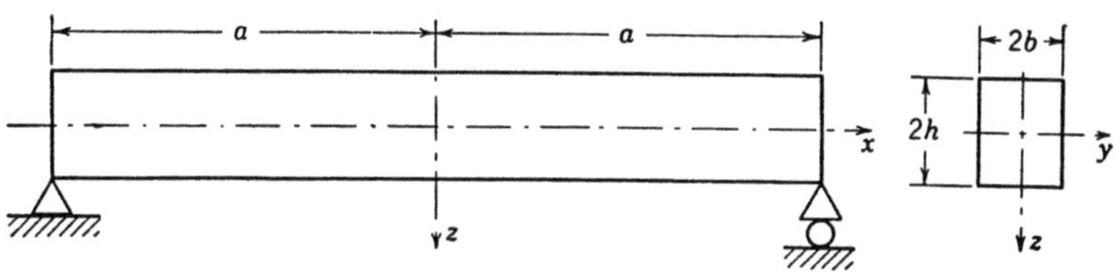

Abb. 8. Frei aufliegender Balken.

Wir stellen uns auf den Boden der üblichen Annahmen der Träger-
theorie, daß nämlich die Schubspannungen $\tau$ klein seien[1] verglichen mit
den Biegespannungen $\sigma$, daß ferner die Durchbiegung $w = w\,(x)$ der
Balkenachse klein sei im Vergleich zu den Querschnittsabmessungen des
Balkens, und daß schließlich die Querschnitte während der Biegung
eben bleiben und normal zu der (verformten) Balkenachse. Wegen der
ersten Annahme reduziert sich Gl. (7,4) auf

$$|\sigma| = k\,\sqrt{3}. \tag{7,5}$$

Wegen der beiden anderen Annahmen ist die Dehnung im Balken in der
Richtung seiner Achse gegeben durch

$$\varepsilon_x = -z\,\frac{d^2w}{dx^2}. \tag{7,6}$$

Nach dem HOOKEschen Gesetz gilt daher

$$\sigma = -E\,z\,\frac{d^2w}{dx^2} \tag{7,7}$$

in allen Punkten, wo sich das Material elastisch erhält ($E$ = Elastizitätsmodul). Diese Gleichung zeigt, daß $\sigma$ eine ungerade Funktion von $z$ ist.
In irgend einem gegebenen Querschnitt wird daher die Fließspannung
gleichzeitig für $z = \pm\,h$ erreicht werden und wird sich symmetrisch vom

---

[1] Der Leser sei hier auf den Anhang zu diesem Kapitel verwiesen, wo gezeigt wird, daß $\tau$ in den plastischen Zonen überhaupt verschwindet.

oberen und unteren Querschnittsrand aus ausbreiten. Innerhalb dieser plastischen Gebiete ist

$$\sigma = \pm\, k\, \sqrt{3}. \tag{7,8}$$

Das Pluszeichen auf der rechten Seite gehört zu jener plastischen Zone, welche an diejenige elastische Zone angrenzt, wo sich $\sigma$ aus Gl. (7,7) als positiv ergibt.

Es seien $z = \pm\,\zeta\,(x)$, $(0 < \zeta < h)$ die Flächen, welche die elastischen und die plastischen Gebiete voneinander trennen. Da $\sigma$ eine stetige Funktion von $z$ sein muß, folgt für einen Querschnitt, der teilweise elastisch und teilweise plastisch ist, aus den Gln. (7,7), bzw. (7,8):

$$\begin{aligned}
\sigma &= -\,k\,\sqrt{3} && \text{für} && -h \leqslant z \leqslant -\zeta, \\
\sigma &= \frac{k\,z\,\sqrt{3}}{\zeta} && \text{für} && -\zeta \leqslant z \leqslant \zeta, \\
\sigma &= \phantom{-}k\,\sqrt{3} && \text{für} && \zeta \leqslant z \leqslant h.
\end{aligned} \tag{7,9}$$

In einem beliebigen Querschnitt $x$ ist das Biegemoment infolge der Spannungen $\sigma$ gegeben durch

$$M\,(x) = 4\,b \int_{0}^{h} \sigma\,(x, z)\, z\, dz. \tag{7,10}$$

Wenn wir die Ausdrücke (7,7), (7,8) und (7,9) in (7,10) einsetzen, können wir integrieren und erhalten

$$M\,(x) = -\,\frac{4}{3}\, E\, b\, h^3\, \frac{d^2 w}{d x^2} \tag{7,11}$$

für einen zur Gänze elastischen Querschnitt,

$$M\,(x) = 2\,\sqrt{3}\, b\, k\, h^2 \tag{7,12}$$

für einen zur Gänze plastischen Querschnitt und

$$M\,(x) = \frac{2}{3}\,\sqrt{3}\, k\, b\, (3\,h^2 - \zeta^2) \tag{7,13}$$

für einen elastisch-plastischen Querschnitt. Um die Funktion $\zeta$ zu bestimmen, setzen wir das Biegemoment infolge der inneren Spannungen gleich dem Biegemoment, welches durch die gegebenen äußeren Lasten erzeugt wird, und lösen diese Gleichung nach $\zeta$ auf. Für den hier betrachteten Träger auf zwei Stützen ist das Biegemoment infolge einer gleichförmig verteilten Last $p$ gegeben durch

$$M\,(x) = \frac{1}{2}\, p\, (a^2 - x^2). \tag{7,14}$$

Wir nehmen an, die Last $p$ sei groß genug um zu bewirken, daß der Balken teilweise plastisch wird. Für jene Querschnitte, die teilweise elastisch und teilweise plastisch sind, setzen wir die rechten Seiten von (7,13) und (7,14) einander gleich und erhalten

$$\frac{2}{3}\sqrt{3}\,k\,b\,(3\,h^2 - \zeta^2) = \frac{1}{2}\,p\,(a^2 - x^2). \tag{7,15}$$

Mit

$$p_0 = 4\sqrt{3}\,k\,b \tag{7,16}$$

und

$$\varrho = \frac{p}{p_0}\left(\frac{a}{h}\right)^2, \tag{7,17}$$

kann Gl. (7,15) wie folgt geschrieben werden:

$$\frac{1}{3}\left(\frac{\zeta}{h}\right)^2 - \varrho\left(\frac{x}{a}\right)^2 = 1 - \varrho. \tag{7,18}$$

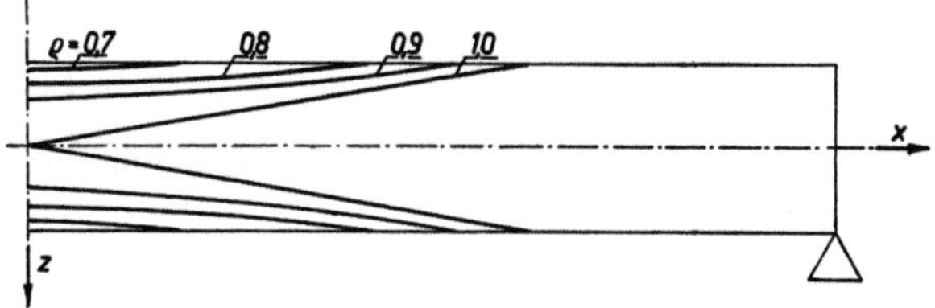


Abb. 9. Anwachsen der plastischen Gebiete in dem Balken der Abb. 8.

Da in einem elastisch-plastischen Querschnitt für $\zeta$ gelten muß

$$0 < \zeta < h, \tag{7,19}$$

muß $\varrho$ der Bedingung genügen

$$\frac{2}{3} < \varrho < 1. \tag{7,20}$$

Die untere Grenze von $\varrho$ stellt jenen Wert der Last $p$ dar, für den die Fließgrenze in den äußeren Fasern des Querschnittes in der Balkenmitte ($x = 0$) erreicht wird. Die obere Grenze entspricht jenem Wert von $p$, für den die plastischen Gebiete in den oberen und den unteren Teilen des Balkens in der Balkenmitte zusammentreffen. Abb. 9 zeigt die Funktion $\zeta$ für verschiedene Werte von $\varrho$, welche der Ungleichung (7,20) genügen.

Wir wollen annehmen, daß die Last $p$ und damit der Parameter $\varrho$ monoton von Null beginnend anwachsen. Für $\varrho < 2/3$ wird der Balken zur Gänze elastisch sein und die Verteilung der Spannungen und Verformungen kann mittels der üblichen Methoden der Balkentheorie bestimmt werden. Für jene Werte von $\varrho$ jedoch, die der Ungleichung (7,20) genügen, wird der Balken plastische Gebiete aufweisen. Wenn $\varrho$ vom Wert 2/3 auf den Wert 1 anwächst, dann werden sich diese Gebiete im

Balken ausbreiten. In jedem Augenblick dieses Intervalls herrscht eingeschränkte plastische Verformung. Schließlich, für $\varrho = 1$, vereinigen sich die plastischen Gebiete der oberen und der unteren Balkenhälfte in der Balkenmitte und wir haben uneingeschränktes plastisches Fließen: Der Balken ist unfähig, noch größere Lasten zu tragen.

Wir wollen nun die Durchbiegungen $w$ des Balkens bestimmen. Da $w$ eine gerade Funktion von $x$ ist, genügt es, den Teil $0 \leqslant x \leqslant a$ des Balkens zu betrachten. Aus (7,7) und dem Umstand, daß $\sigma = k \sqrt{3}$ ist, wenn $z = \zeta$ ist, folgt, daß im mittleren Teil des Balkens, wo die Querschnitte teilweise plastisch sind, gilt:

$$\frac{d^2w}{dx^2} = -\frac{k \sqrt{3}}{E \zeta} . \tag{7,21}$$

Andererseits folgt für die zur Gänze elastischen Enden des Balkens aus (7,11) und (7,14):

$$\frac{d^2w}{dx^2} = -\frac{3}{8} \frac{p (a^2 - x^2)}{E b h^3} . \tag{7,22}$$

Lösen wir (7,18) nach $\zeta$ auf und setzen das Ergebnis in (7,21) ein, so erhalten wir

$$\frac{d^2w}{dx^2} = -\frac{k}{E h} \frac{1}{\sqrt{1 - \varrho + \varrho\, x^2/a^2.}} . \tag{7,23}$$

Integrieren wir diese Gleichung nach $x$, unter Berücksichtigung, daß für $x = 0$ $dw/dx = 0$ ist und setzen wir ferner

$$\alpha = \frac{a \sqrt{1 - \varrho}}{\sqrt{\varrho}} , \tag{7,24}$$

so finden wir

$$\frac{dw}{dx} = \frac{-\alpha k}{E h \sqrt{1 - \varrho}} \operatorname{ar\,sinh} \frac{x}{\alpha} \tag{7,25}$$

und

$$w - w_0 = \frac{-\alpha^2 k}{E h \sqrt{1 - \varrho}} \left( \frac{x}{\alpha} \operatorname{ar\,sinh} \frac{x}{\alpha} - \sqrt{1 + \frac{x^2}{\alpha^2}} + 1 \right) , \tag{7,26}$$

wo $w_0$ die noch unbekannte Durchbiegung an der Stelle $x = 0$ bezeichnet. Die Ausdrücke (7,25) und (7,26) gelten von der Balkenmitte bis zu jenem Querschnitt, wo $\zeta$, nach (7,18) berechnet, den Wert $h$ erreicht, das ist also bis zu jenem Querschnitt, für den

$$x = x^* = a \sqrt{\frac{3 \varrho - 2}{3 (1 - \varrho)}} \tag{7,27}$$

ist. Für diesen Querschnitt erhalten wir aus (7,25) und (7,26)

$$\frac{dw}{dx} (x^*) = \frac{-\alpha k}{E h \sqrt{1 - \varrho}} \operatorname{ar\,sinh} \sqrt{\frac{3 \varrho - 2}{3 (1 - \varrho)}} \tag{7,28}$$

und

$$w(x^*) - w_0 = \frac{-a^2 k}{E\,h\sqrt{1-\varrho}}\left[\sqrt{\frac{3\varrho-2}{3(1-\varrho)}}\ \text{ar sinh}\ \sqrt{\frac{3\varrho-2}{3(1-\varrho)}} - \sqrt{\frac{1}{3(1-\varrho)}} + 1\right].$$

(7,29)

Integrieren wir nun Gl. (7,22) mit den Anfangsbedingungen (7,28) und (7,29) im Punkt $x = x^*$, so erhalten wir für den vollständig elastischen Teil des Balkens, das ist also für $x^* < x \leqslant a$:

$$w = w_0 - \frac{3}{16}\frac{p}{E\,b\,h^3}\left(\frac{a^2\varrho}{1-\varrho}x^2 - \frac{x^4}{6}\right) -$$

$$- \frac{a\,x}{E\,h\sqrt{1-\varrho}}\left[k\ \text{ar sinh}\ \sqrt{\frac{3\varrho-2}{3(1-\varrho)}} - \frac{1}{12}\frac{p\,a^2}{b\,h^2}\frac{3\varrho+1}{1-\varrho}\sqrt{\frac{3\varrho-2}{3}}\right] +$$

$$+ \frac{a^2 k}{E\,h\sqrt{1-\varrho}}\left[\frac{1}{\sqrt{3(1-\varrho)}} - 1\right] - \frac{p\,a^4}{96\,E\,b\,h^3}\frac{9\varrho^2-4}{(1-\varrho)^2}.$$

(7,30)

Die Integrationskonstante $w_0$ finden wir aus der Bedingung, daß der Ausdruck für $w$, welcher durch Gl. (7,30) gegeben ist, für $x = a$ verschwinden muß. Nach einigen Umformungen finden wir:

$$w_0 = \frac{a^2 p_0}{E\,b\,h}\left[\frac{1}{4\sqrt{3\varrho}}\text{ar sinh}\ \sqrt{\frac{3\varrho-2}{3(1-\varrho)}} + \right.$$

$$+ \frac{\sqrt{1-\varrho}}{4\sqrt{3\varrho}} + \frac{2\varrho^2-1}{8\varrho} -$$

$$\left. - \frac{3\varrho+1}{12\varrho}\sqrt{\frac{\varrho(3\varrho-2)}{3}}\right].$$

(7,31)

Es ist interessant, diesen Wert der Durchbiegung in der Balkenmitte mit der Durchbiegung

$$w_0^* = \frac{5}{48}\frac{p_0\,a^2}{E\,b\,h}$$

(7,32)

zu vergleichen, die an derselben Stelle in dem Augenblick auftritt, wo die Fließspannung zum ersten Mal in den äußeren Fasern des Mittelquerschnitts erreicht wird. Abb. 10 zeigt die Werte $w_0/w_0^*$ gegen $\varrho$ aufgetragen. Es ist bemerkenswert, daß dieses Verhältnis kleiner als 2 ist, solange $p$ kleiner ist als 95% jener Last, welche im ganzen Mittelquerschnitt Fließen bewirkt. Dies zeigt, daß die bleibenden Formänderungen durch fast den ganzen Bereich der eingeschränkten plastischen Deformationen von derselben Größenordnung sind wie die elastischen Formänderungen.

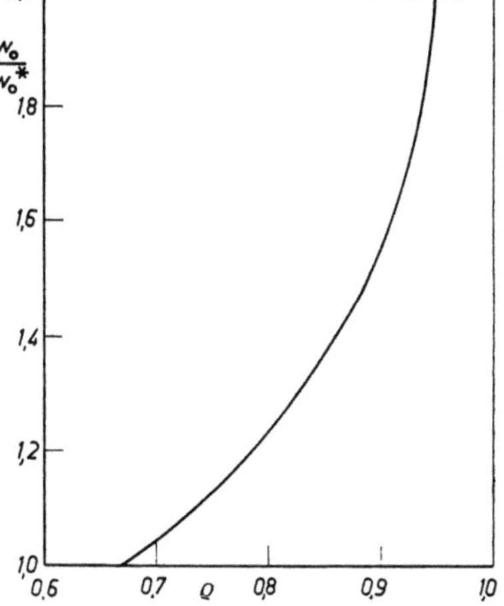

Abb. 10. Durchbiegung in der Mitte des elastisch-plastischen Balkens der Abb. 8.

4*

## Anhang

**Die Schubspannungen in einem elastisch-plastischen Balken.** In Abschn. 7 wurde die Annahme gemacht, daß die Schubspannung $\tau$ in der Fließbedingung vernachlässigt werden könne. Wir werden nun zeigen, daß im Rahmen der Balkentheorie, das heißt unter Annahme der Gültigkeit der Gl. (7,1), $\tau$ in den plastischen Zonen des Balkens sogar gleich Null ist.

Zur Bestimmung der Funktionen $\sigma = \sigma(x, z)$ und $\tau = \tau(x, z)$ etwa in der unteren plastischen Zone des Balkens stehen uns die Gleichgewichtsbedingung

$$\frac{\partial \sigma}{\partial x} + \frac{\partial \tau}{\partial z} = 0, \tag{A,1}$$

die Fließbedingung

$$\sigma^2 + 3\,\tau^2 = 3\,k^2, \tag{A,2}$$

und die Randbedingung

$$\tau(x, h) = 0 \tag{A,3}$$

zur Verfügung. Aus (A,2) und (A,3) folgt dann

$$\sigma(x, h) = k\sqrt{3}. \tag{A,4}$$

Um die Fließbedingung (A,2) zu erfüllen, setzen wir

$$\sigma = k\sqrt{3}\cos\alpha, \qquad \tau = k\sin\alpha, \tag{A,5}$$

wo $\alpha$ eine vorläufig noch unbekannte Funktion von $x$ und $z$ ist, für die sich durch Einsetzen von (A,5) in die Gleichgewichtsbedingung (A,1) die folgende partielle Differentialgleichung ergibt:

$$-\sqrt{3}\sin\alpha\,\frac{\partial \alpha}{\partial x} + \cos\alpha\,\frac{\partial \alpha}{\partial z} = 0. \tag{A,6}$$

Diese Gleichung zeigt, daß $d\alpha\left( = \dfrac{\partial \alpha}{\partial x}\,dx + \dfrac{\partial \alpha}{\partial z}\,dz \right)$ verschwindet, wenn

$$\frac{dx}{dz} = -\sqrt{3}\tan\alpha \tag{A,7}$$

ist. Die Linien $\alpha = $ const. der Fläche $\alpha = \alpha(x, z)$ sind also Gerade. Aus den Gln. (A,3) und (A,5) folgt

$$\alpha(x, h) = 0; \tag{A,8}$$

für $z = h$ ist also die durch (A,7) gegebene Richtung die $z$-Richtung, und $\alpha$ behält den Wert Null, wenn wir vom Rand her ins Innere der plastischen Zone fortschreiten:

$$\alpha(x, z) = 0 \qquad [\zeta(x) \leqslant z \leqslant h], \tag{A,9}$$

wo $\zeta(x)$ die Grenzfläche zwischen der elastischen und der plastischen Zone ist. Setzen wir (A,9) in (A,5) ein, so sehen wir, daß für die gesamte untere plastische Zone gilt:

$$\sigma(x,z) = k\sqrt{3}, \qquad \tau(x,z) = 0 \qquad [\zeta(x) \leqslant z \leqslant h]. \tag{A,10}$$

Ebenso ist auch in der ganzen oberen plastischen Zone des Balkens $\tau = 0$.

Mit steigender Belastung $p$ vermindert sich die Höhe $2\zeta$ des elastischen Teiles irgend eines elastisch-plastischen Querschnitts; gleichzeitig nimmt die in diesem Querschnitt übertragene Querkraft zu. Da der plastische Teil des Querschnitts keinerlei Schubspannungen enthält, wird man erwarten, daß die Schubspannungen im elastischen Teil ziemlich groß

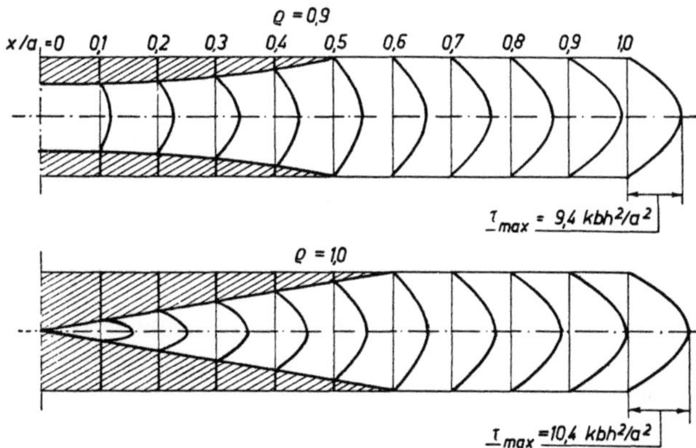


Abb. 11. Die Schubspannungen in dem Balken der Abb. 8.

werden. Um die Schubspannungsverteilung über den elastischen Teil eines elastisch-plastischen Querschnitts zu bestimmen, differenzieren wir die zweite Gl. (7,9) und die Gl. (7,18) nach $x$. Setzen wir den Wert $d\zeta/dx$ aus der zweiten Gleichung in die erste ein, dann ergibt sich

$$\frac{\partial\sigma}{\partial x} = -\frac{3\sqrt{3}\,k}{\zeta^3}\,\varrho\frac{h^2}{a^2}\,x\,z. \tag{A,11}$$

Wenn wir nun diesen Ausdruck für $\partial\sigma/\partial x$ in die Gleichgewichtsbedingung [Gl. (A,1)] einsetzen und integrieren, wobei wir beachten, daß für $z = \pm\zeta$ $\tau = 0$ ist, und indem wir mittels (7,17) und (7,16) $\varrho$ durch $p$ und durch die Abmessungen des Balkens ausdrücken, erhalten wir

$$\tau(x,z) = -\frac{3}{8}\frac{p\,x}{b\,\zeta}\left(1 - \frac{z^2}{\zeta^2}\right). \tag{A,12}$$

Diese Formel liefert die Schubspannungen in den elastisch-plastischen Querschnitten; in den gänzlich elastischen Querschnitten werden die

Schubspannungen in der üblichen Weise ermittelt (s. z. B. [8], S. 122 ff.). Für den hier behandelten Balken haben wir in den zur Gänze elastischen Querschnitten

$$\tau\,(x,z) = -\frac{3}{8}\frac{p\,x}{b\,h}\left(1 - \frac{z^2}{h^2}\right). \tag{A,13}$$

Die graphische Darstellung von $\tau$ in verschiedenen Querschnitten des Balkens zeigt Abb. 11 für die Werte $\varrho = 0{,}9$ und $\varrho = 1{,}0$. Wir sehen, daß die größten Werte der Schubspannungen in den noch zur Gänze elastischen Querschnitten auftreten. Es ist auch interessant zu sehen, daß im Grenzfall $\varrho = 1$ die maximale Schubspannung für alle elastisch-plastischen Querschnitte die gleiche ist.

# Aufgaben[1]

**1.** Betrachte das System, bestehend aus einem vollen Kreiszylinder und einem koaxialen kreisförmigen Rohr von gleicher Länge, die zwischen zwei starren Platten montiert sind. An den Platten greifen zwei Kräfte $P$ an, die gleich groß und entgegengesetzt gerichtet sind und in der gemeinsamen Achse von Zylinder und Rohr wirken. Zwischen dem Zylinder und der Innenoberfläche des Rohres soll genügend Spiel vorhanden sein, so daß keine seitlichen Kräfte vom Rohr auf den Zylinder ausgeübt werden. Diskutiere das Verhalten dieses Systems in der geometrischen Darstellung des Abschn. 6 und zeige, daß es den verschiedenen in diesem Abschnitt angeführten Prinzipen genügt.

**2.** Nimm an, daß noch ein weiteres koaxiales Rohr dem System der Aufgabe 1. hinzugefügt werde. Diskutiere das Verhalten dieses Systems. Beachte, daß in diesem Fall Kraft- und Deformationspunkt je drei cartesische Koordinaten haben. Die Gleichgewichtsbedingung wird nun durch eine Ebene dargestellt, während die beiden Verträglichkeitsbedingungen eine Gerade definieren.

**3.*** Nimm an, daß das in Abb. 6 dargestellte Fachwerk nicht nur eine vertikale Last $P$, sondern auch eine horizontale Last $Q$ trägt (in der Ebene des Fachwerks). In diesem Fall können wir nicht mehr annehmen, daß $\overline{S_1} = \overline{S_3}$ ist. Zeige, daß die Gleichgewichtsbedingungen eine Gerade im dreidimensionalen Raum definieren, während die Verträglichkeitsbedingung eine Ebene definiert. Diskutiere das Verhalten des Systems, wenn

a) die Lasten $P$ und $Q$ durch die Beziehung $P = k\,Q$ zusammenhängen, wo $k$ eine gegebene Konstante ist;

b) $P$ einen festen Wert hat, während $Q$ variiert;

c) $P$ und $Q$ beliebig variieren.

---

[1] Schwierigere Aufgaben sind durch * gekennzeichnet.

(Diese Betrachtungsweise kann auch auf allgemeinere Fachwerke ausgedehnt werden und führt dann zu $n$-dimensionalen Räumen, mit einem $k$-dimensionalen Unterraum des Gleichgewichts und einem $(n-k)$-dimensionalen Unterraum der Verträglichkeit [4].)

**4.** Diskutiere das elastisch-plastische Verhalten des Balkens in Abb. 8, wenn dieser den folgenden Belastungen unterworfen wird:

a) zwei Einzellasten $P$ in den Punkten $x = b$, $x = -b$;

b) eine einzige Einzellast $P$ in $x = b$;

c) eine gleichförmig verteilte Last $p$, welche sich vom Punkt $x = b$ bis zum Punkt $x = c$ erstreckt.

**5.** Diskutiere das elastisch-plastische Verhalten eines Freiträgers (Kragträgers) unter den folgenden Belastungen:

a) eine gleichförmig verteilte Last $p$ über die ganze Länge des Balkens;

b) eine Einzellast $P$ im Punkt $x = b$.

**6.** Betrachte einen Balken von der Länge $2\,a$, frei aufliegend in den Punkten $x = b$ und $x = -b$ $(0 < b < a)$. Diskutiere das elastisch-plastische Verhalten unter den folgenden Belastungen:

a) eine Einzellast $P$ in der Mitte, $x = 0$;

b) eine gleichförmig verteilte Last $p$ von $x = -a$ bis $x = -b$ und von $x = b$ bis $x = a$;

c) eine Einzellast $P$ in $x = c$, $b < c < a$.

Beachte, daß je nach den Verhältnissen der einzelnen Größen, die plastischen Zonen entweder von den Auflagern oder von den Lastangriffspunkten ihren Ausgang nehmen.

**7.** Ermittle die Verteilung der Schubspannungen in Aufgabe 5 a. Zeige, daß, wenn sich die Belastung $p$ der Traglast nähert, die Schubspannung in dem elastischen Teil eines elastisch-plastischen Querschnitts große Werte erreicht. Ermittle jenen Wert von $p$, für den sich eine plastische Zone an der Balkenachse $(z = 0)$ auszubilden beginnt.

**8.** Ermittle die Verteilung der Schubspannungen für die in den Aufgaben 4, 5 b und 6 betrachteten Balken. Diskutiere die Wirkung der Schubspannungen, wenn sich die Last der Traglast nähert.

## Literatur

1. COLONNETTI, G.: De l'équilibre des systèmes élastiques dans lesquelles se produisent des déformations plastiques. J. Math. Pur. Appl. (9) **17**, 233—255 (1938); s. auch idem, Elastic equilibrium in the presence of permanent set. Q. Appl. Math. **7**, 353—362 (1950).

2. FEINBERG, S. M.: The principle of limiting stress (russisch). Prikladnaia Matematika i Mekhanika **12**, 63—68 (1948).

3. HAAR, A und TH. v. KÁRMÁN: Zur Theorie der Spannungszustände in plastischen und sandartigen Medien. Göttinger Nachr., math.-phys. Kl. **1909**, 204—218 (1909).

4. PRAGER, W. und P. S. SYMONDS: Stress analysis in elastic-plastic structures. Proc. 3rd Symposium on Appl. Math. (Ann Arbor, Mich., June 14—16, 1949). New York: McGraw-Hill Book Co., 1950, pp. 187—197.

5. GREENBERG, H. J.: Complementary minimum principles for an elastic-plastic material. Q. Appl. Math. 7, 85—95 (1949).

6. NEAL, B. G.: The behavior of framed structures under repeated loading. Q. J. Mech. Appl. Math. 4, 78—84 (1951).

7. SOKOLOVSKY, V. V.: Theory of plasticity (russisch, mit englischer Zusammenfassung der Kapitelinhalte). Moskau 1946.

8. SEELY, F. B.: Resistance of materials. 3rd ed. New York: John Wiley & Sons, Inc. 1947.

# III. Torsion zylindrischer oder prismatischer Stäbe

## 8. Elastische Torsion

Ein typisches Randwertproblem der mathematischen Elastizitätstheorie ist die Aufgabe, die Spannungen im Inneren eines elastischen Körpers zu bestimmen, wenn die an seiner Oberfläche wirkenden Spannungen bekannt sind. Mathematisch führt diese Aufgabe auf ein System partieller Differentialgleichungen für die Spannungskomponenten, mit entsprechenden Randbedingungen (boundary conditions). Es läßt sich zeigen, daß diese Aufgabe eine eindeutige Lösung hat. Indessen sind verhältnismäßig wenige praktisch wichtige Lösungen durch direkte Integration der Grundgleichungen der mathematischen Elastizitätstheorie erhalten worden; indirekte und Näherungsmethoden haben den bei weitem größeren Teil der Lösungen geliefert, die in der Anwendung der Theorie auf technische Probleme benützt werden. Unter jenen Methoden, welche als „indirekt" bezeichnet werden, ist SAINT VENANTS *halb-inverse Methode* (semi inverse method) [1] vielleicht die wichtigste. Sie besteht darin, daß man die *allgemeine Form* der mathematischen Ausdrücke für bestimmte Spannungs- oder Verzerrungskomponenten ansetzt, welche noch gewisse willkürliche Funktionen oder Parameter enthält. Diese werden dann derart bestimmt, daß die Grundgleichungen der Elastizitätstheorie und, soweit als möglich, auch die Randbedingungen des betreffenden praktischen Problems befriedigt werden. SAINT VENANTS Behandlung des Torsionsproblems ist ein gutes Beispiel für diese Methode.

Wir wollen einen zylindrischen oder prismatischen Stab unter Torsionsbeanspruchung (torsion) betrachten, und legen die $z$-Achse eines rechtwinkeligen cartesischen Koordinatensystems parallel zu den Erzeugenden der zylindrischen oder prismatischen Oberfläche des Stabes. Um die Betrachtung zu vereinfachen, wollen wir uns auf Stäbe mit einfach zusammenhängenden Querschnittsflächen beschränken. Wir bezeichnen den Verdrehungswinkel (angle of twist) pro Längeneinheit mit $\vartheta$, und nehmen an, daß die Verschiebungskomponenten von der folgenden Form sind:

$$u_x = -\,y\,z\,\vartheta, \qquad u_y = x\,z\,\vartheta, \qquad u_z = w\,(x,\,y;\,\vartheta). \tag{8,1}$$

Wenn der Stab verdreht wird, dann ändert sich der Verdrehungswinkel $\vartheta$ mit der Zeit; in den Gln. (8,1) ist also $\vartheta = \vartheta\,(t)$. Die Funktion $w$ in der letzten Gl. (8,1) stellt die *Wölbung* (warping) des Querschnitts dar. Sie muß so bestimmt werden, daß die Gleichungen der Elastizitätstheorie und, soweit als möglich, auch die Randbedingungen des Torsionsproblems erfüllt sind.

Aus den Verschiebungen (8,1) finden wir die Verzerrungen nach den Gln. (2,1) und (2,2):

$$\varepsilon_x = \varepsilon_y = \varepsilon_z = \gamma_{xy} = 0,$$

$$\gamma_{zx} = -\vartheta\,y + \frac{\partial w}{\partial x} = \gamma_x,$$

$$\gamma_{yz} = \vartheta\,x + \frac{\partial w}{\partial y} = \gamma_y. \tag{8,2}$$

Wie die beiden letzten Gleichungen zeigen, werden wir in diesem Kapitel an Stelle von $\gamma_{zx}$ und $\gamma_{yz}$ die vereinfachte Bezeichnung $\gamma_x$ und $\gamma_y$ benützen. Da diese beiden Verzerrungskomponenten die einzigen sind, welche nicht identisch verschwinden, werden sich aus dieser vereinfachten Bezeichnung keine Mißverständnisse ergeben. Wir können die Wölbfunktion aus den beiden letzten Gln. (8,2) eliminieren und erhalten so die *Verträglichkeitsbedingung*:

$$\frac{\partial \gamma_y}{\partial x} - \frac{\partial \gamma_x}{\partial y} = 2\,\vartheta. \tag{8,3}$$

Innerhalb des elastischen Bereichs folgt aus dem HOOKEschen Gesetz und den ersten vier Gln. (8,2), daß

$$\sigma_x = \sigma_y = \sigma_z = \tau_{xy} = 0 \tag{8,4}$$

ist. Für die zwei restlichen Spannungskomponenten $\tau_{zx}$ und $\tau_{yz}$ wollen wir die einfachere Bezeichnung $\tau_x$ und $\tau_y$ einführen. Bei Abwesenheit von Massenkräften ist die einzige *Gleichgewichtsbedingung*, welche im Hinblick auf (8,4) nicht identisch erfüllt ist, die dritte Gl. (3,1). Sie verlangt, daß

$$\frac{\partial \tau_x}{\partial x} + \frac{\partial \tau_y}{\partial y} = 0 \tag{8,5}$$

ist. Diese Gleichung wird identisch erfüllt, wenn die Spannungskomponenten $\tau_x$ und $\tau_y$ aus einer *Spannungsfunktion* (stress function) $\psi(x,y;\vartheta)$ wie folgt abgeleitet werden:

$$\tau_x = \frac{\partial \psi}{\partial y}, \qquad \tau_y = -\frac{\partial \psi}{\partial x}. \tag{8,6}$$

Nach dem HOOKEschen Gesetz [Gl. (3,2)] ist

$$\gamma_x = \frac{\tau_x}{G}, \qquad \gamma_y = \frac{\tau_y}{G}. \tag{8,7}$$

Setzen wir dies in die Verträglichkeitsbedingung (8,3) ein und verwenden wir (8,6), so erhalten wir die folgende partielle Differentialgleichung für die Spannungsfunktion:

$$\frac{\partial^2 \psi}{\partial x^2} + \frac{\partial^2 \psi}{\partial y^2} = -2\,G\,\vartheta. \tag{8,8}$$

Um für diese Gleichung die Randbedingung aufzustellen, beachten wir, daß die Mantelfläche eines auf Torsion beanspruchten Stabes spannungsfrei ist. Nach dem Satz von den zugeordneten Schubspannungen (Symmetrie des Spannungstensors) muß der Spannungsvektor $(\tau_x, \tau_y)$, der durch eine beliebige Querschnittsfläche des Stabes hindurch übertragen wird, in jedem Punkt $P$ der Randkurve $C$ dieser Fläche die Richtung der Tangente an $C$ in $P$ haben. Wenn die Gleichung der Kurve $C$ in Parameterdarstellung lautet:

$$x = x\,(s), \qquad y = y\,(s), \tag{8,9}$$

dann ist

$$\frac{\tau_y}{\tau_x} = \frac{dy/ds}{dx/ds} \quad \text{längs } C. \tag{8,10}$$

Setzen wir (8,6) in (8,10) ein, dann erhalten wir als Randbedingung für $\psi$

$$\frac{\partial \psi}{\partial x}\frac{dx}{ds} + \frac{\partial \psi}{\partial y}\frac{dy}{ds} = 0, \qquad \text{oder} \qquad \psi = \text{const. längs } C.$$

Da uns bloß die ersten Ableitungen von $\psi$ interessieren, weil diese die Spannungen liefern, können wir $\psi$ längs der Berandung unseres einfach zusammenhängenden Bereichs gleich Null setzen:

$$\psi = 0 \text{ längs } C. \tag{8,11}$$

Wie die obigen Ausführungen zeigen, gilt ganz allgemein, daß der Schubspannungsvektor $(\tau_x, \tau_y)$ in einem beliebigen Punkt der Querschnittsfläche tangential zu der Kurve $\psi = $ const. durch diesen Punkt gerichtet ist. Die Linien $\psi = $ const. werden daher *Spannungstrajektorien* (stress trajectories) genannt.

Für einen gegebenen Wert von $\vartheta$ bestimmen die Differentialgleichung (8,8) und die Randbedingung (8,11) eindeutig die Spannungsfunktion $\psi$. Die Spannungen können dann aus (8,6) und die Verzerrungen aus (8,7) berechnet werden. Da diese Verzerrungen auch die Verträglichkeitsbedingung (8,3) erfüllen werden, aus der die Gleichung für die Spannungsfunktion gewonnen wurde, können wir nun die Wölbfunktion $w$ bis auf eine belanglose additive Konstante durch Integration der beiden letzten Gln. (8,2) bestimmen. Für das hier betrachtete elastische Problem ergibt sich. daß sowohl die Spannungs- wie auch die Wölbfunktion proportional dem Verdrehungswinkel $\vartheta$ sind. Es ist klar, daß eine solch einfache Proportionalität für den plastischen Bereich nicht erwartet werden kann, und deshalb wurden auch $w$ und $\psi$ als vorläufig noch in keiner Weise bestimmte Funktionen des Parameters $\vartheta$ wie auch der Koordinaten $x, y$ angeschrieben.

Die in der eben beschriebenen Weise gewonnene Spannungsverteilung befriedigt die Grundgleichungen der Elastizitätstheorie und bestimmte Randbedingungen des Torsionsproblems. Wir können sie jedoch nicht als eine Lösung des Torsionsproblems betrachten, bevor wir nachgeprüft haben, ob die Spannungen, welche auf einem beliebigen Querschnitt des Stabes übertragen werden, einem reinen Verdrehungsmoment (torque) gleichwertig sind. Da $\sigma_z = 0$ ist [Gl. (8,4)], wird weder eine Axialkraft noch ein Biegemoment in irgend einem Querschnitt des Stabes übertragen. Die Querkraft in der $x$-Richtung ergibt sich aus

$$Q_x = \int \tau_x \, dF = \int \frac{\partial \psi}{\partial y} \, dF, \tag{8,12}$$

wo $dF$ ein Flächenelement des Querschnitts bezeichnet und die Integration über den ganzen Querschnitt zu erstrecken ist. Wenn wir dieses Flächenintegral in der üblichen Weise in ein Linienintegral über den Umfang verwandeln, erhalten wir

$$Q_x = \int \psi \, n_y \, ds. \tag{8,13}$$

Darin ist $n_y$ die $y$-Komponente des Einheitsvektors normal zur Randkurve $C$ (und zwar ist dieser Vektor von $C$ nach außen gerichtet), $ds$ ist ein Linienelement von $C$ und die Integration ist über den ganzen Umfang zu erstrecken. Infolge der Randbedingung (8,11) zeigt Gl. (8,13), daß die Querkraft $Q_x$ verschwindet. Ebenso kann gezeigt werden, daß auch $Q_y$, die Querkraft in der $y$-Richtung, verschwindet. Folglich sind die Spannungen, die auf einer Querschnittsfläche des Stabes übertragen werden, gleichwertig einem Verdrehungsmoment

$$T = \int (x \, \tau_y - y \, \tau_x) \, dF = - \int \left( x \, \frac{\partial \psi}{\partial x} + y \, \frac{\partial \psi}{\partial y} \right) dF =$$
$$= - \int \psi \, (x \, n_x + y \, n_y) \, ds + 2 \int \psi \, dF,$$

wo $(n_x; n_y)$ der Einheitsvektor in der Richtung der nach außen gezogenen Normale der Berandung ist. Wegen der Randbedingung (8,11) verschwindet das Integral über die Berandung der Querschnittsfläche und das Verdrehungsmoment ist gegeben durch

$$T = 2 \int \psi \, dF. \tag{8,14}$$

In einem gewissen Sinn haben wir damit eine Lösung des Torsionsproblems gefunden: Sobald die Spannungsfunktion $\psi$ für einen gegebenen Querschnitt aus der Differentialgleichung (8,8) und der Randbedingung

(8,11) bestimmt worden ist, liefert Gl. (8,14) das Verdrehungsmoment, welches jenen Winkel $\vartheta$ erzeugt, der auf der rechten Seite von (8,8) aufscheint. Die auf diese Weise erhaltene Spannungsverteilung ist unabhängig von $z$; die Verdrehung eines Querschnittes relativ zu einem andern ist proportional dem Abstand dieser beiden Querschnitte, und alle Querschnitte werden sich in derselben Weise wölben. Unsere Lösung stellt somit den Zustand *gleichförmiger Torsion* (uniform torsion) dar. Wenn das Verdrehungsmoment (oder der Verdrehungswinkel pro Längeneinheit) gegeben ist, und ein Zustand gleichförmiger Torsion herrschen soll, dann ist die Verteilung der Schubspannungen über die Endflächen des zylindrischen oder prismatischen Stabes eindeutig bestimmt. Wenn die Endflächen des Stabes nicht genau diese Schubspannungsverteilung aufweisen, dann werden wir keinen gleichförmigen Torsionszustand erhalten, und die oben abgeleitete Lösung gilt nicht, zumindest nicht in der Nachbarschaft der Stabenden. Nach dem *Prinzip von* SAINT VENANT (s. [1], S. 345) können wir jedoch auch in diesem Fall im Mittelteil des Stabes einen Zustand gleichförmiger Torsion erwarten, vorausgesetzt, daß die Länge des Stabes seine Querabmessungen beträchtlich übertrifft.

Wir wollen die vorhergegangenen Ausführungen durch zwei Beispiele illustrieren. Zuerst wollen wir einen Kreiszylinder vom Radius $a$ betrachten. Wenn der Mittelpunkt des kreisförmigen Querschnitts als Koordinatenursprung gewählt wird, dann ist die Berandung $C$ des Querschnitts gegeben durch

$$x^2 + y^2 = a^2. \tag{8,15}$$

Die Funktion

$$\psi = c\,(a^2 - x^2 - y^2) \tag{8,16}$$

verschwindet auf $C$; sie befriedigt auch die Differentialgleichung (8,8), sofern die Konstante $c$ zu

$$c = \frac{1}{2}\,G\,\vartheta \tag{8,17}$$

gewählt wird. Die Spannungen folgen dann aus (8,6):

$$\tau_x = \frac{\partial \psi}{\partial y} = -G\,\vartheta\,y, \qquad \tau_y = -\frac{\partial \psi}{\partial x} = G\,\vartheta\,x. \tag{8,18}$$

Um aus (8,14) das Torsionsmoment zu berechnen, benützen wir Polarkoordinaten; wir setzen also $x^2 + y^2 = r^2$ und $dF = 2\pi r\,dr$. Damit erhalten wir

$$T = 2 \int_0^a \frac{1}{2}\,G\,\vartheta\,(a^2 - r^2)\,2\pi r\,dr = \frac{\pi}{2}\,G\,\vartheta\,a^4. \tag{8,19}$$

Die Gln. (8,18) zeigen, daß der Spannungsvektor $(\tau_x, \tau_y)$ in einem beliebigen Punkt $P$ den Betrag

$$\tau = G\,\vartheta\,r = \frac{2\,T}{\pi\,a^4}\,r \tag{8,20}$$

hat, und daß er auf dem Radiusvektor von $P$ senkrecht steht. Die Schubspannung (8,20) nimmt ihren größten Wert am Rand $r = a$ an. Fließen setzt ein, wenn dieser Größtwert der Schubspannung gleich $k$ ist, wenn also das Verdrehungsmoment den Wert

$$T^* = \frac{\pi}{2}\,a^3\,k \tag{8,21}$$

erreicht.

Als nächstes wollen wir einen prismatischen Stab betrachten, dessen Querschnitt ein gleichseitiges Dreieck ist (Abb. 12). Die Funktion

$$\psi = c\,(a - x)\,(2\,a + x + y\sqrt{3})\,(2\,a + x - y\sqrt{3}) \tag{8,22}$$

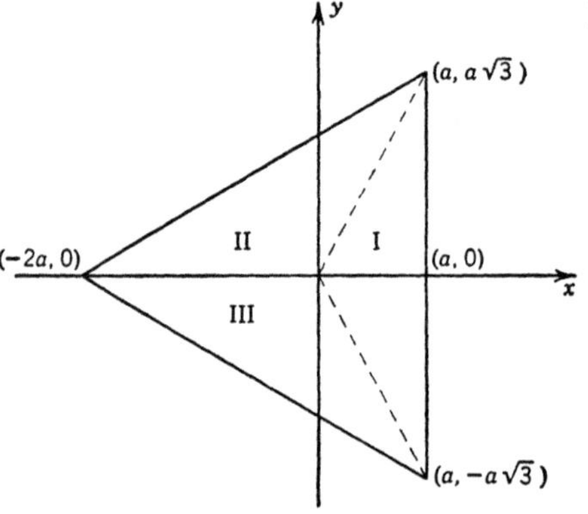


Abb. 12. Dreieckiger Querschnitt.

verschwindet an der Berandung; sie befriedigt auch die Differentialgleichung (8,8), sofern für

$$c = \frac{G\,\vartheta}{6\,a} \tag{8,23}$$

gesetzt wird. Die Spannungen werden dann aus (8,6) gefunden:

$$\tau_x = \frac{\partial \psi}{\partial y} = -\frac{G\,\vartheta}{a}\,(a - x)\,y,$$

$$\tau_y = -\frac{\partial \psi}{\partial x} = \frac{G\,\vartheta}{2\,a}\,(x^2 + 2\,a\,x - y^2), \tag{8,24}$$

und das Verdrehungsmoment aus (8,14):

$$T = 2 \int \psi\,dF = \frac{27}{5\sqrt{3}}\,G\,\vartheta\,a^4. \tag{8,25}$$

Der Schubspannungsvektor $(\tau_x, \tau_y)$ hat seinen größten Betrag in der Mitte der Dreiecksseiten, also z. B. im Mittelpunkt der Seite $x = a$, dessen Koordinaten $x = a$, $y = 0$ sind. Setzen wir diese Werte in (8,24) ein, dann erhalten wir

$$\tau_x = 0, \qquad \tau_y = \frac{3}{2}\,G\,\vartheta\,a. \tag{8,26}$$

Fließen wird beginnen, wenn dieser Schubspannungsvektor die Größe $k$ erreicht, das heißt wenn

$$G\vartheta = \frac{2\,k}{3\,a} \qquad (8,27)$$

ist. Setzen wir diesen Wert in (8,25) ein, so erhalten wir jenes Verdrehungsmoment $T^*$, für welches das Fließen beginnt:

$$T^* = \frac{18}{5\sqrt{3}}\,a^3\,k. \qquad (8,28)$$

In den vorhergehenden Beispielen wurde die Spannungsfunktion $\psi$ dadurch erhalten, daß wir die Gleichung der Berandung in der Form $f(x, y) = 0$ angeschrieben und dann probiert haben, ob $\psi = c\,f$ bei geeigneter Wahl von $c$ die Differentialgleichung (8,8) befriedigt. Obwohl dieses Verfahren in gewissen speziellen Fällen offensichtlich erfolgreich ist, stellt es keine allgemeine Methode für die Lösung des Torsionsproblems dar. Eine Behandlung der allgemeinen Methoden würde jedoch den Rahmen dieses Buches überschreiten, und der Leser sei diesbezüglich auf das Buch von SOKOLNIKOFF, Kap. IV, Abschn. 44, 45 (s. [2] aus Kap. I) verwiesen.

Wie PRANDTL [2] festgestellt hat, kann die Spannungsfunktion mit Hilfe des *Seifenhautgleichnisses* (soap film analogy) experimentell bestimmt werden. Wir schneiden in den ebenen Deckel eines kleinen Kastens ein Loch von der Form des Querschnitts und spannen darüber eine dünne Membran mit der Oberflächenspannung $S$. Wenn wir nun im Innern des Kastens einen geringen Überdruck $p$ erzeugen, dann befriedigt die kleine vertikale Verschiebung $\omega$ der Membran die Differentialgleichung

$$\frac{\partial^2\omega}{\partial x^2} + \frac{\partial^2\omega}{\partial y^2} = -\frac{p}{S} \qquad (8,29)$$

und die Randbedingung

$$\omega = 0 \ \text{längs} \ C. \qquad (8,30)$$

Der Vergleich der Randwertprobleme für $\omega$ und $\psi$ [Gln. (8,8) und (8,11)] zeigt, daß die Durchbiegung $\omega$ der Membran der Spannungsfunktion $\psi$ proportional ist. Wird der Druck zu $p = \vartheta\,S$ gewählt, dann ist die Durchbiegung der Membran $\omega = \psi/2\,G$. (Man beachte, daß diese Ausdrücke die richtigen Dimensionen haben.)

Die praktische Bedeutung der PRANDTLschen Seifenhautanalogie rührt nicht so sehr daher, daß sie einen Weg zeigt, um die Spannungsfunktion experimentell zu finden, sondern darauf, daß sie in Fällen, wo die exakte Bestimmung der Spannungsfunktion mühevoll ist, eine Möglichkeit liefert, diese Funktion unmittelbar qualitativ abzuschätzen.

Die vorstehende kurze Übersicht über das elastische Torsionsproblem wird für die Zwecke der folgenden Behandlung des elastisch-plastischen Torsionsproblems genügen. Bezüglich einer mehr ins einzelne gehenden Darstellung des elastischen Torsionsproblems sei der Leser auf [1] und [2] aus Kap. I verwiesen und bezüglich einer erschöpfenden Literaturübersicht über elastische Torsion auf [3], [4] und [5].

## 9. Vollplastische Spannungsverteilung

Wir wollen nun die Torsion eines zylindrischen oder prismatischen Stabes betrachten, der aus einem Material hergestellt ist, welches dem Spannungs-Verzerrungsgesetz von PRANDTL-REUSS gehorcht [Gln. (5,10), (5,11) im plastischen Bereich und (5,12), (5,11) im elastischen Bereich sowie für Entlastung aus einem Spannungszustand an der Fließgrenze]. Wir nehmen an, daß auf den anfänglich spannungsfreien Stab ein *monoton* wachsendes Verdrehungsmoment ausgeübt werde. Solange das Verdrehungsmoment unterhalb eines gewissen kritischen Wertes $T^*$ bleibt (der für kreisförmige und dreieckige Querschnitte in Abschn. 8 berechnet wurde), verhält sich der Stab elastisch und die Spannungsverteilung kann durch Lösung des Randwertproblems (8,8), (8,11) erhalten werden. Wenn das Verdrehungsmoment den Wert $T^*$ erreicht, dann wird der Betrag des Schubspannungsvektors $(\tau_x, \tau_y)$, das ist

$$\tau = \sqrt{\tau_x{}^2 + \tau_y{}^2}, \tag{9,1}$$

in einem oder mehreren Punkten des Querschnitts gleich der Fließspannung $k$ für reinen Schub sein. Wenn das Verdrehungsmoment über den Wert $T^*$ hinauswächst, dann wird sich entweder ein einziges oder es werden sich mehrere plastische Gebiete in das Innere des Querschnitts hinein ausbreiten, ausgehend von jenem Punkt, bzw. von jenen Punkten der Berandung $C$, wo die Fließspannung zuerst erreicht worden ist[1]. Abb. 13 *a* zeigt schematisch das typische Bild, nachdem sich bereits solche plastische Zonen entwickelt haben: Der *elastische* Teil des Querschnitts wird begrenzt durch ein bestimmtes Stück $C'$ der Randkurve $C$ (welches auch verschwinden oder aus mehreren Bogen bestehen kann) und durch die Kurve $\Gamma$, welche die elastischen von den plastischen Teilen des Querschnitts trennt. Der *plastische* Teil wird begrenzt durch das restliche Stück $C''$ der Berandung $C$ und durch $\Gamma$.

Im plastischen Gebiet muß der Betrag der Schubspannung (9,1) gleich $k$ sein, gleich der Fließspannung für reinen Schub. Nun folgte die Definition der Spannungsfunktion (8,6) aus der Gleichgewichtsbedingung

---

[1] Es kann gezeigt werden, daß bei der elastischen Torsion eines einfach zusammenhängenden Querschnitts die größte Schubspannung stets am Rand des Querschnitts auftritt (s. Kap. I: [2], S. 130—131).

(8,5), welche sowohl im plastischen als auch im elastischen Teil des Querschnitts gilt. Ausgedrückt durch die Spannungsfunktion nimmt daher die Fließbedingung $\tau = k$ die Form an:

$$|\operatorname{grad} \psi| = k. \tag{9,2}$$

Diese Gleichung besagt, daß die *Spannungsfläche* (stress surface)

$$z = \frac{\psi\,(x,\,y)}{2\,G} \tag{9,3}$$

in jedem ihrer Punkte dieselbe größte Neigung $k/2\,G$ gegen die Querschnittsebenen $z = \mathrm{const.}$ hat. Mit anderen Worten, die Spannungsfläche für den plastischen Teil des Querschnitts ist eine *Fläche mit konstanter Neigung* (Böschungsfläche).

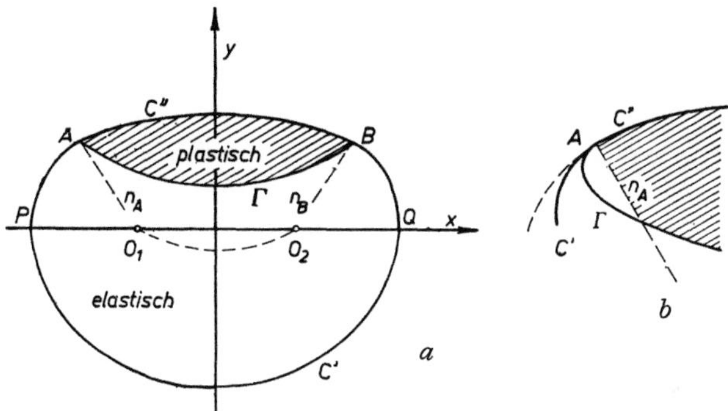


Abb. 13 *a* und *b*. Elastisch-plastische Grenze.

Es ist zu beachten, daß die Fließbedingung (9,2) eine *skalare* Beziehung ist, welche bloß besagt, daß die maximale Neigung der Spannungsfläche überall dieselbe *Größe* hat; die *Richtung* dieser maximalen Neigung braucht nicht für alle Punkte einer Fläche konstanter Neigung dieselbe zu sein. Ein gerader Kreiskegel oder eine regelmäßige Pyramide sind typische Beispiele für solche Flächen. Um uns mit den allgemeinen geometrischen Eigenschaften von Flächen konstanter Neigung vertraut zu machen, wollen wir zunächst den extremen Fall betrachten, daß sich das plastische Gebiet über den ganzen Querschnitt ausgebreitet hat (*vollplastische Lösung* [fully plastic solution]). Die Spannungsfunktion $\psi$ ist dann definiert durch die Differentialgleichung (9,2) und durch die Randbedingung (8,11). Diese Randbedingung folgte aus rein statischen Überlegungen (die Mantelfläche des Stabes muß spannungsfrei sein), und ist daher im plastischen Bereich ebenso wie im elastischen Bereich gültig.

Um für das Folgende etwas Bestimmtes vor Augen zu haben, wollen wir den in Abb. 14 dargestellten ovalen Querschnitt betrachten. Seine

Berandung $C$ bestehe aus den Kreisbogen $PQ$, $QR$, $RS$ und $SP$ mit den Mittelpunkten $O_1$, $O_2$, $O_3$ und $O_4$. Die Spannungsfläche $\Sigma$ des hier betrachteten vollplastischen Zustandes hat $C$ als Höhenlinie (Niveaulinie) in der Höhe Null, und besitzt konstante Neigung gegen die Ebene von $C$. Um diese Fläche gleicher Neigung zu konstruieren, betrachten wir einen beliebigen Punkt $A$ von $C$. Da die Berandung $C$ eine Kurve auf $\Sigma$ ist, muß die im Punkt $A$ an die Fläche $\Sigma$ gelegte Tangentialebene $\Pi$ die Tangente $t$ an die Kurve $C$ in $A$ enthalten. Ferner muß die Ebene $\Pi$ die erforderliche Neigung $k/2\,G$ gegen die Ebene von $C$ haben. Von den beiden Ebenen durch $t$, welche diese Bedingung erfüllen, ist $\Pi$ jene, welche von $t$ aus gegen den Querschnitt hin ansteigt. Die Tangentialebenen der Fläche $\Sigma$ sind damit in sämtlichen Punkten von $C$ eindeutig bestimmt. Die Fläche $\Sigma$ ist die Einhüllende dieser einparametrigen Ebenenschar und ist daher ab-

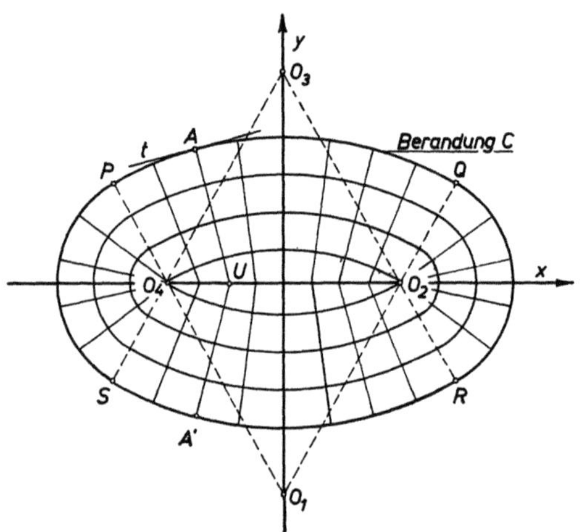


Abb. 14. Vollplastische Spannungsverteilung für einen ovalen Querschnitt.

wickelbar. Die geraden Erzeugenden dieser abwickelbaren Fläche sind die Linien des steilsten Abfalls; sie haben gegen die Ebene von $C$ die Neigung $k/2\,G$, und ihre senkrechten Projektionen auf diese Ebene sind die Normalen von $C$. Die Höhenlinien der Fläche $\Sigma$, das sind also die Spannungstrajektorien, sind die orthogonalen Trajektorien dieser Normalen, und sind daher Kurven parallel der Kurve $C$.

Für den in Abb. 14 dargestellten Querschnitt ist die Fläche konstanter Neigung, welche auf diese Art durch den Bogen $PQ$ definiert wird, ein gerader Kreiskegel, dessen Spitze sich nach $O_1$ projiziert. In gleicher Weise sind die Flächen konstanter Neigung, welche durch die Bogen $QR$, $RS$ und $SP$ definiert werden, gerade Kreiskegel, deren Spitzen sich nach $O_2$, $O_3$ und $O_4$ projizieren. Die durch $PQ$ und $RS$ definierten Kegel schneiden sich in einer Hyperbel, die in der Projektion als die Strecke $O_2\,O_4$ erscheint. Dieser Hyperbelbogen ist ein *Grat* (ridge) der Spannungsfläche $\Sigma$. Die Orientierung der Tangentialebene von $\Sigma$ ändert sich sprunghaft, wenn wir diesen Grat überschreiten. Nun hängt der Spannungsvektor $(\tau_x, \tau_y)$ mit der Orientierung der Tangentialebene durch die Beziehungen

$$\tau_x = 2\,G\,\frac{\partial z}{\partial y}, \qquad \tau_y = -\,2\,G\,\frac{\partial z}{\partial x} \tag{9,4}$$

zusammen, welche aus (8,6) und (9,3) folgen. Der Spannungsvektor muß sich also sprunghaft ändern, wenn wir die Projektion $O_2\,O_4$ des Grates der Spannungsfläche auf die Querschnittsfläche überschreiten. Die mechanische Bedeutung solcher Unstetigkeiten der Spannung wird unten noch erörtert werden.

Aus dieser Art, die Fläche mit der konstanten Neigung $k/2\,G$ gegen den Querschnitt $C$ als Basis zu konstruieren, ergibt sich die Möglichkeit, den Wert der *vollplastischen* Spannungsfunktion in einem beliebigen Punkt $U$ des Querschnitts zu ermitteln. Wir bestimmen jene Punkte $A$, $A'$, $A''$, ... der Kurve $C$, für die die Normalen zu $C$ durch $U$ gehen. Wenn einer dieser Punkte, etwa $A$, näher an $U$ liegt als irgend ein anderer, dann ist der Wert der vollplastischen Spannungsfunktion gleich dem Produkt aus dem Abstand $A\,U$ und der Neigung $k/2\,G$. Wenn zwei dieser Punkte, etwa $A$ und $A'$, gleich nahe an $U$ liegen und näher als irgend einer der Punkte $A''$, .. , dann ist die vollplastische Spannungsverteilung in $U$ unstetig (s. Abb. 14). Die Spannungsfläche $\Sigma$ hat dann einen Grat, dessen senkrechte Projektion auf die Querschnittsebene durch $U$ geht. Die Tangente an den Grat in jenem Punkt, welcher sich in den Punkt $U$ projiziert, ist die Schnittlinie der Tangentialebenen der Fläche in den Punkten $A$ und $A'$, und liegt daher in einer Ebene, welche normal zur Querschnittsebene ist und den Winkel $A\,U\,A'$ halbiert. Die senkrechte Projektion dieser Tangente auf die Querschnittsebene, das ist also die Halbierende des Winkels $A\,U\,A'$, tangiert die *Unstetigkeitslinie* (line of discontinuity) in $U$. Wenn wir uns dem Punkt $U$ von der einen oder von der anderen Seite dieser Unstetigkeitslinie her nähern, dann ist der Schubspannungsvektor $(\tau_x,\,\tau_y)$ entweder senkrecht zu $A\,U$ oder zu $A'\,U$. Sind endlich drei oder mehr Punkte $A$, $A'$, $A''$ gleich nahe an $U$ gelegen und näher als irgend ein anderer Punkt, dann ist die vollplastische Spannungsverteilung in $U$ von höherer Ordnung singulär. Der Punkt $O_4$ in Abb. 14 ist ein Beispiel für diese Art von Singularität: alle Punkte des Bogens $S\,P$ der Berandung $C$ liegen gleich nahe an $O_4$, und die Normalen von $C$ in diesen Punkten gehen durch $O_4$. Wenn wir uns dem Punkt $O_4$ aus dem Inneren des Winkels $S\,O_4\,P$ nähern, dann gilt, daß der Schubspannungsvektor in $O_4$ auf der Richtung des Anmarsches senkrecht steht. Wenn wir uns $O_4$ aus dem Inneren der Winkel $P\,O_4\,O_2$, bzw. $O_2\,O_4\,S$ nähern, dann gilt, daß der Schubspannungsvektor in $O_4$ senkrecht zu $P\,O_4$, bzw. $S\,O_4$ ist. Selbstverständlich haben solche Unstetigkeiten der Spannungsverteilung physikalisch keinen Sinn. Andererseits können sie nicht vermieden werden, wenn wir annehmen, daß schließlich einmal der ganze Querschnitt plastisch wird. Wir müssen daraus folgern, daß diese Annahme nicht berechtigt ist.  Dies ist in der Tat der Fall.  Im nächsten Abschnitt wird gezeigt werden, daß die vollplastische Spannungsverteilung bloß einen Grenzfall darstellt, der in Wirklichkeit niemals erreicht werden kann.

Die bisherige Diskussion der vollplastischen Spannungsverteilung gilt nur für Berandungen mit stetig sich drehender Tangente.  Für eine Berandung mit Ecken treten gewisse Schwierigkeiten auf, die jedoch behoben werden können, wenn man die eckige Berandung als Grenzfall einer Berandung mit stetig sich drehender Tangente auffaßt.  Betrachten wir etwa die L-förmige Berandung, die in Abb. 15 dargestellt ist.  Das „Dach", welches durch die polygonalen Höhenlinien der Abb. 15 angedeutet wird, erfüllt alle Anforderungen, die wir oben an eine Spannungsfläche gestellt haben, indessen stellt es nicht den Grenzfall der Spannungsfläche eines L-förmigen Querschnitts mit abgerundeten Ecken dar (Abb. 16 a). Dieser Grenzfall ist in Abb. 16 b gezeichnet. Er stellt die richtige Spannungsfläche für einen L-förmigen Querschnitt mit Ecken dar.  Ganz allgemein verursacht eine konvexe Ecke in der Berandung eine

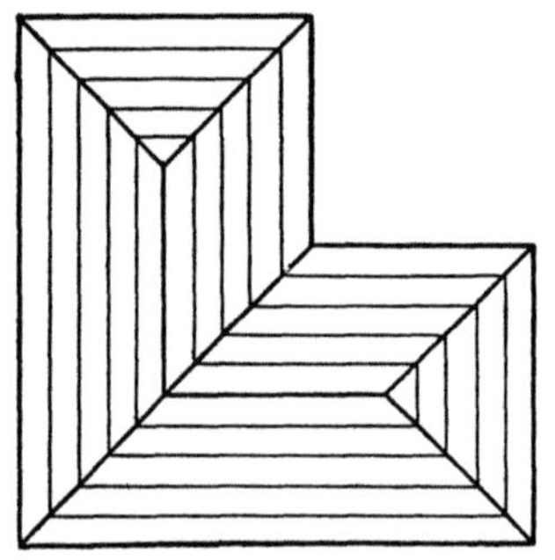

Abb. 15. Falsches Dach für einen L-förmigen Querschnitt.

Abb. 16 a. Dach für einen L-förmigen Querschnitt mit abgerundeten Ecken.

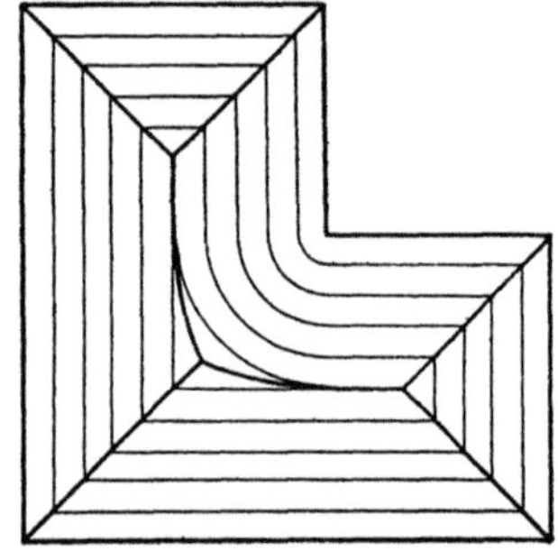

Abb. 16 b. Richtiges Dach für einen L-förmigen Querschnitt.

Kante in der Spannungsfläche, der eine Unstetigkeitslinie in der vollplastischen Spannungsverteilung entspricht.  Eine einspringende Ecke hingegen verursacht ein kegelförmiges Teilstück in der Spannungsfläche.

NADAI [6] hat gezeigt, daß die Spannungsfläche für den vollplastischen Fall experimentell gefunden werden kann, indem man ein körniges Material, etwa Sand, auf einer waagrechten Grundfläche von der Form des Querschnitts aufhäuft. Die Oberfläche dieses *Sandhügels* hat dann eine konstante Neigung, welche durch die innere Reibung des Sandes bestimmt ist. Diese Fläche wird daher die gesuchte Spannungsfläche darstellen, bis auf einen Proportionalitätsfaktor, der durch das Verhältnis der Größe $k/2G$ zum Reibungswinkel des Sandes gegeben ist. Bezüglich Photographien solcher Modelle von Spannungsflächen, die mittels des *Sandhügelgleichnisses* (sand hill analogy) erhalten wurden, sei der Leser auf das Buch von NADAI verwiesen ([7], Kap. 19).

## 10. Elastisch-plastische Spannungsverteilung

Nachdem wir die vollplastische Spannungsverteilung besprochen haben, wollen wir zu dem elastisch-plastischen Fall zurückkehren, wie er etwa durch Abb. 13 *a* dargestellt ist, wo das plastische Gebiet nicht den ganzen Querschnitt ausfüllt.

Im *plastischen* Teil des Querschnitts muß die Spannungsverteilung der Gl. (9,2) genügen, denn diese Differentialgleichung folgt aus der Gleichgewichtsbedingung [Gl. (8,5)] und aus der Bedingung, daß der Schubspannungsvektor in jedem Punkt des plastischen Gebietes des Querschnitts den Betrag $k$ haben muß.

Im *elastischen* Teil des Querschnitts muß die Spannungsfunktion die Gl. (8,8) befriedigen, denn diese Gleichung folgt aus der Verträglichkeits- und aus der Gleichgewichtsbedingung [Gln. (8,3) und (8,5)], sowie aus der Annahme, daß das HOOKEsche Gesetz [Gl. (8,7)] *in dem betrachteten Punkt* gilt, wie dies für jeden Punkt im elastischen Teil des Querschnitts der Fall sein muß.

Wie schon bemerkt wurde, folgt die Randbedingung (8,11) aus rein statischen Erwägungen; sie ist deshalb sowohl längs des plastischen Teiles $C''$ der Berandung $C$ gültig, als auch längs des elastischen Teiles $C'$.

Die elliptische partielle Differentialgleichung (8,8) und die Bedingung, daß die Spannungsfunktion $\psi$ längs $C'$ verschwindet, ermöglichen es uns nicht, die Funktion $\psi$ im elastischen Gebiet zu bestimmen, da $C'$ nur einen Teil der Grenze des elastischen Gebietes darstellt, und die Form des restlichen Teiles $\Gamma$ seiner Begrenzung ebenso wie die Werte von $\psi$ auf $\Gamma$ unbekannt sind. Andererseits wird durch die parabolische Differential-gleichung (9,2) und die Bedingung, daß die Spannungsfunktion $\psi$ längs $C''$ verschwinden muß, diese Funktion im plastischen Gebiet eindeutig definiert, ungeachtet der genauen Form der elastisch-plastischen Grenze $\Gamma$. Es muß bloß vorausgesetzt werden, daß diese Kurve einer einfachen Bedingung genügt, welche unten angeführt werden wird. Um dies zu zeigen, wollen wir den in Abb. 13 *a* dargestellten Querschnitt betrachten. Die vollplastische Spannungsverteilung für diesen Querschnitt habe die gestrichelte Linie $O_1 O_2$ als Unstetigkeitslinie. Diese Kurve verbindet die

Krümmungsmittelpunkte $O_1$ und $O_2$ für die Scheitelpunkte $P$ und $Q$ der Randkurve $C$. Nehmen wir nun an, es sei bekannt, daß, für einen bestimmten Wert des Verdrehungsmoments, der Bogen $A B$ der plastische Teil $C''$ der Berandung sei. Mit dieser Kurve als Basis können wir nun eine Fläche mit der konstanten Neigung $k/2 G$ konstruieren, so wie es im vorigen Abschnitt beschrieben worden ist. Diese Spannungsfläche ist über jenem Teil der Querschnittfläche definiert, welcher an den Bogen $A B$ angrenzt und zwischen den Normalen $n_A$ und $n_B$ liegt, die in den Endpunkten $A$ und $B$ dieses Bogens errichtet werden können. Sofern die elastisch-plastische Grenzlinie $\Gamma$ nicht die Normalen $n_A$ oder $n_B$ überschneidet, können die Spannungen im plastischen Gebiet aus der durch den Bogen $A B$ definierten Fläche konstanter Neigung gewonnen werden. Daß diese Einschränkung bezüglich $\Gamma$ wesentlich ist, kann wie folgt gezeigt werden.

Nehmen wir z. B. an, $\Gamma$ erstrecke sich über $n_A$ nach links, wie es in Abb. 13 $b$ dargestellt ist. In diesem Fall liefert die Fläche konstanter Neigung, welche durch den Bogen $A B$ definiert ist, die Spannungen nur für jenen Teil des plastischen Gebiets, das zwischen den Normalen $n_A$ und $n_B$ liegt. Soweit dieser Teil in Abb. 13 $b$ sichtbar ist, wurde er schraffiert. Was jenen Teil des plastischen Gebiets anlangt, der in Abb. 13 $b$ links von der Normalen $n$ liegt, so können für ihn Spannungen, welche die Gleichgewichtsbedingung und die Fließbedingung erfüllen, aus Flächen konstanter Neigung erhalten werden, wobei diese Flächen entweder durch das Stück $C'$ der Berandung oder durch irgend eine andere Verlängerung des Bogens $B C$ über $A$ hinaus definiert sein können, also etwa durch die gestrichelte Kurve in Abb. 13 $b$. Wir sehen also, daß Gleichgewichtsbedingung und Fließbedingung zu keiner eindeutigen Spannungsverteilung im plastischen Gebiet führen, falls die elastisch-plastische Grenze $\Gamma$ die Normalen $n_A$ oder $n_B$ überschneidet.

Es soll noch erwähnt werden, daß durch die Unstetigkeitslinie $O_1 O_2$ jenes Gebiet grundsätzlich noch weiter beschränkt wird, in dem eindeutige Spannungen aus der Gleichgewichtsbedingung, der Fließbedingung und der Kenntnis, daß der Bogen $A B$ der plastische Teil $C''$ der Berandung ist, erhalten werden können. Diese Einschränkung ist jedoch nicht wesentlich, da, wie sogleich gezeigt werden wird, eine gewisse Nachbarschaft der Unstetigkeitslinie $O_1 O_2$ für jeden endlichen Verdrehungswinkel elastisch bleibt. Die elastisch-plastische Grenzlinie wird also niemals diesen Bogen überschreiten.

Wir wollen die bisher erhaltenen Ergebnisse zusammenfassen. Wenn bekannt ist, daß der plastische Teil $C''$ der Berandung $C$ der Bogen $A B$ ist, dann sind die Spannungen im plastischen Gebiet ohne Rücksicht auf die genaue Form der elastisch-plastischen Grenze $\Gamma$ eindeutig bestimmt, vorausgesetzt, daß $\Gamma$ nicht die Normalen $n_A$ und $n_B$ überschneidet. Im

Gegensatz hiezu führen die Differentialgleichung (8,8) für die Spannungsfunktion $\psi$ im elastischen Gebiet und die Bedingung, daß längs $C'$ $\psi = 0$ ist, noch nicht zu eindeutigen Spannungen in der elastischen Zone. Um hier eindeutige Spannungen zu erhalten, müssen wir auch den Verlauf der elastisch-plastischen Grenze $\Gamma$ sowie die Werte von $\psi$ auf $\Gamma$ kennen. Die bisherige Erörterung der elastisch-plastischen Torsion zeigt also, daß das Problem im plastischen Gebiet überbestimmt, im elastischen Gebiet dagegen unterbestimmt zu sein scheint. Es ist zu vermuten, daß wir zwischen diesen beiden einander widerstrebenden Tatsachen einen Ausgleich finden werden, wenn wir verlangen, daß die Spannungsfunktion $\psi$ und ihre Ableitungen $\partial\psi/\partial x$ und $\partial\psi/\partial y$ bei Überschreitung der elastisch-plastischen Grenze stetig sein sollen.

Um zu zeigen, daß diese Bedingungen tatsächlich aus den Grundgleichungen des Problems folgen, betrachten wir die Spannungen und die Verzerrungen in der Nachbarschaft eines beliebigen Punktes $P$ der elastisch-plastischen Grenze $\Gamma$. Wir legen die $y$-Achse zweckmäßig parallel zu der Tangente an $\Gamma$ im Punkt $P$. Die Komponenten der Spannung und der Verzerrung auf der plastischen Seite von $\Gamma$ sollen durch Sterne von den Spannungs- und Verzerrungskomponenten auf der elastischen Seite unterschieden werden.

Damit im Punkt $P$ Gleichgewicht herrscht, muß gelten

$$\tau_x{}^* = \tau_x \tag{10,1}$$

Aus der Gleichgewichtsbedingung kann jedoch nicht geschlossen werden, daß auch $\tau_y{}^*$ gleich $\tau_y$ ist. Soll das Material nicht brechen, dann muß die Verschiebung $w$ in der Richtung der Stabachse stetig sein, wenn wir $\Gamma$ überschreiten. Dies bedeutet, daß sich $\partial w/\partial y$ stetig ändern muß, wenn wir $\Gamma$ in $P$ überschreiten. Wegen (8,2) folgt daraus, daß in $P$

$$\gamma_y{}^* = \gamma_y \tag{10,2}$$

sein muß.

Aus der elastischen Spannungs-Verzerrungsbeziehung [Gl. (8,7)] folgt, daß im ganzen elastischen Gebiet

$$\tau_x\gamma_y - \tau_y\gamma_x = 0 \tag{10,3}$$

ist. Es wird in Abschn. 12 gezeigt werden, daß auch überall im plastischen Gebiet

$$\tau_x{}^*\gamma_y{}^* - \tau_y{}^*\gamma_x{}^* = 0 \tag{10,4}$$

ist (s. die Ausführungen am Beginn von Abschn. 12). Aus den beiden letzten Gleichungen folgt unter Verwendung von (10,1) und (10,2), daß im Punkt $P$ gelten muß

$$\tau_y{}^*\gamma_x{}^* = \tau_y\gamma_x. \tag{10,5}$$

Im plastischen Gebiet ist

$$\tau_x{}^{*2} + \tau_y{}^{*2} = k^2, \tag{10,6}$$

und im elastischen

$$\tau_x{}^2 + \tau_y{}^2 \leqslant k^2, \tag{10,7}$$

wo das Gleichheitszeichen lediglich auf $\Gamma$ gilt. Kombination der Gln. (10,6) und (10,7) mit (10,1) liefert

$$\tau_y{}^{*2} \geqslant \tau_y{}^2 \tag{10,8}$$

im Punkt $P$.

Im plastischen Gebiet kann die resultierende Schiebung nicht kleiner sein als $k/G$, da sich das Material für kleinere Schubverzerrungen elastisch verhält. Daher muß gelten

$$\gamma_x{}^{*2} + \gamma_y{}^{*2} \geqslant \frac{k^2}{G^2}. \tag{10,9}$$

Indem wir der Reihe nach (8,7), (10,1), (10,6), (10,8), (8,7), (10,2) und (10,9) benützen, finden wir, daß gilt:

$$G^2 \gamma_x{}^2 = \tau_x{}^2 = \tau_x{}^{*2} = k^2 - \tau_y{}^{*2} \leqslant k^2 - \tau_y{}^2 =$$
$$= k^2 - G^2 \gamma_y{}^2 = k^2 - G^2 \gamma_y{}^{*2} \leqslant G^2 \gamma_x{}^{*2}.$$

Somit ist also

$$\gamma_x{}^2 \leqslant \gamma_x{}^{*2}. \tag{10,10}$$

Dies zusammen mit (10,8) liefert

$$(\tau_y{}^* \gamma_x{}^*)^2 \geqslant (\tau_y \gamma_x)^2. \tag{10,11}$$

Wegen (10,5) muß hier das Gleichheitszeichen gelten und infolgedessen auch in (10,8) und (10,10)[1].

Die Bestimmung der elastisch-plastischen Spannungsverteilung für einen gegebenen, endlichen Verdrehungswinkel ist also gleichwertig der Lösung des folgenden mathematischen Problems: es ist eine Funktion $\psi(x, y)$ zu finden, die auf $C$ verschwindet und die, zusammen mit ihren ersten Ableitungen, in dem von $C$ umschlossenen Gebiet stetig ist. Der Gradient von $\psi$ darf nirgends auf $C$ oder im Inneren dieser Kurve einen größeren Absolutwert haben als $k$; wo der Absolutwert von $\mathrm{grad}\,\psi$ kleiner ist als $k$, dort muß die Funktion $\psi$ der Differentialgleichung (8,8) genügen. — Es hat sich herausgestellt, daß dies analytisch ein überaus schwieriges Problem ist. Indessen hat NADAI gezeigt [6], daß man $\psi$ experimentell durch die *Seifenhaut-Sandhügelanalogie* erhalten kann.

Wir richten den Membran-Versuch so ein, wie in Abschn. 8 beschrieben, jedoch wird diesmal über den Ausschnitt im Deckel des Kastens ein transparentes „Dach" errichtet, welches die Spannungsfunktion (den Sandhügel) für den vollplastischen Zustand darstellt. Bei kleinen Überdrücken im Inneren des Kastens wird die Membran durch das Dach nicht beeinflußt werden. Diese Zustände entsprechen jenen Werten des Verdrehungswinkels, welche den Stab zur Gänze elastisch lassen. Für größere Werte des Überdrucks wird jedoch die Membran teilweise gegen das

---

[1] Dieser Beweis stammt von W. PRAGER ([8], S. 329—330).

Dach gepreßt werden. Die Spannungsfunktion, welche durch diesen zwangsweise festgehaltenen Teil der Membran dargestellt wird, wird sämtliche Bedingungen für die plastische Spannungsfunktion erfüllen, während der Rest (die freie Membran) den Bedingungen für die elastische Spannungsfunktion genügen wird. Ferner wird dort, wo die freie Membran an die festgehaltene angrenzt, die erstere tangential zu dem Dach liegen. Daher besitzt die Spannungsfunktion, deren Werte durch die Durchbiegungen der Membran gegeben sind, stetige erste Ableitungen, was bedeutet, daß die Spannungskomponenten stetig sind in der Richtung quer zur elastisch-plastischen Grenze. Die freien und die festgehaltenen Teile der Membran stellen daher zusammen die Spannungsfunktion für ein Problem der elastisch-plastischen Torsion dar. — Wenn der Druck gesteigert wird, dann wird mehr von der Membran gegen das Dach gepreßt werden, entsprechend der Tatsache, daß sich das plastische Gebiet mit zunehmendem Torsionsmoment ausbreitet[1]. Solange jedoch der Druck endlich bleibt, wird die Membran stets die Kanten des Daches von innen her „ausrunden". Dies zeigt, daß für jeden endlichen Verdrehungswinkel $\vartheta$ die Nachbarschaft der Unstetigkeitslinien der vollplastischen Spannungsverteilung stets elastisch bleibt. Für $\vartheta \to \infty$ zieht sich dieser elastische Kern (elastic core) auf die Unstetigkeitslinien zusammen.

Gl. (8,14) für das Verdrehungsmoment $T$ folgte aus rein statischen Betrachtungen und gilt daher im vorliegenden Fall ebenso wie früher im rein elastischen Fall.

Beispiele für elastisch-plastische Spannungsverteilungen werden im nächsten Abschnitt folgen.

## 11. Beispiele

Wir wollen zuerst einen Kreiszylinder mit dem Radius $a$ betrachten. Für genügend kleine Verdrehungswinkel ist die Spannungsverteilung durch Gl. (8,20) gegeben. Wenn der Verdrehungswinkel pro Längeneinheit den Wert

$$\vartheta^* = \frac{k}{G\,a} \tag{11,1}$$

erreicht, dann erreicht die Schubspannung überall längs der kreisförmigen Berandung des Querschnitts die Fließgrenze $k$. Für $\vartheta > \vartheta^*$ gilt Gl. (8,20) nicht mehr.

Wegen der Rotationssymmetrie des Problems muß die elastischplastische Grenze $\Gamma$ ein mit der Berandung $C$ des Querschnitts konzen-

---

[1] Diese Darstellung ist nur für einen einfach zusammenhängenden Bereich gültig. Bezüglich einer Erweiterung auf mehrfach zusammenhängende Bereiche s. [9].

trischer Kreis sein. Wir bezeichnen den Radius von $\Gamma$ mit $\varrho$. Die Spannungsfläche ist offenbar eine Drehfläche. Die Spannungsfunktion $\psi$ ist daher eine Funktion von $r = \sqrt{x^2 + y^2}$ allein.

Im plastischen Gebiet $(\varrho \leqslant r \leqslant a)$ ist die Spannungsfunktion ein Kegel mit der Neigung $k/2\,G$ und der Basiskurve $C$. Die Spannungsfunktion im plastischen Gebiet ist daher gegeben durch

$$\psi = k\,(a - r) \qquad (\varrho \leqslant r \leqslant a). \tag{11,2}$$

Im elastischen Gebiet muß die Spannungsfunktion (welche eine Funktion von $r = \sqrt{x^2 + y^2}$ allein ist) die Gl. (8,8) befriedigen. Ferner folgt aus der Symmetrie des Problems, daß für $r = 0$ $d\psi/dr = 0$ ist. Somit ist

$$\psi = -\frac{1}{2}\,G\,\vartheta\,r^2 + c \qquad (0 \leqslant r \leqslant \varrho). \tag{11,3}$$

Die Integrationskonstante $c$ in (11,3) muß so bestimmt werden, daß $\psi$ quer zu $\Gamma$, das heißt quer zum Kreis $r = \varrho$ stetig ist. Es ergibt sich

$$c = \frac{1}{2}\,G\,\vartheta\,\varrho^2 + k\,(a - \varrho), \tag{11,4}$$

und damit

$$\psi = \frac{1}{2}\,G\,\vartheta\,(\varrho^2 - r^2) + k\,(a - \varrho) \qquad (0 \leqslant r \leqslant \varrho). \tag{11,5}$$

Wir haben noch den Radius $\varrho$ der elastisch-plastischen Grenze $\Gamma$ zu bestimmen, welcher dem gegebenen Verdrehungswinkel $\vartheta$ entspricht. Dazu benützen wir die Bedingung, daß auch $d\psi/dr$ quer zu $\Gamma$ stetig sein muß. Aus (11,2) und (11,5) folgt für $r = \varrho$:

$$\frac{d\psi}{dr} = -k = -G\,\vartheta\,\varrho. \tag{11,6}$$

Indem wir nach $\varrho$ auflösen, erhalten wir

$$\varrho = \frac{k}{G\,\vartheta}. \tag{11,7}$$

Diese Beziehung zeigt, daß $\varrho$ für einen endlichen Verdrehungswinkel $\vartheta$ niemals verschwindet. Es wird also stets ein elastischer Kern vorhanden sein, gleichgültig um welchen endlichen Winkel der Stab verdreht wird.

Das Verdrehungsmoment kann nun nach (8,14) berechnet werden. Als Flächenelement des Querschnitts werden wir hier einen Ring zwischen den Kreisen mit den Radien $r$ und $r + dr$ annehmen; dann ist $dF = 2\,\pi r\,dr$. Mit den Ausdrücken (11,2) und (11,5) für $\psi$ und dem Wert (11,7) für $\varrho$ finden wir

$$T = \frac{2}{3}\,\pi\,a^3\,k\left[1 - \frac{1}{4\,a^3}\left(\frac{k}{G\,\vartheta}\right)^3\right]. \tag{11,8}$$

Diese Formel gilt für Verdrehungswinkel, die größer sind als der Wert $\vartheta^*$ gemäß Gl. (11,1). Für $\vartheta \to \infty$ strebt $T$ gegen

$$T^{**} = \frac{2}{3}\pi\, a^3\, k. \tag{11,9}$$

Das $T, \vartheta$-Diagramm hat also die Gerade $T = T^{**}$ als Asymptote. Dieser asymptotische Wert des Verdrehungsmoments kann direkt gefunden werden, indem man die vollplastische Spannungsfunktion (11,2) (jetzt gültig für $0 \leqslant r \leqslant a$) in Gl. (8,14) einsetzt.

In dem eben behandelten Beispiel war die Gestalt der elastisch-plastischen Grenze *von vornherein* bekannt. Dieser Umstand machte eine direkte analytische Lösung möglich. Nun sind aber der Vollkreis und der Kreisring die einzigen Querschnitte, die in dieser Weise behandelt werden können. Die vereinzelten anderen Beispiele elastisch-plastischer Spannungsverteilungen in zylindrischen Stäben unter Torsion, die bis heute vorliegen, sind mittels einer inversen Methode gelöst worden, die zuerst von Sokolovsky [10] benützt worden ist. Wir wollen im folgenden diese Methode beschreiben, die nicht so allgemein bekannt zu sein scheint, wie sie es verdient.

Es sei $\psi$ irgend eine Lösung der Differentialgleichung (8,8) für einen speziellen Wert des Verdrehungswinkels $\vartheta$, und wir denken uns die Kurve $\varGamma$ eingezeichnet, längs der

$$|\operatorname{grad}\psi| = k \tag{11,10}$$

ist. Um etwas Bestimmtes vor Augen zu haben, wollen wir annehmen, daß diese Kurve geschlossen sei. Diese Kurve $\varGamma$ kann offenbar als elastisch-plastische Grenze betrachtet werden, und die Funktion $\psi$ als der durch $\varGamma$ begrenzte elastische Kern.

Der nächste Schritt besteht darin, die Funktion $\psi$ über $\varGamma$ hinaus in solcher Weise fortzusetzen, daß die Differentialgleichung (11,10) für die plastische Spannungsfunktion außerhalb von $\varGamma$ befriedigt ist und daß $\psi$ und seine ersten Ableitungen stetig sind. Es sei $P$ ein beliebiger Punkt auf $\varGamma$ und $(\tau_x, \tau_y)$ der Schubspannungsvektor in diesem Punkt; die Komponenten dieses Vektors können nach (8,6) aus der elastischen Spannungsfunktion $\psi$ gefunden werden. Die Spannungstrajektorie durch $P$ ist tangential zum Spannungsvektor in $P$, und die Normale $n$ dieser Spannungstrajektorie in $P$ ist senkrecht zu diesem Spannungsvektor. Nun sind die Spannungstrajektorien im plastischen Gebiet parallele Kurven. Daher ist $n$ eine gemeinsame Normale für sämtliche Spannungstrajektorien auf der plastischen Seite von $P$. Wiederholen wir dies für andere Punkte auf $\varGamma$, so können wir genügend viele Normalen der Spannungstrajektorien im plastischen Gebiet zeichnen, und daher auch diese Spannungstrajektorien selbst, denn sie sind jene Kurven, welche diese Normalen orthogonal durchsetzen. Die Spannungstrajektorien im elastischen Gebiet sind die Höhenlinien der elastischen Spannungsfunktion. Schließlich kann irgend eine geschlossene Spannungstrajektorie als Berandung des Querschnitts angenommen werden, gleichgültig ob sie zur Gänze in der plastischen Zone verläuft oder nicht.

Obwohl dieser Vorgang die elastisch-plastische Spannungsverteilung für eine spezielle Berandung und für einen gegebenen Verdrehungswinkel $\vartheta$ liefert, erhalten wir damit keine Auskunft bezüglich der Spannungen für dieselbe Berandung, aber andere Werte des Verdrehungswinkels. Wir wollen jedoch annehmen, daß wir, anstatt von einer einzigen, speziellen elastischen Spannungsfunktion auszugehen, von einer Mannigfaltigkeit elastischer Spannungsfunktionen ausgehen, die, außer vom Winkel $\vartheta$, noch von gewissen Parametern $a_1, a_2, \ldots a_n$ abhängen. Zu jeder dieser elastischen Spannungsfunktionen gehört dann eine elastisch-plastische Grenze $\Gamma$ und eine einparametrige Schar von Höhenlinien der elastischen Spannungsfunktion innerhalb von $\Gamma$ und ihre plastische Fortsetzung jenseits $\Gamma$; jede dieser Höhenlinien kann als Berandung eines Querschnitts aufgefaßt werden. Es kann dann vorkommen, daß dieselbe Berandung $C$ gleichzeitig Mitglied mehrerer dieser Scharen ist. In diesem Sonderfall haben wir damit eine Reihe von *exakten* elastisch-plastischen Spannungsverteilungen für die Berandung $C$ gefunden. Häufiger jedoch wird es vorkommen, daß eine Berandung $C$, welche einer der Scharen zugehört, durch bestimmte Höhenlinien der anderen Scharen befriedigend angenähert wird. In diesem Fall haben wir eine Reihe von *Näherungslösungen* elastisch-plastischer Spannungsverteilungen für die Berandung $C$ gefunden.

Als Beispiel wollen wir einen Fall betrachten, der von SOKOLOVSKY diskutiert wurde [10]. Die Funktion

$$\psi = -\frac{k}{2}\left(\frac{x^2}{a_1} + \frac{y^2}{a_2}\right) \tag{11,11}$$

befriedigt die Differentialgleichung (8,8) für die elastische Spannungsfunktion, falls die Parameter $a_1$ und $a_2$ mit dem Verdrehungswinkel $\vartheta$ durch die Beziehung

$$\vartheta = \frac{k}{2\,G}\left(\frac{1}{a_1} + \frac{1}{a_2}\right) \tag{11,12}$$

zusammenhängen. Diese Spannungsfunktion entspricht den Spannungskomponenten

$$\tau_x = \frac{\partial \psi}{\partial y} = -\frac{k}{a_2}\,y, \qquad \tau_y = -\frac{\partial \psi}{\partial x} = \frac{k}{a_1}\,x. \tag{11,13}$$

Die elastisch-plastische Grenze $\Gamma$, wo $\tau_x{}^2 + \tau_y{}^2 = k^2$ ist, ist daher die Ellipse

$$\frac{x^2}{a_1{}^2} + \frac{y^2}{a_2{}^2} = 1. \tag{11,14}$$

Es ist zweckmäßig, die Gleichung dieser Ellipse in Parameterform zu schreiben:

$$x = a_1 \cos \alpha, \qquad y = a_2 \sin \alpha. \tag{11,15}$$

Nach (11,13) ist der Schubspannungsvektor in irgend einem Punkt $\alpha$ dieser Ellipse gegeben durch

$$\tau_x = -k \sin \alpha, \qquad \tau_y = k \cos \alpha. \tag{11,16}$$

Die Gerade durch den Punkt $\alpha$ der Ellipse, welche auf dem Schubspannungsvektor senkrecht steht, hat die Gleichung

$$y = x \tan \alpha - (a_1 - a_2) \sin \alpha. \tag{11,17}$$

Für feste Werte von $a_1$ und $a_2$ stellt Gl. (11,17) eine einparametrige Schar gerader Linien dar. Berandungen, welche die elastisch-plastische Grenze $\Gamma$ einschließen, können nun als orthogonale Trajektorien dieser Geraden erhalten werden. Für jede solche Trajektorie muß die Beziehung

$$\frac{dy}{dx} = -\cot \alpha \tag{11,18}$$

erfüllt sein, wo $\alpha$ eine Funktion von $x$ und $y$ ist, die implizit durch (11,17) gegeben ist.

Es ist leicht nachzuweisen, daß die Kurve mit der Parameterdarstellung

$$x = (b + 3c) \cos \alpha - c \cos^3 \alpha,$$
$$y = b \sin \alpha + c \sin^3 \alpha, \tag{11,19}$$

wo $b$ und $c$ Konstante sind, die Gln. (11,17) und (11,18) befriedigt, falls

$$c = \frac{1}{2} (a_1 - a_2) \tag{11,20}$$

gesetzt wird. Vergleichen wir die Parameterdarstellungen (11,15) und (11,19), so sehen wir, daß die Ordinaten der Punkte $\alpha$ der Kurve (11,19) jene der entsprechenden Punkte auf $\Gamma$ dem Absolutwert nach übertreffen, wenn

$$b > a_2 \tag{11,21}$$

und $a_1 > a_2$ ist, das heißt also, wenn

$$c > 0 \tag{11,22}$$

ist. Wir wollen nun für $b$ und $c$ bestimmte positive Werte einsetzen und die Berandung (11,19) betrachten. Indem wir (11,12) und (11,20) nach $a_1$ und $a_2$ auflösen und beachten, daß $a_1$ und $a_2$ positiv sein müssen, erhalten wir:

$$a_1 = \frac{k}{2\,G\,\vartheta} + c + \sqrt{c^2 + \left(\frac{k}{2\,G\,\vartheta}\right)^2}, \tag{11,23}$$

$$a_2 = \frac{k}{2\,G\,\vartheta} - c + \sqrt{c^2 + \left(\frac{k}{2\,G\,\vartheta}\right)^2}. \tag{11,24}$$

Mit diesen Werten von $a_1$ und $a_2$ liefert (11,14) die elastisch-plastische Grenze, welche dem Verdrehungswinkel $\vartheta$ entspricht. Abb. 17 zeigt die Ausbreitung des plastischen Gebietes mit wachsendem Verdrehungswinkel für eine Berandung, welche dem Wert $b = 2\,c$ entspricht. Wenn $\vartheta$ über alle Grenzen wächst, dann zieht sich das elastische Gebiet auf eine Strecke längs der $x$-Achse zusammen, die in Abb. 17 durch eine dicke Linie gekennzeichnet ist.

Setzen wir (11,24) in (11,21) ein und lösen nach $\vartheta$ auf, so erhalten wir

$$\vartheta > \frac{k}{G} \frac{b + c}{b\,(b + 2\,c)}.$$

(11,25)

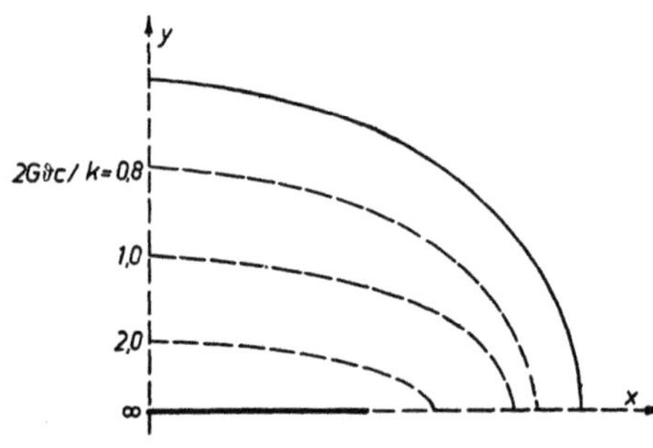


Abb. 17. Elastisch-plastische Grenzen für das SOKOLOVSKYsche Oval.

Die rechte Seite dieser Ungleichung stellt den kleinsten Verdrehungswinkel dar, für den unsere Lösung noch gilt, das ist der kleinste Verdrehungswinkel, für den längs der ganzen Berandung die Fließspannung erreicht wird.

Bezüglich eines weiteren Beispiels, das nach SOKOLOVSKYS Methode behandelt wurde, sei der Leser auf eine Arbeit von MISES [11] verwiesen. Eine zweite inverse Methode wurde von L. A. GALIN beschrieben [19].

Weitere elastisch-plastische Spannungsverteilungen in prismatischen Stäben unter Torsion wurden mittels Relaxationsmethoden erhalten (s. [9], [12] und [13], Kap. 6).

## 12. Die Wölbung des Querschnitts

Wenn die elastisch-plastische Spannungsverteilung in einem zylindrischen oder prismatischen Stab, der auf Torsion beansprucht ist, bekannt ist, dann kann die Verschiebung in der Achsenrichtung, $w$, aus den beiden letzten Gln. (8,2) und dem zugehörigen Spannungs-Verzerrungsgesetz bestimmt werden. Im elastischen Gebiet liefert die Einsetzung von (8,7) in die beiden letzten Gln. (8,2):

$$\frac{\partial w}{\partial x} = \vartheta\,y + \frac{\tau_x}{G}, \qquad \frac{\partial w}{\partial y} = -\,\vartheta\,x + \frac{\tau_y}{G}. \tag{12,1}$$

Da die Spannungen $\tau_x$, $\tau_y$ derart bestimmt worden sind, daß sie der Verträglichkeitsbedingung (8,3) genügen, sind die Gln. (12,1) verträglich. Für das elastische Gebiet kann daher die axiale Verschiebung $w$ durch Integration der Gln. (12,1) erhalten werden. Selbstverständlich ist $w$ nur bis auf eine willkürliche Konstante bestimmt, welche für sich allein einer Verschiebung des Stabes als starrer Körper (Translation) in der Richtung seiner Achse entsprechen würde.

Nach (5,5) lauten die Spannungs-Verzerrungsbeziehungen für das plastische Gebiet:

$$G\dot{\gamma}_x = \dot{\tau}_x + \lambda\tau_x, \qquad G\dot{\gamma}_y = \dot{\tau}_y + \lambda\tau_y, \tag{12,2}$$

wo $\lambda$ eine Funktion der Koordinaten und der Zeit ist. Betrachten wir nun einen festen Punkt $P$ auf der Querschnittsfläche eines Stabes, während dieser einer langsam ansteigenden Verdrehungsbeanspruchung unterworfen wird. Solange sich $P$ im elastischen Gebiet befindet, zeigt das Spannungs-Verzerrungsgesetz (8,7), daß in $P$ gilt:

$$\frac{\gamma_x}{\gamma_y} = \frac{\tau_x}{\tau_y}. \tag{12,3}$$

Wenn die elastisch-plastische Grenze $P$ erreicht, dann hat hier der Spannungsvektor die Größe $k$ und liegt tangential zu jener Kurve, die wir durch $P$ parallel zur Berandung $C$ ziehen können. Von da ab bleibt der Spannungsvektor in $P$ unverändert. Infolgedessen verschwinden die ersten Glieder auf der rechten Seite der Spannungs-Dehnungsbeziehungen (12,2), und diese Beziehungen zeigen, daß $d\gamma_x$, $d\gamma_y$, die Änderungen der Schiebungen während des Zeitelements $dt$, das Verhältnis

$$\frac{d\gamma_x}{d\gamma_y} = \frac{\tau_x}{\tau_y} \tag{12,4}$$

haben. Diese Beziehung gilt von dem Augenblick an, wo die elastisch-plastische Grenze den Punkt $P$ erreicht. Da jedoch von diesem Zeitpunkt an die Spannungskomponenten in $P$ konstant bleiben, kann (12,4) integriert werden und liefert

$$\gamma_x = \frac{\tau_x}{\tau_y}\gamma_y + \text{const.} \tag{12,5}$$

Die Integrationskonstante in (12,5) muß aus der folgenden Bedingung bestimmt werden: In dem Augenblick, wo (12,5) gültig wird, das heißt in dem Augenblick, wo die elastisch-plastische Grenze $P$ erreicht, muß Gl. (12,3) erfüllt sein. Dies zeigt, daß die Integrationskonstante in (12,5) den Wert Null hat. Wir sehen also, daß (12,3) sowohl im elastischen als auch im plastischen Gebiet gilt. Diese Tatsache wurde bereits in Gl. (10,4) benützt.

Führen wir einen Proportionalitätsfaktor $\Lambda$ ein, so können wir (12,3) in der Form

$$\gamma_x = \Lambda\tau_x, \qquad \gamma_y = \Lambda\tau_y \tag{12,6}$$

schreiben. In der Regel wird $\Lambda$ von den Koordinaten und von der Zeit abhängen. Setzen wir die beiden letzten Gln. (8,2) in (12,6) ein, dann erhalten wir

$$\frac{\partial w}{\partial x} = \vartheta\, y + \Lambda\, \tau_x, \qquad \frac{\partial w}{\partial y} = -\vartheta\, x + \Lambda\, \tau_y. \tag{12,7}$$

Diese Beziehungen gleichen den Gln. (12,1), nur ist der bekannte Schubmodul $G$ dieser Gleichungen jetzt durch den unbekannten Proportionalitätsfaktor $\Lambda$ ersetzt. Bevor wir also $w$ durch Integration von (12,7) bestimmen können, müssen wir $\Lambda$ eliminieren. Dies kann wie folgt geschehen. Der Punkt $P$ der Abb. 18 sei ein beliebiger Punkt der Querschnittsfläche und $PQ$ sei die kürzeste Normale von $P$ nach der Berandung $C$. Weiters sei $R$ jener Schnittpunkt von $PQ$ mit der elastisch-plastischen Grenze $\Gamma$, der $P$ am nächsten liegt. Schließlich bezeichne $\alpha$ den Winkel zwischen der $x$-Achse und $PQ$.

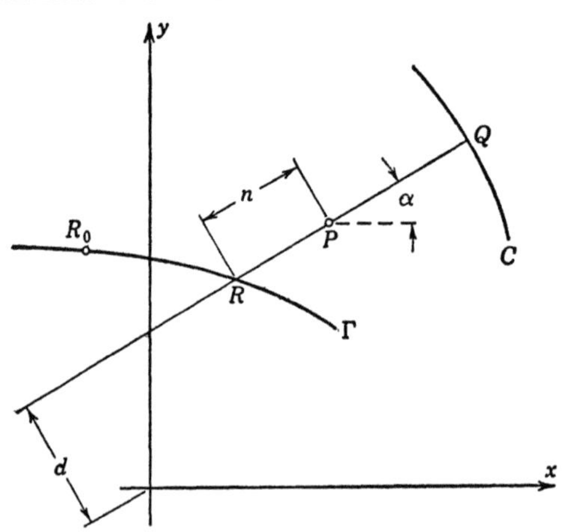

Abb. 18. Zur Bestimmung der Wölbung im plastischen Gebiet.

In jedem Punkt der Strecke $QR$ ist der Spannungsvektor $(\tau_x, \tau_y)$ normal zu $QR$ und hat die Größe $k$. Längs $QR$ gilt also

$$\begin{aligned} \tau_x &= -k\sin\alpha, \\ \tau_y &= k\cos\alpha, \end{aligned} \tag{12,8}$$

wo $\alpha$ längs $QR$ konstant ist. Setzen wir (12,8) in (12,7) ein und multiplizieren die erste der so erhaltenen Gleichungen mit $\cos\alpha$, die zweite mit $\sin\alpha$ und addieren, dann erhalten wir

$$\frac{\partial w}{\partial x}\cos\alpha + \frac{\partial w}{\partial y}\sin\alpha = \vartheta\,(y\cos\alpha - x\sin\alpha), \tag{12,9}$$

womit der unbekannte Proportionalitätsfaktor $\Lambda$ eliminiert ist.

Um (12,9) zu interpretieren, bezeichnen wir den Abstand $RP$ mit $n$. Die linke Seite von (12,9) ist dann die Ableitung $dw/dn$. (Die Schreibung als totaler Differentialquotient ist berechtigt, da wir im Augenblick bloß die Änderung von $w$ entlang der Geraden $RQ$ betrachten.) Der Klammerausdruck auf der rechten Seite von (12,9) stellt den Abstand $d$ der Geraden $RQ$ vom Ursprung dar, welcher dann als positiv betrachtet wird, wenn der Ursprung zu unserer Rechten liegt, wenn wir uns längs $RQ$ von der elastisch-plastischen Grenze gegen die Berandung hin bewegen (Abb. 18). Dieser Abstand hat für alle Punkte von $RQ$ den gleichen Wert. Damit kann Gl. (12,9) in der Form

$$\frac{dw}{dn} = \vartheta\, d \tag{12,10}$$

geschrieben werden, wo die rechte Seite konstant bleibt, wenn wir entlang $RQ$ fortschreiten. Daher liefert die Integration von (12,10) längs $RQ$, erstreckt vom Punkt $R$ auf der elastisch-plastischen Grenze bis zu dem beliebig gewählten Punkt $P$:

$$w(P) = w(R) + n\,\vartheta\,d, \tag{12,11}$$

wo $w(P)$ und $w(R)$ die Werte der axialen Verschiebung $w$ in den Punkten $R$ und $P$ sind. Da $w$ quer zu $\Gamma$ stetig sein muß, ist der Wert $w(R)$ von der Integration der im elastischen Gebiet geltenden Gln. (12,1) her bekannt. Gl. (12,11) liefert also die axialen Verschiebungen im plastischen Gebiet, nachdem diese Verschiebungen für das elastische Gebiet bestimmt worden sind.

Als Beispiel wollen wir die Wölbung jenes ovalen Querschnitts betrachten, für den wir im vorigen Abschnitt die elastisch-plastische Spannungsverteilung ermittelt haben.

Für den elastischen Kern finden wir die Wölbfunktion, indem wir (11,12) und (11,13) in (12,1) einsetzen und integrieren. Es ergibt sich

$$w = \frac{k}{2G}\left(\frac{1}{a_1} - \frac{1}{a_2}\right) x\,y. \tag{12,12}$$

Um diese Funktion für irgend einen gegebenen Verdrehungswinkel $\vartheta$ auszuwerten, müssen wir für die Parameter $a_1$ und $a_2$ ihre Werte gemäß den Gln. (11,23) und (11,24) einsetzen. Wir sehen, daß die axiale Verschiebung $w$ nicht einmal in den Punkten des elastischen Gebietes dem Winkel $\vartheta$ proportional ist, wie dies der Fall wäre, wenn der ganze Stab elastisch wäre.

Indem wir (11,15) in (12,12) einsetzen und (11,20) benützen, finden wir die axiale Verschiebung in einem beliebigen Punkt $\alpha$ der elastisch-plastischen Grenze $\Gamma$:

$$w = -\frac{c\,k}{2G}\sin 2\,\alpha. \tag{12,13}$$

Mittels dieser Werte von $w$ auf $\Gamma$ können dann nach (12,11) die Werte im plastischen Gebiet ermittelt werden.

Eine zweckmäßige Art, die Höhenlinien der elastisch-plastischen Wölbfunktion $w$ zu zeichnen, stellt die folgende halb-graphische Methode dar. Die Berandung (11,19) ist gegeben durch die Werte der Konstanten $b$ und $c$. Für einen gegebenen Wert von $k/2\,G$ und einen Verdrehungswinkel $\vartheta$, welcher der Gl. (11,25) genügt, finden wir die Halbachsen der Ellipse $\Gamma$ aus den Gln. (11,23) und (11,24). Für irgend einen Wert von $\alpha$ wird nun der zugehörige Punkt $R$ auf dieser Ellipse bestimmt (s. Abb. 18). Durch $R$ wird jener Strahl gezogen, der mit der positiven $x$-Achse den Winkel $\alpha$ einschließt. Die Höhenlinie, welche einem gegebenen Wert von $w$ entspricht, der dem Betrag nach den Wert $(c\,k/2\,G)\sin 2\,\alpha$ übersteigt, wird diesen Strahl in einem Punkt $P$ schneiden, dessen Abstand von $R$ gegeben ist durch

$$n = -\frac{w + (c\,k/2\,G)\sin 2\,\alpha}{\vartheta\,c\sin 2\,\alpha}\,. \tag{12,14}$$

Diese Gleichung erhält man, indem man (12,11) nach $n$ auflöst, $w(P)$ durch $w$ ersetzt und $w(R)$ durch den Ausdruck (12,13), und indem man ferner beachtet, daß gemäß Gl. (11,17) der Strahl $R\,P$ vom Ursprung den Abstand

$$d = -(a_1 - a_2)\sin\alpha\cos\alpha = -c\sin 2\,\alpha \tag{12,15}$$

hat. Indem wir dieses Verfahren für eine geeignete Folge von Werten $\alpha$ wiederholen, erhalten wir eine genügende Anzahl von Punkten jenes Teiles der gewünschten Höhenlinie, welcher im plastischen Gebiet liegt. Diese Höhenlinie kann dann mittels Gl. (12,12) in das elastische Gebiet

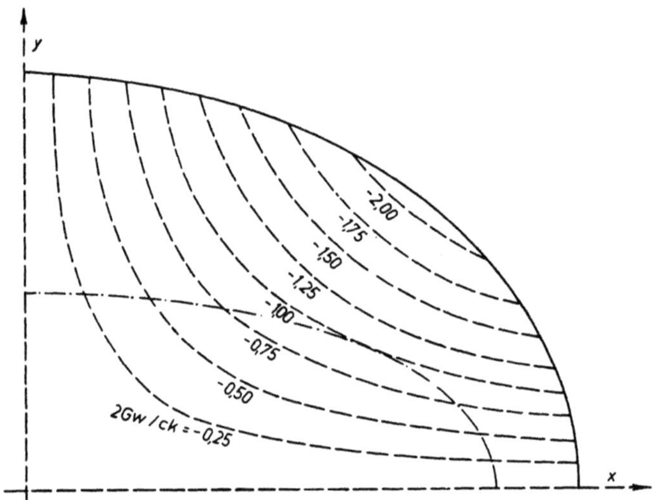


Abb. 19. Elastisch-plastische Wölbung für das Sokolovskysche Oval; $\vartheta = k/2\,Gc$.

hinein fortgesetzt werden. Wie diese Gleichung zeigt, erhalten wir hier als Höhenlinien gleichseitige Hyperbeln. Wegen der Symmetrie des Querschnitts bezüglich der Koordinatenachsen braucht nur ein Quadrant des Querschnitts untersucht zu werden; die axiale Verschiebung ist positiv im zweiten und vierten Quadranten und negativ im ersten und dritten. Abb. 19 zeigt die Höhenlinien der elastisch-plastischen Wölbfunktion für $\vartheta = k/2\,G\,c$.

In Abschn. 13 werden wir für die Größe $w(R)$ der Gl. (12,11) einen Ausdruck benützen, welcher von J. Mandel abgeleitet wurde [14]. Da die axiale Verschiebung $w(x, y)$ bloß bis auf eine willkürliche Konstante bestimmt ist (welche einer axialen Translation des Stabes entspricht), können wir in einem beliebig gewählten Punkt $R_0$ der elastisch-plastischen Grenze $\Gamma$ $w = 0$ setzen (Abb. 18). Bezeichnen wir das Bogenelement von $\Gamma$ mit $ds$, dann haben wir entlang $\Gamma$:

$$\frac{dw}{ds} = \frac{\partial w}{\partial x}\frac{dx}{ds} + \frac{\partial w}{\partial y}\frac{dy}{ds}.$$

Setzen wir für die partiellen Ableitungen von $w$ ihre Werte aus (12,1) ein, so erhalten wir

$$\frac{dw}{ds} = \vartheta\left(y\frac{dx}{ds} - x\frac{dy}{ds}\right) + \frac{1}{G}\left(\tau_x\frac{dx}{ds} + \tau_y\frac{dy}{ds}\right). \tag{12,16}$$

Integrieren wir (12,16) längs $\Gamma$ von $R_0$ bis $R$ und berücksichtigen, daß wir angenommen haben, $R_0(w)$ verschwinde, so ergibt sich

$$w(R) = \vartheta\int_{R_0}^{R}(y\,dx - x\,dy) + \frac{1}{G}\int_{R_0}^{R}(\tau_x\,dx + \tau_y\,dy). \tag{12,17}$$

Bezeichnen wir das Moment des infinitesimalen Vektors $d\mathfrak{s} = (dx, dy)$ in bezug auf den Koordinatenursprung mit $dm$ und die Projektion des Spannungsvektors $\overline{\tau} = (\tau_x, \tau_y)$ auf $d\mathfrak{s}$ mit $\tau_s$, dann kann Gl. (12,17) wie folgt geschrieben werden:

$$w(R) = -\vartheta\int_{R_0}^{R}dm + \frac{1}{G}\int_{R_0}^{R}\tau_s\,ds. \tag{12,18}$$

## 13. Die Beziehungen zwischen den Theorien von Saint Venant-Mises und von Prandtl-Reuß bei ihrer Anwendung auf das Torsionsproblem

Die Abschn. 9 bis 12 handelten von der Torsion eines zylindrischen oder prismatischen Stabes, bestehend aus einem Material, das dem Spannungs-Verzerrungsgesetz von PRANDTL-REUSS gehorcht. Wir wollen kurz besprechen, welche Änderungen eintreten, bzw. welche Vereinfachungen erreicht werden können, wenn an Stelle des Spannungs-Verzerrungsgesetzes von PRANDTL-REUSS die Gesetze von SAINT VENANT oder von MISES verwendet werden.

Zunächst stellen wir fest, daß, angewandt auf das Torsionsproblem, sowohl die Fließbedingung von TRESCA [Gl. (4,9)] als auch die von MISES [Gl. (4,5)] auf die Gl. (10,6) führen. Da der einzige Unterschied zwischen den Spannungs-Verzerrungsgesetzen von SAINT VENANT und von MISES in der Benützung verschiedener Fließbedingungen besteht, werden diese Spannungs-Verzerrungsgesetze, wenn sie auf das Torsionsproblem an-

gewandt werden, dieselben Ergebnisse liefern. Der Kürze halber werden
wir daher im folgenden bloß von der MISESschen Theorie sprechen, wobei
wir jedoch nicht vergessen, daß die SAINT VENANTsche Theorie im vorliegenden Fall zu denselben Ergebnissen führen würde.

Bei Anwendung auf das Torsionsproblem reduzieren sich die Spannungs-Verzerrungsbeziehungen von MISES [Gln. (5,14)] auf

$$\dot{\gamma}_x = 2\,\mu\,\tau_x, \qquad \dot{\gamma}_y = 2\,\mu\,\tau_y.$$

Eliminieren wir hieraus den Proportionalitätsfaktor $\mu$ und ersetzen wir
das Verhältnis der Verzerrungsgeschwindigkeiten durch das Verhältnis
der infinitesimalen Änderungen der Verzerrungen $d\gamma_x$ und $d\gamma_y$ während
des Zeitelements $dt$, dann erhalten wir wieder die Gl. (12,4). Nun bildete
(12,4) den Ausgangspunkt für die Bestimmung der axialen Verschiebungen
im plastischen Gebiet, und diese Verschiebungen konnten berechnet
werden, sofern erstens die Spannungen im plastischen Gebiet und zweitens
die axialen Verschiebungen an der elastisch-plastischen Grenze $\Gamma$ bekannt waren. Infolgedessen können die axialen Verschiebungen im
plastischen Gebiet, berechnet nach der MISESschen Theorie, nur dann
von den nach der PRANDTL-REUSSschen Theorie berechneten verschieden
sein, wenn a) diese Theorien zu verschiedenen Spannungen im plastischen
Gebiet, oder b) zu verschiedenen Grenzen $\Gamma$, oder schließlich c) zu verschiedenen axialen Verschiebungen auf $\Gamma$ führen. Wir wollen nun diese
drei Möglichkeiten untersuchen.

Die Ausführungen in den Abschn. 9 und 10 zeigen, daß die Spannungen
im plastischen Gebiet bei gegebener Berandung aus der Gleichgewichtsbedingung und aus der Fließbedingung folgen. Somit führen die Theorien
von MISES und von PRANDTL-REUSS zu den gleichen Spannungen im
plastischen Gebiet.

Was die Bestimmung der Grenze $\Gamma$ nach der MISESschen Theorie betrifft, so können zwei verschiedene Standpunkte eingenommen werden,
je nachdem wie man die „Starrheit" eines Materials bezüglich der Ein-
wirkung von Spannungen, die unterhalb der Fließgrenze liegen, interpretiert. Nehmen wir einen primitiven Standpunkt ein, so ist diese Starrheit wörtlich zu verstehen. In diesem Fall gibt es keine Möglichkeit, die
Spannungen im starren Teil zu berechnen, denn in einem starren Körper
können wir nicht die Spannungen zu Verzerrungen oder Verschiebungen
in Beziehung setzen. Damit sind die einzigen Gleichungen, die zur
Spannungsberechnung zur Verfügung stehen, die Gleichgewichtsbedingungen, und diese reichen nicht aus, um die Spannungen zu ermitteln.
Man kann jedoch auch einen spitzfindigeren Standpunkt einnehmen und
das starr-plastische Material der MISESschen Theorie als den Grenzfall
einer Reihe von elastisch-plastischen Stoffen der PRANDTL-REUSSschen

Type betrachten, welche alle die gleiche Fließspannung $k$ für reinen Schub haben, jedoch über alle Grenzen anwachsende Werte des Schubmoduls $G$.

Bei der Anwendung der Prandtl-Reussschen Theorie auf das Torsionsproblem benützten wir den Verdrehungswinkel $\vartheta$ als jenen Parameter, durch den ein bestimmter Verdrehungszustand definiert ist. Wir hätten hiezu ebenso gut auch das Verdrehungsmoment $T$ benützen können. Im Grenzfall $G \to \infty$ jedoch sind wir gezwungen $T$ zu benützen, da mit $G \to \infty$ der Winkel $\vartheta \to 0$ geht. Dazu bedenken wir folgendes: Die elastisch-plastische Spannungsfunktion genügt der Gl. (8,8) im elastischen Gebiet und der Gl. (9,2) im plastischen; sie verschwindet auf $C$ und ist ebenso wie ihre ersten Ableitungen quer zur Grenze $\varGamma$ stetig. Für einen gegebenen Querschnitt erhalten wir daher für bestimmte Werte $G\,\vartheta$ und $k$ eine bestimmte Spannungsfunktion $\psi$. Diese Funktion stellt somit Lösungen des Torsionsproblems für sämtliche Stoffe der oben genannten Folge dar, wobei der Verdrehungswinkel dem Schubmodul verkehrt proportional ist. Weiters zeigt Gl. (8,14) (welche im plastischen ebenso wie im elastischen Bereich gilt), daß das Verdrehungsmoment für alle diese Lösungen denselben Wert hat. Für einen gegebenen Querschnitt und einen gegebenen Wert der Fließspannung $k$ ist also die elastisch-plastische Spannungsverteilung, die einem bestimmten Verdrehungsmoment entspricht, unabhängig vom Schubmodul. Als Grenzfall der Prandtl-Reussschen Theorie betrachtet, liefert demnach die Misessche Theorie die gleiche elastisch-plastische Spannungsverteilung wie die Prandtl-Reusssche Theorie. Es sei jedoch hervorgehoben, daß, von diesem Standpunkt aus betrachtet, die Misessche Theorie keine Vereinfachung an mathematischem Aufwand bedeutet, während der Übergang zur Grenze $G \to \infty$ gewisse begriffliche Schwierigkeiten beinhaltet (wie z. B. Torsion mit verschwindendem Verdrehungswinkel).

Zusammenfassend können wir feststellen, daß uns, was die Ermittlung der Spannungen anlangt, die primitive Auffassung der Misesschen Theorie nicht befähigt, irgend einen anderen Fall als den der vollplastischen Spannungsverteilung zu behandeln, während die geschilderte sophistische Auffassung gegenüber der Prandtl-Reussschen Theorie keinen Vorteil aufweist. Es erschien der Mühe wert, diese Sachlage in einer mehr ins einzelne gehenden Weise zu diskutieren, da gelegentlich in der Literatur bezüglich der Misesschen Theorie übertriebene Behauptungen aufgestellt worden sind (s. z. B. [11], S. 415). In Wirklichkeit ist diese Theorie, wenn sie auf Probleme eingeschränkter plastischer Verformung angewandt wird, vollkommen unzureichend. Es sind bloß Ausnahmefälle, wie das Torsionsproblem und einige wenige andere Probleme, welche noch in den folgenden Kapiteln erörtert werden sollen, wo die Misessche Theorie zu der gleichen Spannungsverteilung führt wie die Prandtl-Reusssche. In der Regel ist die Vernachlässigung der elastischen Verzerrungen bei

Problemen der eingeschränkten plastischen Verformung nicht zulässig. Im Gegensatz hiezu erreicht man bei der Behandlung von Problemen des uneingeschränkten plastischen Fließens nach der MISESschen Theorie große mathematische Vereinfachungen und die Vernachlässigung der elastischen Verzerrungen ist in zahlreichen Aufgaben dieser Art berechtigt.

Kehren wir nun zur Bestimmung der axialen Verschiebungen $w$ zurück. Es ist oben gezeigt worden, daß die axialen Verschiebungen, welche die Theorien von MISES und von PRANDTL-REUSS liefern, nur dann voneinander abweichen können, wenn diese beiden Theorien zu a) verschiedenen Spannungen im plastischen Gebiet, b) verschiedenen Grenzlinien $\Gamma$ und c) verschiedenen axialen Verschiebungen auf $\Gamma$ führen. Wir haben eben gesehen, daß, wenn die MISESsche Theorie als Grenzfall der PRANDTL-REUSSschen aufgefaßt wird, wir es erreichen können, daß diese

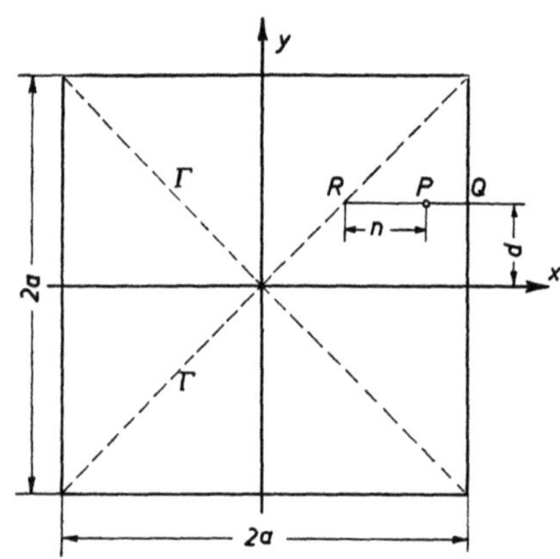



Abb. 20. Quadratischer Querschnitt.

Theorien zu identischen Spannungsverteilungen führen und damit auch zu identischen Grenzlinien $\Gamma$. Indessen differieren diese beiden Theorien, was den Punkt c) anlangt. Beim Grenzübergang $G \to \infty$ und $\vartheta \to 0$ zeigen die Gln. (12,1), daß sich, abgesehen von einer unwesentlichen starren Körper-Translation des ganzen Stabes in seiner Achsrichtung, außerhalb des plastischen Gebietes $w = 0$ ergibt. Damit ist nach der MISESschen Theorie $w = 0$ auf $\Gamma$. Mit $w(R) = 0$ auf $\Gamma$ und $\vartheta \to 0$ liefert

jedoch Gl. (12,11) $w(P) = 0$ für den beliebig gelegenen Punkt $P$ im plastischen Gebiet. Konsequente Verfolgung des Weges, welcher zu der korrekten Spannungsverteilung auf Grund der MISESschen Theorie führte, macht also eine Aussage über die axialen Verschiebungen unmöglich.

Die obige Diskussion zeigt, daß sich die MISESsche Theorie nicht gut zur Behandlung von Problemen mit eingeschränkter plastischer Deformation eignet. Wir wollen nun das uneingeschränkte plastische Fließen untersuchen, welches einsetzt, sobald der ganze Querschnitt plastisch geworden ist. Dieses Problem kann konsequent auf dem Boden der MISESschen Theorie behandelt werden. Wie oben gezeigt wurde, hat $G \to \infty$ im Bereich der eingeschränkten plastischen Formänderungen $\vartheta \to 0$ zur Folge. Konsequent nach der MISESschen Theorie ist daher $\vartheta = 0$ und $w = 0$, solange das Verdrehungsmoment noch nicht jenen

Wert erreicht hat, welcher der vollplastischen Spannungsverteilung ent-spricht. Sobald jedoch dieser Grenzwert des Verdrehungsmoments, $T^{**}$, erreicht worden ist, kann sich der Stab frei verdrehen. In diesem Bereich des uneingeschränkten plastischen Fließens wird der Verdrehungswinkel unabhängig vom Verdrehungsmoment, welches den konstanten Wert $T^{**}$ hat. Für einen gegebenen Verdrehungswinkel $\vartheta$ kann die axiale Ver-schiebung $w$ in einem beliebigen Punkt $P$ des Querschnitts aus (12,11) und (12,17) gefunden werden, wenn man $G$ gegen $\infty$ laufen läßt und be-achtet, daß $\Gamma$ nun Unstetigkeitslinie der vollplastischen Spannungs-verteilung ist. Wir kommen damit auf die Formel von Mandel [14]:

$$w(P) = n\,\vartheta\,d + \vartheta \int_{R_0}^{R} (y\,dx - x\,dy). \qquad (13,1)$$

Die auf diese Weise erhaltenen Lösungen stellen nicht bloß strenge Lösungen für einen Misesschen Körper dar, sondern können auch als asymptotische Ergebnisse für einen Prandtl-Reussschen Körper auf-gefaßt werden. Denn sobald sich der Wert des aufge-brachten Verdrehungsmo-ments $T$ dem Grenz-Drillmo-ment $T^{**}$ nähert, erzeugt eine kleine Änderung von $T$ in einem Stab aus Prandtl-Reussschem Material eine sehr große Änderung des Winkels $\vartheta$. Damit sind die Bedingungen des uneingeschränkten plas-tischen Fließens sehr gut an-genähert, und die Misessche Lösung für die Wölbung, basierend auf dem uneinge-schränkten plastischen Flie-ßen, wird zu einer guten Näherung der Prandtl-Reussschen Lösung.

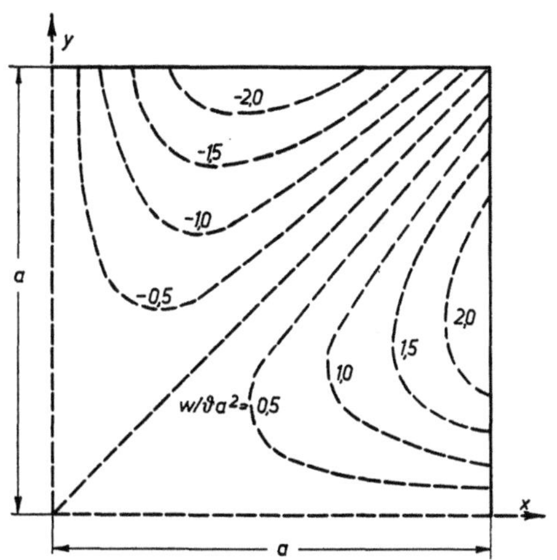


Abb. 21. Vollplastische Wölbung für einen quadratischen Querschnitt.

Wir wollen als Beispiel einen quadratischen Querschnitt betrachten. Abb. 20 (welche der Abb. 18 entspricht) definiert $n$ und $d$ für einen be-liebigen Punkt $P$ des ersten Oktanten. Bezeichnen wir die Koordinaten von $P$ mit $x$ und $y$, so haben wir

$$n = x - y, \qquad d = y. \qquad (13,2)$$

Aus der Interpretation, die am Ende des Abschn. 12 gegeben wurde [s. Gl. (12,18)] folgt, daß das Integral (13,1) verschwindet. Damit ist im ersten Oktanten

$$w = (x - y)\, y\, \vartheta. \tag{13,3}$$

Die Wölbfunktion in den übrigen Oktanten wird aus dieser durch Antisymmetrie in bezug auf die Koordinatenachsen und die Quadratdiagonalen erhalten. Abb. 21 zeigt die Höhenlinien im ersten Quadranten.

## 14. Kombinierte Torsions- und Zugbeanspruchung eines Kreiszylinders

Solange das Verdrehungsmoment nicht abnimmt, ist der Verformungszustand eines auf Torsion beanspruchten Stabes durch einen *einzigen* Parameter charakterisiert, nämlich durch den Verdrehungswinkel $\vartheta$. Unter diesen Bedingungen kann jeder der betrachteten Verformungszustände auf bloß eine Art erreicht werden, indem man nämlich diesen Parameter $\vartheta$, beginnend von Null, monoton anwachsen läßt, bis der gewünschte Wert erreicht ist. Jedem einzelnen Verformungszustand entspricht dann eindeutig ein Spannungszustand, und der Einfluß der Verformungsgeschichte, vielleicht der charakteristischeste Zug des plastischen Verhaltens, kommt in diesen *einparametrigen Problemen* nicht zum Ausdruck.

Als Beispiel eines *zweiparametrigen Problems* wollen wir einen Kreiszylinder betrachten, der verdreht und gestreckt wird. Es sei $a$ der Radius des Zylinders, $\vartheta$ der Verdrehungswinkel pro Längeneinheit und $\varepsilon$ die axiale Dehnung pro Längeneinheit, die für alle längsgerichteten Fasern des Zylinders als gleich groß angenommen werde. Wir wählen den Koordinatenursprung im Mittelpunkt des kreisförmigen Querschnitts, legen die $z$-Achse normal zum Querschnitt, und wollen die Spannungen und Verzerrungen in einem beliebigen Punkt $P$ im Abstand $r$ vom Ursprung diskutieren. Ohne Beeinträchtigung der Allgemeinheit können wir die Koordinaten von $P$ zu $x = r$, $y = 0$ annehmen. Der Einfachheit halber wollen wir das Material sowohl im elastischen wie auch im plastischen Bereich als inkompressibel betrachten. Die Längsdehnung $\varepsilon_z = \varepsilon$ muß daher von Querzusammenziehungen begleitet sein. Wir bezeichnen den Wert von $\varepsilon_x$ mit $-\delta$. Die Bedingung der Unzusammendrückbarkeit verlangt dann, daß $\varepsilon_y = \delta - \varepsilon$ ist. Damit sind die einzigen nicht verschwindenden Verzerrungskomponenten in $P$:

$$\varepsilon_x = -\delta, \qquad \varepsilon_y = \delta - \varepsilon, \qquad \varepsilon_z = \varepsilon, \qquad \gamma_{yz} = r\,\vartheta. \tag{14,1}$$

Andererseits werden wir ansetzen, daß die einzigen nicht verschwindenden Spannungskomponenten

$$\sigma_z = \sigma\,(r), \qquad \tau_{yz} = \tau\,(r) \tag{14,2}$$

seien. Die nicht verschwindenden Komponenten des Spannungsdeviators
sind dann gegeben durch

$$s_x = s_y = -\frac{\sigma}{3}, \qquad s_z = \frac{2\,\sigma}{3}, \qquad \tau_{yz} = \tau. \tag{14,3}$$

Die beiden ersten Gln. (3,2) (in denen $e_x$, $e_y$ wegen der vorausgesetzten
Unzusammendrückbarkeit durch $\varepsilon_x$, $\varepsilon_y$ ersetzt werden können) zeigen dann,
daß im elastischen Bereich $\varepsilon_x = \varepsilon_y$ ist oder

$$\delta = \frac{\varepsilon}{2}, \tag{14,4}$$

während aus den beiden ersten Gln. (5,5) hervorgeht, daß diese Beziehung
auch im plastischen Bereich gilt. Aus (5,8) folgt dann für die Größe $\dot{W}$,
welche in den PRANDTL-REUSSschen Gleichungen (5,10) vorkommt,

$$\dot{W} = \sigma\,\dot{\varepsilon} + \tau\,\dot{\gamma} = \sigma\,\dot{\varepsilon} + \tau\,r\,\dot{\vartheta}. \tag{14,5}$$

Schließlich verlangen die Spannungs-Verzerrungsbeziehungen (5,10) und
(5,12), daß

$$\dot{\sigma} = 3\,G\left(\dot{\varepsilon} - \frac{\dot{W}}{3\,k^2}\,\sigma\right), \qquad \dot{\tau} = G\left(r\,\dot{\vartheta} - \frac{\dot{W}}{k^2}\,\tau\right) \tag{14,6}$$

im plastischen Bereich gilt und

$$\dot{\sigma} = 3\,G\,\dot{\varepsilon}, \qquad \dot{\tau} = G\,r\,\dot{\vartheta} \tag{14,7}$$

im elastischen Bereich sowie für Entlastung aus dem plastischen Bereich.

Als Beispiel für die Integration dieser Gleichungen wollen wir annehmen, daß der Zylinder zuerst gezogen werde, bis er die Zug-Fließgrenze erreicht hat, und sodann verdreht, wobei die Längsdehnung konstant gehalten werde. Während der Zugphase dieses Verformungsprogramms gelten die Gln. (14,7) mit $\dot{\vartheta} = 0$. Nach der MISESschen
Fließbedingung ist die Fließspannung für einachsigen Zug $k\sqrt{3}$ [s. Gl. (4,8)].
Wenn die Axialspannung diesen Wert erreicht hat, dann zeigt die inte-
grierte Form der ersten Gl. (14,7), $\sigma = 3\,G\,\varepsilon$, daß $\varepsilon$ den Wert

$$\varepsilon = \frac{k}{G\,\sqrt{3}} \tag{14,8}$$

hat. Danach wird die Längsdehnung konstant gehalten, während der
Verdrehungswinkel, beginnend von Null, monoton anwächst. Für diese
zweite Phase unseres Verformungsprogramms gelten die Gln. (14,6) mit
$\dot{\varepsilon} = 0$ und folglich mit $\dot{W} = \tau\,r\,\dot{\vartheta}$. Wir müssen also jetzt die Gleichungen

$$\dot{\sigma} = -\frac{G}{k^2}\,r\,\sigma\,\tau\,\dot{\vartheta}, \qquad \dot{\tau} = G\,r\,\dot{\vartheta}\left(1 - \frac{\tau^2}{k^2}\right) \tag{14,9}$$

integrieren, wobei die Anfangsbedingungen lauten:

$$\left.\begin{array}{l} \sigma = k\,\sqrt{3} \\ \tau = 0 \end{array}\right\} \quad \text{für} \quad \vartheta = 0. \tag{14,10}$$

Ferner verlangt die MISESsche Fließbedingung, daß während der ganzen zweiten Phase des Verformungsprogramms für jedes $r$

$$\left(\frac{\sigma}{\sqrt{3}}\right)^2 + \tau^2 = k^2 \tag{14,11}$$

ist. Um die Bezeichnung in diesem und dem nächsten Beispiel zu vereinfachen, führen wir die folgenden dimensionslosen Variablen ein

$$\frac{r}{a} = \varrho,$$

$$p = \frac{G\,\varepsilon\sqrt{3}}{k}, \qquad q = \frac{G\,a\,\vartheta}{k},$$

$$P = \frac{\sigma}{k\sqrt{3}}, \qquad Q = \frac{\tau}{k}. \tag{14,12}$$

Die Differentialbeziehungen (14,9) können dann wie folgt geschrieben werden:

$$\dot{P} = -P\,Q\,\varrho\,\dot{q},$$
$$\dot{Q} = (1 - Q^2)\,\varrho\,\dot{q}, \tag{14,13}$$

und die Anfangsbedingungen (14,10) und die Fließbedingung (14,11) nehmen die folgende Form an:

$$\left.\begin{array}{l} P = 1 \\ Q = 0 \end{array}\right\} \quad \text{für} \quad q = 0 \tag{14,14}$$

und

$$P^2 + Q^2 = 1. \tag{14,15}$$

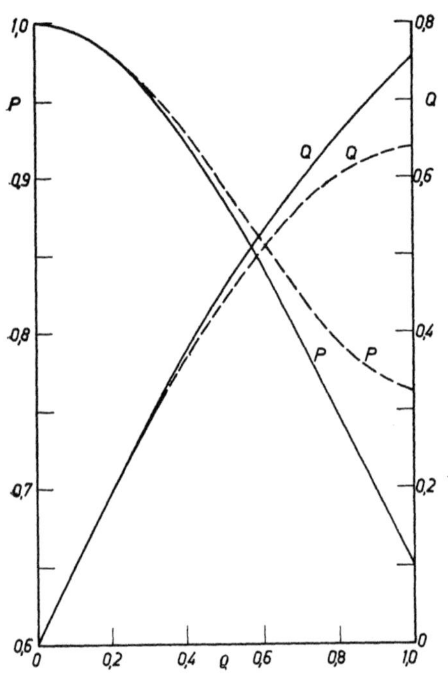

Abb. 22. Spannungsverteilungen für kombinierte Zug- und Torsionsbeanspruchung eines Kreiszylinders.

Integrieren wir die zweite Gl. (14,13) und berücksichtigen die zweite Gl. (14,14), dann erhalten wir

$$Q = \tanh \varrho\,q. \tag{14,16}$$

Dies in (14,15) eingesetzt und nach $P$ aufgelöst, liefert

$$P = \operatorname{sech} \varrho\,q. \tag{14,17}$$

Es ist leicht gezeigt, daß (14,16) und (14,17) die erste Gl. (14,13) befriedigen. Die voll ausgezogenen Kurven in Abb. 22 zeigen $P$ und $Q$ gegen $\varrho$ aufgetragen, und zwar für $q = 1$, das ist für den Augenblick, wo der Verdrehungswinkel jenen Wert erreicht hat, für den der Werkstoff des Stabes bei reiner Torsionsbeanspruchung an der Zylinderoberfläche die Fließspannung $k$ für reinen Schub erreichen würde.

Als nächstes wollen wir den Fall untersuchen, daß der Zylinder zuerst verdreht (bis $q = 1$) und hernach gestreckt wird (bis $p = 1$), wobei $q$ konstant gehalten wird. Am Ende der ersten Phase (der Verdrehungsphase) dieses Verformungsprogramms ist der Stab noch nicht in den plastischen Bereich eingetreten, obwohl die Fließgrenze an der Zylinderoberfläche eben erreicht worden ist. Infolgedessen gelten die Formeln für die elastische Torsion eines Kreiszylinders (s. Abschn. 8), und wir haben

$$P = 0, \qquad Q = \varrho. \tag{14,18}$$

In einem beliebigen Augenblick der zweiten Phase (der Zugphase) des Verformungsprogramms bezeichne $\varrho_0$ den Radius der kreisförmigen Grenze zwischen dem elastischen $(0 \leqslant \varrho \leqslant \varrho_0)$ und dem plastischen Gebiet $(\varrho_0 \leqslant \varrho \leqslant 1)$. Während der zweiten Phase ist $\dot{\vartheta} = 0$, und die Größe $\dot{W}$ der Gln. (14,6) reduziert sich auf $\sigma \dot{\varepsilon}$. Für einen beliebigen Augenblick der zweiten Phase nehmen daher die Spannungs-Verzerrungsbeziehungen (14,6) und (14,7) die folgende Form an:

$$\dot{P} = (1 - P^2)\,\dot{p}, \qquad \dot{Q} = -PQ\dot{p}, \quad \text{für} \quad \varrho_0 \leqslant \varrho \leqslant 1 \tag{14,19}$$

und

$$\dot{P} = \dot{p}, \qquad \dot{Q} = 0, \qquad \text{für} \qquad 0 \leqslant \varrho \leqslant \varrho_0. \tag{14,20}$$

Integrieren wir die Gln. (14,20) unter den Anfangsbedingungen (14,18) für $p = 0$, so finden wir

$$P = p, \qquad Q = \varrho, \qquad \text{für} \qquad 0 \leqslant \varrho \leqslant \varrho_0. \tag{14,21}$$

Nun muß an der elastisch-plastischen Grenze die Fließbedingung (14,15) erfüllt sein. Für $\varrho = \varrho_0$ liefern die Gln. (14,21) $P = p$ und $Q = \varrho_0$. Setzen wir diese Werte in (14,15) ein und lösen nach $\varrho_0$ auf, so finden wir

$$\varrho_0 = \sqrt{1 - p^2}. \tag{14,22}$$

Am Ende der zweiten Phase unseres Verformungsprogramms, das ist also für $p = 1$, haben wir demnach $\varrho_0 = 0$; das heißt, der ganze Stab ist plastisch geworden. Betrachten wir nun die Werte von $P$ und $Q$ für einen festen Wert $\varrho = r/a$. Bis das Material in diesem Abstand $r$ von der Zylinderachse in den plastischen Bereich eintritt, das heißt bis

$$p = \sqrt{1 - \varrho^2} \tag{14,23}$$

geworden ist, gelten hier die Gln. (14,21). Mit anderen Worten, wir müssen die Gln. (14,19) unter den Anfangsbedingungen

$$P = \sqrt{1 - \varrho^2}, \qquad Q = \varrho, \qquad \text{für} \qquad p = \sqrt{1 - \varrho^2} \tag{14,24}$$

integrieren. Die Integration der ersten Gl. (14,19) liefert

$$P = \tanh\left(p - \sqrt{1 - \varrho^2} + \operatorname{ar\,tanh}\sqrt{1 - \varrho^2}\right), \qquad \text{für} \qquad \sqrt{1 - p^2} \leqslant \varrho \leqslant 1. \tag{14,25}$$

Sobald $P$ bekannt ist, kann der Ausdruck für $Q$ im plastischen Gebiet aus der Fließbedingung (14,15) gefunden werden. So erhalten wir

$$Q = \operatorname{sech}\left(p - \sqrt{1 - \varrho^2} + \operatorname{ar\,tanh}\sqrt{1 - \varrho^2}\right), \qquad \text{für} \qquad \sqrt{1 - p^2} \leqslant \varrho \leqslant 1. \tag{14,26}$$

Es läßt sich unschwer zeigen, daß (14,25) und (14,26) die zweite Gl. (14,19) befriedigen. Die gestrichelten Kurven in Abb. 22 zeigen $P$ und $Q$ in Abhängigkeit von $\varrho$, wie sie aus (14,21), (14,25) und (14,26) für $p = 1$ folgen. Man beachte, daß alle Kurven der Abb. 22 demselben Endzustand der Verformung entsprechen ($p = 1$, $q = 1$), daß jedoch der Verformungsweg (strain path), der zu diesem Endzustand führte, für die vollen und die gestrichelten Kurven verschieden ist. Abb. 23 zeigt diese beiden Verformungswege in der $p$, $q$-Ebene.

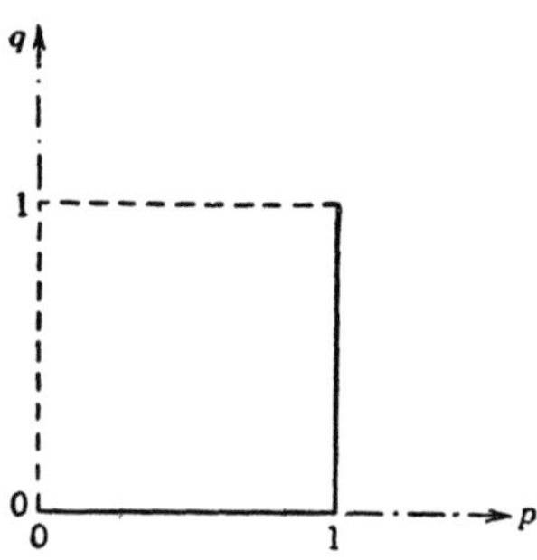

Abb. 23. Verformungswege für kombinierte Zug- und Torsionsbeanspruchung.

Zum Schluß wollen wir noch auf den in Abb. 23 voll gezeichneten Verformungsweg die MISEssche Theorie anwenden. Für die zweite Phase (die Verdrehungsphase) dieses Weges ist die einzige nicht verschwindende Komponente der Verzerrungsgeschwindigkeit

$$\dot{\gamma}_{yz} = r\,\dot{\vartheta}.$$

Die zweite Invariante $I$ des Tensors der Verzerrungsgeschwindigkeiten [Gl. (5,15)] reduziert sich daher auf $I = (r\,\dot{\vartheta}/2)^2$ und die Gln. (5,18) liefern

$$\sigma = 0, \qquad \tau = k, \qquad \text{für} \qquad 0 \leqslant r \leqslant a.$$

In den oben eingeführten dimensionslosen Variablen kann dieses Ergebnis wie folgt geschrieben werden:

$$P = 0, \qquad Q = 1, \qquad \text{für} \qquad 0 \leqslant \varrho \leqslant 1. \tag{14,27}$$

Wir sehen, daß (14,27) die asymptotischen Werte von $P$ und $Q$ darstellt, wie sie aus den Gln. (14,17) und (14,16) für $q \to \infty$ folgen. Die MISEssche Theorie liefert somit die korrekten asymptotischen Werte der Spannungen, sie gibt aber keine Auskunft bezüglich der Art und Weise, wie diese asymptotischen Werte erreicht wurden.

## Aufgaben

**1.** Zeige, daß im Fall der Torsion vier von den sechs Verträglichkeitsbedingungen (s. Kap. I, Aufgabe 2) identisch erfüllt sind, während die restlichen zwei den Gln. (8,3) äquivalent sind.

**2.** Zeige, daß für die Ellipse

$$x = A \cos s, \qquad y = B \sin s$$

die vollplastische Spannungsverteilung durch die Spannungsfunktion

$$\psi = \frac{G\,\vartheta}{A^2 + B^2}\,(A^2 B^2 - B^2 x^2 - A\,y^2)$$

dargestellt wird.

**3.** Zeige, daß im plastischen Gebiet die Substitution

$$\tau_x = k \cos a, \qquad \tau_y = k \sin a$$

die Fließbedingung identisch erfüllt, und bringe die Gleichgewichtsbedingung auf die Form

$$\sin a\,\frac{\partial a}{\partial x} - \cos a\,\frac{\partial a}{\partial y} = 0.$$

Zeige, daß die Kurven $a = $ const. gerade Linien sind, die zur Berandung normal sind, und folglich mit den in Abschn. 10 erwähnten Normalen $n$ übereinstimmen. Diese Linien können mathematisch als die Charakteristiken der obigen Gleichung gedeutet werden (s. Kap. II: [7], Kap. IV). Welche Randbedingung muß die Funktion $a$ erfüllen?

**4.*** Benütze die Ergebnisse von Aufgabe 3, um zu zeigen, daß die vollplastische Spannungsverteilung für die Ellipse der Aufgabe 2 implizit durch

$$y \sin a + x \cos a = \frac{(A^2 - B^2) \sin 2a}{2\sqrt{A^2 \sin^2 a + B^2 \cos^2 a}}$$

definiert ist. Zeichne die Höhenlinien der Spannungsfunktion für den Fall $A/B = 3/2$. Vergleiche diese Kurven mit den Höhenlinien der Spannungsfunktion, welche die vollplastische Spannungsverteilung für das SOKOLOVSKY-sche Oval darstellt, das durch die Gl. (11,19) mit

$$b = 2B - A, \qquad c = A - B$$

definiert ist.

**5.** Ermittle die vollplastische Spannungsverteilung und die Wölbung (im Sinne des Beispiels am Ende von Abschn. 13) für Stäbe mit den folgenden Querschnitten:

    a) ein Rechteck;

    b) ein gleichseitiges Dreieck;

    c) einen I-Querschnitt, dessen einspringende Ecken durch Viertelkreise ausgerundet sind.

**6.*** Betrachte einen Stab mit quadratischem Querschnitt. Nimm an, daß, wenn der Stab beinahe vollplastisch ist, der elastische Kern durch gerade Linien parallel zu den Diagonalen des Quadrats begrenzt ist, welche den Abstand $h$ von diesen Diagonalen haben. Zeige, daß die Spannungsfunktion im elastischen Kern quadratisch in $x$ und $y$ ist, wenn man die Bedingungen an den Ecken und im Mittelpunkt des Quadrats vernachlässigt. Bestimme die Konstanten und die Breite des Streifens $2\,h$ so, daß die Spannungsfunktion und ihre ersten Ableitungen stetig in das plastische Gebiet hinein verlaufen. Ermittle die Wölbung sowohl im elastischen als auch im plastischen Gebiet. Vergleiche die plastische Wölbung mit jener, die in Abschn. 13 erhalten wurde.

**7.** Die Torsion einer Welle mit kreisförmigem Querschnitt und veränderlichem Durchmesser kann mittels ähnlicher Methoden behandelt werden, wie sie in diesem Kapitel angewandt wurden. (Bezüglich des elastischen Problems s. Kap. I: [1], Abschn. 87. Eine numerische Lösung des elastisch-plastischen Problems haben R. P. EDDY und F. S. SHAW gegeben [15].) Beziehe die Welle auf ein Zylinderkoordinatensystem $r$, $\vartheta$, $z$, wobei die $z$-Achse mit der Achse der Welle zusammenfällt. Die nicht verschwindenden Spannungskomponenten sind dann $\tau_{z\vartheta}$ und $\tau_{r\vartheta}$; sie sind Funktionen von $r$ und $z$ allein.

a) Zeige, daß zwei Gleichgewichtsbedingungen identisch erfüllt sind und daß der dritten Gleichung durch Einführung einer Spannungsfunktion genügt wird, welche definiert ist durch

$$\tau_{r\vartheta} = -\frac{1}{r^2}\frac{\partial \psi}{\partial z}, \qquad \tau_{z\vartheta} = \frac{1}{r^2}\frac{\partial \psi}{\partial r}.$$

b) Zeige, daß im elastischen Gebiet

$$\frac{\partial^2 \psi}{\partial r^2} + \frac{\partial^2 \psi}{\partial z^2} - \frac{3}{r}\frac{\partial \psi}{\partial r} = 0$$

ist, und im plastischen Gebiet

$$|\operatorname{grad} \psi| = r^2 k.$$

c) Ermittle die Randbedingungen, welche an der Oberfläche $z = z\,(r)$ und an der Mittellinie $r = 0$ erfüllt sein müssen.

d) Zeige, daß das Torsionsmoment, das auf irgend einem Querschnitt vom Radius $R$ übertragen wird, gegeben ist durch

$$T(z) = 2\pi\,[\psi\,(R, z) - \psi\,(0, z)].$$

**8.*** Ein zweiter Weg zur Lösung des plastischen Problems für eine kreisförmige Welle mit veränderlichem Durchmesser geht aus von dem Ansatz:

$$\tau_{r\vartheta} = k \sin \beta, \qquad \tau_{z\vartheta} = -k \cos \beta$$

(s. Kap. II: [7], Abschn. 27).

a) Zeige, daß $\beta$ die inhomogene Differentialgleichung

$$\sin \beta\,\frac{\partial \beta}{\partial z} + \cos \beta\,\frac{\partial \beta}{\partial r} = -2\,\frac{\sin \beta}{r}$$

erfüllen muß sowie die Randbedingung

$$\frac{dz}{dr} = -\cot \beta.$$

b) Zeige, daß die allgemeine Lösung dieser Gleichung durch ein elliptisches Integral und eine beliebige Funktion von $r^2 \sin \beta$ dargestellt werden kann.

c) Entwickle ein numerisch-zeichnerisches Verfahren, mit dessen Hilfe die plastische Lösung vom Rand her aufgebaut werden kann.

d) Unter welchen Bedingungen kann das plastische Gebiet bis zur Mitte der Welle vordringen?

**9.** * Ermittle die elastische und die vollplastische Lösung für einen Kegel. Finde die „Grenzlinie" (limiting line), jenseits welcher der Körper nicht plastisch werden kann. Erläutere die physikalische Bedeutung dieser Linie.

**10.** * Betrachte einen zylindrischen Stab von beliebigem Querschnitt unter kombinierter Torsions- und Zugbeanspruchung. Wähle die $z$-Achse eines rechtwinkeligen Koordinatensystems $x$, $y$, $z$ parallel zu den Erzeugenden des Zylinders, und nimm an, daß im vollplastischen Zustand die Geschwindigkeitskomponenten durch die folgenden Ausdrücke gegeben sind (s. [16]):

$$v_x = - \dot\vartheta\, y\, z - \frac{1}{2}\,\dot\varepsilon\, x,$$

$$v_y = \dot\vartheta\, x\, z - \frac{1}{2}\,\dot\varepsilon\, y,$$

$$v_z = \dot\vartheta\, w(x, y) + \dot\varepsilon\, z,$$

wo $\dot\vartheta$ und $\dot\varepsilon$ die gegebenen Geschwindigkeiten der Verdrehung und der Längsdehnung sind und $w(x, y)$ die Wölbfunktion bedeutet. Zeige unter Anwendung der Misesschen Theorie, daß

a) $\sigma_z$, $\tau_{xz}$ und $\tau_{yz}$ die einzigen nicht verschwindenden Spannungskomponenten sind;

b) $\sigma_z$, $\tau_{xz}$ und $\tau_{yz}$ von $z$ unabhängig sind;

c) die durch Gl. (8,6) definierte Spannungsfunktion $\psi(x, y)$ der Differentialgleichung

$$\frac{\partial}{\partial x}\left(\frac{1}{A}\frac{\partial \psi}{\partial x}\right) + \frac{\partial}{\partial y}\left(\frac{1}{A}\frac{\partial \psi}{\partial y}\right) = -\frac{2\,\omega}{\varepsilon\sqrt{3}}$$

genügen muß, wo

$$A = \left[k^2 - \left(\frac{\partial \psi}{\partial x}\right)^2 - \left(\frac{\partial \psi}{\partial y}\right)^2\right]^{1/2}$$

ist.

**11.** * Dehne die Behandlung der Aufgabe 10 auf den Fall kombinierter Biegung und Torsion aus (s. [17]).

**12.** * Dehne die Behandlung der Aufgabe 10 auf den Fall kombinierter Zugbeanspruchung, Biegung und Torsion aus (s. [18]).

**13.** Zeige, daß das Spannungs-Verzerrungsgesetz von Hencky (s. Kap. I, Aufgabe 6), angewandt auf den Fall elastisch-plastischer Torsion ohne Entlastung, zu den gleichen Ergebnissen führt, wie das Spannungs-Verzerrungsgesetz von Prandtl-Reuss.

**14.** Wende das Spannungs-Verzerrungsgesetz von Hencky (s. Kap. I, Aufgabe 6) auf das in Abschn. 14 behandelte Problem an, und vergleiche die Ergebnisse mit den in Abschn. 14 erhaltenen.

## Literatur

1. Saint Venant, B. de: Mémoire sur la torsion des prismes. Mém. prés. par div. sav. à l'Ac. Sci., Sci. math. et phys. **14**, 233—560 (1856).

2. Prandtl, L.: Zur Torsion von prismatischen Stäben. Phys. Z. **4**, 758—759 (1903).

3. Higgins, T. J.: A comprehensive review of Saint-Venant's torsion problem. Amer. J. Phys. **10**, 248—259 (1942).

4. Higgins, T. J.: The approximate mathematical methods of applied physics as exemplified by application to Saint-Venant's torsion problem. J. Appl. Phys. **14**, 469—480 (1943).

5. Higgins, T. J.: Analogic experimental methods in stress analysis as exemplified by Saint-Venant's torsion problem. Proc. Soc. Exper. Stress Anal. **2**, 17—27 (1945).

6. Nadai, A.: Der Beginn des Fließvorgangs in einem tordierten Stab. Z. angew. Math. Mech. **3**, 442—454 (1923).

7. Nadai, A.: Plasticity, a mechanics of the plastic state of matter. New York: McGraw-Hill Book Co., Inc. 1931.

8. Geiringer, H. und W. Prager: Mechanik isotroper Körper im plastischen Zustand. Ergebnisse d. exakt. Naturwiss. **13**, 310—363 (1934).

9. Shaw, F. S.: The torsion of solid and hollow prisms in the elastic and plastic range by relaxation methods. Australian Council for Aeronautics, Rep. ACA-11 (1944).

10. Sokolovsky, V. V.: On a problem of elastic-plastic torsion (russisch, mit englischer Zusammenfassung). Prikladnaia Matematika i Mekhanika **6**, 241—246 (1942).

11. Mises, R. v.: Three remarks on the theory of the ideal plastic body. Reissner Anniversary Volume. Ann Arbor, Mich.: J. W. Edwards, 1949, pp. 415—429.

12. Christopherson, D. G.: A theoretical investigation of plastic torsion in an I-beam. J. Appl. Mech. **7**, 1—4 (1940).

13. Southwell, R. V.: Relaxation methods in theoretical physics. Oxford University Press, 1946.

14. Mandel, J.: Sur les déformations de la torsion plastique. C.R. Ac. Sci. (Paris) **222**, 1205—1207 (1946); s. auch Southwell, R. V.: On the computation of strain and displacement in a prism plastically strained by torsion. Q. J. Mech. Appl. Math. **2**, 385—397 (1949).

15. Eddy, R. P. und F. S. Shaw: Numerical solution of elastoplastic torsion of a shaft of rotational symmetry. J. Appl. Mech. **16**, 139—148 (1949).

16. Prager, W.: Contribution to the discussion of a paper by M. A. Sadowsky. J. Appl. Mech. **10**, 238 (1943).

17. Handelman, G. H.: A variational principle for a state of combined plastic stress. Q. Appl. Math. **1**, 351—353 (1944).

18. Hill, R.: A variational principle of maximum plastic work in classical plasticity. Q. J. Mech. Appl. Math. **1**, 18—28 (1948).

19. Galin, L. A.: The elastic-plastic torsion of prismatic bars. Prikladnaia Matematika i Mekhanika **13**, 285— 296 (1949).

# IV. Ebener Verzerrungszustand: Probleme mit axialer Symmetrie

## 15. Allgemeine Beziehungen

In diesem Kapitel wollen wir die Spannungen und Verzerrungen behandeln, die in einem dickwandigen, kreisförmigen Rohr auftreten, welches unter innerem Druck steht, wobei die Enden des Rohrs derart gelagert sein sollen, daß sie keinerlei Bewegung in axialer Richtung ausführen können. Der Innenradius des Rohrs sei mit $a$, der äußere mit $b$ bezeichnet. Der Innendruck $p$ sei eine gegebene Funktion der Zeit $p = p(t)$. Um die Spannungen und Verzerrungen festzulegen, welche dieser Druck in dem Rohr hervorruft, benützen wir ein Zylinderkoordinatensystem $r$, $\vartheta$, $z$, dessen $z$-Achse mit der Rohrachse zusammenfällt.

In dem hier zu behandelnden Problem verschwindet die axiale Dehnung $\varepsilon_z$ an jeder Stelle des Rohrs und zu jeder Zeit; ferner sind alle Spannungen und Verzerrungen von $\vartheta$ und von $z$ unabhängig. Die Hauptrichtungen von Spannung und Verzerrung in einem beliebigen Punkt sind stets radial, tangential und axial, und die einzige Gleichgewichtsbedingung, welche zu befriedigen ist, lautet

$$\frac{\partial \sigma_r}{\partial r} + \frac{\sigma_r - \sigma_\vartheta}{r} = 0 \tag{15,1}$$

(s. z. B. Kap. I: [1], S. 55). Man beachte, daß $\sigma_z = \sigma_z\,(r, t)$ nicht verschwinden muß, obwohl es nicht in eine Gleichgewichtsbedingung eingeht.

Wenn wir die radiale Komponente der Verschiebung mit $u = u\,(r, t)$ bezeichnen, dann haben wir

$$\varepsilon_r = \frac{\partial u}{\partial r}, \qquad \varepsilon_\vartheta = \frac{u}{r} \tag{15,2}$$

(s. z. B. Kap. I: [1], S. 62, 63). Da $\varepsilon_z = 0$ ist, ist die mittlere Dehnung [Gl. (2,3)] gegeben durch

$$e = \frac{1}{3}\,(\varepsilon_r + \varepsilon_\vartheta + \varepsilon_z) = \frac{1}{3}\left(\frac{\partial u}{\partial r} + \frac{u}{r}\right). \tag{15,3}$$

Es wird sich als praktisch erweisen, die mittlere Dehnung als eine der abhängigen Verzerrungsvariablen zu benützen und eine zweite Verzerrungsvariable $\varphi$ einzuführen, welche durch die Gleichung

$$\varphi = \frac{1}{3} \left( \frac{\partial u}{\partial r} - \frac{u}{r} \right) \tag{15,4}$$

definiert ist. Elimination von $u$ aus (15,3) und (15,4) zeigt, daß $e$ und $\varphi$ die Verträglichkeitsbedingung

$$\frac{\partial e}{\partial r} - \frac{\partial \varphi}{\partial r} = 2 \frac{\varphi}{r} \tag{15,5}$$

erfüllen müssen. Ausgedrückt durch $e$ und $\varphi$ lauten die Radialverschiebung und die Hauptwerte des Verzerrungstensors und des Verzerrungsdeviators folgendermaßen:

$$u = \frac{3}{2} (e - \varphi) \, r, \tag{15,6}$$

$$\varepsilon_r = \frac{3}{2} (e + \varphi), \qquad \varepsilon_\vartheta = \frac{3}{2} (e - \varphi), \qquad \varepsilon_z = 0, \tag{15,7}$$

$$e_r = \frac{1}{2} (e + 3\varphi), \qquad e_\vartheta = \frac{1}{2} (e - 3\varphi), \qquad e_z = - e. \tag{15,8}$$

Im elastischen Bereich ist die mittlere Normalspannung durch die letzte Gl. (3,2) gegeben. Sobald sich ein Element des Rohrs plastisch zu verformen beginnt, ist diese Gleichung durch Gl. (5,11) zu ersetzen. Die Anfangsbedingung, unter der diese Differentialgleichung zu integrieren ist, ist die Beziehung, die zwischen $s$ und $e$ in jenem Augenblick besteht, wo das Element in den plastischen Bereich eintritt. Nun ist diese Anfangsbeziehung zwischen $s$ und $e$ genau die letzte Gl. (3,2). Infolgedessen gilt die Beziehung

$$s = \frac{1}{3} (\sigma_r + \sigma_\vartheta + \sigma_z) = 3 K e \tag{15,9}$$

sowohl im plastischen als auch im elastischen Bereich.

Wegen (15,9) können die Hauptspannungen folgendermaßen geschrieben werden:

$$\sigma_r = s_r + 3 K e, \qquad \sigma_\vartheta = s_\vartheta + 3 K e, \qquad \sigma_z = s_z + 3 K e, \tag{15,10}$$

wo $s_r$, $s_\vartheta$, $s_z$ die Hauptwerte des Spannungsdeviators sind. Schließlich reduziert sich die Misessche Fließbedingung auf

$$J_2 = s_r{}^2 + s_r s_\vartheta + s_\vartheta{}^2 = k^2. \tag{15,11}$$

Unsere Aufgabe ist nun, die vier Größen $e$, $\varphi$, $s_r$, $s_\vartheta$ zu bestimmen. Sobald diese bekannt sind, folgt die vollständige Lösung direkt aus den Gln. (15,6), (15,7), (15,8) und (15,10). Zur Bestimmung dieser vier Unbekannten brauchen wir vier Gleichungen. Die Verträglichkeitsbedingung (15,15) und die Gleichgewichtsbedingung (15,1) sind überall im Rohr gültig. Ausgedrückt in unseren gegenwärtigen Variablen nimmt die letztere die folgende Form an:

$$\frac{\partial s_r}{\partial r} + 3 K \frac{\partial e}{\partial r} = \frac{s_\vartheta - s_r}{r} . \tag{15,12}$$

Die restlichen Gleichungen werden für das elastische Gebiet durch das HOOKEsche Gesetz geliefert, während im plastischen Gebiet das Spannungs-Verzerrungsgesetz und die Fließbedingung je eine zusätzliche Beziehung liefern.

Die Radialspannung muß an der inneren Oberfläche den Wert $-p$ haben und an der Außenoberfläche verschwinden. Somit haben wir die Randbedingungen

$$s_r + 3Ke = -p \qquad \text{für} \qquad r = a,$$
$$s_r + 3Ke = 0 \qquad \text{für} \qquad r = b. \tag{15,13}$$

Ferner müssen alle vier Variablen quer zur elastisch-plastischen Grenze stetig sein.

Im elastischen Gebiet liefert das HOOKEsche Gesetz die Beziehungen

$$s_r = G\,(e + 3\varphi), \qquad s_\vartheta = G\,(e - 3\varphi). \tag{15,14}$$

Setzen wir dies in (15,12) ein, so erhalten wir

$$\frac{G + 3K}{3G}\,\frac{\partial e}{\partial r} + \frac{\partial \varphi}{\partial r} = -2\,\frac{\varphi}{r}. \tag{15,15}$$

Die Gln. (15,5) und (15,15) sind leicht zu lösen und liefern

$$e = B, \qquad \varphi = \frac{C}{r^2}, \tag{15,16}$$

wo $B$ und $C$ von den Koordinaten unabhängig sind. Setzen wir (15,16) und die erste Gl. (15,14) in die Randbedingungen (15,13) ein und rechnen $B$ und $C$ aus, so finden wir

$$B = \frac{p'}{G + 3K}, \qquad C = -\frac{p'\,b^2}{3G}, \tag{15,17}$$

wo

$$p' = p\,\frac{a^2}{b^2 - a^2} \tag{15,18}$$

bedeutet.

Mit diesen Werten von $B$ und $C$ erhalten wir schließlich die voll-elastische Lösung unserer Aufgabe[1]:

$$u = \frac{3}{2}\,p'\left(\frac{r}{G + 3K} + \frac{b^2}{3Gr}\right),$$

$$s_r = p'\left(\frac{G}{G + 3K} - \frac{b^2}{r^2}\right), \qquad s_\vartheta = p'\left(\frac{G}{G + 3K} + \frac{b^2}{r^2}\right), \qquad s_z = -\frac{2p'G}{G + 3K},$$

$$\sigma_r = p'\left(1 - \frac{b^2}{r^2}\right), \qquad \sigma_\vartheta = p'\left(1 + \frac{b^2}{r^2}\right), \qquad \sigma_z = p'\,\frac{3K - 2G}{3K + G}. \tag{15,19}$$

---

[1] Diese elastische Lösung kann auch auf kürzere Art aus der Gleichgewichtsbedingung und dem HOOKEschen Gesetz erhalten werden (s. z. B. Kap. I: [1], Abschn. 22). Die oben gegebene Ableitung erweist sich jedoch als besser geeignet für die Diskussion des elastisch-plastischen Problems.

Um den Gültigkeitsbereich dieser Formeln festzustellen, müssen wir nachsehen, für welchen Wert des Innendrucks die linke Seite von (15,11), ausgewertet nach (15,19), zum ersten Mal den Wert $k^2$ erreicht. Nun findet man, daß nach Einsetzen der Werte von (15,19) die linke Seite von (15,11) auf die Form

$$J_2 = p'^2 \left[ 3 \left( \frac{G}{G + 3\,K} \right)^2 + \frac{b^4}{r^4} \right] \tag{15,20}$$

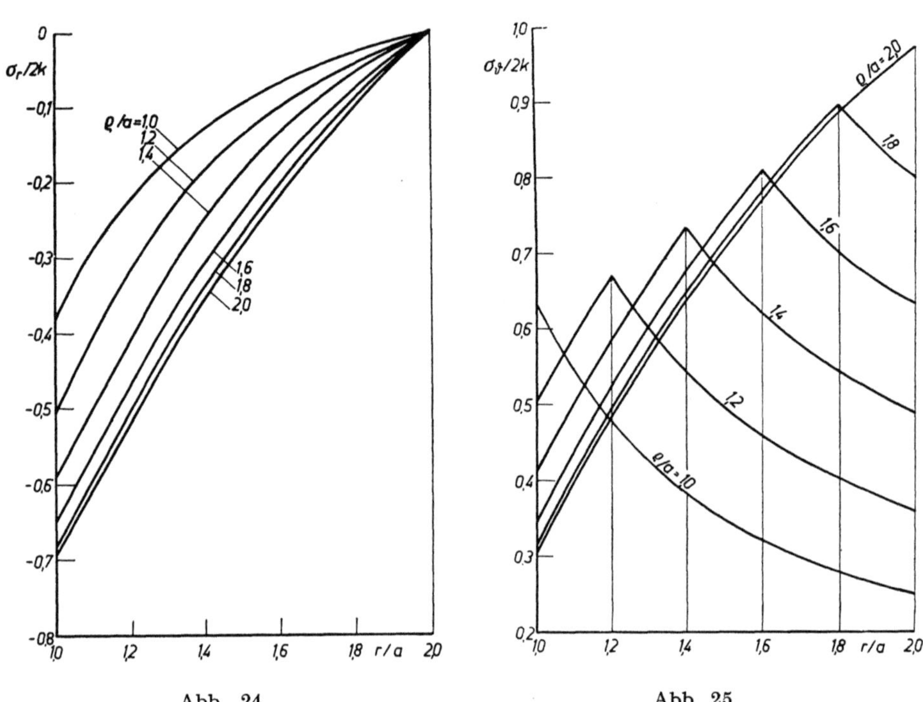

Abb. 24.
Verteilung der Radialspannungen.          Abb. 25.
Verteilung der Ringspannungen.

gebracht werden kann. Dies wird ein Maximum für $r = a$. Das Fließen wird also an der inneren Oberfläche beginnen, wenn der Druck den Wert

$$p^* = k\,\frac{b^2 - a^2}{a^2} \left[ \frac{b^4}{a^4} + 3 \left( \frac{G}{G + 3\,K} \right)^2 \right]^{-\frac{1}{2}} \tag{15,21}$$

erreicht hat.

Für einen Druck, der etwas größer ist als $p^*$, wird ein Teil des Rohrs plastisch werden. Wegen der axialen Symmetrie muß die elastisch-plastische Grenze ein Zylinder sein, mit dem Radius $r = \varrho$. Die Größen

$e$ und $\varphi$ sind im elastischen Gebiet ($\varrho \leqslant r \leqslant b$) nach wie vor durch (15,16) gegeben, doch lauten jetzt die Randbedingungen

$$s_r{}^2 + s_r\,s_\vartheta + s_\vartheta{}^2 = k^2 \qquad \text{für} \qquad r = \varrho,$$
$$s_r + 3\,K\,e = 0 \qquad \text{für} \qquad r = b. \tag{15,22}$$

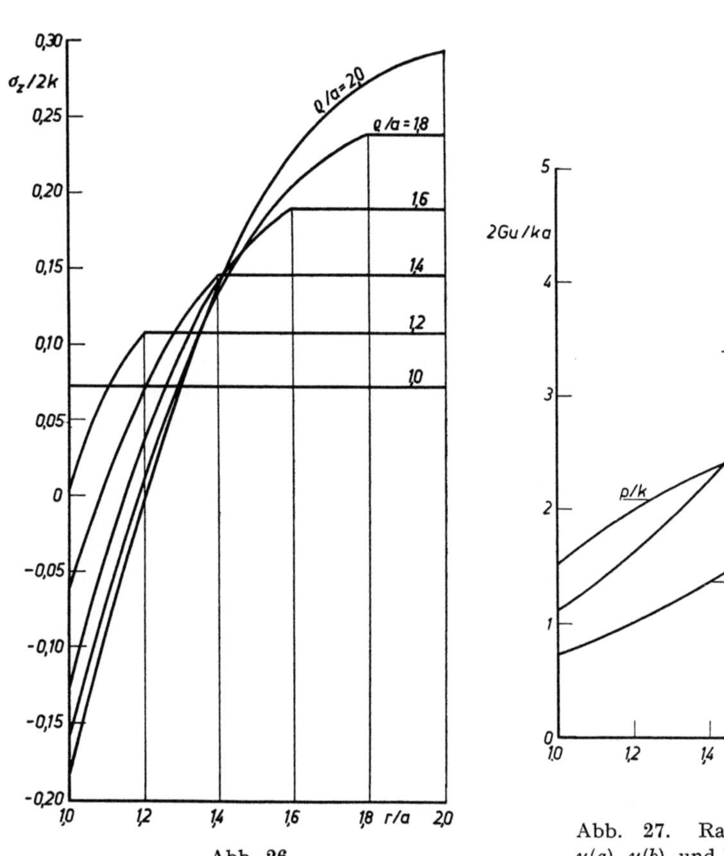


Abb. 26.
Verteilung der Axialspannungen.

Abb. 27. Radialverschiebungen $u(a)$, $u(b)$ und Druck $p$ als Funktionen des Radius $\varrho$ der elastisch-plastischen Grenze.

Wenn diese Randbedingungen zur Bestimmung der Größen $B$ und $C$ in (15,16) benützt werden, dann findet man, daß die Lösung für das elastische Gebiet eines elastisch-plastischen Rohrs nach wie vor in der Form (15,19) geschrieben werden kann, vorausgesetzt, daß $p'$ durch

$$p'' = k\left[3\left(\frac{G}{G + 3\,K}\right)^2 + \frac{b^4}{\varrho^4}\right]^{-\frac{1}{2}} \tag{15,23}$$

ersetzt wird.

Im plastischen Gebiet muß die Fließbedingung erfüllt sein. Diese kann auch in der Form

$$s_\vartheta = \frac{-s_r \pm \sqrt{4\,k^2 - 3\,s_r{}^2}}{2}\,.\tag{15,24}$$

geschrieben werden. Das richtige Vorzeichen der Wurzel wird bestimmt, indem man beachtet, daß im elastischen Gebiet

$$2\,s_\vartheta + s_r = p'' \left(\frac{3\,G}{G+3\,K} + \frac{b^2}{r^2}\right) > 0\tag{15,25}$$

ist. Aus Stetigkeitsgründen folgt dann, daß in (15,24) das obere Zeichen zu nehmen ist.

Die letzte Gleichung, die wir für das plastische Gebiet benötigen, wird durch die Spannungs-Verzerrungsbeziehung geliefert. In Abschn. 5 bedeutete der „Punkt" in dem Spannungs-Verzerrungsgesetz eine Differentiation nach der Zeit. Da jedoch die Spannungs-Verzerrungs-beziehungen von PRANDTL-REUSS in den zeitlichen Ableitungen der Spannungen und der Verzerrungen homogen sind, steht es uns frei, die Zeit durch irgend einen anderen Parameter zu ersetzen, der mit der Zeit monoton anwächst und der daher für den Verformungszustand charakteristisch ist. Für die Untersuchung des elastisch-plastischen Verhaltens eines dickwandigen Rohrs unter monoton anwachsendem Innendruck wird es sich als zweckmäßig erweisen, den Punkt als Kennzeichnung für eine Differentiation nach $\varrho$ zu interpretieren, dem Radius der elastisch-plastischen Grenze. Das Spannungs-Verzerrungsgesetz von PRANDTL-REUSS [Gl. (5,5)] liefert dann die folgenden Beziehungen

$$2\,G\,\frac{\partial e_r}{\partial \varrho} = \frac{\partial s_r}{\partial r} + \lambda\,s_r, \qquad 2\,G\,\frac{\partial e_\vartheta}{\partial \varrho} = \frac{\partial s_\vartheta}{\partial \varrho} + \lambda\,s_\vartheta.\tag{15,26}$$

Wenn wir $\lambda$ aus (15,26) eliminieren, erhalten wir

$$2\,G\left(\frac{\partial e_r}{\partial \varrho}\,s_\vartheta - \frac{\partial e_\vartheta}{\partial \varrho}\,s_r\right) = \frac{\partial s_r}{\partial \varrho}\,s_\vartheta - \frac{\partial s_\vartheta}{\partial \varrho}\,s_r,\tag{15,27}$$

oder, durch die Variablen $e$, $\varphi$, $s_r$, $s_\vartheta$ ausgedrückt:

$$G\left[(s_\vartheta - s_r)\,\frac{\partial e}{\partial \varrho} + 3\,(s_r + s_\vartheta)\,\frac{\partial \varphi}{\partial \varrho}\right] = s_\vartheta\,\frac{\partial s_r}{\partial \varrho} - s_r\,\frac{\partial s_\vartheta}{\partial \varrho}\,.\tag{15,28}$$

Die Gln. (15,5), (15,12), (15,24) und (15,28) definieren die Änderungen der Größen $e$, $\varphi$, $s_r$, $s_\vartheta$ im plastischen Gebiet. Wir können (15,24) zur Elimination von $s_\vartheta$ aus (15,12) und (15,28) benützen. Dann verbleiben uns die folgenden Bestimmungsgleichungen für $e$, $\varphi$ und $s_r$:

$$\frac{\partial e}{\partial r} - \frac{\partial \varphi}{\partial r} = 2\,\frac{\varphi}{r}\,,$$

$$\frac{\partial s_r}{\partial r} + 3\,K\,\frac{\partial e}{\partial r} = \frac{-3\,s_r + \sqrt{4\,k^2 - 3\,s_r{}^2}}{2\,r}\,,$$

$$\frac{\partial s_r}{\partial \varrho} - \frac{G}{4k^2}\,(4\,k^2 - 3\,s_r{}^2 - 3\,s_r\,\sqrt{4\,k^2 - 3\,s_r{}^2})\,\frac{\partial e}{\partial \varrho} -$$

$$- \frac{3\,G}{4\,k^2}\,(4\,k^2 - 3\,s_r{}^2 + s_r\,\sqrt{4\,k^2 - 3\,s_r{}^2})\,\frac{\partial \varphi}{\partial \varrho} = 0.$$

$$(15,29)$$

Diese Gleichungen müssen nach $e$, $\varphi$ und $s_r$ aufgelöst werden, und zwar in dem dreieckigen Bereich $a \leqslant \varrho \leqslant b$, $a \leqslant r \leqslant \varrho$. Die Werte sämtlicher Größen auf der Linie $r = \varrho$ sind von der elastischen Lösung her bekannt. Eine Lösung in geschlossener Form ist nicht möglich, doch können die Gln. (15,29) durch die entsprechenden Differenzengleichungen ersetzt und numerisch gelöst werden. Die hieraus für verschiedene Lagen der elastisch-plastischen Grenze folgenden Spannungsverteilungen sind in den Abb. 24, 25 und 26 für den speziellen Fall $b = 2\,a$ dargestellt. In Abb. 27 sind die innere und die äußere Radialverschiebung sowie der Druck als Funktionen des Radius $\varrho$ der elastisch-plastischen Grenze aufgetragen.

## 16. Inkompressibles Material

Die numerische Integration der Gln. (15,29) ist mühsam. Es wird sich daher lohnen, nach mathematischen Vereinfachungen Ausschau zu halten. Eine Möglichkeit besteht darin, das Material sowohl im elastischen wie auch im plastischen Bereich als inkompressibel zu betrachten. Nach (15,3) drückt sich diese Annahme durch die Differentialgleichung

$$\frac{\partial u}{\partial r} + \frac{u}{r} = 0 \qquad\qquad (16,1)$$

aus. Integration von (16,1) liefert

$$u\,(r,\varrho) = \frac{D(\varrho)}{r}\,, \qquad\qquad (16,2)$$

und zwar gilt dies unabhängig von der Spannungsverteilung und sowohl im elastischen wie auch im plastischen Gebiet. In (16,2) bezeichnet $\varrho$ wiederum den Radius der elastisch-plastischen Grenze und wird zur Kennzeichnung eines bestimmten Zustandes eingeschränkter plastischer Verformung benützt.

Die Hauptwerte des Verzerrungstensors ergeben sich dann zu

$$\varepsilon_r = -\frac{D}{r^2}\,, \qquad \varepsilon_\vartheta = \frac{D}{r^2}\,, \qquad \varepsilon_z = 0. \tag{16,3}$$

Die beiden ersten Gleichungen werden durch Einsetzen von (16,2) in (15,2) erhalten. Da das Material inkompressibel ist, ist der Verzerrungsdeviator mit dem Verzerrungstensor identisch. Nach dem HOOKEschen Gesetz [Gl. (3,2)] sind daher die Hauptwerte des Spannungsdeviators im elastischen Gebiet gegeben durch

$$s_r = -2\,G\,\frac{D}{r^2}\,, \qquad s_\vartheta = 2\,G\,\frac{D}{r^2}\,, \qquad s_z = 0. \tag{16,4}$$

Bezeichnen wir die mittlere Normalspannung mit $s$, dann haben wir

$$\sigma_r = s - 2\,G\,\frac{D}{r^2}\,, \qquad \sigma_\vartheta = s + 2\,G\,\frac{D}{r^2}\,, \qquad \sigma_z = s, \tag{16,5}$$

im elastischen Gebiet. Es ist zu beachten, daß $s$ für ein inkompressibles elastisches Material nicht aus dem HOOKEschen Gesetz gefunden werden kann, da $K \to \infty$ strebt, wenn $e \to 0$ geht. Die Gleichung für $s$ wird hier aus der Bedingung erhalten, daß die Spannungen (16,5) die Gleichgewichtsbedingung (15,1) erfüllen müssen. Da $D$ nicht von $r$ abhängt, reduziert sich diese auf

$$\frac{\partial s}{\partial r} = 0. \tag{16,6}$$

Die mittlere Normalspannung im elastischen Gebiet hängt also nur von $\varrho$ allein ab.

An der elastisch-plastischen Grenze $r = \varrho$ muß die Fließbedingung (15,11) erfüllt sein, und an der äußeren Oberfläche $r = b$ muß die Radialspannung $\sigma_r$ verschwinden. Aus diesen Randbedingungen folgt

$$D = \frac{k\,\varrho^2}{2\,G}\,, \qquad s = \frac{k\,\varrho^2}{b^2}. \tag{16,7}$$

Die vollständige Lösung für das elastische Gebiet ist damit gegeben durch

$$u = \frac{k\,\varrho^2}{2\,G\,r}\,,$$

$$\sigma_r = p''\left(1 - \frac{b^2}{r^2}\right), \qquad \sigma_\vartheta = p''\left(1 + \frac{b^2}{r^2}\right), \qquad \sigma_z = p'', \tag{16,8}$$

wo

$$p'' = \frac{k\,\varrho^2}{b^2} \tag{16,9}$$

zu dem Zweck eingeführt wurde, um die Ähnlichkeit zwischen diesem Ergebnis und jenem, das wir im vorigen Abschnitt erhalten haben, zum Ausdruck zu bringen.

Wir gehen nun daran, die Verhältnisse im plastischen Gebiet zu studieren. Hier muß $u$ ebenfalls von der Form (16,2) sein, aber $D(\varrho)$ könnte im Prinzip im elastischen und im plastischen Gebiet verschiedene Werte haben. Indessen fordert die Stetigkeit von $u$ quer zur elastisch-plastischen Grenze, daß $D(\varrho)$ in beiden Gebieten denselben Wert haben muß. Damit ist gezeigt, daß die erste Gl. (16,8) auch im plastischen Gebiet gilt.

Betrachten wir nun einen beliebigen Punkt $P$ des Rohrs und bezeichnen wir seinen Abstand von der Rohrachse mit $r$. Bevor das Material in $P$ plastisch wird, das ist also für $r \geqslant \varrho$, ist nach den Gln. (16,4)

$$s_r : s_\vartheta : s_z = 1 : -1 : 0 \qquad \text{in } P \text{ für} \qquad \varrho \leqslant r. \tag{16,10}$$

Ferner folgt aus (16,3) und der Tatsache, daß die erste Gl. (16,7) für alle Zustände eingeschränkter plastischer Verformung gilt, daß

$$\dot{\varepsilon}_r : \dot{\varepsilon}_\vartheta : \dot{\varepsilon}_z = \dot{e}_r : \dot{e}_\vartheta : \dot{e}_z = 1 : -1 : 0 \qquad \text{in } P \text{ für} \qquad a < \varrho < b. \tag{16,11}$$

Sobald das Material in $P$ zu fließen begonnen hat, das ist für $\varrho \geqslant r$, verlangt das Spannungs-Verzerrungsgesetz von PRANDTL-REUSS [Gl. (5,5)], daß gilt

$$\begin{aligned} \dot{s}_r : \dot{s}_\vartheta : \dot{s}_z &= (2G\,\dot{e}_r - \lambda\,s_r) : (2G\,\dot{e}_\vartheta - \lambda\,s_\vartheta) : (2G\,\dot{e}_z - \lambda\,s_z) \\ &\text{in } P \quad \text{für} \quad \varrho \geqslant r, \end{aligned} \tag{16,12}$$

wo $\lambda = \lambda(\varrho)$ ist, denn wir betrachten ja einen festen Wert von $r$. Für $\varrho = r$ zeigen die Gln. (16,10) und (16,11), daß die rechte Seite der fortlaufenden Proportion (16,12) gleich $1 : -1 : 0$ ist. Daraus und wegen (16,11) folgt dann, daß gilt

$$s_r : s_\vartheta : s_z = \dot{s}_r : \dot{s}_\vartheta : \dot{s}_z = 1 : -1 : 0 \qquad \text{in } P \quad \text{für} \quad a < \varrho < b. \tag{16,13}$$

Mit $s_z = 0$ hat die MISESsche Fließbedingung die Form (15,11). Nach (16,13) haben $s_r$ und $s_\vartheta$ den gleichen Absolutwert, und die Fließbedingung zeigt, daß dieser Absolutwert im plastischen Gebiet, das ist für $\varrho \geqslant r$, gleich $k$ ist. Für $\varrho = r$ müssen die Gln. (16,4) gelten. Setzen wir die erste Gl. (16,7) in (16,4) ein, dann sehen wir, daß

$$s_r = -k, \qquad s_\vartheta = k, \qquad s_z = 0 \tag{16,14}$$

ist, in dem Augenblick, wo das Material in $P$ zu fließen beginnt, das ist für $\varrho = r$. Da wir bereits gefunden haben, daß im plastischen Gebiet $|s_r| = |s_\vartheta| = k$ und $s_z = 0$ ist, folgt aus Stetigkeitsgründen, daß (16,14) auch für $\varrho > r$ gültig bleibt. Die Spannungen im plastischen Gebiet sind daher gegeben durch

$$\sigma_r = s - k, \qquad \sigma_\vartheta = s + k, \qquad \sigma_z = s, \tag{16,15}$$

wo die mittlere Normalspannung $s$ durch Einsetzen von (16,15) in die Gleichgewichtsbedingung (15,1) bestimmt werden muß. Dies führt auf

$$\frac{\partial s}{\partial r} = \frac{2k}{r} \tag{16,16}$$

oder

$$s = 2\,k \log r + f(\varrho) \tag{16,17}$$

im plastischen Gebiet, also für $r \leqslant \varrho$. An der elastisch-plastischen Grenze $r = \varrho$ müssen die Gln. (16,7) und (16,17) den gleichen Wert von $s$ liefern. Damit ergibt sich

$$f(\varrho) = k\left(\frac{\varrho^2}{b^2} - 2 \log \varrho\right),$$

und die Spannungen im plastischen Gebiet sind somit gegeben durch

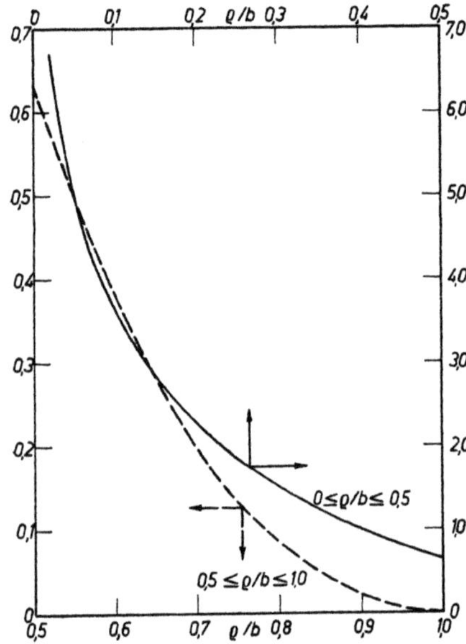


Abb. 28. Schaubild von $(\varrho^2/b^2) - 2 \log(\varrho/b) - 1$.

$$\sigma_r = -k\left(1 - \frac{\varrho^2}{b^2} - 2 \log \frac{r}{\varrho}\right),$$

$$\sigma_\vartheta = k\left(1 + \frac{\varrho^2}{b^2} + 2 \log \frac{r}{\varrho}\right),$$

$$\sigma_z = k\left(\frac{\varrho^2}{b^2} + 2 \log \frac{r}{\varrho}\right). \tag{16,18}$$

Diese Gleichungen drücken die Spannungen im plastischen Gebiet als Funktionen des Radius $\varrho$ der elastisch-plastischen Grenze aus. Der Innendruck $p$, welcher einem bestimmten Wert von $\varrho$ entspricht, wird aus der Bedingung gefunden, daß für $r = a$, $\sigma_r = -p$ sein muß. So erhalten wir

$$p = k\left(1 - \frac{\varrho^2}{b^2} - 2 \log \frac{a}{\varrho}\right). \tag{16,19}$$

Um die Spannungen für einen gegebenen Innendruck $p$ zu finden, müssen wir zuerst diese Gleichung numerisch nach $\varrho$ auflösen, und sodann den erhaltenen Wert von $\varrho$ einsetzen in (16,18) für $a \leqslant r \leqslant \varrho$, bzw. in (16,8) für $\varrho \leqslant r \leqslant b$. Die Auflösung von (16,19) nach $\varrho/b$ wird erleichtert, wenn man diese Gleichung in der Form schreibt

$$\frac{\varrho^2}{b^2} - 2 \log \frac{\varrho}{b} - 1 = 2 \log \frac{b}{a} - \frac{p}{k}. \tag{16,20}$$

Abb. 28 zeigt die linke Seite dieser Gleichung gegen $\varrho/b$ aufgetragen; die rechte Seite wird aus den gegebenen Daten berechnet. Damit kann der Wert von $\varrho/b$, welcher den gegebenen Werten von $p/k$ und $b/a$ entspricht, direkt aus Abb. 28 abgelesen werden.

Die oben erhaltene Lösung ist nur im Bereich eingeschränkter plastischer Verformung gültig. Ausgedrückt durch den Innendruck, ist dieser Bereich durch die Werte $p^*$ und $p^{**}$ begrenzt, die aus (16,19) folgen, wenn man dort $\varrho = a$, bzw. $\varrho = b$ setzt. So ergibt sich

$$p^* = k\left(1 - \frac{a^2}{b^2}\right), \qquad p^{**} = 2\,k \log \frac{b}{a}. \tag{16,21}$$

Es ist interessant, die vorstehenden Ergebnisse mit jenen aus Abschn. 15 zu vergleichen. Dies wurde von Hodge und White [1] ausgeführt für ein Rohr mit dem Innenradius $a$, dem Außenradius $2\,a$ und für einen Druck von solcher Größe, daß die elastisch-plastische Grenze den Radius $\varrho = 1{,}5\,a$ hat; die in Abschn. 15 diskutierte Lösung wurde ausgewertet für $k/G = 0{,}003$ und $K/G = 2{,}17$, entsprechend einem Wert der Poissonschen Konstanten von 0,3. Es stellt sich heraus, daß der Unterschied zwischen den beiden Lösungssystemen, soweit es sich um $\sigma_r$ und $\sigma_\vartheta$ handelt, in dem in den Abb. 24 und 25 verwendeten Maßstab kaum sichtbar ist. Hingegen differieren die beiden Resultate bemerkenswert, sofern es sich um $\sigma_z$ und um $u$ handelt. Dies ist aus den Abb. 29 und 30 zu ersehen, wo die vollen Kurven der Lösung des Abschn. 15 entsprechen, und die gestrichelten den Ergebnissen dieses Abschnitts. Es wurde schon von Hodge und White [1] bemerkt, daß die vollgezeichnete Kurve in Abb. 29 praktisch mit jener Kurve zusammenfällt, die man erhält, wenn man die Ordinaten der gestrichelten Linie mit $2\,\nu$ multipliziert, wo $\nu$ jener Wert der Poissonschen Konstanten ist,

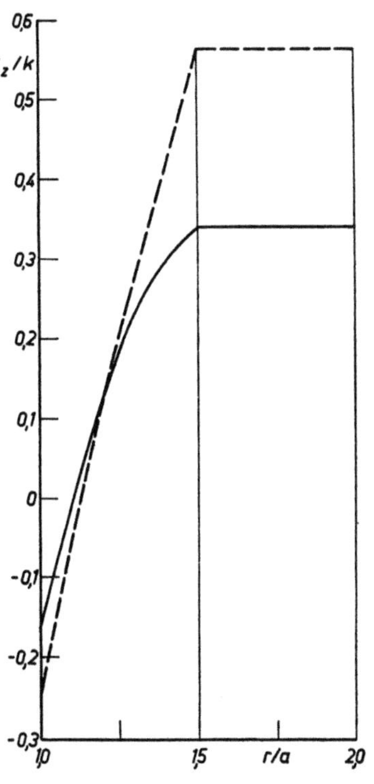

Abb. 29. Verteilung der Axialspannungen für kompressibles und inkompressibles Material (——— kompressibel, — — — inkompressibel).

welcher zur Auswertung der Formeln des Abschn. 15 benützt wurde. Ähnlich deckt sich die volle Kurve in Abb. 30 praktisch mit jener Kurve, die man durch Multiplikation der Abszissen der gestrichelten Linie mit $2\,(1-\nu)$ erhält. Die Annahme der Unzusammendrückbarkeit, welche die mathematische Behandlung bedeutend vereinfacht, liefert somit befriedigende Ergebnisse, wenn an den Axialspannungen und an den

Radialverschiebungen die Korrekturfaktoren $2\nu$, bzw. $2(1-\nu)$ angebracht werden.

Diese Korrekturfaktoren werden durch die entsprechenden elastischen Lösungen nahegelegt. Wir kennzeichnen die in den Abschn. 15, bzw. 16 erörterten Lösungen durch die oberen Indizes $c$ und $i$ (welche „kompressibel" und „inkompressibel" bedeuten). Im elastischen Gebiet erfordert das Verschwinden von $\varepsilon_z$, daß

$$\sigma_z^c = \nu\,(\sigma_r^c + \sigma_\vartheta^c), \qquad \sigma_z^i = \frac{1}{2}\,(\sigma_z^i + \sigma_\vartheta^i) \qquad (16,22)$$

ist. Nun hat sich herausgestellt, daß die beiden Lösungen sehr gut übereinstimmen, soweit es sich um die Radial- und die Ringspannungen handelt. Mit $\sigma_r^c = \sigma_r^i$ und $\sigma_\vartheta^c = \sigma_\vartheta^i$ folgt jedoch aus (16,22), daß im elastischen Gebiet gilt:

$$\frac{\sigma_z^c}{\sigma_z^i} = 2\nu. \qquad (16,23)$$

Betrachten wir nun das Verhältnis der Radialverschiebungen $u^c(b)$ und $u^i(b)$. Für das elastische Gebiet des Rohrs folgen diese Verschiebungen aus Gl. (15,23) und aus der ersten Gl. (15,19), indem wir $r = b$ setzen und für $u^c(b)$ den tatsächlichen Kompressionsmodul $K$ benützen, während wir für $u^i(b)$ $K = \infty$ zu setzen haben. Wenn das Verhältnis $K/G$ durch die POISSONsche Konstante $\nu$ ausgedrückt wird [s. Gl. (3,3)], dann finden wir für das Verhältnis $u^c(b)/u^i(b) = 2(1-\nu)$. Wie die Abb. 29 und 30 zeigen, liefern diese Korrekturfaktoren auch für das plastische Gebiet des Rohrs befriedigende Ergebnisse.

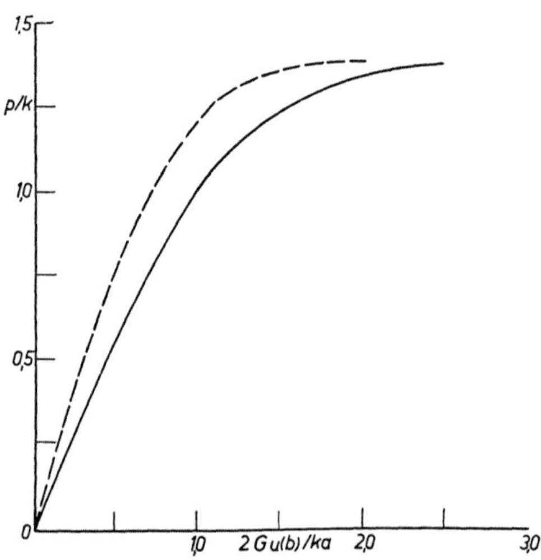



Abb. 30. Der Druck $p$ gegen die radiale Verschiebung $u(b)$ aufgetragen, für kompressibles und inkompressibles Material (———— kompressibel, — — — inkompressibel).

Bei der in diesem Abschnitt entwickelten vereinfachten Behandlung des Rohrs unter Innendruck wurde die Zusammendrückbarkeit des Werkstoffs sowohl im elastischen wie auch im plastischen *Bereich* vernachlässigt. NADAI (s. Kap. III: [7], S. 196) hielt es für nicht der Wirklichkeit entsprechend, die elastische Zusammendrückbarkeit zu vernachlässigen, und schlug daher vor, man möge die Zusammendrückbarkeit des Materials in der elastischen *Zone* berücksichtigen, sie jedoch in der plastischen *Zone* sowohl für die elastischen als auch für die bleibenden Verzerrungen vernachlässigen. Das bedeutet, daß man Gl. (15,16) für die elastische Zone, jedoch Gl. (16,1) für die plastische Zone als gültig annimmt. Dieser Vorgang enthält offensichtlich einen Widerspruch. Denn, wenn sich die elastisch-plastische Grenze gegen die Außenoberfläche des Rohrs hin vorschiebt, wird jenes Material, das sich bis dahin in der elastischen Zone befunden hat und daher als kompressibel angesehen worden war, in die plastische Zone eintreten und nunmehr so behandelt werden, als wäre es *von Anfang an* inkompressibel gewesen. Als Folge dieser Inkonsequenz werden gewisse Unstetigkeiten an der elastisch-plastischen Grenze zn erwarten sein. Wenn die Integrationskonstanten so bestimmt werden, daß $\sigma_r$, $\sigma_\vartheta$ und $u$ quer zu dieser Grenze stetig sind, dann gibt es eine Unstetigkeit in $\sigma_z$. Obwohl eine solche Unstetigkeit nicht die Gleichgewichtsbedingungen verletzen würde, zeigt die strenge Lösung des Abschn. 15, daß sie in Wirklichkeit nicht vorhanden ist.

Das Problem eines elastisch-plastischen Rohrs unter Innendruck hat in der Literatur große Beachtung gefunden. Die zahlreichen veröffentlichten Untersuchungen unterscheiden sich voneinander bezüglich des Spannungs-Verzerrungsgesetzes, der Fließbedingung, der Berücksichtigung der Zusammendrückbarkeit und der Annahmen bezüglich der axialen Dehnung. Da eine Diskussion dieser Untersuchungen und ein Vergleich der Ergebnisse den Rahmen dieses Buches bei weitem überschreiten würde, sei der Leser auf die Arbeit von HODGE und WHITE [1] verwiesen, ebenso auf die Arbeiten von ALLEN und SOPWITH [2] sowie von BELIAEV und SINITSKY [3].

## 17. Entlastung und wiederholte Belastung

In der bisherigen Behandlung des unter Innendruck stehenden Rohrs haben wir angenommen, daß der Druck monoton mit der Zeit anwächst. Nun wollen wir die Änderungen der Spannungen und der Radialverschiebung während eines Entlastungsprozesses untersuchen.

Zur mathematischen Vereinfachung wollen wir bloß ein Material betrachten, das sowohl im elastischen als auch im plastischen Bereich inkompressibel ist. Wir nehmen an, daß der Innendruck, beginnend vom Wert Null, monoton mit der Zeit bis zu einem Maximalwert $p_1$ angewachsen ist (Belastung) und sodann monoton auf den Wert $p_2 \geqq 0$ abnimmt (Entlastung).

Falls $p_1$ kleiner ist als jener Druck $p^*$, welcher durch die erste Gl. (16,21) gegeben ist, dann ist während des Belastungsprozesses keinerlei plastische Verformung eingetreten. In diesem Fall ist der Zustand des Rohrs am Ende des Entlastungsprozesses derselbe, als wäre das Rohr direkt dem Druck $p_2$ ausgesetzt worden, ohne vorher dem höheren Druck $p_1$ unterworfen zu sein.

Nun wollen wir aber den weitaus interessanteren Fall betrachten, daß $p_1$ zwischen den durch Gl. (16,21) gegebenen Werten $p^*$ und $p^{**}$ liegt. In diesem Fall verursacht der Belastungsvorgang in einem Teil des Rohrs plastische Verformungen [nämlich für $a \leqslant r < \varrho$, wo $\varrho$ aus Gl. (16,20) gefunden wird, indem man auf der rechten Seite für $p = p_1$ einsetzt und die so erhaltene Gleichung nach $\varrho$ löst]. Wenn die Differenz $\Delta p = p_1 - p_2$ genügend klein ist, dann ist der Entlastungsvorgang vollkommen elastisch und die Änderungen $\Delta \sigma_r$, $\Delta \sigma_\vartheta$, $\Delta \sigma_z$ und $\Delta u$, die während des Entlastungsprozesses eintreten, sind gegeben durch die elastische Lösung, welche dem Innendruck $-\Delta p = -(p_1 - p_2)$ entspricht. Für das hier betrachtete inkompressible Material kann die elastische Lösung aus den Gln. (15,18) und (15,19) erhalten werden, indem man $K \to \infty$ gehen läßt. So ergibt sich

$$\Delta \sigma_r = -\Delta p'\left(1 - \frac{b^2}{r^2}\right), \qquad \Delta \sigma_\vartheta = -\Delta p'\left(1 + \frac{b^2}{r^2}\right), \qquad \Delta \sigma_z = -\Delta p',$$

$$\Delta u = \frac{-\Delta p'\, b^2}{2\,G\,r}, \tag{17,1}$$

wo

$$\Delta p' = \Delta p \,\frac{a^2}{b^2 - a^2} \tag{17,2}$$

bedeutet.

Der Gültigkeitsbereich von (17,1) folgt aus der Feststellung, daß für die hier betrachteten ideal plastischen Stoffe der elastische Bereich für die Entlastung aus einem plastischen Zustand und darauf folgende Belastung im entgegengesetzten Sinn zweimal so groß ist, wie der elastische Bereich für die ursprüngliche Belastung. (Für den in Abb. 2 dargestellten Zugversuch z. B. ist der elastische Bereich $B H$ für Entlastung von der Zug-Fließgrenze und nachfolgende Belastung auf Druck zweimal so groß wie der ursprüngliche elastische Bereich $O A$ für die Zugbeanspruchung.) Infolgedessen ist der Gültigkeitsbereich der Gln. (17,1) zweimal so groß wie jener der elastischen Formeln, aus denen die Gln. (17,1) gewonnen wurden. Für das hier betrachtete inkompressible Material kennzeichnet

$$0 \leqslant p \leqslant p^* = k\left(1 - \frac{a^2}{b^2}\right) \tag{17,3}$$

den Gültigkeitsbereich der elastischen Formeln. Somit sind die Gln. (17,1) gültig für

$$0 \leqslant \Delta p \leqslant 2 p^* = 2 k \left(1 - \frac{a^2}{b^2}\right). \tag{17,4}$$

Für $\Delta p > 2 p^*$ können die Änderungen $\Delta \sigma_r$, $\Delta \sigma_\vartheta$, $\Delta \sigma_z$ und $\Delta u$, welche während der Entlastung erfolgen, aus der elastisch-plastischen Lösung des Abschn. 16 gefunden werden. In Gl. (16,19) muß $p$ jetzt durch $\Delta p$ ersetzt werden und, wegen der Verdopplung des elastischen Bereichs für den Entlastungsvorgang, $k$ durch $2 k$. Für ein gegebenes $\Delta p > 2 p^*$ müssen wir daher $\varrho'$ bestimmen, indem wir die Gleichung

$$\frac{\varrho'^2}{b^2} - 2 \log \frac{\varrho'}{b} - 1 = 2 \log \frac{b}{a} - \frac{\Delta p}{2 k} \tag{17,5}$$

[s. (16,20)] mittels Abb. 28 nach $\varrho'$ auflösen. Wir berechnen sodann:

$$\Delta u = - \frac{k \varrho'^2}{G r} \qquad \text{für} \qquad a \leqslant r \leqslant b;$$

$$\Delta \sigma_r = \begin{cases} 2 k \left(1 - \dfrac{\varrho'^2}{b^2} - 2 \log \dfrac{r}{\varrho'}\right) & \text{für} \qquad a \leqslant r \leqslant \varrho', \\[2ex] -2 k \dfrac{\varrho'^2}{b^2} \left(1 - \dfrac{b^2}{r^2}\right) & \text{für} \qquad \varrho' \leqslant r \leqslant b; \end{cases}$$

$$\Delta \sigma_\vartheta = \begin{cases} -2 k \left(1 + \dfrac{\varrho'^2}{b^2} + 2 \log \dfrac{r}{\varrho'}\right) & \text{für} \qquad a \leqslant r \leqslant \varrho', \\[2ex] -2 k \dfrac{\varrho'^2}{b^2} \left(1 + \dfrac{b^2}{r^2}\right) & \text{für} \qquad \varrho' \leqslant r \leqslant b; \end{cases} \tag{17,6}$$

$$\Delta \sigma_z = \begin{cases} -2 k \left(\dfrac{\varrho'^2}{b^2} + 2 \log \dfrac{r}{\varrho'}\right) & \text{für} \qquad a \leqslant r \leqslant \varrho', \\[2ex] -2 k \dfrac{\varrho'^2}{b^2} & \text{für} \qquad \varrho' \leqslant r \leqslant b; \end{cases}$$

[s. (16,8), (16,9), (16,18)].

Als Beispiel für die Anwendung der Gln. (17,1) bis (17,6) wollen wir die *Restspannungen* (residual stresses) diskutieren, welche nach vollständiger Entlastung übrig bleiben ($p_1 = p$, $p_2 = 0$). Offensichtlich gibt es Restspannungen nur in dem Fall, wo $p > p^*$ ist, so daß also bloß der Bereich

$$p^* < p < p^{**} \tag{17,7}$$

betrachtet zu werden braucht. Mit $p_2 = 0$ haben wir $\Delta p = p$. Nach Gl. (17,4) sind daher die Gln. (17,1) gültig für

$$p \leqslant 2 p^*. \tag{17,8}$$

Der Vergleich von (17,7) und (17,8) zeigt, daß wir, wenn wir die vollständige Entlastung von einer elastisch-plastischen Spannungsverteilung betrachten, nicht die Gln. (17,6) benötigen, falls

$$p^{**} \leqslant 2 p^* \tag{17,9}$$

ist. Abb. 31 zeigt $p^{**}/k$ und $2\,p^{*}/k$ gegen $b/a$ aufgetragen. Die Abszisse des Schnittpunkts der beiden Kurven in Abb. 31 liefert daher jenen Wert von $b/a$, für den in (17,9) das Gleichheitszeichen gilt. So finden wir, daß Gl. (17,9) gilt, sofern

$$\frac{b}{a} \leqslant 2{,}22 \tag{17,10}$$

ist.

Für Rohre, welche (17,10) befriedigen, und Innendrücke, die (17,7) genügen, werden daher die nach vollständiger Entlastung verbleibenden Restspannungen wie folgt gefunden: Wir lösen zuerst (16,20) mittels

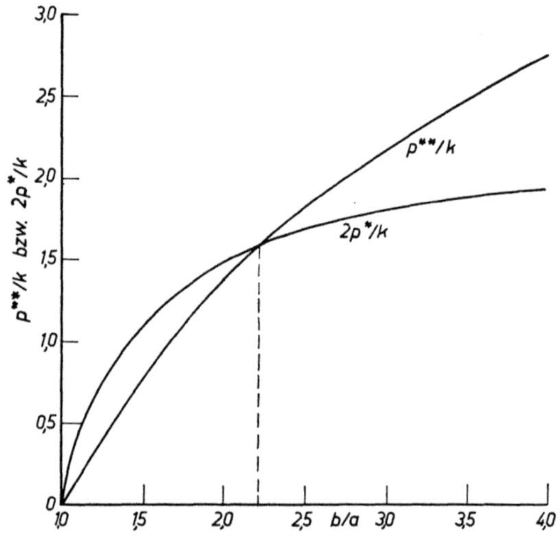



Abb. 31. Grenzen des Druckes.

Abb. 28 nach $\varrho$ auf, und berechnen sodann die Spannungen $\sigma_r$, $\sigma_\vartheta$, $\sigma_z$, die dem Druck $p$ entsprechen. Die hiezu nötigen Gleichungen sind die Gln. (16,18) für $a \leqslant r \leqslant \varrho$ und (16,8) für $\varrho \leqslant r \leqslant b$. Schließlich berechnen wir die Änderungen $\varDelta\,\sigma_r$, $\varDelta\,\sigma_\vartheta$, $\varDelta\,\sigma_z$, welche die Spannungen während der Entlastung erfahren, indem wir auf der rechten Seite von (17,2) $\varDelta\,p$ durch $p$ ersetzen und das so erhaltene $\varDelta\,p'$ in den Gln. (17,1) benützen. Die Restspannungen sind dann gegeben durch $\sigma_r + \varDelta\,\sigma_r$, $\sigma_\vartheta + \varDelta\,\sigma_\vartheta$, $\sigma_z + \varDelta\,\sigma_z$.

Die Berechnung der Restspannungen in einem Rohr, das nicht der Gl. (17,10) genügt, geht auf ähnlichem Wege vor sich. Falls $p \leqslant 2\,p^{*}$ ist, dann werden die Restspannungen in genau der gleichen Weise gefunden wie oben. Wenn jedoch $2\,p^{*} \leqslant p < p^{**}$ ist, dann werden die Spannungen $\sigma_r$, $\sigma_\vartheta$, $\sigma_z$, welche zu dem Druck $p$ gehören, auf die gleiche Weise wie oben gefunden, jedoch müssen die Änderungen $\Delta\,\sigma_r$, $\Delta\,\sigma_\vartheta$, $\Delta\,\sigma_z$ nach (17,6) berechnet werden. Der Parameter $\varrho'$ in (17,6) wird gefunden, indem man in (17,5) für $\Delta\,p = p$ setzt und diese Gleichung mit Hilfe von Abb. 28 nach $\varrho'$ auflöst.

Die Abb. 32 a und 32 b zeigen die Restspannungen im Fall $b/a = 3$ und $p = 1{,}5\,p^*$.

Betrachten wir nun ein Rohr, das wiederholt auf den Innendruck $p$ belastet und wieder entlastet wird. Wenn wir jegliche plastische Verformung zu vermeiden wünschen, dann muß der maximale Innendruck $p$ kleiner sein als der durch die erste Gl. (16,21) gegebene Druck $p^*$. Die Erfahrung zeigt jedoch, daß eine einzige eingeschränkte plastische Verformung, oder selbst einige aufeinanderfolgende eingeschränkte plastische

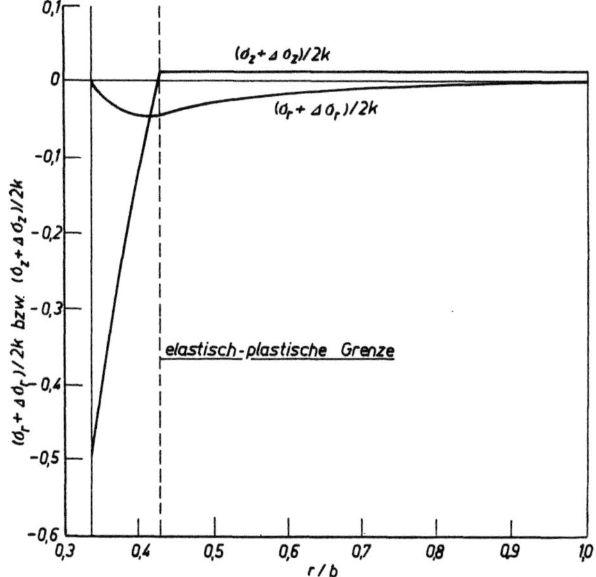


Abb. 32 a. Restspannungen in radialer und axialer Richtung.

Verformungen noch nicht zum Versagen (failure) führen müssen. Andererseits wird eine genügend große Zahl aufeinanderfolgender eingeschränkter plastischer Verformungen von abwechselnder Richtung schließlich zum Bruch führen. Beispielsweise kann ein Stab aus weichem Stahl kontinuierlich gebogen werden ohne zu brechen. Wird er jedoch hin und her gebogen, wobei jedesmal plastische Verformungen auftreten, dann wird er bereits bei einer Zahl von Deformationswechseln brechen, die noch recht klein ist, verglichen mit den Schwingungszahlen, die beim Ermüdungsversuch angewandt werden.

Im Falle des wiederholt belasteten Rohrs müssen wir daher auf zwei Möglichkeiten des Versagens achten. Der Innendruck $p$, bis zu dem das Rohr wiederholt belastet werden soll, muß genügend klein sein, damit erstens uneingeschränktes plastisches Fließen und zweitens die Ausbildung eines Zykels plastischer Verformung vermieden wird. Die erste Bedingung bedeutet, daß $p$ kleiner als $p^{**}$ sein muß. Die zweite Bedingung ist nach (17,10) sicherlich für solche Rohre erfüllt, bei denen

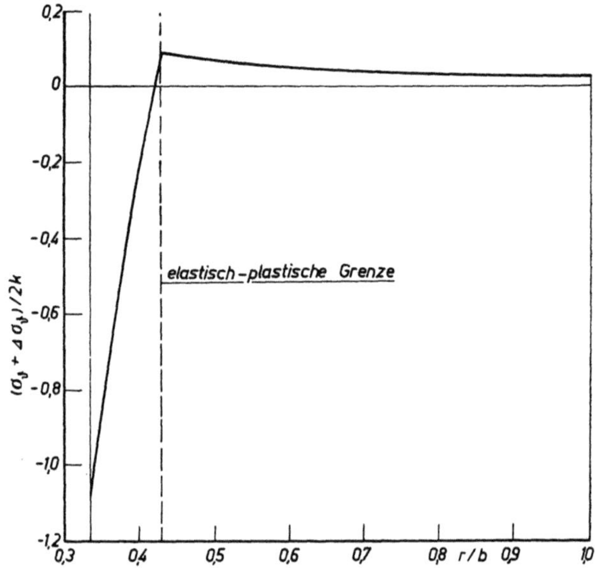


Abb. 32 *b*. Restspannungen in tangentialer Richtung.

$b/a < 2{,}22$ ist. Denn in diesem Fall verursacht der erste Entlastungsvorgang sowie alle folgenden Belastungs- und Entlastungsvorgänge keine plastischen Verformungen. In einem Rohr, bei dem $b/a \geqslant 2{,}22$ ist, kann jedoch der erste Entlastungsvorgang plastische Verformungen zur Folge haben, obwohl der elastische Bereich für diesen Entlastungsvorgang doppelt so groß ist, wie jener, der bei der ersten Belastung beobachtet wurde. Während der folgenden Belastungs- und Entlastungsvorgänge bleibt dieser verdoppelte elastische Bereich ungeändert. Die zweite Belastung wird daher keine plastischen Verformungen verursachen, wenn $p$ kleiner als $2\,p^{*}$ ist. Für Rohre mit $b/a \geqslant 2{,}22$ wird demnach ein dauernd durchlaufener Zykel plastischer Deformation nur dann vermieden, wenn $p < 2\,p^{*}$ ist. Um anzuzeigen, daß sich kein fortlaufender Zykel plastischer Deformation einstellt, hat sich in der anglo-amerikanischen Literatur der kurze Ausdruck *"the structure shakes down"* eingebürgert (s. z. B. [4]), was etwa mit „*das Tragwerk spielt sich ein*" wiedergegeben werden soll[1]. Die Bedingung für das Einspielen (shake down condition) für ein Rohr, das wiederholt durch einen Druck $p$ belastet und wieder entlastet wurde, ist daher gegeben durch

$$p < p^{**} = 2\,k\log\frac{b}{a} \qquad \text{für} \qquad \frac{b}{a} \leqslant 2{,}22,$$

$$p < 2\,p^{*} = 2\,k\left(1-\frac{a^2}{b^2}\right) \qquad \text{für} \qquad \frac{b}{a} \geqslant 2{,}22. \qquad (17{,}11)$$

Gemäß Abb. 31 wird die Bedingung für das Einspielen durch die jeweils untere der beiden Kurven dargestellt (das heißt durch die mit $p^{**}/k$ bezeichnete Kurve für $b/a \leqslant 2{,}22$ und durch die mit $2\,p^{*}/k$ bezeichnete für $b/a \geqslant 2{,}22$).

## 18. Uneingeschränktes plastisches Fließen

In diesem Abschnitt wollen wir das uneingeschränkte plastische Fließen eines kreisförmigen Rohrs unter Innendruck diskutieren, wobei die Enden des Rohrs an der Bewegung in axialer Richtung gehindert sein sollen. Im Hinblick auf die Ausführungen am Ende des Abschn. 13 werden wir, um die mathematische Arbeit zu erleichtern, die MISESsche Theorie benützen. Bezüglich einer Behandlung auf Grund der PRANDTL-REUSSschen Theorie sei der Leser auf eine Arbeit von HILL, LEE und TUPPER verwiesen [5].

In dem vorliegenden Problem des uneingeschränkten plastischen Fließens wachsen der innere wie auch der äußere Radius $a$ und $b$ mit der Zeit an; ihre Anfangswerte seien mit $a_0$ und $b_0$ bezeichnet. Auch der Druck $p$, der nötig ist, um das sich ausweitende Rohr im vollplastischen Zustand zu erhalten, wird sich mit der Zeit ändern; sein Anfangswert $p_0$ muß so groß sein, daß überall in dem Rohr mit den Abmessungen $a_0$ und $b_0$ die Fließgrenze erreicht wird. Nach der zweiten Gl. (16,21) ist dieser Wert gegeben durch

$$p_0 = 2\,k\log\frac{b_0}{a_0}. \qquad (18{,}1)$$

In einem beliebigen Stadium des Fließvorgangs bewegt sich jedes Materieteilchen radial nach außen. Die Radialgeschwindigkeit wird eine Funktion des Radius $r$ und der Zeit $t$ sein. Nun kann aber, wie schon bemerkt wurde, in der Theorie der ideal plastischen Körper die

---

[1] Diese freie Übersetzung stellt einen Versuch dar, und es bleibt abzuwarten, ob sie sich bewähren wird. In einer in französischer Sprache verfaßten Arbeit von CH. MASSONNET wurde die Erscheinung des "shake down" als "adaptation" bezeichnet, wofür in der deutschen Zusammenfassung dieses Aufsatzes der Ausdruck „Anpassung" verwendet wurde. (D. Übers.)

Zeit $t$ auch durch irgend einen anderen Parameter ersetzt werden, der mit $t$ monoton anwächst. Im vorliegenden Problem ist der Innenradius $a$ des Rohrs ein passender Parameter dieser Art. Es sei also $v = v\,(r, a)$ die Radialgeschwindigkeit eines Teilchens, das in dem Augenblick, wo der Innenradius des Rohrs gleich $a$ ist, den Abstand $r$ von der Rohrachse hat. Analog (16,1) erfordert die Bedingung der Unzusammendrückbarkeit, daß gilt

$$\frac{\partial v}{\partial r} + \frac{v}{r} = 0. \tag{18,2}$$

Integration von (18,2) liefert

$$v = \frac{f(a)}{r}. \tag{18,3}$$

Wenn wir $a$ als „Zeit" wählen, dann ist die Geschwindigkeit am Innenradius gleich der Einheit und folglich ist $f(a) = a$. Damit ergibt sich aus (18,3)

$$v = \frac{a}{r}. \tag{18,4}$$

Auf den ersten Blick scheint diese Formel nicht dimensionsrichtig zu sein. Wir müssen jedoch folgendes bedenken: Wenn wir $a$ als Parameter benützen, um ein bestimmtes Stadium des Fließvorgangs zu kennzeichnen, dann muß die „Radialgeschwindigkeit" eines Teilchens, welches im betrachteten Augenblick den Abstand $r$ von der Rohrachse hat, definiert werden als

$$v = \frac{dr}{da}. \tag{18,5}$$

Diese Beziehung zeigt, daß $v$ dimensionslos ist und die rechte Seite von (18,4) hat somit die richtige Dimension.

Setzen wir (18,5) in (18,4) ein, dann erhalten wir

$$\frac{dr}{da} = \frac{a}{r}. \tag{18,6}$$

Ein Teilchen, das, als der Innenradius gleich $a_0$ war, von der Rohrachse den Abstand $r_0$ hatte, hat daher, wenn der Innenradius gleich $a$ geworden ist, den Abstand

$$r = \sqrt{r_0{}^2 + a^2 - a_0{}^2}. \tag{18,7}$$

Die „Radialgeschwindigkeit" (18,4) hängt ab von $r$ und von $a$, das die Rolle der Zeit spielt. Die Verzerrungsgeschwindigkeiten im „Augenblick" $a$ sind daher gegeben durch

$$\dot{\varepsilon}_r = \frac{\partial v}{\partial r} = -\frac{a}{r^2}\,; \qquad \dot{\varepsilon}_\vartheta = \frac{v}{r} = \frac{a}{r^2}, \qquad \dot{\varepsilon}_z = 0 \tag{18,8}$$

[s. (16,3)]. Das Spannungs-Verzerrungsgesetz von MISES [Gl. (5,14)] zeigt dann, daß die radiale und die Umfangs-Komponente des Spannungsdeviators den gleichen Absolutbetrag, aber entgegengesetzte Vorzeichen haben, während die axiale Komponente $s_z$ verschwindet. Da die Komponenten des Spannungsdeviators die Fließbedingung (15,11) erfüllen müssen, sehen wir, daß die Hauptwerte des Spannungsdeviators, bzw. des Spannungstensors durch (16,14), bzw. (16,15) gegeben sind. Wie in Abschn. 16 führt die Gleichgewichtsbedingung auf Gl. (16,16), doch muß das Integral dieser Differentialgleichung jetzt in der Form

$$s = 2\,k \log r + f(a) \tag{18,9}$$

geschrieben werden, da jetzt $a$ (und nicht $\varrho$) dazu benützt wurde, um das Stadium des Fließprozesses zu kennzeichnen. Die Funktion $f(a)$ muß so bestimmt werden, daß $\sigma_r = s + s_r = s - k$ für $r = b = \sqrt{b_0{}^2 + a^2 - a_0{}^2}$ verschwindet [s. Gl. (18,7)]. Auf diese Weise ergibt sich

$$f(a) = - k \left[\log (b_0{}^2 + a^2 - a_0{}^2) - 1\right]. \tag{18,10}$$

Setzen wir (18,7) und (18,10) in (18,9) ein und führen den sich so ergebenden Ausdruck in (16,15) ein, dann sehen wir, daß auf ein Teilchen, welches ursprünglich von der Rohrachse den Abstand $r_0$ hatte, in dem Augenblick, wo der Innenradius den Wert $a$ erreicht hat, die folgenden Spannungen wirken:

$$\sigma_r = k \log \frac{r_0{}^2 + a^2 - a_0{}^2}{b_0{}^2 + a^2 - a_0{}^2},$$
$$\sigma_\vartheta = k \left(\log \frac{r_0{}^2 + a^2 - a_0{}^2}{b_0{}^2 + a^2 - a_0{}^2} + 2\right), \tag{18,11}$$
$$\sigma_z = k \left(\log \frac{r_0{}^2 + a^2 - a_0{}^2}{b_0{}^2 + a^2 - a_0{}^2} + 1\right).$$

Der Innendruck $p$ im „Augenblick" $a$ ergibt sich aus der Bedingung, daß für $r = a$ $\sigma_r = - p$ sein muß, oder, was dasselbe besagt, für $r_0 = a_0$. Damit ergibt sich aus der ersten Gl. (18,11)

$$p = k \log \left(1 + \frac{b_0{}^2 - a_0{}^2}{a^2}\right). \tag{18,12}$$

Es ist wichtig zu beachten, daß der Druck, der nötig ist, um das Rohr im vollplastischen Zustand zu erhalten, abnimmt, wenn der Fließprozeß fortschreitet.

Für ein Rohr mit $b_0/a_0 = 2$, welches auf das Doppelte seines ursprünglichen Innenradius ausgeweitet wird, zeigt Abb. 33 die Spannungsgeschichte (stress history) der „Teilchen" $r_0/a_0 = 1{,}0$, $1{,}5$, $2{,}0$. Die Vergrößerung des Innenradius eines Rohrs um 100% bedeutet jedenfalls das Auftreten *endlich großer* Verzerrungen (finite strains). Im Hinblick darauf, daß die Ausführungen der vorhergehenden Abschnitte auf infinitesimale Verzerrungen beschränkt waren, wollen wir etwas näher darauf eingehen, wieso wir in diesem Abschnitt ein Problem mit endlichen Verzerrungen behandeln konnten.

Dazu müssen wir die Begriffe Verzerrung und Verzerrungsgeschwindigkeit etwas näher erörtern, als es in Abschn. 2 nötig erschien. *Verzerrung* kann, ähnlich wie Verschiebung, nur in bezug auf einen bestimmten Ausgangszustand, den Bezugszustand, definiert werden. Für gewisse Kontinua, wie z. B. die NEWTONsche zähe Flüssigkeit, kann dieser Bezugszustand *beliebig* gewählt werden; für andere Stoffe, z. B. für den HOOKEschen elastischen Körper, gibt es einen *natürlichen* Bezugszustand, wo der Körper spannungsfrei ist. Von einem Körper dieser Art können wir etwa sagen, daß er sich seines natürlichen Zustandes „erinnert", und das Spannungs-Verzerrungsgesetz eines solchen Körpers wird dann die Verzerrungen in bezug auf den natürlichen Zustand enthalten. Das heißt, daß das mechanische Verhalten des Stoffes vom Unterschied zwischen dem augenblicklichen und dem natürlichen Zustand abhängen wird. Andererseits kann der beliebig gewählte Bezugszustand, der zur Definition der Verzerrung in einem Medium der ersten der beiden genannten Arten benützt wurde, das mechanische Verhalten des Stoffes nicht beeinflussen. Somit wird das Spannungs-Verzerrungsgesetz für einen Stoff der ersten Art nicht die Verzerrungen selbst, sondern nur die Verzerrungsgeschwindigkeiten enthalten. Um jedoch die augenblicklichen *Verzerrungsgeschwindigkeiten* in einem solchen Stoff zu definieren, benötigen wir keinen festen Bezugszustand, sondern können in jedem Augenblick den eben herrschenden Zustand als Bezugszustand benützen. Auf diese Art erhalten wir die Verzerrungsgeschwindigkeit definiert in bezug auf das *verformte* Medium. In einem Stoff der zweiten Art jedoch ist es zweckmäßig, die Verzerrungsgeschwindigkeit als die zeitliche Ableitung der auf den natürlichen Zustand bezogenen Verzerrung zu definieren.

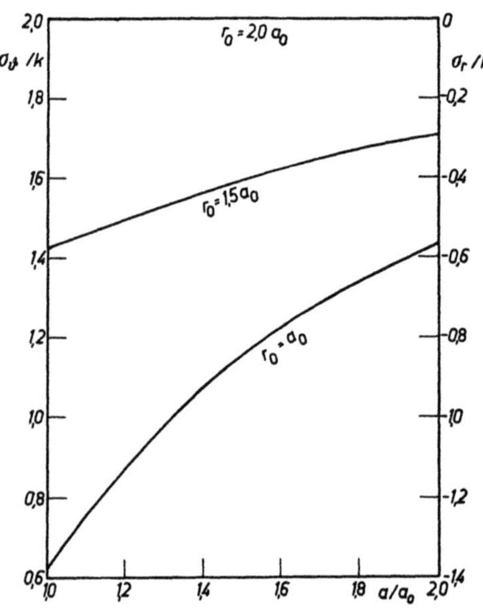


Abb. 33. Spannungsgeschichte der Teilchen $r_0/a_0 = 1{,}0,\ 1{,}5,\ 2{,}0$.

Wir wollen diese die Verzerrungsgeschwindigkeit in bezug auf das *unverformte* Medium nennen.    Diese beiden Arten der Definition der Verzerrungsgeschwindigkeit führen offenbar nur im Falle *endlicher* Verformungen zu verschiedenen Ergebnissen.

Wir formulieren nun die mathematischen Ausdrücke für diese Begriffe. Wenn die Verschiebungskomponenten $u_x$, $u_y$, $u_z$ für ein beliebiges Teilchen $P$ eines kontinuierlichen Mediums der zweiten Art als Funktionen der Zeit $t$ und der Koordinaten $x$, $y$, $z$ von $P$ im natürlichen Zustand gegeben sind, dann muß die Verzerrung in $P$ offenbar so definiert werden, daß sie dann und nur dann verschwindet, wenn die Nachbarschaft von $P$ eine Verschiebung als starrer Körper erfährt. Die Verzerrungskomponenten (2,1) und (2,2), welche in den Ableitungen der Verschiebungskomponenten nach den Koordinaten linear sind, genügen dieser Bedingung nur insofern, als man berechtigt ist, diese Ableitungen als infinitesimale Größen zu betrachten. Um dies zu zeigen, betrachten wir z. B. die Starre-Körper-Verschiebung (rigid body displacement)

$$u_x = -2\,x, \qquad u_y = -2\,y, \qquad u_z = 0, \tag{18,13}$$

welche eine Drehung um die $z$-Achse um $180^0$ darstellt. Obwohl diese endliche Drehung keine Verformung des Körpers bedingt, liefern die Gln. (2,1) nicht verschwindende Werte für $\varepsilon_x$ und $\varepsilon_y$.

Dieses einfache Beispiel zeigt, daß (2,1) und (2,2) nicht mehr als Definitionen der Verzerrung in Betracht kommen, wenn die Ableitungen der Verschiebungskomponenten nach den Koordinaten endlich sind, wie etwa in (18,13). Es gibt verschiedene Definitionen der *endlichen Verzerrung*; die bekannteste davon ist die folgende:

$$\varepsilon_x = \frac{\partial u_x}{\partial x} + \frac{1}{2}\left[\left(\frac{\partial u_x}{\partial x}\right)^2 + \left(\frac{\partial u_y}{\partial y}\right)^2 + \left(\frac{\partial u_z}{\partial z}\right)^2\right],$$
$$\cdots\cdots\cdots\cdots\cdots\cdots\cdots\cdots\cdots\cdots\cdots \tag{18,14}$$
$$\gamma_{xy} = \frac{\partial u_y}{\partial x} + \frac{\partial u_x}{\partial y} + \frac{\partial u_x}{\partial x}\frac{\partial u_x}{\partial y} + \frac{\partial u_y}{\partial x}\frac{\partial u_y}{\partial y} + \frac{\partial u_z}{\partial x}\frac{\partial u_z}{\partial y}.$$

(s. Einleitung: [4], S. 60). Keine dieser Definitionen der endlichen Verzerrungen ist in den Ableitungen der Verschiebungskomponenten nach den Koordinaten linear. Diese Nichtlinearität ist es, welche die mathematische Behandlung von Problemen so schwierig macht, in denen endliche Verzerrungen eines Mediums vorkommen, das sich eines natürlichen Zustandes erinnert. Für ein Medium dieser Art werden die Komponenten der Verzerrungsgeschwindigkeit selbstverständlich als die zeitlichen Ableitungen der Verzerrungskomponenten (18,14) definiert. Da $\partial u_x/\partial t$ die $x$-Komponente $v_x$ der Geschwindigkeit ist, die das Teilchen mit den *natürlichen* Koordinaten $x$, $y$, $z$ zur Zeit $t$ hat, werden die Komponenten der Verzerrungsgeschwindigkeit in bezug auf das unverformte Medium durch Differentiation der Gln. (18,14) nach der Zeit erhalten.

Obwohl die sich so ergebenden Ausdrücke in den Ableitungen der (auf die natürlichen Koordinaten bezogenen) Geschwindigkeitskomponenten nach den natürlichen Koordinaten linear sind, enthalten sie die Ableitungen der Verschiebungen bezüglich dieser natürlichen Koordinaten als Koeffizienten. Wenn wir jedoch die Verzerrungsgeschwindigkeit bezüglich des verformten Mediums in der Art, wie es auf S. 118 ausgeführt wurde, definieren, dann erhalten wir die Komponenten (2,8) und (2,9), in denen $x, y, z$ nunmehr interpretiert werden müssen als die *augenblicklichen* Koordinaten des betrachteten Teilchens mit den Geschwindigkeitskomponenten $v_x, v_y, v_z$. Die in bezug auf das verformte Medium definierte Verzerrungsgeschwindigkeit ist daher ein Ausdruck, der in den Ableitungen der Geschwindigkeitskomponenten nach den augenblicklichen Koordinaten linear ist und konstante Koeffizienten hat.

Wenden wir nun diese Begriffe auf die Theorie der **ideal** plastischen Körper an. Im Rahmen der PRANDTL-REUSSschen Theorie sollten die elastischen Verzerrungen genau genommen auf den natürlichen Zustand bezogen werden. Die elastischen Verzerrungsgeschwindigkeiten in (5,4) sollten daher als die Komponenten der Verzerrungsgeschwindigkeit in bezug auf das unverformte Medium betrachtet werden, und das gleiche sollte für die plastischen Verzerrungsgeschwindigkeiten (5,3) der Fall sein, wenn die beiden Gleichungssysteme zu dem System (5,5) vereinigt werden. Auf endliche Formänderungen angewandt, wird daher die PRANDTL-REUSSsche Theorie auf Differentialgleichungen führen, die mindestens ebenso kompliziert sind, wie diejenigen, welche man in der Elastizitätstheorie bei der Betrachtung endlicher Verformungen erhält. Da die letzteren Gleichungen, außer in den einfachsten Fällen, der Integration unzugänglich sind (s. z. B. [6]), besteht wenig Hoffnung auf eine erfolgreiche Behandlung von Problemen mit endlichen plastischen Formänderungen nach der PRANDTL-REUSSschen Theorie. In der MISESschen Theorie hingegen werden die elastischen Verzerrungen vernachlässigt, und wir können daher die zeitlichen Ableitungen der Verzerrungen in (5,14) ohne weiters auch als die Verzerrungsgeschwindigkeiten in bezug auf das verformte Medium deuten. Wenn das getan wird, dann bereiten die Probleme mit endlichen Verformungen keine allzu großen Schwierigkeiten. Der Hauptunterschied gegenüber Problemen mit infinitesimalen Verformungen besteht darin, daß die Randbedingungen, anstatt an festen Grenzen, nunmehr an Grenzen erfüllt werden müssen, die sich deformieren.

## Aufgaben

**1.** Betrachte eine Hohlkugel mit dem Innenradius $a$ und dem Außenradius $b$. Benütze Kugelkoordinaten (s. Kap. I: [1], Abschn. 98), um das Verhalten der Kugel unter einem inneren Überdruck $p$ zu diskutieren (s. [7]).

a) Bestimme die elastischen Spannungen und Verschiebungen. Bestimme den größten Druck $p^*$, für den die elastische Lösung noch gültig ist.

b) Bestimme die elastisch-plastische Lösung und den größten Druck $p^{**}$, für den sie gilt.

c) Welche Vereinfachungen, sofern überhaupt solche möglich sind, ergeben sich, wenn das Material sowohl im elastischen als auch im plastischen Bereich als inkompressibel betrachtet wird?

d) Bestimme die Restspannungen nach vollständiger Entlastung, und ermittle den größten Druck, für den Einspielen eintritt.

e) Bestimme die Spannungen und die Geschwindigkeiten für uneingeschränktes plastisches Fließen.

**2.** Betrachte ein dickwandiges, zylindrisches Rohr, das an den Enden durch starre Platten abgeschlossen ist und das unter innerem Überdruck steht. Es wird eine Axialkraft herrschen, die dem Innendruck proportional ist. Nimm an, daß die von den Endplatten herrührenden Biegespannungen in genügender Entfernung von den Enden des Rohrs vernachlässigt werden können. Bestimme die vollelastische und die elastisch-plastische Lösung und ermittle die Maximaldrücke $p^*$, bzw. $p^{**}$, für welche die einzelnen Lösungen noch gelten.

**3.** Das Problem des dickwandigen Rohrs wird etwas einfacher, wenn die TRESCASche Fließbedingung benützt wird, zusammen mit dem PRANDTL-REUSSschen Spannungs-Verzerrungsgesetz [5].

a) Ermittle unter diesen Annahmen explizite Ausdrücke für die Radial- und die Ringspannung für die in Abschn. 15 behandelte Aufgabe.

b) Benütze die Variablen $e$ und $\varphi$, wie sie in Abschn. 15 definiert wurden, und ermittle die Gleichungen sowie die Randbedingungen, denen sie genügen müssen.

**4.*** Betrachte eine dünne, kreisförmige Scheibe vom Radius $b$, welche in ihrer Ebene mit einer langsam veränderlichen Winkelgeschwindigkeit $\omega$ rotiert. Nimm an, daß ein ebener Spannungszustand herrscht, daß also $\sigma_z = 0$ ist, und daß das Material inkompressibel ist. Beachte, daß die Gleichgewichtsbedingung nun eine Massenkraft enthält (Kap. I: [1], S. 26).

a) Zeige, daß die vollständige Lösung darin besteht, die Radialspannung $\sigma_r$, die Ringspannung $\sigma_\vartheta$ und die radiale Verschiebung $u$ zu finden.

b) Bestimme $\sigma_r$, $\sigma_\vartheta$ und $u$, wenn die Scheibe vollelastisch ist.

c) Nimm die TRESCASche Fließbedingung an, und bestimme die maximale Geschwindigkeit $\omega^*$, für die die Scheibe noch vollelastisch ist.

d) Ermittle die elastisch-plastische Lösung für die Spannungen, und bestimme die maximale Geschwindigkeit $\omega^{**}$, für die sie gilt. Beachte, daß diese Lösung vom plastischen Spannungs-Verzerrungsgesetz unabhängig ist.

e) Führe Variable $e$ und $\varphi$ ein, wie sie in Abschn. 15 definiert sind, und ermittle die Gleichungen sowie die Randbedingungen, denen sie genügen müssen.

f) Bestimme die Restspannungen für den Fall, daß die Geschwindigkeit langsam auf den Wert $\omega_1$ angestiegen ist und sodann langsam auf den Wert $\omega_2$ abgenommen hat.

g) Laß die Scheibe mit langsam veränderlicher Geschwindigkeit $\omega$ rotieren und ermittle die Bedingungen für das Einspielen, wenn $0 \leqslant \omega \leqslant \omega_1$ ist.

**5.*** Ein zylindrischer oder prismatischer Stab von beliebigem Querschnitt werde im Gegenzeigersinn durch ein Verdrehungsmoment $T_1$ tordiert und hierauf solange im Uhrzeigersinn verdreht, bis das resultierende Verdrehungsmoment gleich $T_2$ ist (das negativ sein kann).

a) Zeige, daß, wenn $T_1 \geqslant T^*$ ist, der Stab bei der Verdrehung im Uhrzeigersinn dann plastisch wird, wenn $T_1 - T_2 = 2\,T^*$ ist [10].

b) Leite die Bedingungen für das Einspielen eines beliebig verdrehten Stabes ab, der bloß den folgenden Beschränkungen unterworfen ist: 1. $0 \leqslant T \leqslant T_1$. 2. $-T_1 \leqslant T \leqslant T_1$.

**6.*** Diskutiere die Bedingungen für das Einspielen des in Abschn. 6 behandelten Fachwerks. Bringe das Ergebnis sowohl analytisch wie auch in der geometrischen Sprache des Abschn. 6 zum Ausdruck (s. [4] und [8]).

**7.*** Benütze das Spannungs-Verzerrungsgesetz von HENCKY (Kap. I, Aufgabe 6) zur Lösung der folgenden Aufgaben:

a) Das in Abschn. 15 betrachtete dickwandige Rohr (s. [1]).

b) Die rotierende Scheibe der Aufgabe 4 (s. [9] und Kap. I: [9]).

Vergleiche in jedem Fall die Ergebnisse mit jenen, die mittels des PRANDTL-REUSSschen Gesetzes erhalten wurden.

## Literatur

1. HODGE JR., P. G. and G. N. WHITE JR.: A quantitative comparison of flow and deformation theories of plasticity. J. Appl. Mech. **17**, 180—184 (1950).

2. ALLEN, D. N. DE G. und D. G. SOPWITH: The stresses and strains in a partly plastic thick tube under internal pressure and end load. Proc. 7th Internat. Congr. Appl. Mech. (Cambridge, 1948), p. 403.

3. BELIAEV, N. M. und A. K. SINITSKY: Stresses and strains in thick-walled cylinders in the elastic-plastic state (russisch). Izvestia Ak. Nauk S.S.S.R. No. 2, 3—54 (1938).

4. PRAGER, W.: Problem types in the theory of perfectly plastic materials. J. Aeron. Sci. **15**, 337—341 (1948).

5. HILL, R., E. H. LEE and S. J. TUPPER: The theory of combined plastic and elastic deformation with particular reference to a thick tube under internal pressure. Proc. Roy. Soc. (A) **191**, 278—303 (1947).

6. MURNAGHAN, F. D.: Finite deformations of an elastic solid. Amer. J. Math. **59**, 235—260 (1937).

7. HILL, R.: General features of plastic-elastic problems as exemplified by some particular solutions. J. Appl. Mech. **16**, 295—300 (1949).

8. SYMONDS, P. S. and W. PRAGER: Elastic-plastic analysis of structures subjected to loads varying arbitrarily between prescribed limits. J. Appl. Mech. **17**, 315—323 (1950).

9. SOKOLOVSKY, V. V.: The plastic stressed state of a rotating disk (russisch). Prikladnaia Matematika i Mekhanika **12**, 87—94 (1948).

10. HODGE JR., P. G.: On torsion of plastic bars. J. Appl. Mech. **16**, 399—405 (1949).

# V. Ebener Verzerrungszustand: Allgemeine Theorie

## 19. Einleitung

In den Problemen des ebenen elastisch-plastischen Verzerrungszustands, die wir in den Abschn. 15 bis 17 besprochen haben, war die Gestalt der elastisch-plastischen Grenze durch die Rotationssymmetrie vorgegeben. Dadurch waren wir in der Lage, den gesamten Bereich der eingeschränkten plastischen Verformung zu diskutieren, angefangen vom ersten Auftreten plastischer Formänderungen an der inneren Oberfläche des Rohrs bis zum Einsetzen des uneingeschränkten plastischen Fließens. In der Regel ist jedoch die Gestalt der elastisch-plastischen Grenze bei den Problemen der ebenen elastisch-plastischen Verzerrung von vornherein nicht bekannt, und es sind bis jetzt noch keine allgemeinen Methoden entwickelt worden, um solche Aufgaben zu lösen. Obwohl einige wenige Beispiele ebener elastisch-plastischer Spannungsverteilungen durch inverse Methoden, ähnlich der in Abschn. 11 dargestellten, konstruiert worden sind, war die *analytische* Behandlung des gesamten Bereichs der eingeschränkten plastischen Verformung bei Problemen mit ebener elastisch-plastischer Verzerrung bisher nur dann möglich, wenn die Gestalt der elastisch-plastischen Grenze *von vornherein* auf Grund von Symmetriebetrachtungen bekannt war. Numerische Methoden, wie sie mit Erfolg im Fall der elastisch-plastischen Torsion benutzt wurden (s. z. B. Kap. III: [12] und [13]), haben auf Probleme ebener elastisch-plastischer Verzerrung bisher noch keine sehr weitgehende Anwendung gefunden. Die Bestimmung der Lage der elastisch-plastischen Grenze durch numerische Methoden ist im Fall der ebenen Verzerrung offensichtlich viel schwieriger als bei den Torsionsproblemen. Während die Spannungsverteilung in beiden Fällen durch eine Spannungsfunktion dargestellt werden kann, sind die Spannungskomponenten im Fall der Torsion durch die ersten Ableitungen der Spannungsfunktion gegeben, im Fall der ebenen Verzerrung jedoch durch die zweiten Ableitungen. In beiden Fällen wird die elastisch-plastische Grenze durch die Bedingung festgelegt, daß quer zu ihr keine Unstetigkeiten der Spannung bestehen dürfen. Im Fall der Torsion bedeutet dies, daß die Spannungsfunktion sowie ihre ersten Ableitungen quer zur elastisch-plastischen Grenze stetig sein müssen. Im Fall der ebenen Verzerrung jedoch muß die Spannungsfunktion zusammen mit ihren ersten und zweiten Ableitungen stetig sein. Um die Bedingung der Stetigkeit an der elastisch-plastischen Grenze halbwegs befriedigend zu erfüllen, muß man offenbar bei den Problemen der ebenen Verzerrung viel feinere Netzmaschen benützen, als dies beim Torsionsproblem nötig ist. In welchem Maß dies die Rechenarbeit kompliziert, kann nach den wenigen Beispielen, die bis jetzt veröffentlicht wurden, nur schwer abgeschätzt werden [1].

Eine angemessene mathematische Diskussion der Probleme der eingeschränkten plastischen Verformung kommt also derzeit noch nicht in Frage, und wir werden uns daher in diesem wie im folgenden Kapitel bloß mit Problemen des uneingeschränkten plastischen Fließens befassen. Da der Zustand des uneingeschränkten plastischen Fließens gewöhnlich der Endzustand eines Belastungsprozesses ist, der zuerst rein elastische und hierauf eingeschränkte plastische Formänderungen zur Folge hatte, scheint das vollständige Fehlen geeigneter Methoden zur Behandlung des vorhergehenden Zustands der eingeschränkten plastischen Verformung jede Hoffnung auf eine Behandlung des Endzustands, nämlich des uneingeschränkten plastischen Fließens, zu zerstören. Daß dies jedoch nicht immer so sein muß, zeigen die Ausführungen in Kap. III (Torsion zylindrischer und prismatischer Stäbe). Dort wurde die vollplastische Spannungsverteilung (Abschn. 9) sowie eine gute Näherung für die Wölbung des vollplastischen Querschnitts (Abschn. 13) ohne Bezugnahme auf die vorhergehenden elastisch-plastischen Zustände erhalten. Ferner konnten für die Zwecke dieser Berechnungen die verhältnismäßig einfachen Gleichungen der MISESschen Theorie verwendet werden, anstelle der komplizierteren Ausdrücke von PRANDTL-REUSS.

Das Torsionsproblem liefert somit ein wertvolles Beweisstück für die Möglichkeit, den Endzustand des uneingeschränkten plastischen Fließens auch in dem Fall zu behandeln, wo die vorhergehenden Zustände eingeschränkter plastischer Verformung mit den derzeit verfügbaren Methoden nicht erfaßbar sind. Doch so nützlich dieser Hinweis auch sein mag, er schließt die Möglichkeit nicht aus, daß alles ganz anders wird, sobald andere Probleme als jene der Torsion zylindrischer oder prismatischer Stäbe behandelt werden. Tatsächlich ist im Fall der Torsion die Berechnung des uneingeschränkten plastischen Fließens dadurch sehr vereinfacht, daß ein solches Fließen nur dann eintreten kann, wenn der ganze Stab plastisch geworden ist. In den Problemen der ebenen Verzerrung kann jedoch uneingeschränktes plastisches Fließen auch dann einsetzen, wenn nur ein Teil des Körpers die Fließgrenze erreicht hat. Es ist denkbar, daß in solchen Fällen des uneingeschränkten plastischen Fließens die Grenze zwischen den fließenden und den nicht fließenden Partien des Körpers nur durch vollständige Analyse der vorhergehenden Zustände der eingeschränkten plastischen Verformung gefunden werden kann. Mit anderen Worten, es ist denkbar, daß die MISESsche Theorie für sich allein nicht das richtige Werkzeug für die Behandlung solcher Aufgaben des uneingeschränkten plastischen Fließens darstellt. Um diese grundlegende Frage zu klären, ist es zunächst notwendig, sich mit den Eigenschaften gewisser Lösungen der MISESschen Theorie vertraut zu machen.

Wir werden uns daher in diesem wie in dem folgenden Kapitel darauf beschränken, solche Lösungen aufzubauen, wobei wir uns über deren physikalische Bedeutung keinerlei Gedanken machen[1]. Die Diskussion bezüglich der Gültigkeit dieser Lösungen und ihrer Anwendbarkeit zur Bestimmung der Belastungsintensität, unter der uneingeschränktes plastisches Fließen einsetzt, wird erst in Kap. VII erfolgen. Eine kurze Erörterung der Schwierigkeiten, die sich einstellen, wenn man die Lösungen für den ebenen Verzerrungszustand auf den ebenen Spannungszustand auszudehnen versucht, wird im Anhang zu Kap. V gegeben werden.

## 20. Allgemeine Begriffe

Wir sprechen von *ebenem* Fließen eines plastischen Materials, wenn es möglich ist, ein System von rechtwinkeligen Koordinaten $x$, $y$, $z$ so zu wählen, daß die Geschwindigkeitskomponenten $v_x$ und $v_y$ von $z$ unabhängig sind, während $v_z$ identisch verschwindet. Die Gln. (2,8) und (2,9) zeigen, daß in diesem Fall die Verzerrungsgeschwindigkeiten $\dot{\varepsilon}_x$, $\dot{\varepsilon}_y$, $\dot{\gamma}_{xy}$ von $z$ unabhängig sind, während

$$\dot{\varepsilon}_z = 0, \qquad \dot{\gamma}_{yz} = 0, \qquad \dot{\gamma}_{zx} = 0 \qquad 20,1)$$

ist. Aus den Spannungs-Verzerrungsbeziehungen (5,18) der MISESschen Theorie folgt dann

$$s_z = 0, \qquad \tau_{yz} = 0, \qquad \tau_{zx} = 0, \qquad (20,2)$$

während die übrigen Komponenten des Spannungsdeviators von $z$ unabhängig sind. Im Hinblick auf die Gln. (20,1) und (20,2) wird keine Gefahr einer Verwechslung bestehen, wenn wir die Schiebung $\gamma_{xy}$ einfach mit $\gamma$ und die Schubspannung $\tau_{xy}$ einfach mit $\tau$ bezeichnen.

---

[1] Die neueste, vollständige Übersicht über diese *formalen Lösungen* des Problems der ebenen Verzerrung findet sich in SOKOLOVSKYS Buch, welches 1946 erschien (s. Kap. II: [7]); bezüglich älterer Zusammenstellungen sei der Leser verwiesen auf Aufsätze von GEIRINGER und PRAGER aus dem Jahr 1934 (s. Kap. III: [8]) und von GEIRINGER aus dem Jahr 1937 [2]. Eine kurze, einführende Übersicht enthält ein Aufsatz von PRAGER aus dem Jahr 1948 [3].

Wegen Gl. (1,5) und der letzten Gl. (1,9) haben wir

$$s_z = \sigma_z - \frac{1}{3}\left(\sigma_x + \sigma_y + \sigma_z\right) = \frac{1}{3}\left(2\,\sigma_z - \sigma_x - \sigma_y\right). \qquad (20,3)$$

Die erste Gl. (20,2) besagt somit, daß

$$\sigma_z = \frac{1}{2}(\sigma_x + \sigma_y) \qquad (20,4)$$

ist. Wegen der ersten Gl. (20,2) ist $\sigma_z$ gleich der mittleren Normalspannung $s$, so daß also gilt

$$s = \frac{1}{2}\left(\sigma_x + \sigma_y\right). \qquad (20,5)$$

Wegen Gl. (20,2) folgt dann aus der dritten Gleichgewichtsbedingung (3,1), daß $\sigma_z = s$ von $z$ unabhängig ist. Die Normalkomponenten des Spannungsdeviators sind also gegeben durch

$$s_x = \sigma_x - s = \frac{1}{2}\left(\sigma_x - \sigma_y\right),$$

$$s_y = \sigma_y - s = -\frac{1}{2}\left(\sigma_x - \sigma_y\right), \qquad (20,6)$$

$$s_z = 0.$$

Setzen wir (20,6) und die beiden letzten Gln. (20,2) in (4,3) ein, so finden wir, daß die Misessche Fließbedingung (4,5) für ebenes plastisches Fließen die folgende Form annimmt:

$$\frac{1}{4}\left(\sigma_x - \sigma_y\right) + \tau^2 - k^2 = 0. \qquad (20,7)$$

Es stellt sich heraus, daß sich die Fließbedingung von Tresca [Gl. (4,9)] für ebenes plastisches Fließen gleichfalls auf Gl. (20,7) reduziert. Um dies zu zeigen, müssen wir die größte und die kleinste Hauptspannung des Spannungszustands bestimmen, der durch die folgenden Größen definiert ist: $\sigma_x,\ \sigma_y,\ \sigma_z = \frac{1}{2}(\sigma_x + \sigma_y),\ \tau_{xy} = \tau,\ \tau_{yz} = \tau_{zx} = 0$. Im Hinblick auf den Gebrauch, den wir noch später von den hieraus resultierenden Formeln machen werden, wollen wir die folgenden Erörterungen allgemeiner halten, als es für die bloße Ermittlung der Hauptspannungen nötig wäre.

Wenn wir die Spannungen berechnen, die auf einem beliebigen Flächenelement übertragen werden, das zur Ebene des Fließens senkrecht steht, dann wollen wir die in Abb. 34 dargestellten Bezeichnungen und Vorzeichenregeln benützen. Die Normalspannung $N_a$ und die Schubspannung $T_a$ sind die Spannungen, welche von der unschraffierten auf die schraffierte Seite des Flächenelements ausgeübt werden. Diese Spannungen sollen als positiv gelten, wenn sie die in der Abbildung dargestellten Richtungen haben.

Zur Berechnung von $N_a$ benützen wir die erste Gl. (1,2) mit $l = \cos \alpha$, $m = \sin \alpha$, $n = 0$ und erhalten

$$N_a = \sigma_x \cos^2 \alpha + \sigma_y \sin^2 \alpha + 2\,\tau \cos \alpha \sin \alpha. \tag{20,8}$$

In gleicher Weise erhalten wir aus der zweiten Gl. (1,2) mit denselben Werten für $l$, $m$, $n$ und mit $l' = \sin \alpha$, $m' = -\cos \alpha$, $n' = 0$

$$T_a = (\sigma_x - \sigma_y) \sin \alpha \cos \alpha + \tau (\sin^2 \alpha - \cos^2 \alpha). \tag{20,9}$$

Eine zweckmäßige graphische Darstellung dieser Ausdrücke stammt von MOHR [4]. Wenn $N_a$ und $T_\alpha$ als Abszisse und Ordinate eines Punktes betrachtet werden, der dann die Spannungen repräsentiert, die durch das betrachtete Flächenelement übertragen werden, dann kann leicht gezeigt werden, daß dieser Punkt für jeden Wert des Winkels $\alpha$ auf einem Kreis liegt, dessen Mittelpunkt die Koordinaten

$$\frac{1}{2} (\sigma_x + \sigma_y), \qquad 0$$

hat und dessen Radius gleich

$$\sqrt{\frac{1}{4} (\sigma_x - \sigma_y)^2 + \tau^2}$$

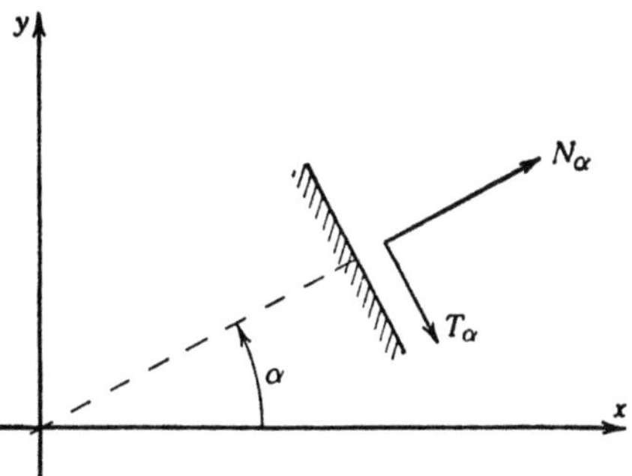


Abb. 34. Vorzeichenregeln für die Spannungen.

ist. Die Koordinaten der Punkte dieses Kreises [*Mohrscher Kreis* (MOHR's circle)] stellen somit die Normal- und die Schubspannung dar, welche in einem bestimmten Punkt des Körpers durch sämtliche zur Ebene des Fließens senkrechten Flächenelemente hindurch übertragen werden. Dieser Kreis kann daher als eine Darstellung des Spannungszustands in dem betrachteten Punkt aufgefaßt werden.

Wegen (20,5) und (20,7) ist die Abszisse des Mittelpunkts des MOHR-schen Kreises für einen beliebigen Punkt eines ebenen plastischen Fließ-feldes gleich der mittleren Normalspannung in diesem Punkt, und der Radius des Kreises ist gleich der Fließspannung $k$ für reinen Schub. An dem MOHRschen Kreis der Abb. 35 a sind einige Punkte mit Groß-buchstaben oder mit römischen Ziffern bezeichnet; Abb. 35 b zeigt die entsprechenden Flächenelemente und die durch sie übertragenen Span-nungen. Selbstverständlich werden diese Spannungen in Wirklichkeit an der Schnittstelle der Flächenelemente übertragen, und sie wurden bloß deshalb in einigem Abstand von der Schnittstelle eingezeichnet, um deutlich zu machen, zu welchem Flächenelement sie gehören. Die Punkte $X$ und $Y$ in Abb. 35 a entsprechen den Winkeln $\alpha = 0$ und $\alpha = \pi/2$ und haben die Koordinaten $\sigma_x$, $-\tau$, bzw. $\sigma_y$, $\tau$. Wenn $\sigma_x$, $\sigma_y$ und $\tau$ bekannt sind, dann können die Punkte $X$ und $Y$ eingezeichnet werden und damit kann auch der MOHRsche Kreis als Kreis mit dem Durchmesser $XY$ gezeichnet werden. Seine Schnittpunkte $M$ und $M'$ mit der Abszissenachse geben durch ihre Abstände vom Ursprung die größte, bzw. die kleinste Hauptspannung an. Die zwischen diesen beiden Werten liegende Hauptspannung $\sigma_z = s$ ist durch den Abstand des Mittelpunkts des MOHRschen Kreises vom Ursprung gegeben. Wie man sieht, ist

$$\left.\begin{array}{c}\sigma_{max} \\ \sigma_{min}\end{array}\right\} = \frac{1}{2}\,(\sigma_x + \sigma_y) \pm \sqrt{\frac{1}{4}\,(\sigma_x - \sigma_y)^2 + \tau^2}. \qquad (20,10)$$

TRESCAS Fließbedingung [Gl. (4,9)] fordert, daß $\sigma_{max} - \sigma_{min} = 2\,k$ ist. Wegen (20,10) führt dies auf Gl. (20,7), und wir sehen, daß die Fließbedingungen von MISES und von TRESCA im Fall des ebenen plastischen Fließens übereinstimmen.

Die Punkte $I$ und $II$ auf dem MOHRschen Kreis der Abb. 35 $a$ stellen die Spannungen dar, die durch jene Flächen hindurch übertragen werden, auf denen die maximalen Schubspannungen auftreten. Auf beiden Flächen hat die Normalspannung die Größe $s$ und die Schubspannung die Größe $k$.

Da die Spannungen von $z$ unabhängig sind, genügt es, die Spannungsverteilung in der $x$, $y$-Ebene zu diskutieren. Anstatt von den Spannungen zu sprechen, die durch Flächenelemente hindurch übertragen werden, welche zur Ebene des Fließens senkrecht stehen, können wir daher auch von den Spannungen sprechen, die quer durch Linienelemente in der

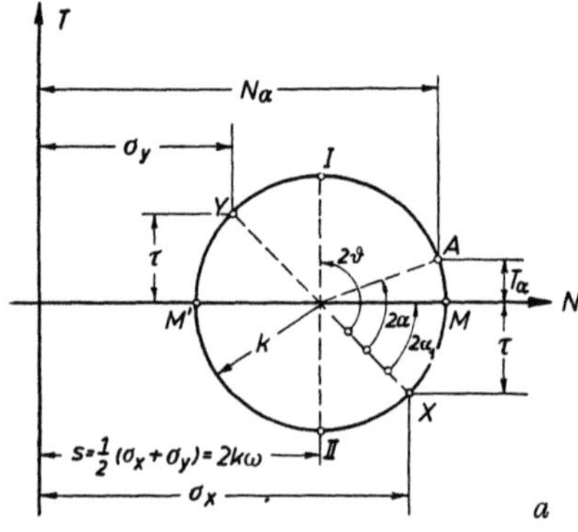

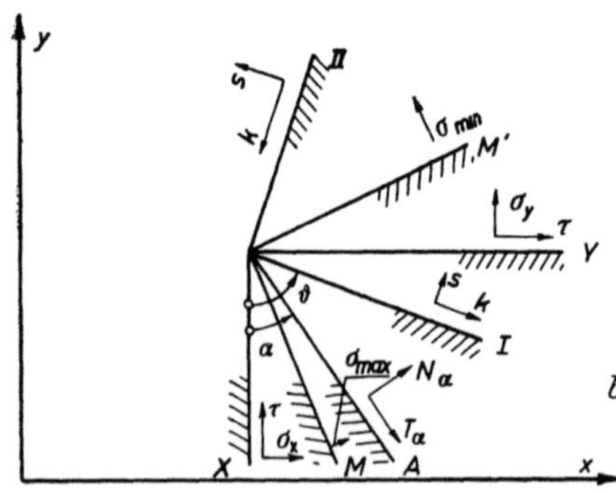

Abb. 35. MOHRscher Kreis: $a$ Spannungsebene; $b$ physikalische Ebene.

$x$, $y$-Ebene übertragen werden. In irgend einem Punkt $P$ dieser Ebene soll die Richtung jenes Linienelements, durch das die größte Normalspannung übertragen wird, als die *erste Hauptrichtung in P* bezeichnet werden (first principal direction). Analog bezeichnen wir als *zweite Haupt-*

*richtung in P* (second principal direction) die Richtung jenes Linienelements, durch das die kleinste Normalspannung übertragen wird. Die *erste Gleitrichtung* (first shear direction) wird aus der ersten Hauptrichtung durch eine Drehung um 45⁰ im Gegenzeigersinn erhalten, und die *zweite Gleitrichtung* (second shear direction) durch eine gleichartige Drehung aus der zweiten Hauptrichtung. Schließlich sollen Kurven, die in jedem ihrer Punkte die Richtung der ersten oder der zweiten Gleitrichtung in diesen Punkten haben, als *erste*, bzw. *zweite Gleitlinien* (first, second shear lines) bezeichnet werden. Die ersten und die zweiten Gleitlinien bilden somit orthogonale Kurvenscharen.

Der Spannungszustand in einem beliebigen Punkt des plastischen Gebietes würde definiert sein durch Angabe von $\sigma_x$, $\sigma_y$ und $\tau$. Wegen der Fließbedingung (20,7) sind jedoch diese Spannungskomponenten nicht voneinander unabhängig. Deshalb sollen im folgenden zwei dimensionslose Variable zur Definition des Spannungszustands benützt werden, nämlich

$$\omega = \frac{s}{2\,k}, \qquad \vartheta = \frac{1}{2}\arctan\frac{2\,\tau}{\sigma_x - \sigma_y} + \frac{\pi}{4}. \tag{20,11}$$

$\vartheta$ ist jener Winkel, um den die $y$-Achse im Gegenzeigersinn gedreht werden muß, damit sie die erste Gleitrichtung annimmt (s. Abb. 35 *b*). Wie Abb. 35 *a* abgelesen werden kann, gilt:

$$\begin{aligned}
\sigma_x &= 2\,k\,\omega + k\sin 2\,\vartheta, \\
\sigma_y &= 2\,k\,\omega - k\sin 2\,\vartheta, \\
\tau &= -k\cos 2\,\vartheta,
\end{aligned} \tag{20,12}$$

und

$$\begin{aligned}
N_a &= 2\,k\,\omega + k\sin 2\,(\vartheta - a), \\
T_a &= k\cos 2\,(\vartheta - a).
\end{aligned} \tag{20,13}$$

Wir haben gesehen, daß die dritte Gleichgewichtsbedingung (3,1) bei Abwesenheit von Massenkräften identisch befriedigt werden kann, wenn wir $\sigma_z$ als von $z$ unabhängig betrachten. Die beiden ersten Gln. (3,1) reduzieren sich auf

$$\frac{\partial\sigma_x}{\partial x} + \frac{\partial\tau}{\partial y} = 0, \qquad \frac{\partial\tau}{\partial x} + \frac{\partial\sigma_y}{\partial y} = 0. \tag{20,14}$$

Diese Gleichgewichtsbedingungen bilden zusammen mit der Fließbedingung (20,7) ein System von drei Gleichungen in den Spannungskomponenten $\sigma_x$, $\sigma_y$ und $\tau$. Sind geeignete Randbedingungen gegeben, dann mag es sein, daß wir imstande sind, diese Gleichungen zu lösen, und damit die Spannungsverteilung für Probleme des ebenen plastischen Fließens zu ermitteln, ohne das Spannungs-Verzerrungsgesetz heranzuziehen. Solche Probleme des ebenen plastischen Fließens werden *statisch bestimmte* (statically determinate) Probleme genannt. Schon seit der Veröffentlichung der grundlegenden Arbeiten von HENCKY [5] und PRANDTL [6] ist diesen statisch bestimmten Problemen des ebenen plastischen Fließens besondere Aufmerksamkeit zugewandt worden. Da es verhältnismäßig einfach war, bereits bekannte Methoden der Analysis auf diese Aufgaben anzuwenden, wurde dieses Teilgebiet der mathematischen Plastizitätstheorie viel weitgehender ausgebaut, als es durch seine praktische Bedeutung gerechtfertigt erscheint. In Wirklichkeit sind aber bei den meisten praktischen Aufgaben des ebenen plastischen Fließens einige der Randbedingungen von kinematischer Art, das heißt sie enthalten Geschwindigkeiten. In solchen Aufgaben kann die Ermittlung der Spannungen nicht von jener der Geschwindigkeiten getrennt werden, wie dies bei echten statisch bestimmten Problemen der Fall ist.

## 21. Geometrische Eigenschaften der Gleitlinien

Trotz der eben erwähnten Einschränkungen hinsichtlich der statisch bestimmten Probleme erscheint es zweckmäßig, diese näher zu erörtern. Dies geschieht nicht aus historischen Gründen, sondern deshalb, weil eine solche Diskussion Einblick geben wird in die schwierigeren Probleme, welche die Geschwindigkeiten enthalten.

Im gesamten plastischen Gebiet können die Spannungskomponenten durch die dimensionslosen Variablen $\omega$ und $\vartheta$ gemäß den Gln. (20,12) ausgedrückt werden. Setzen wir diese Ausdrücke in die Gleichgewichtsbedingungen [Gln. (20,14)] ein, so erhalten wir

$$\frac{\partial \omega}{\partial x} + \frac{\partial \vartheta}{\partial x} \cos 2\vartheta + \frac{\partial \vartheta}{\partial y} \sin 2\vartheta = 0,$$

$$\frac{\partial \omega}{\partial y} + \frac{\partial \vartheta}{\partial x} \sin 2\vartheta - \frac{\partial \vartheta}{\partial y} \cos 2\vartheta = 0. \tag{21,1}$$

Um die physikalische Bedeutung dieser Gleichungen zu erklären, legen wir in einem beliebigen Punkt $P$ die Achsen $x$ und $y$ derart, daß sie in die erste, bzw. in die zweite Gleitrichtung weisen. In diesem Punkt hat dann der Winkel $\vartheta$ den Wert $\pi/2$ und eine Differentiation nach $x$, bzw. $y$ ist gleichbedeutend einer Differentiation in der ersten, bzw. in der zweiten Gleitrichtung. Wenn die Differentiationen in diesen Richtungen mit $d/ds_1$, bzw. $d/ds_2$ bezeichnet werden, dann nehmen die Gln. (21,1), angeschrieben für den Punkt $P$, die folgende Form an:

$$\frac{d}{ds_1}(\omega - \vartheta) = 0, \qquad \frac{d}{ds_2}(\omega + \vartheta) = 0. \tag{21,2}$$

Es ist also $\omega - \vartheta$ konstant längs der ersten und $\omega + \vartheta$ konstant längs der zweiten Gleitlinie.

In Abb. 36 seien $A\,B$ und $C\,D$ Bogen von zwei beliebigen ersten Gleitlinien und $A\,C$ und $B\,D$ Bogen von zwei zweiten Gleitlinien, welche die ersteren schneiden. Nach HENCKY [5] werden wir zeigen, daß die Tangenten an die ersten Gleitlinien in den Punkten $A$ und $C$ den gleichen Winkel miteinander einschließen wie die Tangenten in den Punkten $B$ und $D$. Mit anderen Worten, *der Winkel, den die Tangenten an zwei bestimmte Gleitlinien der einen Schar in ihren Schnittpunkten mit einer Gleitlinie der zweiten Schar miteinander bilden, ist von der Wahl jener schneidenden*

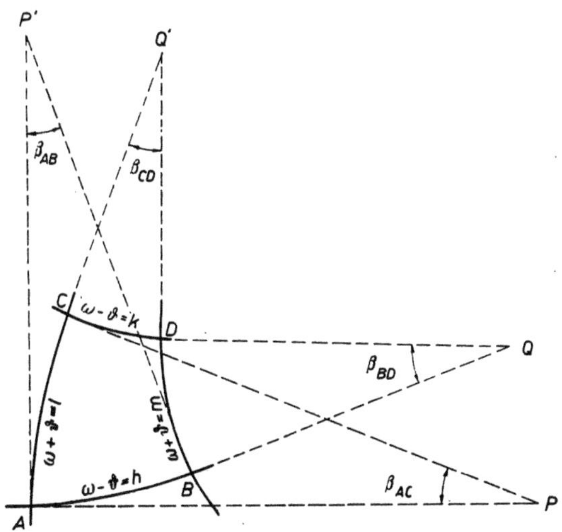


Abb. 36. Krummliniges Rechteck, gebildet aus Gleitlinien.

*Gleitlinie der zweiten Schar unabhängig* (Satz von HENCKY). Um dies zu beweisen, benützen wir die Tatsache, daß erstens $\omega - \vartheta$ längs $A\,B$, bzw. längs $C\,D$ konstante Werte hat, diese seien etwa $h$, bzw. $k$, und daß zweitens $\omega + \vartheta$ längs $A\,C$, bzw. $B\,D$ konstant ist, etwa gleich $l$, bzw. $m$. Damit hat $\vartheta = \dfrac{1}{2}\,(\omega + \vartheta) - \dfrac{1}{2}\,(\omega - \vartheta)$ in den Punkten $A$, $B$, $C$, $D$ die folgenden Werte:

$$\vartheta_A = \frac{1}{2}\,(l-h), \qquad \vartheta_B = \frac{1}{2}\,(m-h),$$

$$\vartheta_C = \frac{1}{2}\,(l-k), \qquad \vartheta_D = \frac{1}{2}\,(m-k).$$

Die Tangenten an die ersten Gleitlinien in $A$ und $C$ bilden miteinander den Winkel

$$\beta_{AC} = \vartheta_A - \vartheta_C = \frac{1}{2}\,(k-h),$$

und dieser ergibt sich als gleich dem Winkel

$$\beta_{BD} = \vartheta_B - \vartheta_C = \frac{1}{2}(k - h),$$

den die Tangenten an die ersten Gleitlinien in den Punkten $B$ und $C$ miteinander einschließen. Auf die gleiche Art kann gezeigt werden, daß der Winkel $\beta_{AB}$, den die Tangenten an die zweiten Gleitlinien in den Punkten $A$ und $B$ miteinander einschließen, gleich dem Winkel $\beta_{CD}$ ist, den ihre Tangenten in den Punkten $C$ und $D$ miteinander bilden.

Die folgende Ergänzung zum HENCKYschen Satz ist oft von Wert: *Wenn eine Schar von Gleitlinien eine Gerade enthält, dann besteht sie zur Gänze aus geraden Linien.*

Die Seiten des krummlinigen Rechtecks $A\,B\,C\,D$ der Abb. 36 sind von endlicher Länge. Wir stellen uns nun die entsprechende Figur in dem Fall vor, daß die ersten Gleitlinien $A\,B$ und $C\,D$ ebenso wie die zweiten Gleitlinien $A\,C$ und $B\,D$ unendlich benachbart sind. Der Schnittpunkt $P$ der Tangenten an die ersten Gleitlinien in $A$ und $C$ ist dann der Krümmungsmittelpunkt der zweiten Gleitlinie im Punkt $A$, und der Schnittpunkt $Q$ der Tangenten an die ersten Gleitlinien in $B$ und $D$ ist der Krümmungsmittelpunkt der zweiten Gleitlinie im Punkt $B$ (s. Abb. 36). Die Krümmungsmittelpunkte $P'$ und $Q'$ der ersten Gleitlinien in den Punkten $A$ und $C$ werden in gleicher Weise bestimmt. Wir wählen als positive Richtungen längs der durch $A$ gehenden Gleitlinien die Richtungen von $A$ gegen die Krümmungsmittelpunkte $P$, bzw. $P'$, und bezeichnen die Bogenelemente $A\,B$, bzw. $A\,C$ mit $ds_1$, bzw. $ds_2$, ferner die infinitesimalen Winkel $A\,P\,C$, bzw. $A\,P'\,B$ mit $d\beta$, bzw. $d\beta'$ und die Krümmungsradien $A\,P$, bzw. $A\,P'$ mit $R_2$, bzw. $R_1$. Dann gilt

$$R_1\,d\beta' = ds_1, \qquad R_2\,d\beta = ds_2. \tag{21,3}$$

Der Abstand des Punktes $B$ von der Tangente $A\,P$ kann bis auf Größen höherer Kleinheitsordnung berechnet werden, indem man das Gleitlinienstück $A\,B$ als Kreisbogen mit dem Mittelpunkt $P'$, dem Radius $R_1$ und dem Zentriwinkel $d\beta'$ auffaßt. Dieser Abstand ist von zweiter Kleinheitsordnung und der Abstand des Punktes $D$ von der Tangente $C\,P$ unterscheidet sich von dem ersteren Abstand nur um eine Größe der dritten Kleinheitsordnung. Es gilt daher bis auf Größen dritter Kleinheitsordnung

$$B\,D = (R_2 - ds_1)\,d\beta. \tag{21,4}$$

Bezeichnen wir mit $R_2 + dR_2$ den Krümmungsradius der zweiten Gleitlinie in $B$ und beachten, daß der Winkel $BQD$ ebenfalls gleich $d\beta$ ist, dann haben wir

$$B\,D = (R_2 + dR_2)\,d\beta. \tag{21,5}$$

Der Vergleich von (21,4) und (21,5) zeigt, daß

$$dR_2 = -ds_1 \tag{21,6}$$

ist. In gleicher Weise zeigt man, daß, wenn der Krümmungsradius der ersten Gleitlinie im Punkt $C$ mit $R_1 + dR_1$ bezeichnet wird, die Beziehung gilt

$$dR_1 = -ds_2. \tag{21,7}$$

Die Beziehungen (21,6) und (21,7) stammen von PRANDTL [6], der auch die folgende geometrische Deutung gab. Nach (21,6) ist die Summe aus der Bogenlänge $AB$ der ersten Gleitlinie und dem Krümmungsradius $BQ$ der zweiten Gleitlinie im Punkt $B$ gleich dem Krümmungsradius der durch $A$ gehenden zweiten Gleitlinie im Punkt $A$. Demnach liegen $P$ und $Q$ auf derselben Evolvente der durch den Punkt $A$ gehenden

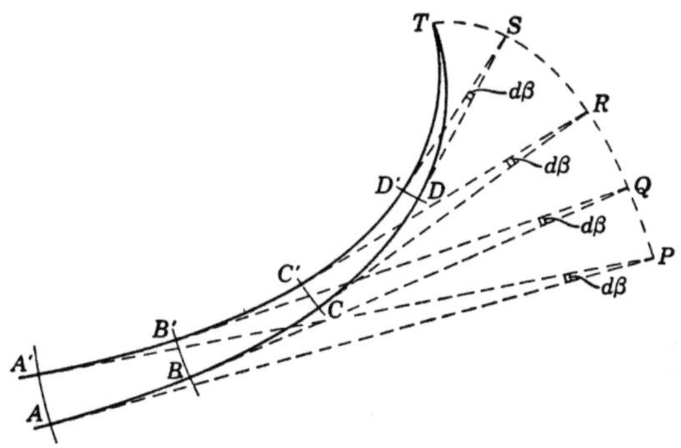

Abb. 37. Grenzlinie.

ersten Gleitlinie. Mit anderen Worten, *wenn wir längs einer bestimmten Gleitlinie der einen Schar fortschreiten, dann bilden die Krümmungsmittelpunkte der Gleitlinien der anderen Schar eine Evolvente jener festen Gleitlinie der erstgenannten Schar* (Satz von PRANDTL). Diese Eigenschaft kann dazu benützt werden, ein Gleitliniennetz zu konstruieren, wenn von jeder Schar bloß eine Gleitlinie gegeben ist, vorausgesetzt, daß sich diese beiden gegebenen Gleitlinien schneiden (s. Abschn. 22).

C. CARATHÉODORY und E. SCHMIDT [7] führten für ein Netz, bestehend aus zwei orthogonalen Kurvenscharen von jenen Eigenschaften, wie die durch die Sätze von HENCKY und PRANDTL gekennzeichnet sind, den Namen *Hencky-Prandtl-Netz* (HENCKY-PRANDTL-net) ein. Sie zeigten, daß jede dieser Eigenschaften aus der anderen folgt.

Um noch eine weitere charakteristische Eigenschaft der HENCKY-PRANDTL-Netze abzuleiten, betrachten wir zwei erste Gleitlinien $ABCD$ und $A'B'C'D'$, welche unendlich benachbart sind (Abb. 37). $AA'$, $BB'$,

$CC'$, $DD'$ seien Bogenelemente der zweiten Gleitlinien. Nach PRANDTLS Satz bilden die Krümmungsmittelpunkte dieser Bogenelemente eine Evolvente $PQRS$ der Gleitlinie $ABCD$. Im Punkt $T$, wo die Evolvente $PQRST$ die Gleitlinie $ABCDT$ trifft, muß der Abstand der beiden benachbarten ersten Gleitlinien gleich Null werden, und das gleiche gilt für den Krümmungsradius der durch den Punkt $T$ gehenden zweiten Gleitlinie. Der erste Umstand zeigt, daß $T$ ein Punkt der Einhüllenden der ersten Gleitlinien ist, und der zweite, daß die zweite Gleitlinie, welche durch $T$ geht, dort eine Spitze hat. Somit ist also *die Einhüllende der Gleitlinien der einen Schar gleich dem geometrischen Ort der Spitzen der Gleitlinien der anderen Schar.*

Die zweiten Gleitlinien $AA'$, $BB'$, ... in Abb. 37 durchkreuzen die erste Gleitlinie $AB$.... Die durch den Punkt $T$ gehende zweite Gleitlinie jedoch, die die erste Gleitlinie durch $T$ unter einem rechten Winkel trifft und die in $T$ eine Spitze hat, kann diese durch $T$ gehende erste Gleitlinie nicht durchsetzen. *Die Einhüllende der Gleitlinien der einen Schar ist also eine Grenzlinie (limiting line), über die hinaus die Gleitlinien der anderen Schar nicht fortgesetzt werden können.* In Abschn. 25 werden diese Grenzlinien von einem anderen Gesichtspunkt aus diskutiert werden.

Es gibt noch weitere Theoreme über die Gleitlinien, welche jedoch eher für den Geometer von Interesse sind, hingegen für die Spannungsermittlung nur geringe Bedeutung haben. Diese Sätze zu beweisen, sei dem Leser zur Übung selbst überlassen. MISES [8] zeigte, daß die Linien, längs denen $\omega$ konstant ist [Isobaren (isobaric lines)] und jene mit konstantem $\vartheta$ [Isoklinen (isoclinic lines)] die Diagonalen eines geeignet gewählten Netzes von Gleitlinien bilden. PRAGER [9] zeigte, daß der infinitesimale Abstand zweier benachbarter Gleitlinien eine lineare Funktion der längs dieser Gleitlinien gemessenen Bogenlänge ist. KAPUANO [10] bewies, daß die Evoluten einer Schar von Gleitlinien eines HENCKY-PRANDTL-Netzes, zusammen mit den orthogonalen Trajektorien dieser Evoluten ein anders HENCKY-PRANDTL-Netz bilden.

Während die Eigenschaften der Gleitlinien des ebenen plastischen Fließens den Gegenstand zahlreicher Veröffentlichungen bildeten, sind die Eigenschaften der Hauptspannungslinien (lines of principal stress) solcher Felder weit weniger eingehend behandelt worden. BOUSSINESQ [11] zeigte, *daß es möglich ist, aus jeder Schar von Hauptspannungslinien einzelne Linien derart auszuwählen, daß die krummlinigen Maschen dieses Netzes alle flächengleich sind.* SADOWSKY [12] studierte die allgemeinen Eigenschaften solcher gleichflächiger Netze (equiareal nets). SÜRAY [13] erörterte die Bedingungen, unter denen die Hauptspannungslinien bei ebenem plastischen Fließen ein isothermes Netz bilden.

## 22. Randbedingungen.
## Näherungsweise Konstruktion von Gleitlinien

Die im vorigen Abschnitt diskutierten geometrischen Eigenschaften sind allen Gleitliniennetzen gemeinsam. Um jenes spezielle Gleitliniennetz zu finden, das der Lösung einer gegebenen Aufgabe entspricht, müssen wir die Randbedingungen dieser Aufgabe in Betracht ziehen. In einem echten statisch bestimmten Problem des ebenen plastischen Fließens müssen uns die Normal- und die Schubspannungen gegeben sein, welche längs der Berandung übertragen werden. In Abb. 38 sei $O\,s$ ein Teil des Randes eines zweidimensionalen Gebietes, welches auf der schraffierten Seite dieser Kurve liegen soll. Es sei $O$ der Anfangspunkt, von dem aus die Bogen-

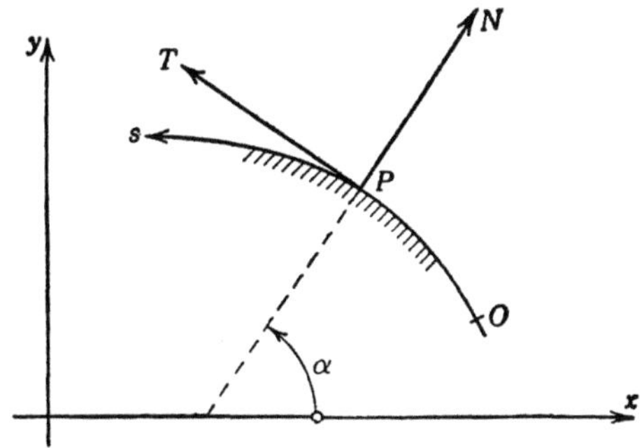

Abb. 38. Vorzeichenregeln für die Spannungen an der Berandung.

länge $s$ dieser Randkurve gemessen wird, und die Richtung wachsender $s$ sei so gewählt, daß das betrachtete Gebiet zur Linken eines Beobachters liegt, der sich in diesem Sinn längs der Rand-

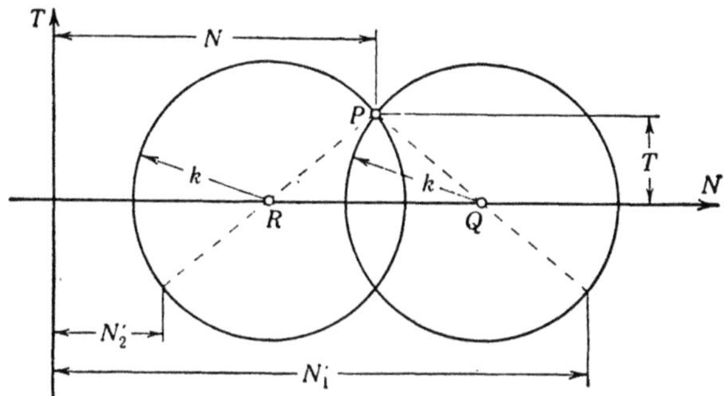

Abb. 39. Mohrsche Kreise für gegebene Randwerte der Spannungen.

kurve bewegt. Die Normal- und die Schubspannung, die an irgend einem Punkt der Randkurve übertragen werden, sollen mit $N$ und $T$ bezeichnet werden. Die Spannung $N$ wird als positiv bezeichnet, wenn sie auf das betrachtete Gebiet einen Zug ausübt, und die Spannung $T$ soll dann positiv sein, wenn sie die Richtung wachsender $s$ hat. Ein Vergleich der Vorzeichenregeln, die wir an Hand der Abb. 34 und 38 festgesetzt

haben, zeigt, daß die Gln. (20,13) im vorliegenden Fall wie folgt abzu-
ändern sind:

$$N = 2\,k\,\omega + k \sin 2\,(\vartheta - \alpha),$$
$$T = -\,k \cos 2\,(\vartheta - \alpha).$$

$$(22,1)$$

Die Spannung auf einem Flächenelement durch $P$, das auf der Berandung
senkrecht steht, ist, wie leicht aus dem MOHRschen Kreis abgelesen
werden kann, gegeben durch

$$N' = 2\,k\,\omega - k \sin 2\,(\vartheta - \alpha).$$

$$(22,2)$$

Die gegebenen Werte von $N$ und $T$ bestimmen jedoch den Spannungszustand in $P$ nicht eindeutig. Wenn wir nämlich die Gln. (22,1) nach
$\vartheta$ und $\omega$ auflösen, dann erhalten wir

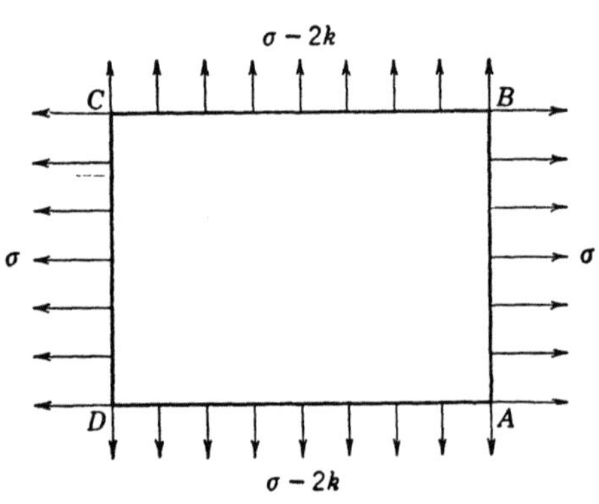



Abb. 40. Randwerte der Spannungen, die
ein vollplastisches Spannungsfeld bestimmen.

$$\vartheta = \alpha \pm \frac{1}{2}\left(\pi - \arccos\frac{T}{k}\right),$$
$$\omega = \frac{1}{2}\left[\frac{N}{k} - \sin 2\,(\vartheta - \alpha)\right].$$

$$(22,3)$$

Zu gegebenen Werten $N$ und
$T$ gibt es also zwei mögliche
Wertepaare $\vartheta$ und $\omega$. Die ent-
sprechenden Spannungszustän-
de im Punkt $P$ sind durch die
MOHRschen Kreise in Abb. 39
dargestellt. Jeder der beiden
Kreise hat den Radius $k$, hat
seinen Mittelpunkt auf der
$N$-Achse und geht durch den
Punkt mit den Koordinaten $N$, $T$. Jeder Kreis stellt demnach einen
Spannungszustand dar, welcher die Fließbedingung sowie die Rand-
bedingungen in $P$ erfüllt. Diese Zweideutigkeit rührt daher, daß die
Fließbedingung quadratisch ist. Tatsächlich erhalten wir, wenn wir die
Fließbedingung durch $N$, $N'$ und $T$ ausdrücken,

$$\frac{1}{4}(N - N')^2 + T^2 = k^2,$$

$$(22,4)$$

was nach $N'$ aufgelöst

$$N' = N \pm 2\sqrt{k^2 - T^2}$$

$$(22,5)$$

liefert. Diese beiden Werte sind in Abb. 39 eingezeichnet.

Obwohl die lokalen Bedingungen in einem Punkt $P$ der Berandung
die Spannung $N'$ nicht eindeutig bestimmen, kann diese unter Umständen aus den gesamten Randbedingungen des Problems gefolgert
werden. Als ein einfaches Beispiel wollen wir ein rechteckiges Gebiet

unter zweiachsigem Zug betrachten, wie es in Abb. 40 dargestellt ist. In den Punkten der Seiten $AB$ und $CD$ haben wir

$$N = \sigma, \qquad T = 0,$$

und folglich, wegen (25,5)

$$N' = \sigma \pm 2\,k.$$

Ein Blick auf die Randbedingungen längs der Seiten $BC$ und $DA$ zeigt unmittelbar, daß der richtige Wert

$$N' = \sigma - 2\,k$$

ist. In anderen Fällen werden wir durch eine Betrachtung der Formen des plastischen Fließens, welche zu den beiden möglichen Werten von $N'$ gehören, imstande sein, unter diesen beiden Werten den richtigen auszuwählen, wie dies in Abschn. 23 noch näher ausgeführt werden wird. Für den Rest dieses Abschnitts wollen wir annehmen, daß entlang der Berandung die richtige Wahl von $N'$ bereits getroffen worden ist. Dies bedeutet offenbar das gleiche, wie die richtige Wahl des Vorzeichens in der ersten Gl. (22,3).

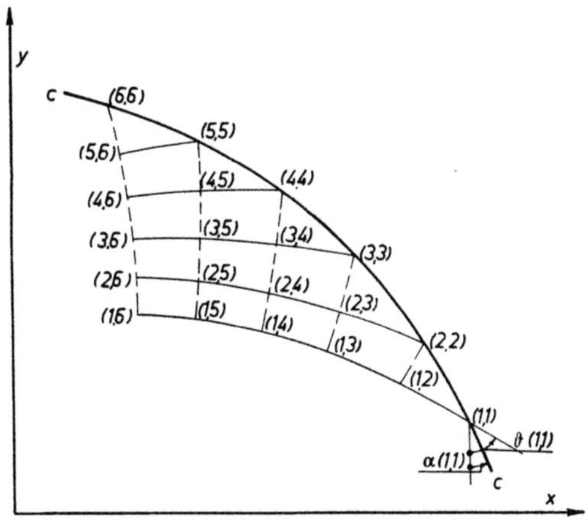

Abb. 41. Erstes Randwertproblem.

Wir wollen nun verschiedene Näherungsmethoden zur Konstruktion der Gleitlinien in der Nachbarschaft eines Stückes der Randkurve beschreiben, längs dem $\omega$ und $\vartheta$ gegeben sind.

Als erstes wollen wir einen Bogen $c$ betrachten (Abb. 41), auf dem $\vartheta$ nirgends gleich $\alpha$ oder gleich $\alpha + \pi/2$ ist. Diese Bedingung schließt die Fälle aus, daß $c$ selbst eine Gleitlinie ist oder eine Gleitlinie berührt. Wir markieren nun eine Anzahl von Punkten auf diesem Bogen und betrachten für den Augenblick die Gleitlinien durch diese Punkte als bekannt. In

Abb. 41 stellen die dünnen, vollen Linien und die gestrichelten Linien die ersten, bzw. die zweiten Gleitlinien dar. Die Gleitlinien jeder Schar seien mit 1, 2, 3, ... bezeichnet. Die Eckpunkte der Maschen, welche durch diese Linien gebildet werden, erhalten zwei Zeiger. So bezeichnet beispielsweise (3,5) den Schnittpunkt der dritten Gleitlinie der ersten Schar mit der fünften Gleitlinie der zweiten Schar. Den Wert $\omega$ und $\vartheta$ in diesen Punkten sollen die entsprechenden Zeiger in Klammern beigefügt werden[1].

Nachdem die Ausgangspunkte (1, 1), (2, 2),... der gewünschten Gleitlinien auf dem Bogen $c$ der Randkurve gewählt worden sind, können die Punkte (1, 2), (2, 3),..., welche diesem Bogen zunächst liegen, näherungsweise auf folgende Art gefunden werden: wir ziehen durch (1, 1), bzw. (2, 2) gerade Linien, die mit der negativen $y$-Achse die Winkel $\vartheta$ (1, 1), bzw. $\vartheta$ (2, 2) $+ \pi/2$ einschließen. Die Richtung der ersten dieser beiden Linien stimmt überein mit der ersten Gleitrichtung in (1, 1), die Richtung der zweiten mit der zweiten Gleitrichtung in (2, 2). Der Schnittpunkt dieser beiden Linien stellt daher eine rohe Näherung des Punktes (1, 2) dar. Die Punkte (2, 3), (3, 4),... können auf die gleiche Art näherungsweise gefunden werden. Da $\omega - \vartheta$ längs jeder ersten Gleitlinie konstant ist und $\omega + \vartheta$ längs jeder zweiten, haben wir

$$\omega\,(1, 2) - \vartheta\,(1, 2) = \omega\,(1, 1) - \vartheta\,(1, 1), \tag{22,6}$$
$$\omega\,(1, 2) + \vartheta\,(1, 2) = \omega\,(2, 2) + \vartheta\,(2, 2).$$

Aus diesen Gleichungen finden wir $\omega$ (1, 2) und $\vartheta$ (1, 2), ausgedrückt durch die bekannten Werte von $\omega$ und $\vartheta$ an der Berandung:

$$\omega\,(1, 2) = \frac{1}{2}\,[\omega\,(2, 2) + \omega\,(1, 1) + \vartheta\,(2, 2) - \vartheta\,(1, 1)],$$
$$\vartheta\,(1, 2) = \frac{1}{2}\,[\omega\,(2, 2) - \omega\,(1, 1) + \vartheta\,(2, 2) + \vartheta\,(1, 1)]. \tag{22,7}$$

Die Werte $\omega$ und $\vartheta$ in den Punkten (2, 3), (3, 4),... können auf die gleiche Art gefunden werden. Indem wir nun die Werte in (1, 2), (2, 3),... in der gleichen Weise benützen wie früher die ursprünglich gegebenen Werte in (1, 1), (2, 2),..., bestimmen wir näherungsweise die Punkte (1, 3), (2, 4),... und berechnen $\omega$ und $\vartheta$ in diesen Punkten. So fortfahrend, finden wir eine rohe Näherung für das Gleitliniennetz in einem bestimmten dreieckigen Bereich, nämlich in (1, 1) – (1, 6) – (6, 6) der Abb. 41, der durch die Randbedingungen des betrachteten Bogens (1, 1) – (6, 6) der Abb. 41 bestimmt ist. Dieser dreieckige Bereich soll das *Einflußgebiet* (domain of influence) des betrachteten Bogens der Randkurve genannt

---

[1] Zur Vermeidung einer Verwechslung mit der Bezeichnung der Gleichungen wurde in diesem und dem nächsten Abschnitt vor die Gleichungsnummer durchwegs Gl. gesetzt. (D. Übers.)

werden. Die Bedingung, daß sich die (krummen) Gleitlinien, welche durch die auf diese Art erhaltenen Punkte gehen, rechtwinkelig schneiden müssen, stellt eine nützliche Kontrolle dar. Diese Bedingung der Orthogonalität wird nicht erfüllt sein, wenn die Maschen zu groß gewählt worden sind.

In der eben beschriebenen Konstruktion wurde z. B. der Bogen der Gleitlinie $(1, 1) - (1, 2)$ näherungsweise durch seine Tangente im Punkt $(1, 1)$ ersetzt. Dies wird offenbar nur dann eine gute Näherung sein, wenn der Bogen $(1, 1) - (1, 2)$ ziemlich kurz ist im Verhältnis zu seinem Krümmungsradius. Sofern sich nicht herausstellt, daß die durch unsere Konstruktion erhaltenen Gleitlinien ziemlich flach gekrümmt sind, müssen wir bei dieser Methode ziemlich enge Maschen verwenden.

Um eine bessere Approximation zu erhalten, die es uns gestattet größere Maschen zu benützen, müssen wir für die Sekante des Bogens $(1, 1) - (1, 2)$ eine bessere Näherung zu finden trachten als es die Tangente dieses Bogens im Punkt $(1, 1)$ ist. Aus der zweiten Gl. (22,7) finden wir

$$\frac{1}{2}\left[\vartheta\,(1, 1) + \vartheta\,(1, 2)\right] = \frac{1}{4}\left[\omega\,(2, 2) - \omega\,(1, 1) + \vartheta\,(2, 2) + 3\,\vartheta\,(1, 1)\right].$$

$$(22,8)$$

Analog gilt

$$\frac{1}{2}\left[\vartheta\,(2, 2) + \vartheta\,(1, 2)\right] = \frac{1}{4}\left[\omega\,(2, 2) - \omega\,(1, 1) + 3\,\vartheta\,(2, 2) + \vartheta\,(1, 1)\right].$$

$$(22,9)$$

Ziehen wir durch $(1, 1)$, bzw. $(2, 2)$ Gerade, die mit der $y$-, bzw. $x$-Achse die Winkel der Gln. (22,8), bzw. (22,9) einschließen, dann wird ihr Schnittpunkt eine bessere Näherung des Punktes $(1, 2)$ liefern als das obige Verfahren.

Als eine weitere Verfeinerung können wir die Gleitlinien stückweise durch ihre Krümmungskreise ersetzen. Um etwa den Krümmungsradius $R_1$ der ersten Gleitlinie im Punkt $(1, 1)$ zu finden, nehmen wir an, daß der Punkt $(2, 2)$ in Abb. 41 von $(1, 1)$ den infinitesimalen Abstand $ds$ habe. Sinngemäß wollen wir setzen:

$$\alpha\,(1, 1) = \alpha, \qquad \omega\,(1, 1) = \omega, \qquad \vartheta\,(1, 1) = \vartheta,$$
$$\alpha\,(2, 2) = \alpha + d\alpha, \qquad \omega\,(2, 2) = \omega + d\omega, \qquad \vartheta\,(2, 2) = \vartheta + d\vartheta.$$

Der Krümmungsradius $R_1$ ergibt sich dann als der Quotient aus dem Bogenelement $(1, 1) - (1, 2)$ und dem Kontingenzwinkel $\vartheta\,(1, 2) - \vartheta\,(1, 1)$. Nun hat das Bogenelement $(1, 1) - (1, 2)$ die Länge $ds\,|\cos\,(\vartheta - \alpha)|$, und der Kontingenzwinkel ist gemäß der zweiten Gl. (22,7) gleich

$$\vartheta\,(1, 2) - \vartheta\,(1, 1) = \frac{1}{2}\left[\omega\,(2, 2) - \omega\,(1, 1) + \vartheta\,(2, 2) - \vartheta\,(1, 1)\right] = \frac{1}{2}\,d\,(\omega + \vartheta).$$

Folglich ist

$$R_1 = \frac{2\,|\cos(\vartheta - \alpha)|}{d\,(\omega + \vartheta)\,/ds}.$$

$$(22,10)$$

Aus den Vorzeichenfestsetzungen betreffend die Größen auf der rechten Seite von Gl. (22,10) folgt, daß diese Gleichung ein positives $R_1$ liefert, falls der Krümmungsmittelpunkt zur Linken eines Beobachters liegt, der

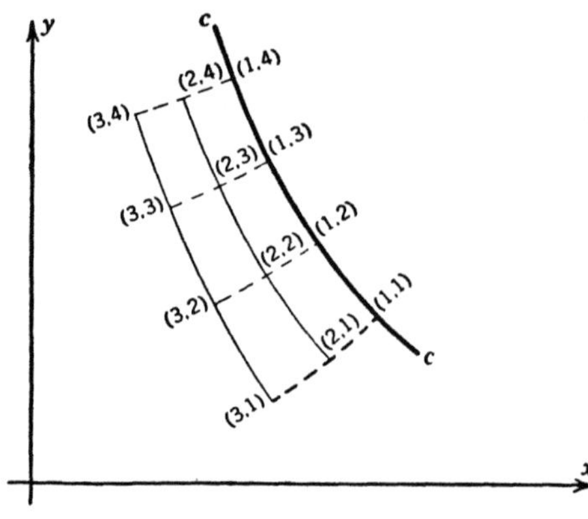


Abb. 42. Zweites Randwertproblem.

sich längs der Berandung in der Richtung wachsender Werte von $s$ bewegt. Ähnlich erhält man für den Krümmungsradius $R_2$ der zweiten Gleitlinie durch den Punkt (1, 1)

$$R_2 = -\frac{2\,|\sin(\vartheta - \alpha)|}{d\,(\omega - \vartheta)\,/ds},$$

$$(22,11)$$

wo ein positives Zeichen bedeutet, daß der Krümmungsmittelpunkt im Punkt (1, 1) der zweiten Gleitlinie zur Linken eines Beobachters liegt, der sich entlang der Berandung in der Richtung wachsender $s$ bewegt.

In unseren bisherigen Ausführungen über die näherungsweise Konstruktion von Gleitlinien in der Nachbarschaft eines Stückes $c$ der Randkurve, längs dem $\omega$ und $\vartheta$ gegeben sind, haben wir angenommen, daß $c$ nicht selbst eine Gleitlinie ist. Wenn $c$ jedoch eine Gleitlinie ist, dann versagen offenbar die oben angegebenen Methoden zur Konstruktion eines Gleitliniennetzes in der Nachbarschaft von $c$. Eine Möglichkeit, um in der Nachbarschaft eines gegebenen Stückes $c$ einer ersten Gleitlinie das Netz zu definieren, besteht darin, eine Gleitlinie der zweiten Schar vorzugeben, welche $c$ schneidet. In Abb. 42 seien (1, 1), (1, 2),... und (1, 1) (2, 1), ... die gegebenen Gleitlinien. Um den Schnittpunkt (2, 2) der durch (2, 1) gehenden ersten Gleitlinie mit der durch (1, 2) gehenden zweiten Gleitlinie zu finden, beachten wir, daß nach dem HENCKYSCHEN Satz (s. Abschn. 21) gilt:

$$\vartheta\,(2, 2) - \vartheta\,(1, 2) = \vartheta\,(2, 1) - \vartheta\,(1, 1),$$

woraus folgt

$$\vartheta\,(2, 2) = \vartheta\,(1, 2) + \vartheta\,(2, 1) - \vartheta\,(1, 1).$$

Wenn die Punkte (2, 1) und (1, 2) genügend nahe an (1, 1) gewählt werden, dann bilden die Sekanten (2, 1) – (2, 2) und (1, 2) – (2, 2) mit der negativen $y$-Achse näherungsweise die Winkel

$$\frac{1}{2}\left[\vartheta\,(2,2) + \vartheta\,(2,1)\right] = \frac{1}{2}\left[2\,\vartheta\,(2,1) + \vartheta\,(1,2) - \vartheta\,(1,1)\right]$$

bzw.

$$\frac{1}{2}\left[\vartheta\,(2,2) + \vartheta\,(1,2)\right] + \frac{\pi}{2} = \frac{1}{2}\left[2\,\vartheta\,(1,2) + \vartheta\,(2,1) - \vartheta\,(1,1)\right] + \frac{\pi}{2}.$$

Da diese Winkel aus den bekannten Werten von $\vartheta$ längs der gegebenen Gleitlinien berechnet werden können, kann eine Näherung des Punktes (2, 2) als Schnittpunkt zweier Geraden gefunden werden, die unter diesen Winkeln gegen die negative $y$-Achse durch (2, 1), bzw. (1, 2) gezogen werden. In dieser Weise fortfahrend, können wir das Gleitliniennetz in der Nachbarschaft der gegebenen Gleitlinien zeichnen. Sobald einmal die Gleitlinien gezeichnet sind, kann die Änderung von $\omega$ leicht ermittelt werden, wenn $\omega$ (1, 1) bekannt ist. Längs der gegebenen ersten Gleitlinie $c$ hat die Größe $\omega - \vartheta$ einen konstanten Wert. Da die Änderung von $\vartheta$ längs $c$ aus der Form dieser Kurve bekannt ist, ist auch die Änderung von $\omega$ bekannt, vorausgesetzt, daß der Wert von $\omega$ in einem Punkt von $c$, etwa im Punkt (1, 1) gegeben ist. Analoges gilt längs der zweiten Gleitlinie. Um schließlich $\omega$ in einem Punkt wie z. B. (3, 2) zu finden, der nicht auf einer der gegebenen Gleitlinien liegt, beachten wir, daß $\omega - \vartheta$ längs (3, 1) – (3, 2) konstant ist und $\omega + \vartheta$ längs (1, 2) – (3, 2). Der Wert $\omega$ (3, 2) kann daher aus den bekannten Werten $\omega$ und $\vartheta$ in den Punkten (3, 1) und (1, 2) gefunden werden.

Eine andere Methode zur Konstruktion der Gleitlinien in der Nachbarschaft zweier gegebener, sich schneidender Gleitlinien beruht auf dem PRANDTLschen Satz (s. Abschn. 21). In Abb. 43 seien $AB$ und $AC$ die gegebenen Gleitlinien. Ihre zum Punkt $A$ gehörigen Krümmungsmittelpunkte seien $E$, bzw. $F$, und der vierte Eckpunkt der durch die Punkte $A$, $B$, $C$ definierten Masche sei $D$. Nach dem Satz von PRANDTL erhalten wir den Krümmungsmittelpunkt $G$ für den Punkt $C$ des Bogens $CD$ durch Konstruktion der Evolvente $EG$ des Bogens $AC$. Ähnlich wird der Krümmungsmittelpunkt $H$ im Punkt $B$ des Bogens $BD$ gefunden, indem man die Evolvente $FH$ des Bogens $AB$ zeichnet. Zwei Kreisbogen durch $C$, bzw. $B$ mit den Mittelpunkten $G$, bzw. H werden sich dann in einem Punkt $D'$ schneiden, der eine Näherung des Punktes $D$ darstellt. Diese Kreisbogen werden sich rechtwinkelig schneiden, wenn $GD'H$ ein rechter Winkel ist. Sollte dies nicht der Fall sein, dann kann eine bessere Näherung für $D$ wie folgt gefunden werden. Wir betrachten den Kreisbogen $BD'$ mit dem Mittelpunkt $H$ als eine erste Näherung der Gleitlinie $BD$ und bestimmen damit näherungsweise den Krümmungsmittelpunkt $K$ der Gleitlinie $CD$ im Punkt $D$. Dazu zeichnen wir jene Evolvente $IK$ des Kreisbogens $BD'$, die durch den Krümmungsmittelpunkt $I$ der Gleitlinie $AB$ im Punkt $B$ geht. Eine bessere Näherung für das Gleitlinienstück $CD$ wird sodann durch zwei Kreisbogen geliefert, die einander tangieren. Der erste dieser Bogen hat den Mittelpunkt $G$ und reicht von $C$ bis zu seinem Schnitt $C'$ mit $GK$. Der zweite hat den Mittelpunkt $K$ und den Radius $KC'$. Verbessern wir in gleicher Weise unsere Näherung der Gleitlinie $BD$, so erhalten wir schließlich eine genauere Näherung des Punktes $D$ als Schnitt dieser verbesserten Gleitlinien.

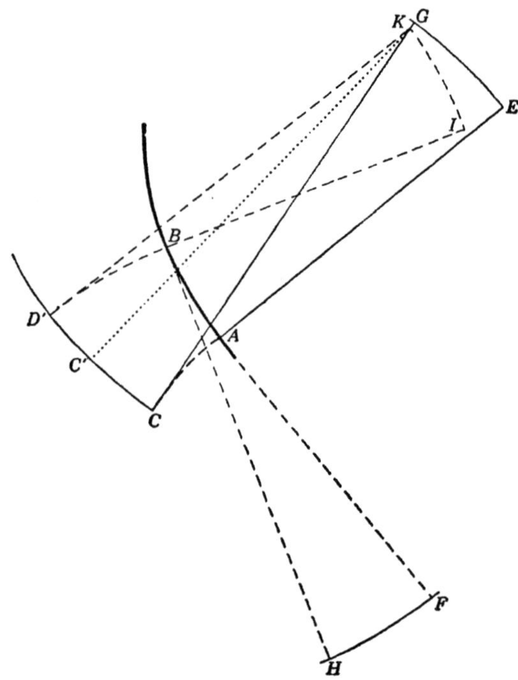

Abb. 43. Benützung der Krümmungskreise.

Eine weitere Möglichkeit, ein Gleitliniennetz in der Nachbarschaft eines gegebenen Stückes $c$ einer Gleitlinie zu definieren, besteht darin, entweder $\omega$ oder $\vartheta$ entlang einer Kurve $\gamma$ vorzugeben, welche $c$ schneidet und nicht selbst eine Gleitlinie ist. Wenn $c$ eine erste Gleitlinie ist und $\omega$ längs $\gamma$ gegeben ist, gehen wir folgendermaßen vor (Abb. 44): Nachdem der Punkt (1,2) auf der ersten Gleitlinie $c$ gewählt worden ist, erhalten wir eine erste Näherung für den Punkt (2,2) auf der Kurve $\gamma$, indem wir den Bogen (1,2)–(2,2) der zweiten Gleitlinie durch eine Gerade durch (1,2) ersetzen, welche mit der positiven $x$-Achse den Winkel $\vartheta$ (1,2) einschließt. Der ungefähre Wert von $\vartheta$ (2,2) kann dann aus

$$\omega\,(1,\,2) + \vartheta\,(1,\,2) = \omega\,(2,\,2) + \vartheta\,(2,\,2)$$

erhalten werden.

Der Bogen (1,2)–(2,2) der zweiten Gleitlinie kann nun durch zwei Geradenstücke ersetzt werden, welche mit der positiven $x$-Achse die Winkel $\vartheta$ (1,2) und $\vartheta$ (2,2) einschließen. Diese Geraden werden so gezeichnet, daß die erste durch (1,2) geht und daß die beiden Geraden ungefähr in der Mitte zwischen $c$ und $\gamma$ zusammentreffen. Der Schnitt der zweiten Geraden mit $\gamma$ stellt dann eine bessere Näherung für (2,2) dar. Wir besitzen nun die Gleitlinienstücke (1,2), (1,3).... und (1,2)–(2,2).

Damit gewinnen wir in der eben beschriebenen Weise die ungefähre Lage von (2,3), daraus weiter eine Näherung für (2,4) usw. In dieser Weise fortfahrend, können wir die Gleitlinien in dem Gebiet zwischen $c$ und $\gamma$ einzeichnen.

Aus der Diskussion der vorstehenden Probleme wird der Leser, der mit der Theorie der Charakteristiken partieller Differentialgleichungen vertraut ist, erkannt haben, daß die Gleitlinien die Charakteristiken des Systems der Gln. (21,1) sind. In der Tat sind die Aufgaben, welche im Zusammenhang mit den Abb.

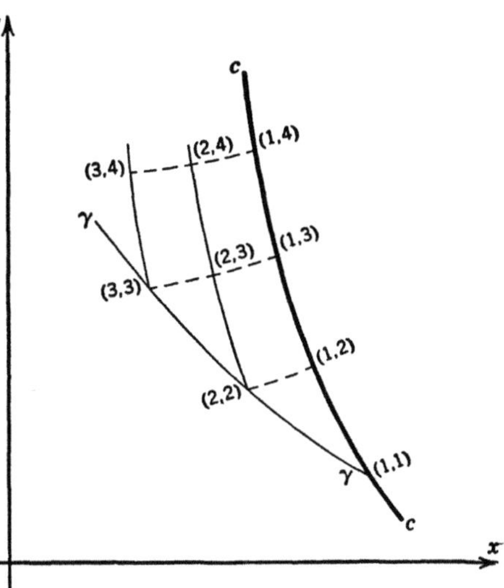



Abb. 44. Drittes Randwertproblem.

41, 42 und 44 diskutiert wurden, identisch mit dem CAUCHYSCHEN Problem, dem RIEMANNschen Problem und dem gemischten Problem dieses Systems hyperbolischer partieller Differentialgleichungen. Es wurden hier die Methoden der numerischen und graphischen Integration hervorgehoben, da in vielen Aufgaben von praktischer Wichtigkeit die analytische Integration nicht ausführbar ist. Bezüglich einer analytischen Diskussion des Systems der Gln. (21,1) sei der Leser auf die Arbeiten von CARATHÉODORY und SCHMIDT [7], GEIRINGER [2], und CHRISTIANOVICH [14] verwiesen.

## 23. Geschwindigkeitsfelder

Das Spannungs-Verzerrungsgesetz von MISES setzt die Verzerrungsgeschwindigkeit proportional der Spannungsdeviation [s. Gln. (5,14)]. Infolgedessen geben die Gleitlinien in einem Feld ebenen plastischen Fließens nicht bloß die Richtungen der maximalen Schubspannung an, sondern gleichzeitig die Richtungen der maximalen Schiebungsgeschwindigkeit (rate of shear). Ferner sind, in einem beliebigen Punkt, die Normalspannungen, welche quer durch die Gleitlinien übertragen werden, gleich der mittleren Normalspannung (s. Abb. 35 $a$ und $b$), und es verschwinden daher die entsprechenden Normalkomponenten des Spannungsdeviators.

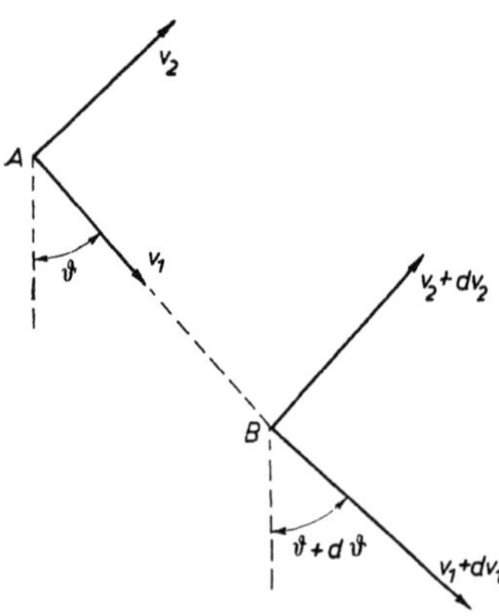


Abb. 45. Unausdehnbarkeit der Gleitlinien.

Nach dem Misesschen Gesetz muß daher für ein Linienelement in der Gleitrichtung die Dehnungsgeschwindigkeit (rate of extension) verschwinden.

Um dies mathematisch auszudrücken, erweist es sich als zweckmäßig, in der ersten und zweiten Gleitrichtung die Geschwindigkeitskomponenten $v_1$ und $v_2$ einzuführen. Was das Vorzeichen dieser Geschwindigkeitskomponenten anlangt, so kann die positive Richtung längs der ersten Gleitlinie beliebig gewählt werden; längs der zweiten Gleitlinie muß sie jedoch so festgesetzt werden, daß sie aus der positiven Richtung längs der ersten Gleitlinie durch eine Drehung um $90^0$ im Gegenzeigersinn hervorgeht. In Abb. 45 sollen $A$ und $B$ zwei benachbarte Punkte auf einer ersten Gleitlinie darstellen, und die infinitesimale Länge von $AB$ sei mit $ds_1$ bezeichnet. Da sich die Endpunkte dieses Linienelements mit den in der Abbildung eingezeichneten Geschwindigkeiten bewegen, verursacht jeder der beiden folgenden Umstände eine zeitliche Änderung der Dehnung (Dehnungsgeschwindigkeit): 1. Die erste Komponente der Geschwindigkeit von $B$ übertrifft jene von $A$ um den Betrag $dv_1$, und 2. die zweiten Komponenten der Geschwindigkeiten von $A$ und $B$ bilden einen kleinen Winkel $d\vartheta$. Die entsprechenden Änderungen der Dehnung pro Zeiteinheit sind dann $dv_1/ds_1$ und $-v_2\, d\vartheta/ds_1$. Da die gesamte zeitliche Änderung der Dehnung in der ersten Gleitrichtung verschwinden muß, haben wir längs einer ersten Gleitlinie

$$dv_1 - v_2\, d\vartheta = 0. \tag{23,1}$$

Analog gilt längs einer zweiten Gleitlinie

$$dv_2 + v_1\, d\vartheta = 0. \tag{23,2}$$

Aus Gl. (23,1) folgt, daß die erste Geschwindigkeitskomponente längs einer ersten Gleitlinie konstant ist, wenn diese entweder eine Gerade ist ($d\vartheta = 0$) oder wenn sie eine Stromlinie ist ($v_2 = 0$). Gl. (23,2) führt auf die analogen Bedingungen, wenn die zweite Geschwindigkeitskomponente längs einer zweiten Gleitlinie konstant sein soll.

Kehren wir nun zu jener Aufgabe zurück, die wir im Zusammenhang mit der Abb. 41 erörtert haben, und nehmen wir an, daß längs eines Stückes $c$ der Randkurve außer $\omega$ und $\vartheta$ noch der Geschwindigkeitsvektor gegeben sei. Nachdem das Gleitliniennetz in der Nachbarschaft des betrachteten Teiles der Berandung nach einer der oben angegebenen Methoden gezeichnet worden ist, können die Gln. (23,1) und (23,2) dazu benützt werden, um das Geschwindigkeitsfeld in dieser Nachbarschaft zu ermitteln. Da entlang des Randes der Geschwindigkeitsvektor und der Winkel $\vartheta$ gegeben sind, können die Geschwindigkeitskomponenten $v_1$ und $v_2$ in jedem Randpunkt sofort bestimmt werden. Nun kann etwa für das Gleitlinienstück (1,1)–(1,2) der Abb. 41 die Differentialbeziehung Gl. (23,1) näherungsweise durch die folgende Differenzenbeziehung ersetzt werden, welche den ungefähren Wert von $v_1$ im Punkt (1,2) liefert:

$$v_1\,(1,\,2) = v_1\,(1,\,1) + v_2\,(1,\,1)\,[\vartheta\,(1,\,2) - \vartheta\,(1,\,1)]. \tag{23,3}$$

In der gleichen Weise kann auch die Geschwindigkeitskomponente in der Richtung der zweiten Gleitlinie gefunden werden, und so fortfahrend findet man schließlich eine Näherungslösung für das gesamte Einflußgebiet. Ebenso einfach können auch die beiden anderen Typen von Randwertaufgaben, wie sie durch die Abb. 42 und 44 dargestellt sind, für die Geschwindigkeiten gelöst werden, sobald das Gleitliniennetz von der Lösung des Spannungsproblems her bekannt ist.

Bei der Behandlung spezieller Aufgaben des plastischen Fließens im nächsten Kapitel werden wir oft die Tatsache benützen, *daß die Kurve, welche ein Gebiet des plastischen Fließens von einem in Ruhe verbleibenden Gebiet trennt, eine Gleitlinie oder eine Grenzlinie sein muß.* Um dies zu beweisen, nehmen wir an, daß in Abb. 41 das Gebiet oberhalb der Kurve $c$ in Ruhe sei, während unterhalb von $c$ plastisches Fließen stattfindet. Wenn das Geschwindigkeitsfeld quer zu $c$ stetig sein soll, dann müssen die Geschwindigkeitskomponenten $v_1$ und $v_2$ längs der Grenze $c$ der Zone des plastischen Fließens verschwinden. Dann folgt aber aus den Gln. (23,1) und (23,2), daß diese Geschwindigkeitskomponenten auch in Punkten unterhalb von $c$ verschwinden. Somit würde das Gebiet, welches in Ruhe bleibt, noch unter die Kurve $c$ hinunterreichen, im Widerspruch zu unserer Annahme, daß $c$ die Grenze dieses Gebietes sei. Wenn wir jedoch annehmen, daß das Gebiet oberhalb der *Gleitlinie* $c$ in Abb. 42 in Ruhe ist, so schließt das Verschwinden von $v_1$ und $v_2$ plastisches Fließen unterhalb von $c$ nicht aus. Bisher haben wir angenommen, daß das Geschwindigkeitsfeld quer zu jener Linie stetig ist, welche ein Gebiet des Fließens von einem in Ruhe verbleibenden Gebiet trennt. Aber selbst wenn zugelassen wird, daß das Geschwindigkeitsfeld quer zu dieser Linie unstetig ist, gilt der oben ausgesprochene Satz. Wie in Abschn. 26 gezeigt werden wird, können Kurven, längs denen das Geschwindigkeitsfeld unstetig ist, nur Gleitlinien oder Grenzlinien sein.

Der Leser möge nicht glauben, daß die Lösung von Aufgaben, welche plastisches Fließen behandeln, im allgemeinen so einfach ist, wie es nach den Ausführungen in diesem und dem vorhergehenden Abschnitt den Anschein hat. In der Praxis sind uns meistens die Spannungen bloß längs eines Teiles der Berandung gegeben (so daß das Gleitliniennetz nicht eindeutig bestimmt ist) und mehr Geschwindigkeitsbedingungen als für ein willkürlich gewähltes Gleitliniennetz erfüllt werden können. Die tatsächliche Schwierigkeit besteht dann darin, eine richtige Lösung für die Spannungen (das heißt das Gleitliniennetz) so zu wählen, daß alle Geschwindigkeitsbedingungen erfüllt werden können. Dies soll an Hand der Beispiele des nächsten Kapitels näher ausgeführt werden.

## 24. Scharen gerader Gleitlinien

Viele der in den vorhergehenden Abschnitten dieses Kapitels abgeleiteten Beziehungen vereinfachen sich beträchtlich, falls die Gleitlinien Gerade sind. Wie wir in Abschn. 21 gesehen haben, ist es nach dem HENCKYschen Satz nicht möglich, daß eine Gleitlinienschar bloß einzelne gerade Linien enthält; wenn eine Gleitlinienschar eine Gerade enthält, dann besteht sie zur Gänze aus Geraden. Ein Gleitliniennetz, das gerade Linien enthält, besteht demnach entweder aus zwei orthogonalen Scharen von parallelen Geraden oder aus bloß einer Geradenschar und ihren orthogonalen Trajektorien. In diesem Abschnitt wollen wir das Spannungs- und das Geschwindigkeitsfeld studieren, welches zu diesen beiden Typen von Netzen gehört.

Längs einer ersten Gleitlinie ist $\omega - \vartheta$ konstant und längs einer zweiten $\omega + \vartheta$. Da $\vartheta$ längs jeder *geraden* Gleitlinie konstant ist, folgt, daß $\omega$ längs jeder geraden Gleitlinie konstant ist. Es ist also sowohl $\omega$ als auch $\vartheta$ über ein ganzes Gebiet konstant, wo das Gleitliniennetz aus zwei Scharen paralleler Geraden besteht. Es folgt dann aus den Gln. (20,12), daß der Spannungszustand in einem solchen Gebiet konstant (homogen) ist, welches daher ein *Gebiet konstanten Zustands* (region of constant state) genannt werden soll.

Das allgemeinste Geschwindigkeitsfeld, das in einem Gebiet konstanten Zustands möglich ist, ist verwickelter, als man nach dem überaus einfachen Spannungsfeld erwarten würde. Für die folgenden Ausführungen wollen wir der Einfachheit halber das Geschwindigkeitsfeld auf die rechtwinkeligen Achsen $x$, $y$ beziehen, welche die erste, bzw. die zweite Gleitrichtung haben sollen. Die Gln. (23,1) und (23,2) zeigen, daß die erste Geschwindigkeitskomponente $v_1 = v_x$ längs jeder ersten Gleitlinie ($y = $ const.) konstant ist und daß $v_2 = v_y$ längs jeder zweiten Gleitlinie

($x =$ const.) konstant ist. Das Geschwindigkeitsfeld ist daher von der Form

$$v_x = f(y), \qquad v_y = g(x). \tag{24,1}$$

Dieses Feld kann durch Überlagerung der beiden folgenden Felder erhalten werden:

$$\begin{aligned}1. \qquad & v_x = f(y), \qquad v_y = 0; \\ 2. \qquad & v_x = 0, \qquad v_y = g(x). \end{aligned} \tag{24,2}$$

Das erste Feld stellt ein schichtweises Fließen (laminare Strömung; shear flow) in der $x$-Richtung dar mit dem *Geschwindigkeitsprofil* $v_x = f(y)$, das zweite ein schichtweises Fließen in der $y$-Richtung mit dem Geschwindigkeitsprofil $v_y = g(x)$. Das allgemeinste Geschwindigkeitsfeld, das in einem Gebiet konstanten Zustandes möglich ist, wird demnach erhalten durch Überlagerung von zwei beliebigen Zuständen schichtweisen Fließens in den zwei Gleitrichtungen.

Ein Gebiet, wo bloß die Gleitlinien einer der beiden Scharen Gerade sind, soll ein *Fächer* (fan) genannt werden. In dem besonderen Fall, daß diese geraden Gleitlinien in einem Punkt zusammenlaufen, sprechen wir von einem *zentrierten Fächer* (centered fan).

Wir wollen zuerst einen zentrierten Fächer, bestehend aus ersten Gleitlinien, betrachten. Die zweiten Gleitlinien sind dann konzentrische Kreise. Die Diskussion der Spannungs- und Geschwindigkeitsverteilung in einem solchen zentrierten Fächer wird erleichtert, wenn wir den Mittelpunkt des

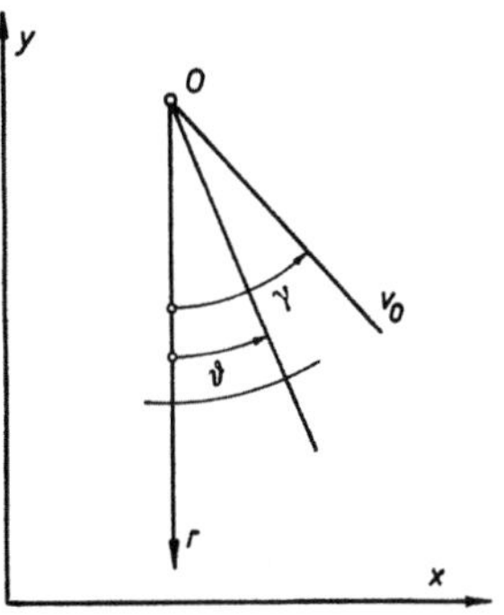

Abb. 46. Zentrierter Fächer.

Fächers als Ursprung eines Polarkoordinatensystems wählen. Da längs jeder ersten Gleitlinie $\vartheta =$ const. ist, wird $\vartheta$ auch die Winkelkoordinate darstellen, sofern wir die Polarachse parallel zur negativen $y$-Achse wählen (Abb. 46). Der Abstand eines Punktes vom Ursprung sei mit $r$ bezeichnet. Da $\omega - \vartheta$ längs jeder ersten Gleitlinie konstant sein muß und $\omega + \vartheta$ längs jeder zweiten, und da hier $\vartheta$ längs jeder ersten Gleitlinie konstant ist, so folgt, daß $\omega + \vartheta$ über den ganzen Fächer einen konstanten Wert, etwa $c$, haben muß. Es ist also

$$\omega = c - \vartheta, \tag{24,3}$$

und $\omega$ ist somit von $r$ unabhängig, nach den Gln. (20,12) gilt dies dann auch für $\sigma_x$, $\sigma_y$, $\tau$. Die Spannungskomponenten nach den Richtungen der Polarkoordinaten sind dann gegeben durch

$$\sigma_r = \sigma_\vartheta = 2\,k\,(c - \vartheta), \qquad \tau_{r\vartheta} = k. \tag{24,4}$$

Diese Gleichungen zeigen, daß der Mittelpunkt des Fächers ein singulärer Punkt des Spannungsfeldes ist, sofern er überhaupt innerhalb des betrachteten plastischen Gebietes liegt.

Was die Geschwindigkeitskomponenten $v_1 = v_r$ und $v_2 = v_\vartheta$ anlangt, so zeigen die Gln. (23,1) und (23,2), daß gilt:

$$v_r = -f'(\vartheta), \qquad v_\vartheta = f(\vartheta) + g(r), \tag{24,5}$$

wo $f' = df/d\vartheta$ ist. Wenn der Mittelpunkt des Fächers innerhalb des betrachteten plastischen Gebietes liegt und wenn der Geschwindigkeitsvektor im Mittelpunkt den Betrag $v_0$ und die Richtung $\gamma$ hat (s. Abb. 46), dann haben wir

$$f(\vartheta) = v_0 \sin(\gamma - \vartheta), \qquad g(0) = 0. \tag{24,6}$$

Wenn der Mittelpunkt des Fächers außerhalb des betrachteten plastischen Gebietes liegt, dann sind die Funktionen $f$ und $g$ keinen solchen Beschränkungen unterworfen.

Schließlich wollen wir noch einen nicht zentrierten Fächer (noncentered fan) betrachten, der aus ersten Gleitlinien bestehen möge (Abb. 47). Die ersten Gleitlinien sind dann die Tangenten einer bestimmten Kurve $(c - c)$, welche die *Leitkurve* des Fächers (base curve) genannt werden soll. Die zweiten Gleitlinien sind die Evolventen der Leitkurve. Abb. 47 zeigt ein geeignetes krummliniges Koordinatensystem für die Beschreibung der Spannungs- und der Geschwindigkeitsverteilung in einem solchen Fächer. Der Ursprung $O$ ist ein Punkt auf der Leitkurve, der so gewählt wurde, daß $\vartheta = 0$ ist in $O$. Die Koordinaten $r$, $\vartheta$ eines beliebigen Punktes $Q$ des Fächers werden

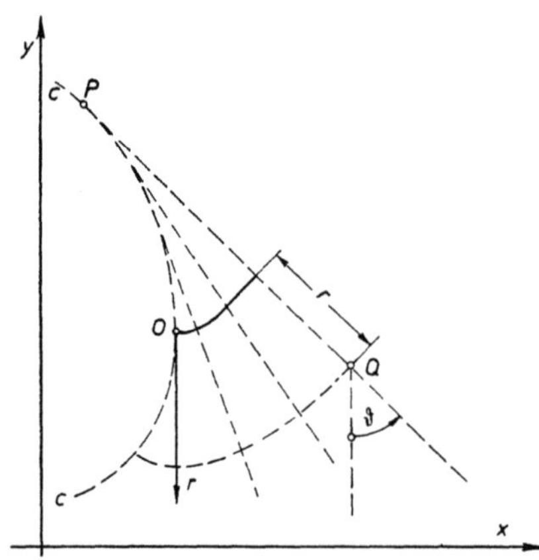
Abb. 47. Nicht zentrierter Fächer.

dann wie folgt definiert: $\vartheta$ ist der Winkel, den die erste Gleitrichtung in $Q$ mit der negativen $y$-Achse einschließt, und $r$ ist der Normalabstand des Punktes $Q$ von der zweiten Gleitlinie durch $O$, wobei die Richtung wachsender $r$ mit der ersten Gleitrichtung in $Q$ übereinstimmt. Somit sind die Koordinatenlinien $\vartheta = $ const. und $r = $ const. die ersten und die zweiten Gleitlinien. Wie oben ist leicht einzusehen, daß Gl. (24,3) auch in dem gesamten nicht zentrierten Fächer von ersten Gleitlinien gilt, wobei $c$ eine Konstante bedeutet. Die Spannungskomponenten bezüglich des gewählten krummlinigen Koordinatensystems sind wieder durch die Gln. (24,4) gegeben, und die Geschwindigkeitskomponenten durch die Gln. (24,5). Der Charakter des Spannungs- und des Geschwindigkeitsfeldes in der Nachbarschaft der Leitkurve (Grenzlinie) soll im folgenden Abschnitt behandelt werden.

## 25. Grenzlinien

Der Begriff der *Grenzlinie* wurde in Abschn. 21 im Zusammenhang mit Abb. 37 eingeführt. Dort wurde gezeigt, daß die Einhüllende der einen Gleitlinienschar der geometrische Ort der Spitzen der Gleitlinien der anderen Schar ist. Die Einhüllende ist damit eine Grenzlinie, über die hinweg diese letzteren Gleitlinien nicht fortgesetzt werden können.

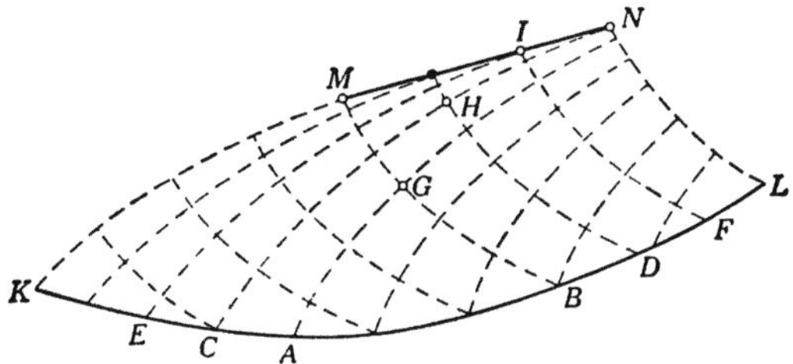

Abb. 48. Grenzlinie.

Wenn längs eines Bogens $AB$ der Randkurve die Werte $\omega$ und $\vartheta$ gegeben sind (Abb. 48), wobei $AB$ weder eine Gleitlinie ist, noch eine solche tangiert, dann können wir nach den in Abschn. 22 angegebenen Methoden das Gleitliniennetz für ein bestimmtes Einflußgebiet konstruieren. In den meisten praktischen Aufgaben handelt es sich bloß um das Gleitliniennetz auf der *einen* Seite der Randkurve. In der Regel ist dann das Einflußgebiet begrenzt durch den Bogen $AB$ und durch die Bogen der Gleitlinien $AG$ und $BG$ (Abb. 48). Wir verlängern nun das Stück der Randkurve, auf dem $\omega$ und $\vartheta$ gegeben sind, über $A$ und $B$ hinaus, und sehen nach, wie das entsprechende Einflußgebiet wächst. Der Bogen $CD$ hat das Einflußgebiet $CHD$, welches $G$ als inneren Punkt enthält. Ähnlich hat der Bogen $EF$ das Einflußgebiet $EIF$, für das $H$ ein innerer Punkt ist. Da jedoch $I$ auf der Einhüllenden $MN$ der einen Gleitlinienschar liegt, ist es nicht möglich, durch eine weitere Verlängerung des Bogens der Randkurve, längs dem $\omega$ und $\vartheta$ gegeben sind, ein Einflußgebiet zu erhalten, welches $I$ als inneren Punkt enthält. So hat z. B. der Bogen $KL$ das Einflußgebiet $KMNL$, und $I$ ist ein Randpunkt dieses Gebietes.

Betrachten wir nun das Spannungs- und das Geschwindigkeitsfeld in der Nachbarschaft einer Grenzlinie. Um etwas Bestimmtes vor Augen zu haben, nehmen wir an, diese Grenzlinie sei eine Einhüllende der ersten Gleitlinien. Es sei $O$ ein beliebiger Punkt dieser Einhüllenden, und $OP$ und $OQ$ seien die erste, bzw. die zweite Gleitlinie durch $O$ (Abb. 49). Wählen wir die Normale der Grenzlinie im Punkt $O$ als $x$-Achse, so ist in diesem Punkt $\vartheta = 0$. Nun bedeutet in jedem Punkt, wo $\vartheta = 0$ ist, eine Differentiation nach $x$ eine Differentiation in der zweiten Gleitrichtung. Da unter diesen Bedingungen $\partial(\omega + \vartheta)/\partial x = 0$ ist, folgt aus der ersten Gl. (20,12), daß überall dort, wo $\vartheta = 0$ ist, $\partial\sigma_x/\partial x = 0$ ist. Aus den Gleichgewichtsbedingungen [s. die erste Gl. (20,14)] folgt dann, daß $\partial\tau/\partial y = 0$ ist. Bevor wir die noch verbleibenden Ableitungen der Spannungskomponenten berechnen, zeigen wir, daß $\partial\vartheta/\partial x$ in $O$ unendlich wird. $\vartheta$ ist der Winkel zwischen der $x$-Achse und der Tangente an die Gleitlinie $OQ$; ferner bedeutet eine Differentiation nach $x$ im Punkt $O$ eine Differentiation längs dieser Gleitlinie. Somit ist der Wert $\partial\vartheta/\partial x$ in $O$ gleich der Krümmung dieser Gleitlinie in $O$; diese Krümmung ist aber unendlich groß, da die zweite Gleitlinie dort, wo sie an die Grenzlinie stößt, eine Spitze hat. Da $\omega + \vartheta$ längs $OQ$ konstant ist, muß auch $\partial\omega/\partial x$ in $O$ unendlich werden, jedoch von entgegengesetztem Zeichen wie $\partial\vartheta/\partial x$. Die zweite und dritte der Gln. (20,12) zeigt dann, daß $\partial\sigma_y/\partial x$ in $O$ unendlich wird, während $\partial\tau/\partial x$ im allgemeinen endlich sein wird, was wegen der zweiten Gl. (20,14) dann auch für $\partial\sigma_y/\partial y$ gelten wird. Um schließlich noch zu zeigen, daß $\partial\sigma_x/\partial y$ in $O$ im allgemeinen endlich sein wird, beachten wir, daß $\partial\vartheta/\partial y$ die Krümmung der ersten Gleitlinie $OP$ im Punkt $O$ ist, welche endlich ist. Da also $\partial\sigma_y/\partial y$ und $\partial\vartheta/\partial y$ in $O$ endlich sind, folgt aus der zweiten Gl. (20,12), daß hier auch $\partial\omega/\partial y$ endlich ist. Damit folgt schließlich aus der ersten Gl. (20,12), daß $\partial\sigma_x/\partial y$ in $O$ endlich ist.

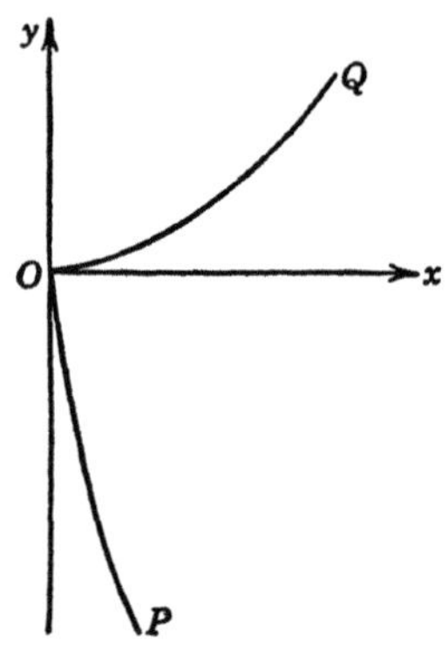


Abb. 49. Diskussion des Spannungsfeldes in der Nähe einer Grenzlinie.

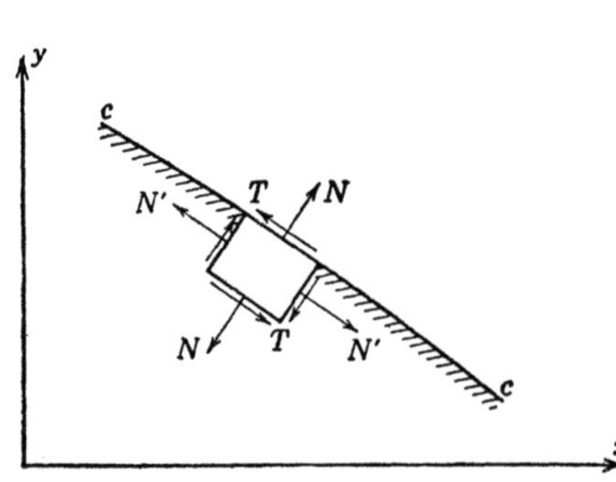


Abb. 50. Äußere und innere Komponenten der Normalspannung.

Eine kurze Zusammenfassung der eben erhaltenen Ergebnisse wie auch noch weiterer Resultate, die wir in diesem Abschnitt ableiten werden, wird wesentlich erleichtert durch die Einführung eines geeigneten Ausdrucks für die Normalspannung, welche in der Richtung der Tangente einer gegebenen Kurve $c$ wirkt, nämlich für die Spannung $N'$ in Abb. 50. Wir stellen uns die Kurve $c$ gleichsam als Randkurve eines Spannungsfeldes vor, und beschreiben das Feld in der Nachbarschaft dieses Randes durch die Spannungen in der Tangenten- und in der Normalenrichtung von $c$. Wir führen dann die Bezeichnung „äußere Spannungskomponenten" (exterior components of stress) ein, um die Schubspannung und jene Normalspannung, welche die Richtung der Normale von $c$ hat, zu kennzeichnen, und ferner den Ausdruck „innere Spannungskomponente" (interior component of stress), um diejenige Normalspannung zu kennzeichnen, welche die Richtung der Tangente von $c$ hat. Diese Bezeichnung ist dadurch gerechtfertigt, daß die äußeren Komponenten der Spannung in einem Randpunkt durch die in diesem Punkt auf die Oberfläche von außen einwirkenden Spannungen (surface tractions) eindeutig bestimmt sind; dies ist nicht der Fall für die inneren Spannungskomponenten [s. Gl. (22,5)].

Mit Hilfe dieser Bezeichnung kann der allgemeine Charakter eines Spannungsfeldes längs einer Grenzlinie wie folgt beschrieben werden: die Ableitung der inneren Komponente der Spannung in der Richtung der Normale ist unendlich, während die Ableitung der inneren Komponente in der Tangentenrichtung wie auch die Ableitungen der äußeren Spannungskomponenten in der Tangenten- und Normalenrichtung endlich sind. Insbesondere verschwindet die Ableitung der Schubspannung in der Tangentenrichtung und die Ableitung der äußeren Normalspannung in der Normalenrichtung.

Das Geschwindigkeitsfeld in der Nachbarschaft einer Grenzlinie kann in ähnlicher Weise diskutiert werden. Wählt man die Koordinaten wie in Abb. 49, dann findet man, daß $\partial v_y/\partial x$ in $O$ unendlich ist, während die übrigen ersten Ableitungen von $v_x$ und $v_y$ endlich sind. Infolgedessen ist die Schiebungsgeschwindigkeit

$$\dot{\gamma} = \frac{\partial v_y}{\partial x} + \frac{\partial v_x}{\partial y}$$

im Punkt $O$ unendlich groß[1]. Wegen dieser unendlich großen Schiebungsgeschwindigkeit werden die Grenzlinien in der russischen Literatur auch „Bruchlinien" (englisch "lines of rupture") genannt (s. z. B. [14]).

Wir schließen diese Diskussion des Spannungs- und des Geschwindigkeitsfeldes in der Nähe einer Grenzlinie ab mit einem Beispiel, das von PRANDTL [6] stammt. Eine schmale Schicht aus plastischem Material

---

[1] Die Schiebungsgeschwindigkeit $\dot{\gamma}$ darf nicht mit der tatsächlichen Geschwindigkeit $v$ (mit den Komponenten $v_x$ und $v_y$) der Teilchen verwechselt werden. (D. Übers.)

werde zwischen zwei rauhen, starren Platten zusammengedrückt, wobei die Platten stets zueinander parallel bleiben. Wenn die Koordinaten so gewählt werden, wie in Abb. 51 angegeben, dann werden sich die Teilchen mit positiver Abszisse nach rechts, die mit negativer Abszisse nach links bewegen. Wir nehmen an, daß $l \gg h$ ist, und beschränken uns auf die Ermittlung des Spannungs- und Geschwindigkeitsfeldes in jenen Teilen

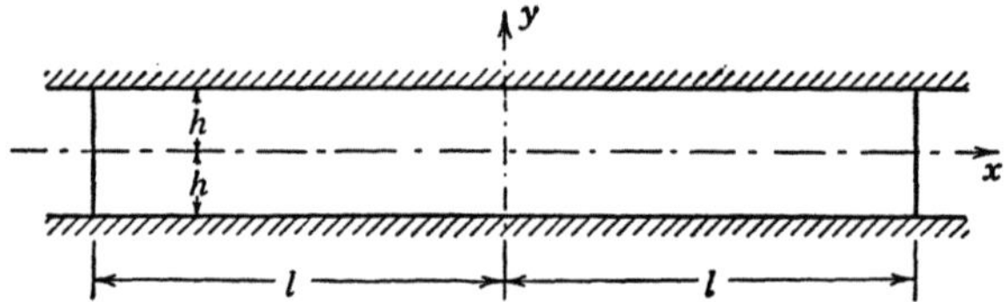

Abb. 51. Zwischen rauhen, starren Platten gedrückte schmale Schicht.

des betrachteten Querschnitts, die genügend weit von der „Wasserscheide" $x = 0$ und von den Enden $x = \pm l$ entfernt liegen, so daß wir das Gleitliniennetz als von $x$ unabhängig annehmen können. Für die eben genannten Teile der gedrückten Schicht lauten PRANDTLS Ausdrücke für die Spannungen und die Geschwindigkeiten:

$$\sigma_x = -p + k\left(\frac{x}{h} + 2\sqrt{1 - \frac{y^2}{h^2}}\right),$$

$$\sigma_y = -p + k\frac{x}{h}, \tag{25,1}$$

$$\tau = -k\frac{y}{h},$$

und

$$v_x = c\left(\frac{x}{h} + 2\sqrt{1 - \frac{y^2}{h^2}}\right),$$

$$v_y = -c\frac{y}{h}. \tag{25,2}$$

Wie man sich leicht überzeugt, erfüllen die Spannungen (25,1) die Gleichgewichtsbedingungen (20,14) und die Fließbedingung (20,7), und die Geschwindigkeiten (25,2) erfüllen die Bedingung der Unzusammendrückbarkeit:

$$\frac{\partial v_x}{\partial x} + \frac{\partial v_y}{\partial y} = 0. \tag{25,3}$$

Für die Komponenten des Spannungsdeviators ergibt sich

$$s_x = -s_y = k\sqrt{1 - \frac{y^2}{h^2}}, \qquad \tau = -k\frac{y}{h}, \tag{25,4}$$

und für die Verzerrungsgeschwindigkeiten findet man

$$\dot{\varepsilon}_x = -\dot{\varepsilon}_y = \frac{c}{h}, \qquad \dot{\gamma} = -\frac{2\,c\,y}{h^2\sqrt{1-\dfrac{y^2}{h^2}}}. \tag{25,5}$$

Wie man leicht nachprüft, erfüllen die Größen (25,4) und (25,5) die MISESschen Spannungs-Verzerrungsbeziehungen mit

$$\mu = \frac{c}{h\,k\sqrt{1-\dfrac{y^2}{h^2}}}. \tag{25,6}$$

Längs $y = h$ (und für $x > 0$) nimmt der Druck, welcher von der Platte auf die gedrückte Schicht ausgeübt wird, linear mit $x$ ab, und die Schubspannung hat den konstanten Wert $-k$, in Übereinstimmung mit der Tatsache, daß die Platte, ganz gleich wie rauh sie auch sein mag, keine

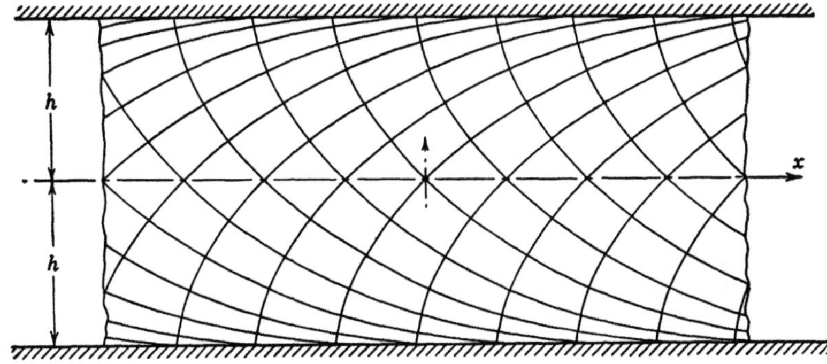

Abb. 52. Gleitlinien für eine zwischen rauhen, starren Platten gedrückte unendliche, schmale Schicht.

Schubspannungen übertragen kann, die größer sind als die Fließspannung $k$ für reinen Schub. Weiters ergibt sich, daß das Material längs dieser Platte mit der Geschwindigkeit $c\,x/h$ seitwärts gleitet, wenn sich die Platte mit der Geschwindigkeit $c$ nach abwärts bewegt.

Als Gleitlinien des Spannungsfeldes (25,1) ergeben sich Zykloiden, mit den Einhüllenden $y = \pm\,h$ (Abb. 52). Längs dieser Grenzlinien sind die Ableitungen $\partial\sigma_x/\partial y$ und $\partial v_x/\partial y$ unendlich groß, wie sofort aus den Gln. (25,1) und (25,2) zu sehen ist. Die letzte Gl. (25,5) zeigt, daß die Schiebungsgeschwindigkeit $\dot{\gamma}$ für $y = \pm\,h$ ebenfalls unendlich groß ist.

Diese PRANDTLsche Lösung ist auf verschiedene Art erweitert worden. HODGE [15] hat eine näherungsweise Lösung für die Verschiebungen angegeben, nachdem der anfängliche Abstand der Platten um einen endlichen Betrag verkleinert worden ist. HILL, LEE und TUPPER [16] haben

die Aufgabe für den Fall gelöst, daß $l$ endlich ist. ODQUIST [17] und
NYE [18] haben experimentelle Ergebnisse veröffentlicht. NADAI [19]
hat den Fall eines Keils behandelt, der zwischen leicht geneigten Platten
gedrückt wird.

## 26. Unstetigkeitslinien

Bisher haben wir nur solche Felder des ebenen plastischen Fließens
betrachtet, in denen die Spannungskomponenten stetige Funktionen der
Koordinaten waren. Bei der Behandlung der vollplastischen Spannungsverteilung in einem zylindrischen oder prismatischen Stab unter Torsion
(s. Abschn. 9) fanden wir jedoch, daß Unstetigkeitslinien auftreten können,

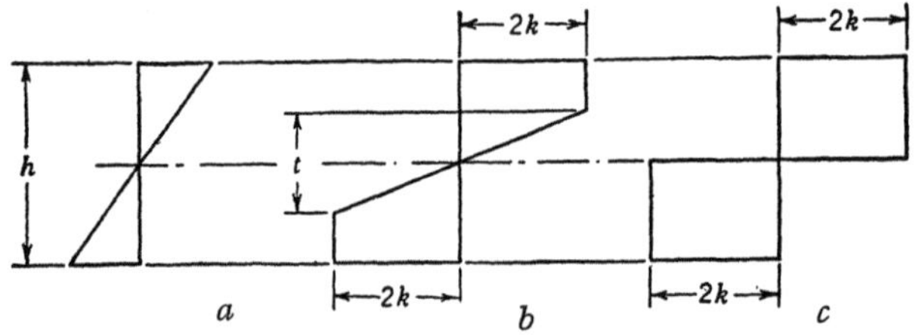

Abb. 53. a — c. Unstetige Spannungsverteilung in einer gebogenen, dünnen Platte.

quer zu denen sich die tangentiale Komponente der Schubspannung sprunghaft ändert. In der Regel geht die Berechnung des maximalen Verdrehungsmoments, das ein ideal plastischer Stab übertragen kann, von einer
solchen unstetigen Spannungsverteilung aus. Es ist daher wahrscheinlich,
daß auch in den Problemen der ebenen Verzerrung die Berechnung der
Traglast (limit load), unter der uneingeschränktes plastisches Fließen einsetzt, häufig auf unstetigen Spannungsverteilungen basieren wird.

Ein einfaches Beispiel dieser Art stellt eine dünne Platte dar, die unter
den Bedingungen der ebenen Verzerrung in eine zylindrische Form gebogen wird. In dem Maße als das Biegemoment wächst, wechselt die
Spannungsverteilung über die Dicke $h$ des Querschnitts von der voll-
elastischen Verteilung (Abb. 53 $a$) über die elastisch-plastische Verteilung
(Abb. 53 $b$) zur vollplastischen Verteilung (Abb. 53 $c$). In einem beliebigen
Stadium des Biegeprozesses hängt die Biegesteifigkeit der Platte von der
Dicke $t$ des elastischen Kerns ab (Abb. 53 $b$). Nur im Fall der vollplastischen Spannungsverteilung (Abb. 53 $c$) reduziert sich die Dicke des
elastischen Kerns und damit auch die Biegesteifigkeit auf Null. Die Berechnung des Tragmoments (limit moment), unter dem uneingeschränktes
plastisches Fließen einsetzt, muß daher von der in Abb. 53 $c$ dargestellten
unstetigen Spannungsverteilung ausgehen.

Obwohl dieses besondere Beispiel einer unstetigen Spannungsverteilung in einem Feld ebenen plastischen Fließens seit vielen Jahren bekannt ist, hat man dem allgemeinen Problem der unstetigen Spannungsverteilung bei ebenem plastischem Fließen erst in jüngster Zeit jene Aufmerksamkeit zugewandt, die es zweifellos verdient. Tatsächlich ist dieses Gebiet noch lange nicht vollkommen durchforscht. PRAGER [20] stellte Bedingungen für den Sprung an einer Unstetigkeitslinie auf, WINZER und CARRIER [21] klärten die Verhältnisse im Schnittpunkt von geraden Unstetigkeitslinien, welche Felder konstanter Spannung oder zentrierte Fächer voneinander trennen, LEE [22] diskutierte das Geschwindigkeitsfeld in der Nachbarschaft einer solchen Unstetigkeitslinie, und HODGE [15] studierte die Möglichkeit der Approximation allgemeiner Spannungsfelder ebener plastischer Fließvorgänge durch Felder konstanter Spannung, die durch Unstetigkeitslinien voneinander ge

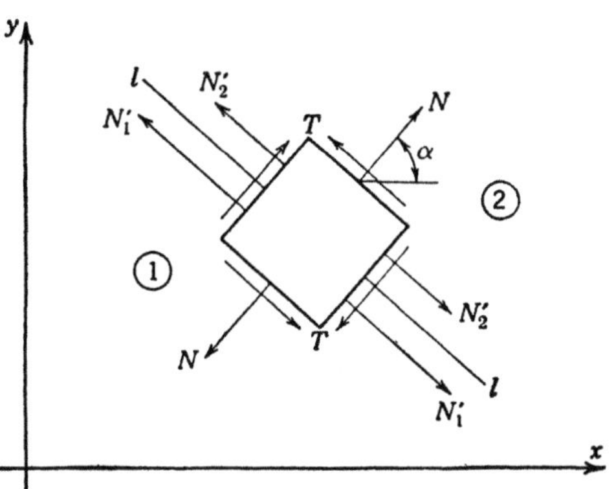

Abb. 54. Unstetigkeiten der Spannung in Problemen mit ebener Verzerrung.

trennt sind. In den meisten dieser Arbeiten wurden nur gerade Unstetigkeitslinien betrachtet, welche Felder konstanter Spannung voneinander scheiden. Das einzige bisher in der Literatur behandelte Beispiel einer Unstetigkeitslinie, welche Felder variabler Spannung voneinander trennt, ist von WINZER und CARRIER mittels einer inversen Methode konstruiert worden [23].

In Abb. 54 stelle *l-l* ein Element einer Unstetigkeitslinie dar; $\alpha$ sei der Winkel, den die Normale dieses Elements mit der $x$-Achse einschließt. Die beiden Seiten der Unstetigkeitslinie seien gemäß der Abbildung mit 1 und 2 bezeichnet. Wenn nötig, sollen 1 und 2 als Indizes benützt werden, um die Werte zu unterscheiden, welche eine Größe auf diesen beiden Seiten annimmt. Aus den Gleichgewichtsbedingungen für das eingezeichnete rechteckige Element folgt unschwer, daß die *äußeren Spannungskomponenten* $N$ und $T$ quer zu *l-l* stetig sind. Die *innere Spannungskomponente* $N'$ kann jedoch unstetig sein, ohne daß das Gleichgewicht gestört wird. Da zu beiden Seiten der Unstetigkeitslinie die Fließbedingung erfüllt sein muß, werden hier die Spannungszustände durch MOHRsche Kreise dargestellt, wie sie Abb. 39 zeigt.

Drücken wir die Stetigkeit von $N$ und $T$ mittels der Gln. (22,1) aus, so erhalten wir die folgenden Beziehungen zwischen den Werten $\omega$ und $\vartheta$ zu beiden Seiten der Unstetigkeitslinie:

$$2\,\omega_1 + \sin 2\,(\vartheta_1 - a) = 2\,\omega_2 + \sin 2\,(\vartheta_2 - a),$$
$$\cos 2\,(\vartheta_1 - a) = \cos 2\,(\vartheta_2 - a). \tag{26,1}$$

Die für uns brauchbaren Wurzeln dieser Gleichungen sind

$$\omega_2 = \omega_1 + \sin 2\,(\vartheta_1 - a),$$
$$\vartheta_2 = 2\,a - \vartheta_1 \pm n\pi, \tag{26,2}$$

wo $n$ eine ganze Zahl ist. Das sind die von PRAGER [20] aufgestellten Sprungbedingungen (jump conditions). Die zweite Gl. (26,2) zeigt, daß die Unstetigkeitslinie in jedem ihrer Punkte den Winkel halbiert, den die ersten Gleitlinien in diesem Punkt miteinander einschließen.

Abb. 55 zeigt ein einfaches Beispiel für eine Unstetigkeitslinie: ein Keil mit dem Winkel $2\beta < \pi/2$ ist einem gleichmäßigen Druck auf eine seiner Flanken ausgesetzt. Eine Unstetigkeitslinie $OC$, welche den Keil halbiert, scheidet die zwei Felder konstanter Spannung. Um zu zeigen, daß solch eine unstetige Lösung alle Bedingungen befriedigt, benützen wir

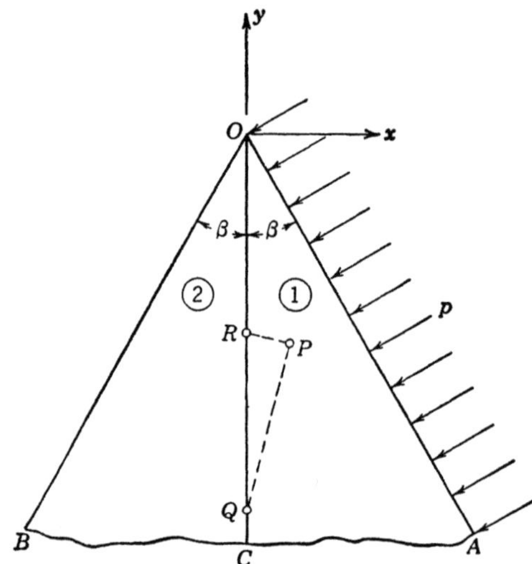

Abb. 55. Spitzwinkeliger Keil unter einseitigem Druck.

das in die Abbildung eingezeichnete Koordinatensystem und erhalten mit den gemäß Abb. 38 eingeführten Bezeichnungen:

$$a = \beta, \qquad N = -p, \qquad T = 0 \qquad \text{auf} \qquad OA \tag{26,3}$$

und

$$a = \pi - \beta, \qquad N = 0, \qquad T = 0 \qquad \text{auf} \qquad OB. \tag{26,4}$$

Damit liefern die Gln. (22,3):

$$\vartheta = \beta \pm \frac{\pi}{4}, \qquad \omega = \frac{1}{2}\left(-\frac{p}{k} \mp 1\right) \qquad \text{auf} \qquad OA, \tag{26,5}$$

wo in beiden Gleichungen entweder die oberen oder die unteren Vorzeichen zu nehmen sind, und

$$\vartheta = \pi - \beta \pm \frac{\pi}{4}, \qquad \omega = \mp \frac{1}{2} \qquad \text{auf} \qquad OB, \tag{26,6}$$

wo wieder die oberen, bzw. die unteren Zeichen zusammen gehören, wo aber die Vorzeichengebung unabhängig ist von den Zeichen in (26,5).

Um in (26,6) die richtigen Vorzeichen zu wählen, beachten wir, daß der seitliche Druck den Keil derart biegen wird, daß längs $OB$ die innere Spannung eine Druckspannung sein wird. Gl. (22,2) zeigt, daß wir, um für $N'$ eine Druckspannung zu erhalten, in (26,6) die oberen Zeichen zu wählen haben. Nehmen wir in den beiden Gebieten $AOC$ und $BOC$ konstante Zustände an, dann ergeben sich zunächst die folgenden Werte für $\omega$ und $\vartheta$ auf den beiden Seiten der Unstetigkeitslinie:

$$\vartheta_1 = \beta \pm \frac{\pi}{4}, \qquad \omega_1 = \frac{1}{2}\left(-\frac{p}{k} \mp 1\right),$$
$$\vartheta_2 = \frac{5\pi}{4} - \beta, \qquad \omega_2 = -\frac{1}{2}. \tag{26,7}$$

Bezüglich der Vorzeichenwahl in den beiden letzten Gleichungen beachten wir, daß $\vartheta_1$ und $\vartheta_2$ an der Unstetigkeitslinie, wo $\alpha = 0$ ist, die zweite Sprungbedingung (26,2) erfüllen müssen. Dies ist dann der Fall, und zwar für $n = 1$, wenn wir in der ersten Gl. (26,7) das obere Zeichen wählen. Infolgedessen müssen wir auch in der zweiten Gl. (26,7) das obere Zeichen nehmen. Die erste Sprungbedingung (26,2) liefert dann die Beziehung

$$p = 2\,k\,(1 - \cos 2\,\beta). \tag{26,8}$$

Obwohl diese Rechnung zeigt, daß die von uns angenommene vollplastische, unstetige Spannungsverteilung möglich ist, wenn der Druck den durch Gl. (26,8) gegebenen Wert erreicht, beweist dies nicht, daß dies wirklich die einzig mögliche vollplastische Spannungsverteilung ist, die in einem derart belasteten Keil auftreten kann. Die Frage der Eindeutigkeit soll in Abschn. 27 diskutiert werden.

Nach Lee [22] wollen wir nun das Geschwindigkeitsfeld in der Nachbarschaft einer Spannungsunstetigkeit diskutieren. Abb. 53 läßt vermuten, daß eine Unstetigkeitslinie in einer vollplastischen Spannungsverteilung das letzte Überbleibsel eines elastischen Gebietes sein könnte. Um zu zeigen, daß dies tatsächlich der Fall ist, denken wir uns die Spannungszustände zu beiden Seiten einer Unstetigkeitslinie durch die beiden Mohrschen Kreise der Abb. 39 dargestellt. Wir ersetzen nun diese unstetige Änderung der Spannung durch eine rasche, aber dabei stetige Spannungsänderung. Das Gleichgewicht erfordert, daß die Mohrschen Kreise, welche die Spannungszustände darstellen, die einen solchen kontinuierlichen Übergang liefern, stets durch den Punkt $P$ mit den Koordinaten $N$ und $T$ gehen müssen. Damit nicht gegen die Fließbedingung verstoßen werde, müssen die Mittelpunkte aller dieser Kreise zwischen den Punkten $Q$ und $R$ liegen (Abb. 39). Der Radius jedes

solchen Kreises ist daher kleiner als $k$, was bedeutet, daß die Spannungszustände, welche die gewünschten stetigen Übergänge liefern, elastisch
sind.

Eine Unstetigkeitslinie in einem Spannungsfeld muß daher als ein
*elastischer Faden* (elastic filament) betrachtet werden, der zwei plastische
Gebiete trennt. Im Rahmen der MISESschen Theorie, welche alle elastischen Formänderungen vernachlässigt, muß dieser elastische Faden
unausdehnbar, jedoch als vollkommen widerstandslos biegbar betrachtet
werden. Im Fall des Keils der Abb. 55 bedeutet dies, daß, abgesehen von
einer Translation des ganzen Keils in der $y$-Richtung, längs $OC$ $v_y = 0$
sein muß, während $v_x$ längs
dieser Linie als eine be-
liebige, stetige Funktion
von $y$ vorgeschrieben werden kann. Wenn die Ge-
schwindigkeiten der Teil-
chen des Fadens $OC$ in
dieser Weise gegeben sind,
dann kann die Geschwin-
digkeit eines beliebigen
Punktes $P$ des Keils der
Abb. 55 folgendermaßen
gefunden werden: es seien
$PQ$ und $PR$ die erste und
die zweite Gleitlinie durch
$P$; ihre Schnittpunkte mit
$OC$ seien $Q$ und $R$. Da
$P, Q, R$ in ein und dem-
selben Gebiet konstanten
Zustands liegen, ist die Geschwindigkeitskomponente
$v_1$ konstant längs $QP$ und die Geschwindigkeitskomponente $v_2$ konstant
längs $RP$. Sind daher die Geschwindigkeiten von $Q$ und $R$ gegeben, so
kann daraus die Geschwindigkeit von $P$ leicht gefunden werden.

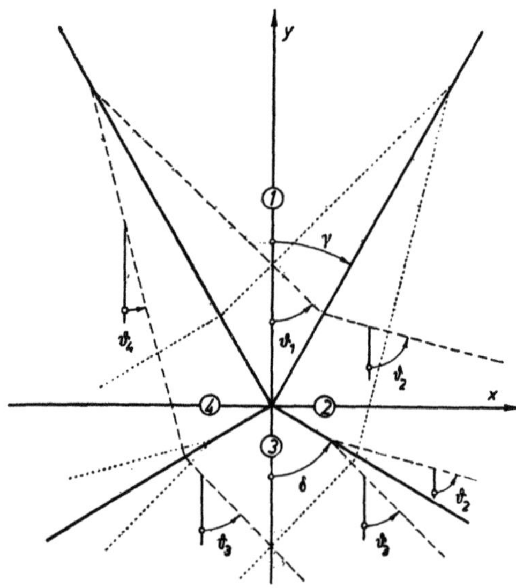

Abb. 56. Schnitt von vier Unstetigkeitslinien.

WINZER und CARRIER [21] haben die Verhältnisse im Schnittpunkt
von mehreren Unstetigkeitslinien untersucht, welche Felder konstanter
Spannung voneinander trennen. Sie zeigten, daß in einem solchen Punkt
mindestens vier Felder konstanter Spannung zusammenstoßen müssen.
Wir wollen hier bloß den Fall betrachten, daß die gesamte Spannungsverteilung und daher auch die Unstetigkeitslinien eine Symmetrieachse
besitzen, welche wir als $y$-Achse eines rechtwinkeligen Koordinatensystems $x, y$ wählen wollen. In Abb. 56 stellen die starken, vollen Linien
die vier Unstetigkeitslinien dar, und die gestrichelten und punktierten

Linien die ersten, bzw. die zweiten Gleitlinien. Da jede Unstetigkeitslinie den Winkel zwischen den beiden ersten Gleitrichtungen in den aneinander grenzenden Feldern halbieren muß, naben wir

$$
\begin{aligned}
\vartheta_2 &= \pi - \vartheta_1 - 2\gamma, \\
\vartheta_3 &= 2\delta - \vartheta_2 = \vartheta_1 + 2(\gamma + \delta) - \pi, \\
\vartheta_4 &= \pi - \vartheta_3 - 2\delta = 2\pi - \vartheta_1 - 2(\gamma + 2\delta), \\
\vartheta_1 &= 2\gamma - \vartheta_4 = \vartheta_1 + 4(\gamma + \delta) - 2\pi.
\end{aligned}
\tag{26,9}
$$

Die letzte dieser Gleichungen verlangt, daß

$$
\gamma + \delta = \frac{\pi}{2}
\tag{26,10}
$$

ist. Wegen der Symmetrie der Spannungsverteilung bezüglich der
$y$-Achse ist entweder $\vartheta_1 = \pi/4$ oder $\vartheta_1 = 3\pi/4$. Wenn wir dies sowie
Gl. (26,10) berücksichtigen, dann reduzieren sich die Gln. (26,9) auf die
eine oder die andere der folgenden zwei Gruppen von vier Gleichungen:

$$
\begin{aligned}
\vartheta_1 &= \frac{\pi}{4}, \\
\vartheta_2 &= \frac{3\pi}{4} - 2\gamma, \\
\vartheta_3 &= \frac{\pi}{4}, \\
\vartheta_4 &= 2\gamma - \frac{\pi}{4};
\end{aligned}
\tag{26,11}
\qquad
\begin{aligned}
\vartheta_1 &= \frac{3\pi}{4}, \\
\vartheta_2 &= \frac{\pi}{4} - 2\gamma \\
\vartheta_3 &= \frac{3\pi}{4}, \\
\vartheta_4 &= 2\gamma - \frac{3\pi}{4}.
\end{aligned}
\tag{26,12}
$$

Man beachte, daß $\vartheta_2$ nicht gleich $\vartheta_4$ ist, trotz der Symmetrie der Spannungsverteilung. Dies rührt daher, daß die erste Gleitrichtung dadurch
definiert wurde, daß sie aus der ersten Hauptrichtung durch eine Drehung
um $45^0$ im Gegenzeigersinn hervorgehen soll. Da die ersten Hauptrichtungen in zwei symmetrischen Spannungsfeldern die $y$-Achse zur
Symmetrieachse haben, ist die erste Gleitrichtung in dem einen Feld
symmetrisch zur zweiten Gleitrichtung in dem anderen Feld gelegen.
Somit muß $\vartheta_4 = \pm \pi/2 - \vartheta_2$ sein, und diese Bedingung wird tatsächlich
durch (26,11) und (26,12) erfüllt.

Wir wollen im folgenden die Diskussion bloß für den Fall der
Gln. (26,11) zu Ende führen. Wenn wir die erste Sprungbedingung (26,2)
auf alle vier Unstetigkeitslinien anwenden, so finden wir:

$$
\begin{aligned}
\omega_2 &= \omega_1 + \sin 2(\vartheta_1 + \gamma) = \omega_1 + \cos 2\gamma, \\
\omega_3 &= \omega_2 + \sin 2(\vartheta_2 - \delta) = \omega_1 + 2\cos 2\gamma, \\
\omega_4 &= \omega_3 + \sin 2(\vartheta_3 + \delta) = \omega_1 + \cos 2\gamma, \\
\omega_1 &= \omega_4 + \sin 2(\vartheta_4 - \gamma) = \omega_1.
\end{aligned}
\tag{26,13}
$$

Diese Werte für $\omega$ erfüllen die Symmetriebedingungen. Sobald $\omega_1$ gewählt ist, ist die Spannungsverteilung durch (26,11) und (26,13) bestimmt. Eine Änderung des Wertes von $\omega_1$ entspricht der Überlagerung eines homogenen hydrostatischen Druckes.

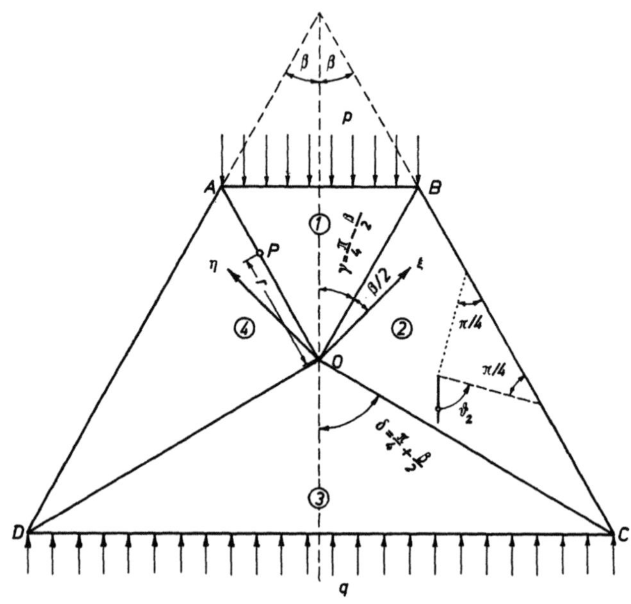

Abb. 57. Unstetige Spannungsverteilung in einem abgestumpften Keil.

Das unstetige Spannungsfeld, das wir eben diskutiert haben, liefert eine vollplastische Spannungsverteilung für einen Keil, der gemäß der Darstellung in Abb. 57 belastet ist. Da die Flanke $BC$ spannungsfrei ist, schließen die Gleitlinien mit $BC$ Winkel von $45^0$ ein. Es ist also

$$\vartheta_2 = \beta + \frac{\pi}{4}, \tag{26,14}$$

wenn der Keilwinkel mit $2\,\beta$ bezeichnet wird (s. Abb. 57). Setzen wir (26,14) in die zweite Gl. (26,11) ein, so finden wir

$$\gamma = \frac{\pi}{4} - \frac{\beta}{2}, \tag{26,15}$$

und damit folgt aus (26,10)

$$\delta = \frac{\pi}{4} + \frac{\beta}{2}. \tag{26,16}$$

Längs der Fläche $BC$ muß die Normalspannung $N$ verschwinden. Mit dem Wert von $\vartheta_2$ aus (26,14) liefert daher die erste Gl. (22,1)

$$\omega_2 = -\frac{1}{2}. \tag{26,17}$$

Die erste Gl. (26,13) ergibt dann

$$\omega_1 = -\frac{1}{2} - \cos 2\gamma = -\frac{1}{2} - \sin \beta. \tag{26,18}$$

Mit diesem Wert von $\omega_1$ und mit $\vartheta_1 = \pi/4$ liefert die erste Gl. (22,1) für den Druck $p$, welcher auf $AB$ wirken muß, um diese vollplastische Spannungsverteilung hervorzubringen,

$$p = 2k(1 + \sin \beta). \tag{26,19}$$

Der Druck $q$, welcher auf der Grundfläche des Keils wirkt, kann entweder auf die gleiche Weise aus den Werten $\omega_3$ und $\vartheta_3$ gefunden werden, oder einfach aus der Bedingung für das Gleichgewicht in vertikaler Richtung.

Wenden wir uns nun dem Geschwindigkeitsfeld zu, das zu dieser unstetigen Spannungsverteilung gehört. Die Achsen $O\,\xi$ und $O\,\eta$ in Abb. 57 geben die Hauptschubrichtungen (principal shear directions) im Feld 1 an. Nach Abschn. 24 ist das Geschwindigkeitsfeld, welches mit diesem Feld konstanter Spannung verknüpft ist, von der Form

$$v_\xi = f(\eta), \qquad v_\eta = g(\xi). \tag{26,20}$$

Für die Teilchen in der Symmetrieachse $\xi = \eta$ muß gelten $v_\xi = v_\eta$; die Funktionen $f$ und $g$ in (26,20) müssen daher identisch sein.

Wie wir oben gesehen haben, kann sich eine Unstetigkeitslinie wie etwa $OA$ in Abb. 57 verbiegen, jedoch nicht ausdehnen. Wenn wir von einer Translation des ganzen Keils absehen, muß also die Geschwindigkeit jedes Teilchens $P$ von $OA$ zu $OA$ senkrecht sein:

$$v_\xi \sin \frac{\beta}{2} + v_\eta \cos \frac{\beta}{2} = 0. \tag{26,21}$$

Bezeichnen wir den Abstand des Punktes $P$ von $O$ mit $r$, dann sind die Koordinaten von $P$ gegeben durch

$$\xi = r \sin \frac{\beta}{2}, \qquad \eta = r \cos \frac{\beta}{2}. \tag{26,22}$$

Setzen wir (26,22) in (26,20) ein, wo $g = f$ ist, und führen die so erhaltenen Ausdrücke für die Geschwindigkeitskomponenten in (26,21) ein, dann erhalten wir

$$f\left(r \cos \frac{\beta}{2}\right) \sin \frac{\beta}{2} + f\left(r \sin \frac{\beta}{2}\right) \cos \frac{\beta}{2} = 0, \tag{26,23}$$

Darin ist $r$ die unabhängig Veränderliche, während $\beta$ für einen gegebenen Keil konstant ist. Setzen wir $r \cos(\beta/2) = u$ und $\tan(\beta/2) = c$, so lautet Gl. (26,23):

$$c\,f(u) + f(c\,u) = 0. \tag{26,24}$$

Wie wir sogleich sehen werden, besagt diese Funktionalgleichung, daß $f$ identisch verschwindet. Setzen wir nämlich $u = 1$, so nimmt (26,24) die Form an:

$$f(1) = -\frac{1}{c} f(c). \qquad (26,25)$$

Setzen wir nun $c = 1$, so erhalten wir $f(1) = 0$. Damit aber zeigt Gl. (26,25), daß $f(c) = 0$ ist für jedes beliebige $c$.

Wir kommen also zu folgendem Ergebnis: während die unstetige Spannungsverteilung, die wir im Zusammenhang mit Abb. 57 diskutiert haben, die Gleichgewichtsbedingungen und die Fließbedingung befriedigt, entspricht das einzige mit dieser Spannungsverteilung verträgliche Geschwindigkeitsfeld der Translation eines starren Körpers. Wie wir in Kap. VII sehen werden, bedeutet dies, daß der Druck $p$, der nötig ist, um in einem Keil von der in Abb. 57 dargestellten Form uneingeschränktes plastisches Fließen hervorzurufen, größer ist als jener Wert (26,19), den wir unter Annahme einer unstetigen, vollplastischen Spannungsverteilung berechnet haben.

Nicht nur das Spannungsfeld, sondern auch das Geschwindigkeitsfeld kann unstetig sein. Wenn wir eine Unstetigkeitslinie im Geschwindigkeitsfeld überschreiten, dann kann sich die zu dieser Linie tangentiale Geschwindigkeitskomponente unstetig ändern; die Geschwindigkeitskomponente senkrecht zur Unstetigkeitslinie muß jedoch zu beiden Seiten dieser Linie die gleiche sein.

Ebenso wie eine Unstetigkeitslinie im Spannungsfeld als der Grenzfall einer dünnen (elastischen) Schicht betrachtet werden muß, welche einen stetigen Übergang von einem plastischen Spannungsfeld zum anderen vermittelt, muß auch eine Unstetigkeitslinie im Geschwindigkeitsfeld als Grenzfall einer dünnen Schicht aufgefaßt werden, die einen stetigen Übergang von einem Geschwindigkeitsfeld zum anderen bildet. Um die Folgerungen, die sich aus dieser Betrachtungsweise ergeben, zu studieren, betrachten wir die Nachbarschaft eines beliebigen Punktes $P$ der Mittellinie $c$ solch einer dünnen Schicht, und wählen die Tangente von $c$ in $P$ als $x$-Achse eines rechtwinkeligen Koordinatensystems $x$, $y$. Während sich die Geschwindigkeitskomponente $v_x$ beim Durchqueren dieser Schicht merklich ändern kann, muß die Komponente $v_y$ im wesentlichen konstant bleiben. Es muß daher die Dehnungsgeschwindigkeit $\dot{\varepsilon}_y$ und damit auch $\dot{\varepsilon}_x = -\dot{\varepsilon}_y$ ziemlich klein sein, während die Schiebungsgeschwindigkeit $\dot{\gamma}$ groß sein wird. Wenn wir nun die Schicht sich gegen die Kurve $c$ zusammenziehen lassen, dann strebt das Verhältnis $\dot{\gamma}/\dot{\varepsilon}_x = -\dot{\gamma}/\dot{\varepsilon}_y$ gegen unendlich. Aus dem Spannungs-Verzerrungsgesetz von MISES [Gl. (5,14)] folgt demnach, daß die Normalkomponenten $s_x$ und $s_y$ des Spannungsdeviators verschwinden. Dann muß aber die Schubspannung $\tau$ den

Absolutwert $k$ haben, damit die Fließbedingung erfüllt ist. Das bedeutet aber, daß die $x$-Richtung eine Gleitrichtung ist. Mit anderen Worten, die Unstetigkeitslinie $c$ ist entweder eine Gleitlinie oder eine Einhüllende von Gleitlinien, das heißt eine Grenzlinie.

Diese Auffassung der Unstetigkeitslinie im Geschwindigkeitsfeld als Grenzfall einer dünnen Schicht, in der sich ein stetiger Übergang von dem einen Geschwindigkeitsfeld zum anderen vollzieht, führt zu einer weiteren wichtigen Folgerung. Wir wollen in der Nachbarschaft des oben betrachteten Punktes $P$ die $x$-Komponente der Geschwindigkeit auf den Seiten kleinerer, bzw. größerer $y$-Werte mit $v_x^{(1)}$, bzw. $v_x^{(2)}$ bezeichnen. Da die Schiebungsgeschwindigkeit $\dot{\gamma}$ in der Übergangsschicht durch Division der Differenz $v_x^{(2)} - v_x^{(1)}$ durch die Dicke der Schicht erhalten wird und da der Faktor $\mu$ in den MISESschen Gln. (5,14) positiv ist, folgt, daß $\tau\,(v_x^{(2)} - v_x^{(1)})$ positiv sein muß. Es muß also $\tau = k$ sein, wenn $v_x^{(2)} > v_x^{(1)}$ ist und $\tau = -k$, wenn $v_x^{(2)} < v_x^{(1)}$ ist.

# Anhang

**Ebener Spannungszustand.** Ein Spannungszustand wird *eben* genannt (plane stress), wenn ein rechtwinkeliges Koordinatensystem $x$, $y$, $z$ so gewählt werden kann, daß in dem ganzen betrachteten Körper $\sigma_z = \tau_{yz} = \tau_{zx} = 0$ ist, während die übrigen Spannungskomponenten von $z$ unabhängig sind. Der Spannungszustand in einer dünnen Platte (Scheibe), die nur durch Lasten, die in ihrer Ebene liegen, belastet ist, ist näherungsweise ein ebener Spannungszustand.

Formal sind die Probleme des ebenen Spannungszustands sehr ähnlich jenen des ebenen Verzerrungszustands: die drei Spannungskomponenten $\sigma_x(x, y)$, $\sigma_y(x, y)$ und $\tau(x, y)$ müssen die Gleichgewichtsbedingungen (20,14) und die Fließbedingung erfüllen. Unter entsprechenden Randbedingungen kann daher die Spannungsverteilung „statisch bestimmt" sein. Diese Analogie ist jedoch rein formal und von nur geringem praktischen Wert. Tatsächlich ist zur Zeit das allgemeine Problem des ebenen Spannungszustands noch lange nicht so gründlich durchforscht wie das Problem des ebenen Verzerrungszustands, und viele wichtige Fragen sind noch zu beantworten, bevor eine befriedigende Darstellung dieses Gebietes gegeben werden kann. In diesem Anhang soll bloß kurz angedeutet werden, was bisher geleistet worden ist.

Vom mathematischen Standpunkt aus gesehen, fußen die Methoden, die wir zur Lösung der in diesem Kapitel behandelten Aufgaben des ebenen plastischen Fließens angewandt haben, auf den folgenden Tatsachen: a) gleichgültig ob die Fließbedingung von TRESCA oder die von MISES benützt wird, sind die Spannungsgleichungen ebenso wie die Geschwindigkeitsgleichungen im gesamten plastischen Gebiet hyperbolisch, und b) diese beiden Gleichungssysteme haben dieselben Charakteristiken (s. die folgenden Aufgaben 11 und 13). Im Falle des ebenen Spannungszustands stimmen die Fließbedingungen von TRESCA und MISES jedoch nicht mehr überein. Wenn die TRESCAsche Fließbedingung in Verbindung mit dem Spannungs-Verzerrungsgesetz von MISES [Gl. (5,14)] benützt wird, dann können die Spannungsgleichungen in einem Teil des plastischen Gebietes hyperbolisch sein und parabolisch in dem restlichen Gebiet. Ferner differieren nun die Charakteristiken der Geschwindigkeitsgleichungen von jenen der Spannungsgleichungen [24]. Wird jedoch die MISESsche Fließbedingung zusammen mit dem Spannungs-Verzerrungsgesetz von MISES benützt, dann haben die Spannungs- und die Geschwindigkeitsgleichungen dieselben Charakteristiken, die Gleichungen können jedoch hyperbolisch, parabolisch oder elliptisch sein. [25][1]. In beiden Fällen wird die Lösung von Randwertaufgaben dadurch außerordentlich kompliziert, daß man *von vornherein* keinen Anhaltspunkt bezüglich der Grenzen jener Gebiete hat, in denen die Grundgleichungen von verschiedenem Typus sind. MISES (s. Kap. III: [11]) hat diese Schwierigkeit dadurch zu beseitigen versucht, daß er eine „parabolische" Fließbedingung einführte. HODGE [27] hat jedoch gezeigt, daß diese scheinbar sehr gute Approximation einer Fließbedingung durch eine andere zu Fehlresultaten führen kann. Beispiele von Spannungsberechnungen wurden von SOKOLOVSKY (s. Kap. II: [7]) und HODGE [27] gegeben.

Wenn wir versuchen, das Geschwindigkeitsproblem zu behandeln, dann wird die Lage noch komplizierter. TAYLOR [28] behandelte die Ausweitung eines kreisförmigen Loches in einer unendlich großen, dünnen Scheibe durch inneren Druck, beginnend vom Radius Null. Er zeigte, daß die Dicke der Scheibe durch das Fließen bald ungleichmäßig wird, so daß der Spannungszustand nicht mehr als eben aufgefaßt werden kann. Um solche Aufgaben zu behandeln, ist es notwendig, „verallgemeinerte ebene Spannungszustände" (states of "generalized plane stress") zu betrachten, wo die Spannungskomponenten über die Dicke der Scheibe gemittelt werden und wo die Dicke der Scheibe als zusätzliche Unbekannte auftritt. Da die Dicke, als durch den Fließprozeß beeinflußt, in die Gleichgewichtsbedingungen eingeht, ist es daher nicht länger möglich, Spannungs- und Geschwindigkeitsfelder getrennt voneinander zu behandeln, wie im Fall der statisch bestimmten Aufgaben des ebenen Verzerrungszustands. HILL (s. Kap. I: [12]) hat die Grundgleichungen aufgestellt und die Ausweitung eines kreisförmigen Loches in einer unend-

---

[1] Die Möglichkeit, daß die Spannungsgleichungen nicht im ganzen plastischen Bereich hyperbolisch sind, ist in einigen neueren Abhandlungen über dieses Problem vollständig übersehen worden [26].

lich großen dünnen Scheibe durch inneren Druck behandelt, wobei er von einem endlichen Radius ausging. HODGE [29] hat einige allgemeine Eigenschaften der HILLschen Gleichungen diskutiert.

# Aufgaben

**1.** Betrachte ein HENCKY-PRANDTL-Netz, wo die Werte $\omega - \vartheta$ auf je zwei benachbarten ersten Gleitlinien um eine infinitesimale Konstante $\varepsilon$ differieren und wo sich die Werte $\omega + \vartheta$ auf je zwei benachbarten zweiten Gleitlinien um dieselbe Konstante $\varepsilon$ unterscheiden. Zeige, daß die Diagonalen eines solchen Netzes Linien von konstantem $\omega$ (*Isobaren*) oder von konstantem $\vartheta$ (*Isoklinen*) sind (MISES [8]); (benütze die Abb. 36).

**2.** Zeige, daß der infinitesimale Abstand zweier benachbarter Gleitlinien eine lineare Funktion der längs dieser Gleitlinien gemessenen Bogenlänge ist (PRAGER [9]) (benütze die Abb. 37).

**3.** * Zeige, daß jedes Netz von Kurven, für das PRAGERS Satz (s. Aufgabe 2) gilt, ein HENCKY-PRANDTL-Netz ist.

**4.** * Es seien $S_1$ und $S_2$ die ersten und zweiten Gleitlinien irgend eines HENCKY-PRANDTL-Netzes. Es seien ferner $S_2'$ die Evoluten von $S_1$ und $S_1'$ die orthogonalen Trajektorien von $S_2'$. Zeige, daß $S_1'$ und $S_2'$ die ersten, bzw. die zweiten Gleitlinien eines HENCKY-PRANDTL-Netzes sind. Beweise ein analoges Ergebnis, ausgehend von den Evoluten von $S_2$ (KAPUANO [10]).

**5.** Betrachte ein kreiszylindrisches Loch vom Radius 1 in einem unendlich ausgedehnten Körper. Das Innere des Loches sei einem gleichförmigen Druck $p$ ausgesetzt, und es sei angenommen, daß sich der ganze Körper in einem ebenen Verzerrungszustand befinde.

a) Benütze Polarkoordinaten $r$, $\varphi$, und zeige, daß die Gleichungen der ersten und der zweiten Gleitlinien lauten

$$r = e^{\varphi - \alpha}, \qquad r = e^{\beta - \varphi},$$

und daß $\omega$, das man als reduzierte mittlere Normalspannung bezeichnen könnte, gegeben ist durch

$$\omega = \frac{1}{2}\left(1 - \frac{p}{k} + 2\log r\right).$$

b) Konstruiere die Gleitlinien in der Nachbarschaft eines Loches nach den verschiedenen in Abschn. 22 angeführten Näherungsmethoden, unter voller Ausnützung der Symmetrie des Problems. Betrachte gesondert die drei verschiedenen Größen der Maschen, die sich ergeben, wenn die Randpunkte um $\pi/4$, $\pi/8$ und $\pi/16$ Einheiten voneinander entfernt angenommen werden. Vergleiche die Ergebnisse miteinander und mit der genauen Lösung.

c) Zeichne $\omega$ für die verschiedenen Näherungslösungen und für die genaue Lösung als Funktion von $r$ auf.

d) Diskutiere die relativen Vorteile der Benützung eines feinmaschigen Netzes, verglichen mit einer verfeinerten Näherungsmethode für dieses besondere Problem.

**6.** a) Führe die Herleitung der Gl. (23,3) im einzelnen aus, und leite eine analoge Gleichung für die Geschwindigkeitskomponente längs der zweiten Gleitlinie im Punkt (1,2) her.

b) Leite genauere Näherungsformeln für die Geschwindigkeitskomponenten her, welche auf dem arithmetischen Mittel beruhen.

c) Nimm an, daß für ein gewisses Gebiet die Gleitlinien bekannt sind, und daß $v_1$ gegeben ist längs einer ersten Gleitlinie und längs einer diese schneidenden zweiten Gleitlinie. Leite Näherungsformeln her für die Bestimmung von $v_1$ und $v_2$ in dem ganzen Gebiet. (Beachte: wenn die gegebene erste Gleitlinie eine Gerade ist, dann können wir $v_2$ in einem Punkt des Feldes als bekannt annehmen, da wir uns um eine Translation nicht kümmern.)

d) Löse die obige Aufgabe für den Fall, daß $v_1$ längs einer ersten Gleitlinie gegeben ist und $v_2$ längs einer diese schneidenden zweiten Gleitlinie, bzw. daß $v_2$ längs einer ersten Gleitlinie gegeben ist und $v_1$ längs einer diese schneidenden zweiten Gleitlinie.

**7.** Zeige, daß, falls die Geschwindigkeitskomponenten längs der Gleitlinien bekannt sind, die Komponenten nach den Richtungen eines cartesischen Koordinatensystems gegeben sind durch

$$v_x = \pm \, (v_1 \sin \vartheta + v_2 \cos \vartheta),$$

$$v_y = \pm \, (-v_1 \cos \vartheta + v_2 \sin \vartheta).$$

Leite analoge Ausdrücke für die Komponenten $v_r$ und $v_\varphi$ in einem Polarkoordinatensystem her.

**8.** Nimm in Aufgabe 5 an, daß sich die Punkte der Oberfläche des Loches mit der gleichförmigen Radialgeschwindigkeit $V$ bewegen.

a) Bestimme die genaue Geschwindigkeitsverteilung.

b) Bestimme die Geschwindigkeitsverteilung nach den Näherungsmethoden des Abschn. 23 und der Aufgabe 6, unter Benützung von drei Netzen von verschiedener Maschengröße, entsprechend der Aufgabe 5. Diskutiere die relativen Vorteile der einzelnen Methoden in diesem besonderen Fall.

**9.** Betrachte den Schnittpunkt einer Anzahl gerader Unstetigkeitslinien, von denen jede zwei Gebiete konstanter Spannung voneinander trennt.

a) Zeige, daß die kleinste Anzahl von Unstetigkeitslinien, welche in einem solchen Punkt im Inneren des plastischen Gebiets zusammentreffen können, vier ist.

b) Zeige, daß die kleinste Anzahl von Unstetigkeitslinien, welche in einem solchen Punkt an einer geraden Berandung zusammentreffen können, zwei ist (WINZER und CARRIER [21]).

**10.** Leite die zu Gl. (26,13) analogen Gleichungen für den allgemeinen Fall her, wo es keine Symmetrieachse gibt (WINZER und CARRIER [21]).

**11.** * a) Zeige, daß die „charakteristischen Kurven" der Gln. (21,1) durch $dy/dx = \tan \vartheta$ und $dy/dx = -\cot \vartheta$ gegeben sind.

b) Zeige, daß $\omega - \vartheta$ längs einer ersten Charakteristik konstant ist und $\omega + \vartheta$ längs einer zweiten.

**12.** Benütze das MISEssche Spannungs-Verzerrungsgesetz [Gln. (5,14)], um zu zeigen, daß die cartesischen Komponenten der Geschwindigkeit die folgenden Gleichungen befriedigen müssen:

$$\left(\frac{\partial v_x}{\partial x} - \frac{\partial v_y}{\partial y}\right) \cos 2\,\vartheta + \left(\frac{\partial v_x}{\partial y} + \frac{\partial v_y}{\partial x}\right) \sin 2\,\vartheta = 0,$$

$$\frac{\partial v_x}{\partial x} + \frac{\partial v_y}{\partial y} = 0.$$

**13.** * a) Zeige, daß die charakteristischen Kurven der Geschwindigkeitsgleichungen (Aufgabe 12) dieselben sind wie jene, die in Aufgabe 11 für die Spannungsgleichungen erhalten wurden.

b) Ermittle die Bedingungen, welche längs der GeschwindigkeitsCharakteristiken erfüllt sein müssen, und zeige, daß sie tatsächlich den Gln. (23,1) und (23,2) äquivalent sind.

## Literatur

1. ALLEN, D. N. DE G. and R. V. SOUTHWELL: Relaxation methods applied to engineering problems—XIV. Plastic straining in two dimensional stress systems. Phil. Trans. Roy. Soc. London (A) **242**, 379—214 (1950); JACOBS, J. A.: Relaxation methods applied to plastic flow. Phil. Mag. (7) **41**, 349—361, 458—467 (1950).

2. GEIRINGER, H.: Fondements mathématiques de la théorie des corps plastiques isotropes. Mémorial Sci. Math. No. 86, Paris: Gauthiers-Villars. 1937.

3. PRAGER, W.: Plasticity for the aerodynamicist. J. Aeron. Sci. **15**, 253—262 (1948).

4. MOHR, O.: Über die Darstellung des Spannungszustandes und des Deformationszustandes eines Körperelementes und über die Anwendung derselben in der Festigkeitslehre. Zivilingenieur **28**, 113—156 (1882).

5. HENCKY, H.: Über einige statisch bestimmte Fälle des Gleichgewichts in plastischen Körpern. Z. angew. Math. Mech. **3**, 241—251 (1923).

6. PRANDTL, L.: Anwendungsbeispiele zu einem HENCKYschen Satz über das plastische Gleichgewicht. Z. angew. Math. Mech. **3**, 401—407 (1923).

7. CARATHÉODORY, C. und E. SCHMIDT: Über die HENCKY-PRANDTLschen Kurvenscharen. Z. angew. Math. Mech. **3**, 468—475 (1923).

8. MISES, R. V.: Bemerkungen zur Formulierung des mathematischen Problems der Plastizitätstheorie. Z. angew. Math. Mech. **5**, 147—149 (1925).

9. PRAGER, W.: On HENCKY-PRANDTL lines. Rev. Fac. Sci. Univ. Istanbul (A) **4**, 22—24 (1938).

10. KAPUANO, I.: Sur une nouvelle propriété des réseaux de HENCKY-PRANDTL. Rev. Fac. Sci. Univ. Istanbul (A) **6**, 36—39 (1941).

11. BOUSSINESQ, J.: Lois géométrique de la distribution des pressions dans un solide homogène et ductile soumis à des déformations planes. C. R. Ac. Sci (Paris) **74**, 242—246 (1872).

12. SADOWSKY, M. A.: Equiareal pattern of stress trajectories in plane plastic strain. J. Appl. Mech. **8**, 74—76 (1941); Equiareal patterns. Amer. Math. Monthly **50**, 35—40 (1943).

13. Süray, S.: Sur des familles de courbes attachées aux corps élastiques ou plastiques plans. Communications Fac. Sci. Univ. Ankara 1, 33—40 (1948).

14. Christianovich, S.: The plane problem of the mathematical theory of plasticity in the case where the surface tractions are given along a closed contour (russisch, mit französischer Zusammenfassung). Mat. Sbornik 1, 511—543 (1936).

15. Hodge Jr., P. G.: Approximate solutions of problems of plane plastic flow. J. Appl. Mech. 17, 257—264 (1950).

16. Hill, R., E. H. Lee and S. J. Tupper: A method of numerical analysis of plastic flow in plane strain and its application to the compression of a ductile material between rough plates. J. Appl. Mech. 18, 46—52 (1951).

17. Odquist, F.: Plasticitetsteori med tillaempningar (schwedisch). Ingeniörs Vetenskaps. Akademien, Stockholm, 1934, p. 76.

18. Nye, J. F.: Experiments on the compression of a body between rough plates. Armament Research Rep. 39/47, England, 1934.

19. Nadai, A.: Über die Gleit- und Verzweigungsflächen einiger Gleichgewichtszustände bildsamer Massen. Z. Physik 30, 106—138 (1924).

20. Prager, W.: Discontinuous solutions in the theory of plasticity. Courant Anniversary Volume, New York: Interscience Publishers, 1948, pp. 289—299.

21. Winzer, A. and G. F. Carrier: The interaction of discontinuity surfaces in plastic fields of stress. J. Appl. Mech. 15, 261—264 (1948).

22. Lee, E. H.: On stress discontinuities in plane plastic flow. Proc. 3rd Symposium in Appl. Math. (Ann Arbor, Mich., June 14—16 1949), New York: McGraw-Hill Book Co., 1950, pp. 213—228.

23. Winzer, A. and G. F. Carrier: Discontinuities of stress in plane plastic flow. J. Appl. Mech. 16, 346—348 (1949).

24. Sokolovsky, V. V.: Plastic plane stressed state according to Saint Venant. C. R. (Doklady) Ac. Sci. USSR 51, 431—434 (1946).

25. Sokolovsky, V. V.: Plastic plane stressed state according to Mises. C. R. (Doklady) Ac. Sci. USSR 51, 175—178 (1946).

26. Mandel, J.: Sur les équilibres par tranches parallèles des milieux plastiques à la limite d'écoulement et en particulier des terres et des métaux ductiles. C. R. Ac. Sci. (Paris) 206, 317—318 (1938); Neuber, H.: Allgemeine Lösung des ebenen Plastizitätsproblems für beliebiges isotropes und anisotropes Fließgesetz. Z. angew. Math. Mech. 28, 253—257 (1948); Sauer, R.: Über die Gleitkurvennetze der ebenen plastischen Spannungsverteilung bei beliebigem Fließgesetz. Z. angew. Math. Mech. 29, 274—279 (1949).

27. Hodge Jr., P. G.: Yield conditions in plane plastic stress. J. Math. Phys. 29, 38—48 (1950).

28. Taylor, G. I.: The formation and enlargement of a circular hole in a thin plastic sheet. Q. J. Mech. Appl. Math. 1, 101—124 (1948).

29. Hodge Jr., P. G.: The method of characteristics applied to problems of steady motion in plane plastic stress. Q. Appl. Math. 8, 381—386 (1951).

# VI. Ebener Verzerrungszustand: Besondere Probleme

## 27. Probleme des beginnenden plastischen Fließens

Als ein typisches Beispiel für Probleme dieser Art wollen wir das Eindrücken eines flachen, starren Stempels in einen Körper, der einen unendlichen Halbraum erfüllt, besprechen, wobei sich dieser Vorgang unter den Bedingungen des ebenen Verzerrungszustands abspielen möge. Diese Aufgabe wurde zuerst von PRANDTL [1] behandelt. Die folgende Diskussion stützt sich zum Teil auf eine Arbeit von HILL [2], der darauf hinwies, daß in der PRANDTLschen Lösung möglicherweise ein Fehler enthalten sei.

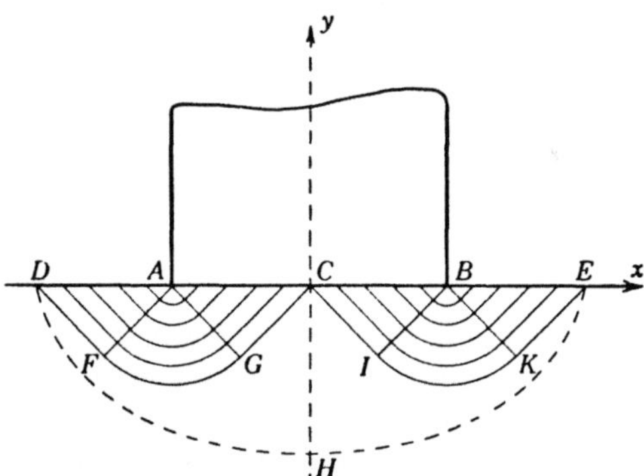


Abb. 58. Spannungsfeld unter einem geschmierten, flachen Stempel.

Abb. 58 stellt die Verhältnisse in einer beliebigen Ebene des Fließens dar, wobei die $x$-Achse in der Oberfläche des halb-unendlichen Körpers liegt. Sobald eine Last auf den Stempel drückt, werden sich in den Punkten $A$ und $B$ plastische Zonen zu bilden beginnen. Vom Standpunkt der MISESschen Theorie betrachtet, schließt jedoch die Starrheit des zwischen diesen beiden lokalen plastischen Zonen befindlichen Materials jedes Eindringen des Stempels zunächst aus, und infolgedessen auch jedes uneingeschränkte Fließen in den plastischen Gebieten. Erst wenn sich unter dem ganzen Boden des Stempels ein plastisches Gebiet entwickelt hat, wird sein Eindringen möglich. So lange die auf dem Stempel wirkende Last nicht jenen Wert erreicht hat, der nötig ist, um ein plastisches Gebiet von dieser Ausdehnung zu erzeugen, ereignet sich überhaupt keine Verformung. Wenn wir also das *beginnende* plastische Fließen[1] behandeln wollen, müssen wir die Randbedingungen an der *unverformten* Oberfläche befriedigen. In dem Maße als das Eindringen fortschreitet, wird jedoch Material an den Flanken des Stempels emporgestaucht und bildet dort erhöhte Wülste oder Lippen. Wenn wir daher *vorgeschrittene Phasen* des plastischen Fließens studieren wollen, dann müssen wir die Randbedingungen an der *verformten* Oberfläche befriedigen, deren Form aus den vorhergegangenen Phasen des Fließens zu finden ist. Offenbar wird das Studium dieser folgenden Phasen des plastischen Fließens meist sehr schwierig sein. Deshalb wollen wir uns in diesem Abschnitt bloß auf die Betrachtung des beginnenden plastischen Fließens beschränken.

Um das plastische Spannungsfeld in der Nachbarschaft des Stempels zu ermitteln, gehen wir von der freien Oberfläche zur Linken des Stempels aus (Abb. 58). Damit eine Lippe entstehen kann, muß ein gewisser Teil $AD$ dieser Oberfläche plastisch geworden sein. Da $\sigma_y$ und $\tau$ hier verschwinden, muß $\sigma_x$ dem Betrag nach gleich $2k$ sein, damit die Fließbedingung befriedigt ist. Wir werden gefühlsmäßig annehmen, daß $\sigma_x$ längs $AD$ eher eine Druck- als eine Zugspannung sein wird. Wir setzen daher versuchsweise $\sigma_x = -2k$. Mit diesem Wert und mit $\sigma_y = \tau = 0$ folgt aus den Gln. (20,12), daß längs $AD$

$$\omega = -\frac{1}{2}, \qquad \vartheta = -\frac{\pi}{4} \tag{27,1}$$

ist. Daraus daß $\omega$ und $\vartheta$ längs der Strecke $AD$ konstant sind, welche nach der letzten Gl. (27,1) keine Gleitlinie ist, folgt, daß diese Strecke in einem Gebiet konstanten Zustands liegt. Die geraden Gleitlinien dieses Gebiets schneiden die $x$-Achse unter $45^0$. Wenn der Endpunkt $D$ des plastischen Teils der freien Oberfläche zur Linken des Stempels bekannt wäre, dann wäre das Gebiet konstanten Zustands bestimmt als das gleichschenkelig-rechtwinkelige Dreieck $ADF$ mit der Hypotenuse $AD$.

Wir wollen annehmen, daß die Unterseite des Stempels gut geschmiert sei, so daß zwischen ihr und dem Material, in das der Stempel gepreßt wird, keine Reibung herrscht. Unter dieser Annahme haben wir längs $AC$ $\tau = 0$ und daher, nach der letzten Gl. (20,12), $\vartheta = \pm \pi/4$.

---

[1] Im Original wird zwischen *beginnendem* plastischen Fließen (incipient plastic flow) und *unmittelbar bevorstehendem* plastischen Fließen (impending plastic flow) unterschieden. Der erstere Ausdruck wird benützt, wenn vom Geschwindigkeitsfeld, also vom bereits einsetzenden plastischen Fließen die Rede ist, während der letztere jenen Zustand kennzeichnen soll, der beim Erreichen der Traglast herrscht. Diese beiden Zustände liegen natürlich unendlich nahe beisammen. (D. Übers.)

Da die erste Gleitlinie $AF$ gerade ist, muß sie in ein Feld aus lauter geraden Gleitlinien eingebettet sein. Es müssen daher auch die ersten Gleitlinien zur Rechten von $AF$ Gerade sein. Dies und der Umstand, daß $\vartheta$ längs der Strecke $AC$, welche keine Gleitlinie ist, konstant ist, zeigt, daß $AC$ in einem Gebiet konstanten Zustands liegen muß. Da die geraden Gleitlinien dieses Gebiets die $x$-Achse unter $45^0$ schneiden, muß dieses Gebiet das gleichschenkelig-rechtwinkelige Dreieck $ACG$ sein.

Der Übergang zwischen den beiden Gebieten konstanten Zustands $ADF$ und $ACG$ wird durch einen Fächer mit dem Mittelpunkt $A$ gebildet. Somit wird die gerade Gleitlinie $\overset{\cdot}{C}G$ durch die kreisförmige Gleitlinie $GF$ und diese durch die gerade Gleitlinie $FD$ fortgesetzt. Dies zeigt, daß die Breite des plastischen Gebietes $AD$ seitwärts vom Stempel gleich $AC$ ist. Weiters folgt daraus, daß $AF$ eine erste Gleitlinie ist, daß der zentrierte Fächer $AFG$ aus ersten Gleitlinien besteht. Das bedeutet, daß $AG$ eine erste Gleitlinie ist, und daß infolgedessen gilt

$$\vartheta = \frac{\pi}{4} \quad \text{in} \quad ACG. \tag{27,2}$$

Aus (27,2), (24,3) und dem Umstand, daß in $ADF$ $\omega = -\dfrac{1}{2}$ ist [s. (27,1)], folgt

$$\omega = -\frac{1}{2}(1 + \pi) \quad \text{in} \quad ACG. \tag{27,3}$$

Mit den Werten (27,2) und (27,3) liefert die zweite Gl. (20,12)

$$\sigma_y = -(2 + \pi)\, k. \tag{27,4}$$

Unsere Berechnungen scheinen demnach zu zeigen, daß der geschmierte Stempel während des beginnenden plastischen Fließens einen gleichförmig verteilten Druck von der Größe $(2 + \pi)\, k$ auf den halb-unendlichen Körper, in den er hineingedrückt wird, ausüben muß. Bevor wir jedoch sicher sein können, daß das oben diskutierte Spannungsfeld auch einen Sinn hat, müssen wir nachsehen, ob sich ihm auch ein brauchbares Geschwindigkeitsfeld zuordnen läßt. Der Einfachheit halber wollen wir die nach abwärts gerichtete Geschwindigkeit, des Stempels als gleich der Einheit der Geschwindigkeit annehmen. Es ist also

$$v_y = -1 \quad \text{längs} \quad AC. \tag{27,5}$$

Da das plastische Material längs der geschmierten Unterseite des Stempels frei gleiten kann, können wir nichts über die Geschwindigkeitskomponente $v_x$ in dem plastischen Stoff längs $AC$ aussagen.

Die linksseitige plastische Zone, die wir oben erhielten, wird begrenzt durch die zweite Gleitlinie $CGFD$. Das Material unterhalb dieser Linie bleibt in Ruhe. Nun kann höchstens die zu $CGFD$ tangentiale Geschwindigkeitskomponente $v_2$ quer zu dieser Linie unstetig sein. Wir haben daher

$$v_1 = 0 \qquad \text{längs } CGFD. \tag{27,6}$$

In den Gebieten konstanten Zustands ($ADF$, $ACG$) und in dem Fächer aus ersten Gleitlinien ($AFG$) muß $v_1$, die Geschwindigkeitskomponente in der ersten Gleitrichtung, längs jeder ersten Gleitlinie einen konstanten Wert haben (s. Abschn. 24). Es verschwindet somit $v_1$ im gesamten plastischen Gebiet und die Stromlinien des beginnenden plastischen Fließens sind die zweiten Gleitlinien parallel zu $CGFD$.

In dem ganzen Gebiet $ACG$ hat die Geschwindigkeit die Richtung von $CG$. Wegen der Randbedingung (27,5) bewegt sich dieses Gebiet wie ein starrer Körper mit der Geschwindigkeit $\sqrt{2}$ in der Richtung von $CG$. Aus den Gln. (24,5) folgt dann, daß die Geschwindigkeit den konstanten Wert $\sqrt{2}$ längs jeder kreisförmigen Gleitlinie des Gebiets $AFG$ hat. Schließlich bewegt sich das Gebiet $ADF$ wie ein starrer Körper mit der Geschwindigkeit $\sqrt{2}$ in der Richtung von $FD$. Es kann also dem oben ermittelten Spannungsfeld ein Geschwindigkeitsfeld zugeordnet werden, das sämtliche Randbedingungen erfüllt.

Gemäß diesem Geschwindigkeitsfeld ist das plastische Fließen links von der $y$-Achse auf das Gebiet $DFGC$ beschränkt. Das bedeutet jedoch nicht, daß sich das Material unterhalb der Linie $DFGC$ im elastischen Spannungsbereich befindet, während das Material oberhalb im plastischen Spannungsbereich ist. Es ist vielmehr wahrscheinlich, daß die elastisch-plastische Grenze ungefähr die Form der Kurve $DHE$ der Abb. 58 hat. Wenn dem so ist, dann bleibt das Material zwischen $DFGCIKE$ und $DHE$ während des beginnenden plastischen Fließens in Ruhe, obwohl es sich unter Spannungen an der Fließgrenze befindet.

Die eben durchbesprochene Lösung stammt von HILL [2]. Es ist wichtig zu bemerken, daß diese Lösung keineswegs die einzig mögliche ist. Eine andere Lösung, welche von PRANDTL [1] angegeben wurde, ist in der linken Hälfte der Abb. 59 dargestellt. Hier sind $ACG$ und $AFD$ Gebiete konstanten Zustands, und $AFG$ ist ein zentrierter Fächer. Die Spannungen in diesen Gebieten sind die gleichen wie die Spannungen in den entsprechenden Gebieten der Abb. 58; die Geschwindigkeiten sind jedoch von den dortigen verschieden. Das Gebiet $ACG$ bewegt sich als starrer Körper mit der Geschwindigkeit 1 in der Richtung von $CG$, so als ob es einen Teil des Stempels bilden würde. Die Linie $AG$ ist eine Unstetigkeitslinie des Geschwindigkeitsfeldes. In dem Gebiet $AFG$ sind die Stromlinien Kreise mit dem Mittelpunkt $A$ und die Geschwindigkeit hat überall die Größe $1/\sqrt{2}$. Schließlich bewegt sich das Gebiet $ADF$ als starrer Körper mit der Geschwindigkeit $1/\sqrt{2}$ in der Richtung von $FD$.

Die rechte Hälfte der Abb. 59 zeigt eine Lösung, welche eine Kombination der Lösungen von PRANDTL und HILL darstellt. Die Spannungen und die Geschwindigkeiten sind im Gebiet $HKMP$ gleich jenen der HILLschen Lösung und im Gebiet $CHKMPENLI$ gleich jenen der PRANDTLschen. Es sind daher die Linien $HKMP$ und $HI$ Unstetigkeitslinien des Geschwindigkeitsfeldes, ebenso wie natürlich die Linie $ILNE$, welche das plastische Feld von dem starr bleibenden Teil abgrenzt.

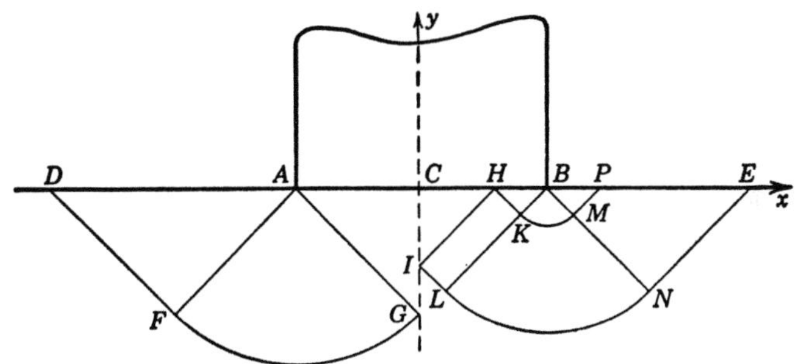

Abb. 59. Weitere Lösungen für die Spannungsverteilung unter einem geschmierten, flachen Stempel.

Bezüglich der Frage, welches von diesen Fließfeldern nun die richtige Lösung darstellt, argumentiert HILL [2] in einleuchtender Weise wie folgt. Die plastischen Zonen beginnen sich von $A$ und $B$ ausgehend zu entwickeln und verschmelzen schließlich miteinander. Es ist plausibel, daß dieses anwachsende plastische Gebiet zunächst jene Größe erreichen wird, die nötig ist, um das plastische Fließfeld der Abb. 58 einzuschließen, und zwar noch bevor es die Ausdehnung gewinnt, die erforderlich wäre, um eines der Felder der Abb. 59 zu umfassen. Somit ist es wahrscheinlich, daß HILLS Lösung das richtige Geschwindigkeitsfeld liefert. Was den erforderlichen Stempeldruck für bevorstehendes plastisches Fließen betrifft, so liefern alle drei Lösungen den Wert (27,4).

Abb. 60 zeigt einen Keil $DABE$, auf dessen abgestumpftes Ende $AB$ ein gut geschmierter Stempel drückt. Spannungs- und Geschwindigkeitsfeld sind ähnlich jenen, die wir im Zusammenhang mit Abb. 58 besprochen haben. Wir überlassen es dem Leser, die Einzelheiten auszuarbeiten und zu zeigen, daß die Spannung $\sigma_y$ längs $AB$ für bevorstehendes plastisches Fließen den Wert $\sigma_y = -2\,k\,(1 + \gamma)$ haben muß.

Abb. 61 zeigt einen Keil $EAB$, der einem gleichmäßig verteilten Druck $p$ auf das Stück $AC$ einer seiner Flanken ausgesetzt ist. Das plastische Spannungsfeld in dem Gebiet $DACGF$ wird von der gleichen Art sein wie jenes in dem entsprechenden Gebiet der Abb. 60, sofern der

Winkel $\beta$ der Abb. 61 mit dem Winkel $\gamma$ der Abb. 60 durch die Beziehung $2\beta = (\pi/2) + \gamma$ zusammenhängt. Damit ist der für bevorstehendes plastisches Fließen nötige Druck gegeben durch

$$p = 2k(1 + \gamma) = 2k\left(1 + 2\beta - \frac{\pi}{2}\right). \qquad (27,7)$$

Da die Winkel $DAF$ und $CAG$ beide gleich $45^0$ sind, ist die in Abb. 61 dargestellte Lösung nur für einen stumpfwinkeligen Keil $(\pi > 2\beta > \pi/2)$ möglich. Für einen spitzwinkeligen Keil $(\pi/2 > 2\beta > 0)$ tritt an Stelle

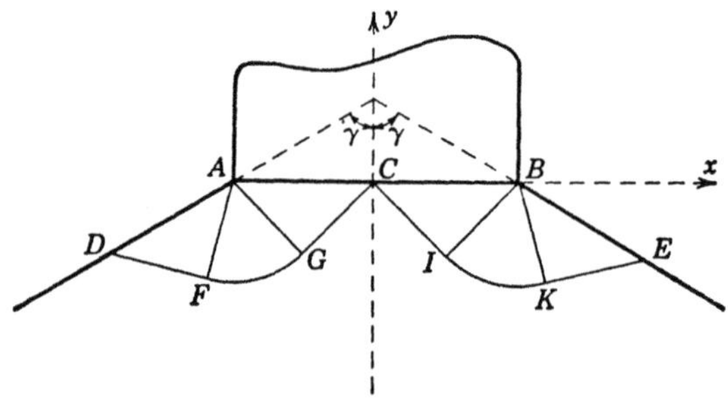

Abb. 60. Abgestumpfter Keil unter dem Druck eines geschmierten, flachen Stempels.

des stetigen Spannungsfeldes der Abb. 61 das in Abschn. 26 im Zusammenhang mit Abb. 55 diskutierte unstetige Spannungsfeld. Der Druck für bevorstehendes plastisches Fließen ist dann durch Gl. (26,8) gegeben. Die Gln. (27,7) und (26,8) liefern für $2\beta = \pi/2$ das gleiche Ergebnis.

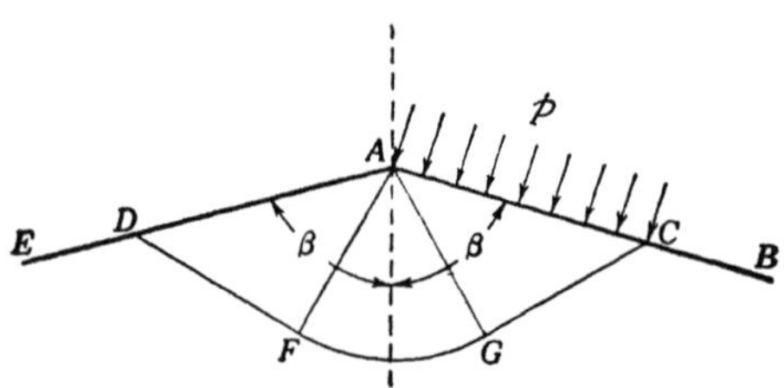

Abb. 61. Stumpfwinkeliger Keil unter einseitigem Druck.

Abb. 62 zeigt den Druck für bevorstehendes plastisches Fließen in Abhängigkeit vom Keilwinkel $2\beta$. Während für einen spitzen Keil kein stetiges Spannungsfeld existiert, kann das unstetige Spannungsfeld, das wir im Zusammenhang mit Abb. 55 behandelt haben, ebenso wie für einen spitzen, auch für einen stumpfen Keil konstruiert werden (s. Abb. 63). Wie man aus Abb. 62 erkennt, ist der Druck, welcher dem unstetigen Spannungsfeld für den stumpfen Keil entspricht, kleiner als der Druck, welcher der stetigen Lösung zugehört. Wenn der Druck, von Null beginnend, langsam ansteigt, dann würde man also erwarten, daß das plastische Fließen unter dem kleineren Druck einsetzt, welcher dem unstetigen Spannungsfeld entspricht, das heißt also bevor der Druck den höheren, für das stetige Spannungsfeld erforderlichen Wert erreicht hat. Dies ist jedoch nicht der Fall, denn es gibt kein Geschwindigkeitsfeld, das dem unstetigen Spannungsfeld der Abb. 63 zugeordnet wäre. Darauf wurde zuerst von LEE (s. Kap. V: [22]) hingewiesen. Um dies zu verstehen, denken wir uns den starren Teil unterhalb $EDFCB$ in Ruhe befindlich. Die Teilchen in den Gebieten konstanten Zustands $ACF$ und $ADF$ können sich daher nur parallel zu $CF$, bzw. $FD$ bewegen. Die Unstetigkeitslinie $AF$ kann sich jedoch nur wie ein vollkommen biegsamer, aber unausdehnbarer Faden bewegen (s. Abschn. 26); mit andern Worten, die Teilchen auf $AF$ müssen sich entweder senkrecht zu dieser Linie bewegen oder überhaupt nicht. Da diese Forderung mit der oben aufgestellten nicht verträglich ist, gibt es kein Feld plastischen Fließens, das dem unstetigen Spannungsfeld der Abb. 63 zugeordnet ist.

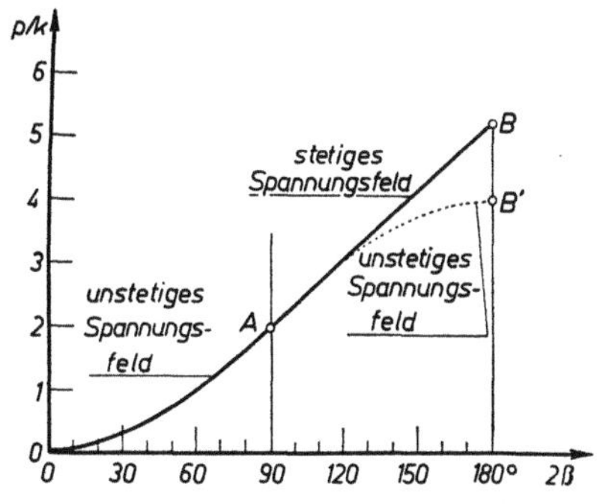

Abb. 62. Grenzwerte des Druckes, welche stetigen und unstetigen Spannungsfeldern in Keilen verschiedener Form entsprechen.

Was das stetige Spannungsfeld der Abb. 61 anlangt, so verlangt die Starrheit des Gebietes unterhalb $EDFGCB$, daß die Stromlinien im plastischen Gebiet oberhalb $DFGC$ zu dieser Linie parallel sind. Wegen der Unzusammendrückbar-

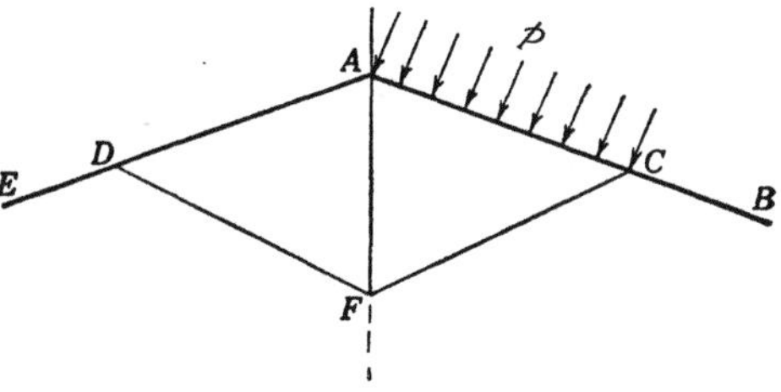

Abb. 63. Unstetiges Spannungsfeld in einem stumpfwinkeligen Keil unter einseitigem Druck.

keit des Materials muß die Geschwindigkeit längs jeder dieser parallelen Stromlinien einen konstanten Wert haben. Das Geschwindigkeitsfeld ist somit eindeutig bestimmt, wenn die Geschwindigkeitsverteilung etwa längs $AC$ vorgegeben ist.

## 28. Probleme des stationären plastischen Fließens

In den Problemen, die in diesem Abschnitt behandelt werden sollen, ändern sich Spannungs- und Geschwindigkeitsfeld nicht mit der Zeit (steady plastic flow). Das bedeutet natürlich nicht, daß ein bestimmtes Teilchen des plastischen Materials dauernd einem konstanten Spannungszustand unterworfen ist, oder daß es sich mit konstanter Geschwindigkeit bewegt. Während sich das Teilchen durch die konstanten Felder bewegt, werden sich sein Spannungszustand und seine Geschwindigkeit im allgemeinen ändern. Walzen, Ziehen, Strang- oder Ausflußpressen (extrusion, das ist Auspressen durch eine profilierte Düse) und Be-

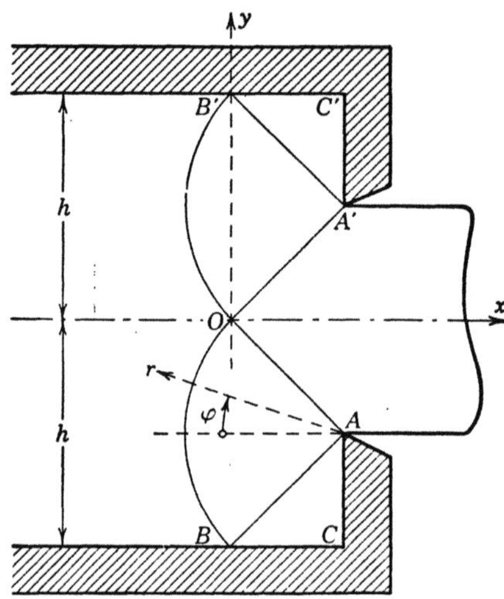

arbeitungsvorgänge (machining) sind typische Beispiele für stationäres plastisches Fließen.

Wie im vorigen Abschnitt gezeigt wurde, besteht eine oft erfolgreiche Methode zur Lösung von Problemen des plastischen Fließens darin, zunächst ein plastisches Spannungsfeld zu konstruieren, welches die die Spannungen betreffenden Randbedingungen befriedigt, und zu sehen, ob es möglich ist, diesem Spannungsfeld ein plastisches Fließfeld (Geschwindigkeitsfeld) zuzuordnen, das die Randbedingungen bezüglich der Geschwindigkeit erfüllt. Als Beispiel für die Anwendung dieser Methode auf ein Problem des stationären plastischen

Abb. 64. Spannungsfeld beim Ausflußpressen mit 50% Dickenreduktion.

Fließens wollen wir das reibungslose Auspressen eines flachen Körpers durch eine Düse betrachten, wobei die Dicke des Körpers um 50% vermindert werden soll. Die hier dargestellte Lösung stammt von HILL [3].

Abb. 64 zeigt die in diesem Ausstoßungsprozeß verwendete Düse und ein versuchsweise angenommenes plastisches Spannungsfeld. Der Körper, welcher die gut geschmierte Düse voll ausfüllt, wird von links her durch sie hindurchgepreßt. Er verläßt die Düse nach rechts hin mit einer auf die Hälfte seines ursprünglichen Wertes reduzierten Dicke. Das in Abb. 64 dargestellte plastische Spannungsfeld besteht aus den zentrierten Fächern $OAB$ und $OA'B'$, und erfüllt somit die Bedingung, daß die Gleitlinien die Wände der Düse sowie die Symmetrieachse unter 45° treffen müssen, da weder an den glatten Wänden noch in der Symmetrieachse Schubspannungen übertragen werden können. Das angenommene Gleitliniennetz befriedigt daher die Randbedingungen bezüglich der Spannungen.

Die Spannungen, die zu diesem Gleitliniennetz gehören, können aus der Bedingung berechnet werden, daß die Resultierende der längs $AOA'$ übertragenen Kräfte verschwinden muß, damit der ausgestoßene Körper rechts von dieser Linie im Gleichgewicht ist. Da der Spannungszustand längs der geraden Gleitlinien $OA$ und $OA'$ konstant ist, erfordert diese Bedingung, daß längs dieser Gleitlinien $\sigma_x$ verschwinden muß. Da die Gleitlinien $OA$ und $OA'$ mit der $x$-Achse Winkel von $45^0$ bilden, muß in jedem Punkt dieser Gleitlinien $\tau = 0$ sein. Um die Fließbedingung zu erfüllen, muß daher die Spannung $\sigma_y$ längs dieser Gleitlinien den Absolutwert $2\,k$ haben[1]. Da der Körper in der $y$-Richtung zusammengedrückt wird, haben wir die folgenden Bedingungen:

$$\sigma_x = 0, \qquad \sigma_y = -2\,k, \qquad \tau = 0 \qquad \text{längs } OA. \tag{28,1}$$

Aus den Gln. (20,12) folgt dann, daß gilt:

$$\omega = -\frac{1}{2}, \qquad \vartheta = \frac{\pi}{4} \qquad \text{längs } OA. \tag{28,2}$$

$OA$ ist also eine erste Gleitlinie, und der Fächer $OAB$ besteht aus geraden ersten Gleitlinien.

Da $\omega + \vartheta$ über einen Fächer aus ersten Gleitlinien konstant ist und da $\vartheta$ um $\pi/2$ wächst, wenn wir den Fächer von $AO$ nach $AB$ überstreichen, haben wir

$$\omega = -\frac{1}{2}(1+\pi), \qquad \vartheta = \frac{3\,\pi}{4} \qquad \text{längs } AB. \tag{28,3}$$

Die Gln. (20,12) zeigen dann, daß gilt:

$$\sigma_x = -(2+\pi)\,k, \qquad \sigma_y = -\pi\,k, \qquad \tau = 0 \qquad \text{längs } AB. \tag{28,4}$$

Die Kraft, welche in der positiven $x$-Richtung aufgewendet werden muß, um die Ausstoßung zu bewirken, muß im Gleichgewicht gehalten werden durch die Resultierende der Kräfte, welche an der Linie $BAOA'B'$ von rechts nach links hin übertragen wird. Da die Resultierende der an der Linie $AOA'$ übertragenen Kräfte verschwindet, ist der Mittelwert des zum Ausstoßen des Körpers nötigen Preßdruckes $p$ halb so groß wie der Druck, welcher in der $x$-Richtung an $AB$ und $A'B'$ übertragen wird:

$$p = -\left(1 + \frac{\pi}{2}\right)k. \tag{28,5}$$

Die Randbedingungen für die Geschwindigkeit folgen aus der Tatsache, daß das Material außerhalb der Fächer $OAB$ und $OA'B'$ starr

---

[1] Da die Gleitlinie $OA$ unter $45^0$ gegen die $x$-Achse geneigt ist, ist die $x$-Achse eine Hauptachse des längs $OA$ herrschenden Spannungszustands. Daher muß $\tau$, die Schubspannung in der Richtung der $x$-, bzw. $y$-Achse, gleich Null sein. ($\tau$ ist nicht etwa die Schubspannung in der Richtung der Gleitlinie $OA$, welche gleich $k$ ist.) Aus Gleichgewichtsgründen verschwindet $\sigma_x$, die Spannung auf einem Flächenelement senkrecht zur $x$-Achse, und es ist also nur $\sigma_y$, die Spannung auf einem Flächenelement senkrecht zur $y$-Achse, von Null verschieden. (D. Übers.)

bleiben muß. Nehmen wir an, das Material links von den Viertelkreisen $OB$ und $OB'$ bewege sich mit der Geschwindigkeit 1 nach rechts. Die Unzusammendrückbarkeit verlangt dann, daß sich das Material rechts von $AOA'$ mit der Geschwindigkeit 2 nach rechts bewegt. Das Material in $ABC$ und in $A'B'C'$ muß in Ruhe bleiben [*totes Material* (dead material)].

Die Ränder der beiden Fächer können Unstetigkeitslinien des Geschwindigkeitsfeldes sein. Es brauchen daher nur die Normalkomponenten der Geschwindigkeit quer zu diesen Rändern stetig zu sein. In bezug auf das in Abb. 64 eingezeichnete Polarkoordinatensystem lauten daher die Randbedingungen für die Geschwindigkeiten für den Fächer $OAB$:

$$v_\varphi = \sqrt{2} \quad \text{längs} \quad OA \left( \varphi = \frac{\pi}{4} \right),$$

$$v_\varphi = 0 \quad \text{längs} \quad AB \left( \varphi = -\frac{\pi}{4} \right). \tag{28,6}$$

$$v_r = -\cos\varphi \quad \text{längs} \quad OB.$$

Da in dem Fächer $OAB$ $\vartheta = (\pi/2) - \varphi$ ist, haben wir $v_\vartheta = -v_\varphi$, und die beiden letzten Bedingungen (28,6) ergeben für die Funktionen $f(\vartheta)$ und $g(r)$ in Gl. (24,5) die folgenden Ausdrücke:

$$f(\vartheta) = -\cos\vartheta + c, \qquad g(r) = -\frac{1}{2}\sqrt{2} - c, \tag{28,7}$$

wo $c$ eine Integrationskonstante ist. Die Gln. (24,5) liefern dann

$$v_r = -\sin\vartheta = -\cos\varphi, \quad v_\varphi = -v_\vartheta = \frac{1}{2}\sqrt{2} + \cos\vartheta = \frac{1}{2}\sqrt{2} + \sin\varphi.$$

$$\tag{28,8}$$

Es zeigt sich also, daß auch die erste Bedingung (28,6) erfüllt ist. Wenn dies nicht der Fall gewesen wäre, dann wären wir gezwungen gewesen, das angenommene Gleitliniennetz fallen zu lassen. Da die Bedingung erfüllt ist, haben wir aufeinander abgestimmte Spannungs- und Geschwindigkeitsfelder gefunden.

Wir wollen nun die Bahnen der einzelnen Teilchen durch die Preßdüse hindurch bestimmen, wobei wir uns auf das Gebiet unterhalb der $x$-Achse beschränken. Links von dem Viertelkreis $OB$ sind die Bahnen parallel zur $x$-Achse. Innerhalb des Fächers $OAB$ lautet die Differentialgleichung der Bahnen

$$\frac{1}{r}\frac{dr}{d\varphi} = \frac{v_r}{v_\varphi} = -\frac{\sqrt{2}\cos\varphi}{1 + \sqrt{2}\sin\varphi}. \tag{28,9}$$

Ihre Integration liefert die Bahnen selbst:

$$r = \frac{h}{\sqrt{2}} \frac{1 + \sqrt{2}\sin\varphi_0}{1 + \sqrt{2}\sin\varphi}. \tag{28,10}$$

Darin ist $2h$ die Weite der Düse[1] und $\varphi_0$ jener Winkel $\varphi$, unter dem das betreffende Teilchen in den Fächer $OAB$ eintritt. Rechts von $OA$ sind die Bahnen wiederum parallel zur $x$-Achse. Abb. 65 zeigt einige Bahnen in der unteren Hälfte des Körpers.

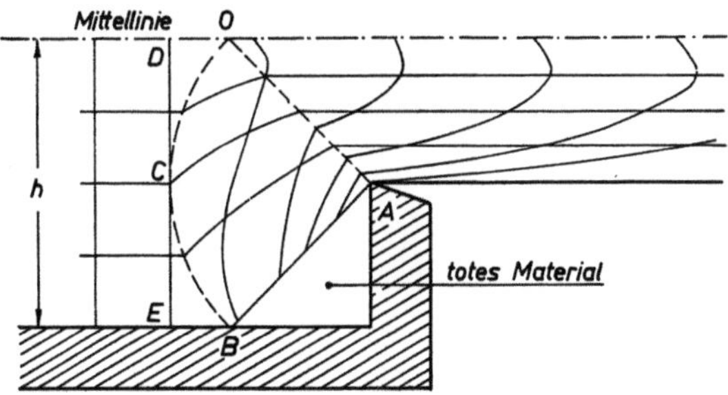


Abb. 65. Das verformte Gitter beim Ausflußpressen mit 50% Dickenreduktion (nach R. Hill [3]).

Um die theoretischen und die experimentellen Ergebnisse vergleichen zu können, ist es zweckmäßig, die Verformung eines ursprünglich quadratischen Gitters zu bestimmen. Diejenigen Gitterlinien, welche ursprünglich parallel zur Mittellinie der Düse waren, nehmen die Form der oben bestimmten Bahnen an. Was die ursprünglich zur Mittellinie senkrechten Gitterlinien anlangt, so finden wir die Form, die sie rechts von $OA$ annehmen, wie folgt: Da $v_\varphi = r\, d\varphi/dt$ ist, so gilt für ein Teilchen, das in den Fächer $OAB$ eintritt, indem es den Viertelkreis $OB$ im Punkt $\varphi = \varphi_0$ und zur Zeit $t = 0$ überschreitet, daß es diesen Fächer zur Zeit

$$t = \int_{\varphi_0}^{\pi/4} \frac{r\, d\varphi}{v_p} \tag{28,11}$$

durch Überschreitung der Linie $OA$ verläßt. Für $r$ und $v_\varphi$ sind hierin die Werte aus Gl. (28,10), bzw. (28,8) einzusetzen. Dann ergibt sich

$$t = h\,(1 + \sqrt{2}\,\sin\varphi_0) \int_{\varphi_0}^{\pi/4} \frac{d\varphi}{(1 + \sqrt{2}\,\sin\varphi)^2} =$$

$$= h\,(1 + \sqrt{2}\,\sin\varphi_0) \left[\operatorname{ar\,coth} \frac{\sqrt{2} + \sin\varphi}{\cos\varphi} - \frac{\sqrt{2}\,\cos\varphi}{1 + \sqrt{2}\,\sin\varphi}\right]_{\varphi_0}^{\pi/4}. \tag{28,12}$$

Im folgenden möge $t = 0$ jenen Augenblick bezeichnen, wo das im Mittelpunkt $C$ der Gitterlinie $DE$ gelegene Teilchen in den Fächer $OAB$ unter dem Winkel $\varphi_0 = 0$ eintritt. Die übrigen Punkte dieser Linie be-

---

[1] Das heißt, ihrer Eingangsöffnung. (D. Übers.)

wegen sich mit der Einheitsgeschwindigkeit nach rechts hin weiter, bis
sie den Viertelkreis $OB$ erreichen. Diese Punkte treten demnach erst
zur Zeit

$$t = \frac{h}{\sqrt{2}} \, (1 - \cos \varphi_0) \tag{28,13}$$

in den Fächer ein.

Bestimmen wir nun die Form der Gitterlinie $DE$ in dem Augenblick,
wo jenes Teilchen, das ursprünglich fünf Maschen weiter links von $C$ lag,
die Lage von $C$ erreicht hat. Da sich dieses Teilchen mit der Geschwindigkeit 1 bewegt und da wir die Seitenlänge einer Masche in Abb. 65 zu $h/4$
angenommen haben, bedeutet dies, daß wir die Lagen, welche die Teilchen
der Mittellinie $DE$ zur Zeit

$$t = t'' = \frac{5\,h}{4} \tag{28,14}$$

einnehmen, zu bestimmen wünschen.

Ein beliebiges Teilchen $P$ von $DE$, welches in den Fächer unter dem
Winkel $\varphi = \varphi_0$ eintritt, hatte bis dahin den Abstand $(h/2)\,(1 - \sqrt{2} \sin \varphi_0)$
von der Mittellinie der Düse. Wegen der Unzusammendrückbarkeit des

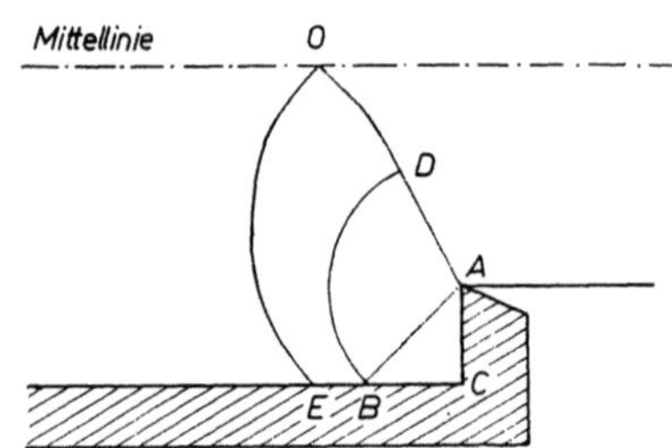

Abb. 66. Spannungsfeld beim Ausflußpressen mit weniger als 50% Dickenreduktion.

Materials muß dieses Teilchen die
Linie $OA$ in einem Punkt $P'$ kreuzen,
welcher halb so weit wie $P$ von der
Mittellinie entfernt ist. Die Zeit $t'$,
zu der das Teilchen in $P'$ ankommt,
erhalten wir durch Addition der
rechten Seiten von (28,12) und
(28,13). Zwischen den Zeitpunkten
$t'$ und $t''$ bewegt sich das Teilchen
dann mit der konstanten Geschwindigkeit 2 parallel zur Mittellinie der
Düse. Da wir die Lage von $P'$ kennen,
von wo aus das Teilchen diese gerad-

linig-gleichförmige Bewegung beginnt, können wir seine Endlage $P''$ leicht
bestimmen.

Alle übrigen rechts von $OA$ gelegenen verformten Gitterlinien folgen
aus dieser einen, eben ermittelten, durch eine Parallelverschiebung in der
Richtung der Mittellinie um die zweifache Maschenbreite.

Die verbogenen Gitterlinien in dem Fächer $OAB$ können in ähnlicher
Weise bestimmt werden; wir überlassen es dem Leser zur Übung, dies
auszuführen. Das in Abb. 65 dargestellte verformte Gitter wurde von
HILL bestimmt [3].

Wenn die Reduktion der Dicke des Körpers nicht 50% beträgt, dann
wird das Gleitliniennetz etwas komplizierter. Abb. 66 zeigt ein mögliches

Gleitliniennetz für eine geringere Dickenabnahme. Der Rand $AB$ des zentrierten Fächers $ABD$ schließt mit der Wand der Düse einen Winkel von $45^0$ ein, und das Material innerhalb von $ABC$ bleibt wieder in Ruhe. Um den Rand $AD$ des Fächers zu bestimmen, müssen wir zuerst das Gleitliniennetz über den Kreisbogen $BD$ hinaus fortsetzen. Dies stellt ein gemischtes Randwertproblem dar, wie wir es im Zusammenhang mit Abb. 44 besprochen haben: Längs der zweiten Gleitlinie $BD$ ist der Winkel $\vartheta$ bekannt, und längs $BE$ ist, da keine Reibung vorhanden ist, $\vartheta = 3\,\pi/4$. Der Punkt $D$ muß so gewählt werden, daß in diesem erweiterten Netz die erste Gleitlinie $DO$ die Mittellinie der Düse unter $45^0$ schneidet. Wir überlassen es dem Leser als Übungsaufgabe, zu zeigen, daß mit diesem Gleitliniennetz ein vernünftiges Geschwindigkeitsfeld verknüpft werden kann.

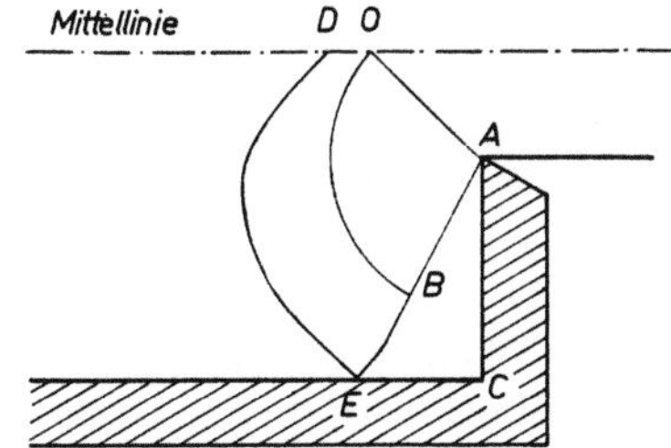


Abb. 67. Mögliches Spannungsfeld beim Ausflußpressen mit mehr als 50% Dickenreduktion.

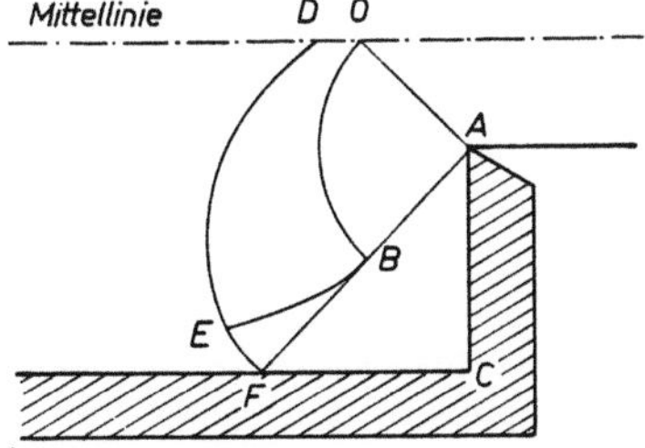


Abb. 68. Mögliches Spannungsfeld beim Ausflußpressen mit mehr als 50% Dickenreduktion.

Für den Fall, daß die Dickenabnahme 50% übersteigt, sind verschiedene Gleitliniennetze vorgeschlagen worden. Jedem von ihnen kann ein Geschwindigkeitsfeld zugeordnet werden, welches sämtliche die Geschwindigkeit betreffenden Randbedingungen erfüllt. Wir wollen diese miteinander rivalisierenden Netze kurz besprechen, da sie den Mangel eindeutiger „Lösungen" der MISESschen Theorie illustrieren. Da eines dieser Netze eine besonders einfache Form annimmt, wenn die Dickenreduktion zwei Drittel beträgt, wollen wir die folgende Diskussion auf diesen Fall beschränken.

Die Abb. 67 und 68 zeigen Gleitliniennetze, wie sie von HILL angegeben wurden [3]; das Gleitliniennetz der Abb. 69 wurde den Verfassern von E. H. LEE vorgeschlagen. In Abb. 67 ist das Gebiet $OAB$ ein zentrierter Fächer, wobei die Linie $OA$ unter $45^0$ gegen die Mittellinie der Düse geneigt ist. Das Netz kann über den Kreisbogen $OB$ hinaus fortgesetzt werden, weil $\vartheta$ längs der zweiten Gleitlinie $OB$ bekannt ist und längs der Symmetrieachse $OD$, wo $\vartheta = \pi/4$ ist. Der Punkt $D$ wird auf der

Mittellinie so gewählt, daß die zweite Gleitlinie $DE$ des erweiterten Netzes die Wand der Düse unter 45⁰ trifft. Die erste Gleitlinie $EBA$ bildet dann die Grenze des toten Materials.

In Abb. 68 ist $AF$ eine Gerade, welche die Düsenwand unter 45⁰ trifft, und $OAB$ ein zentrierter Fächer, bei dem $OA$ unter 45⁰ gegen die Mittellinie geneigt ist. Wie oben kann das Gleitliniennetz jenseits von $OB$ fortgesetzt werden; diese Fortsetzung wird jedoch durch die erste Gleitlinie $BE$ durch den Punkt $B$ begrenzt. Zwischen $BE$ und $BF$ wird dann ein Gleitliniennetz derart eingefügt, daß $BF$ eine Einhüllende der ersten Gleitlinien dieses Gebietes darstellt. Endlich liefert die zweite Gleitlinie $FED$ durch $F$ die Grenze gegen das starre Gebiet des noch nicht ausgestoßenen Körpers.

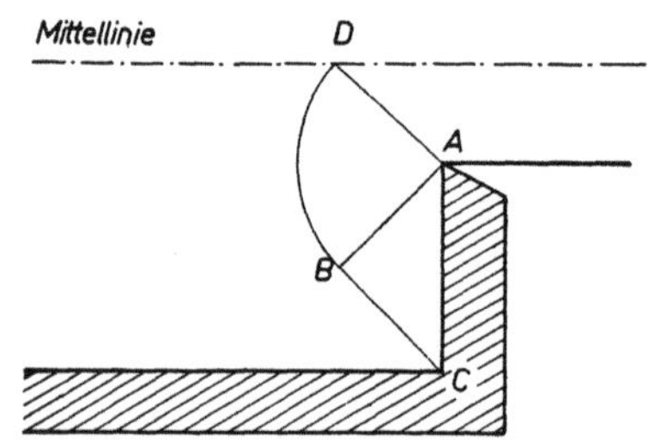


Abb. 69. Mögliches Spannungsfeld beim Ausflußpressen mit mehr als 50% Dickenreduktion.

In Abb. 69 ist $DAB$ ein zentrierter Fächer, dessen Ränder $DA$ und $AB$ unter 45⁰ gegen die Mittellinie geneigt sind. Das gleichschenkelig-rechtwinkelige Dreieck $ABC$ ist ein Gebiet konstanten Zustands. Im Gegensatz zu den obigen Lösungen hat diese kein totes Material. Der Leser möge die zu diesen Lösungen gehörigen Geschwindigkeitsfelder ermitteln.

Es zeigt sich, daß die Lösung gemäß Abb. 69 einen kleineren Preßdruck liefert als die beiden anderen. Wie wir in Kap. VII zeigen werden, ist der tatsächliche Preßdruck der kleinste aller Preßdrücke, die sich aus *sämtlichen* Misesschen Lösungen ergeben. Dies bedeutet, daß die Lösungen gemäß Abb. 67 und 68 endgültig ausgeschieden werden können. Wir können jedoch noch nicht behaupten, daß der Preßdruck, der zu der Lösung gemäß Abb. 69 gehört, der richtige ist, solange wir nicht wissen, ob es nicht noch andere Misessche Lösungen unseres Problems gibt.

Probleme über Ausflußpressen mit Reibung an der Düsenwand sowie Probleme des Ausflußpressens sowie des Ziehens durch spitzzulaufende Düsen finden sich unter den Aufgaben zu diesem Kapitel. In dieser Beziehung sei der Leser auch auf eine Arbeit von Hill und Tupper verwiesen [4]. Aufgaben über Bearbeitungsvorgänge wurden in letzter Zeit von Lee und Shaffer [5] vom Standpunkt der Misesschen Theorie studiert.

## 29. Probleme des pseudostationären plastischen Fließens

HILL, LEE und TUPPER [6] lenkten als erste die Aufmerksamkeit auf eine Gruppe von Problemen, wo das Gleitliniennetz zwar nicht unverändert bleibt, wie in den Problemen des stationären Fließens, aber wenigstens seine Form beibehält und bloß den Maßstab ändert. Als Beispiel für ein solches Problem des *pseudostationären* plastischen Fließens (pseudo-steady plastic flow) wollen wir das Eindringen eines geschmierten, starren Keils in einem halb-unendlichen plastischen Körper behandeln. Da in irgend einem Stadium des Prozesses die Tiefe des Eindringens die einzige charakteristische Länge ist, so ist zu erwarten, daß das Gleitliniennetz während des Eindringens seine Form beibehalten und sich bloß proportional der Eindringungstiefe maßstäblich vergrößern wird.

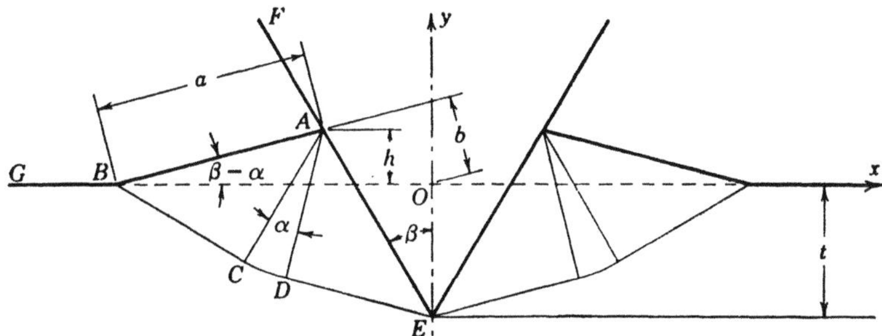

Abb. 70. Spannungsfeld beim Eindringen eines geschmierten Keils in einen halb-unendlichen Körper.

In dem Maße als der Keil in den Körper hineingepreßt wird, muß sich auf jeder Seite des Keils eine erhöhte „Lippe" (lip) bilden. Das Volumen des Materials, welches in Form dieser Lippen hochgestaucht wird, muß gleich dem durch den Keil verdrängten Rauminhalt sein. Die Form der Lippen ist nicht bekannt, muß jedoch als Teil der Lösung bestimmt werden. Den Ausführungen von LEE, HILL und TUPPER [6] folgend, werden wir zeigen, daß es eine MISESsche Lösung gibt, für die die Lippen durch gerade Linien begrenzt sind.

Das Gleitliniennetz dieser Lösung ist in Abb. 70 dargestellt: $EF$ ist die linke Flanke des Keils, $BG$ die noch unverformte Oberfläche des plastischen Körpers und $AB$ die Lippe. Die gleichschenkelig-rechtwinkeligen Dreiecke $ABC$ und $AED$ sind Gebiete konstanten Zustands; $ACD$ ist ein zentrierter Fächer aus ersten Gleitlinien. Wir bezeichnen den Keilwinkel mit $2\beta$ und den Winkel $CAD$ mit $\alpha$. Wir legen die $x$-Achse in die Oberfläche des plastischen Körpers und den Ursprung $O$ auf die Symmetrieachse. Ferner bezeichnen wir mit $a$ die Länge $AB$

der Lippe, mit $b$ den Abstand des Punktes $O$ von $AB$ und mit $h$ die Erhöhung von $A$ über $OB$ (Abb. 70).

Wenn die vertikale Geschwindigkeit des Keils als gleich 1 angenommen wird und die Zeit $t$ von dem Augenblick an gezählt wird, wo der Keil den halb-unendlichen Körper eben berührt, dann ist die jeweilige Eindringungstiefe gleich $t$.

Aus Abb. 70 ist leicht zu ersehen, daß die Lippe $AB$ mit der $x$-Achse den Winkel $\beta - \alpha$ einschließt; ferner können $a$, $b$ und $h$ durch $t$, $\alpha$, $\beta$ wie folgt ausgedrückt werden:

$$a = \frac{t}{\cos \beta - \sin (\beta - \alpha)},$$

$$b = t \sin (\beta - \alpha) \frac{\sin \beta + \cos (\beta - \alpha)}{\cos \beta - \sin (\beta - \alpha)}, \tag{29,1}$$

$$h = \frac{t \sin (\beta - \alpha)}{\cos \beta - \sin (\beta - \alpha)}.$$

Das Geschwindigkeitsfeld wird unschwer erhalten. Längs $BCDE$ verschwindet die Geschwindigkeitskomponente $v_1$, welche normal zu dieser Linie gerichtet ist. Es ist daher $v_1 = 0$ in dem ganzen Gebiet $ABCDE$. Infolgedessen fallen die Stromlinien mit den zweiten Gleitlinien zusammen, welche parallel zu $BCDE$ sind, und die Geschwindigkeit muß längs jeder dieser parallelen Stromlinien konstante Größe haben. Längs $AE$ müssen die Geschwindigkeit des Keils und die Geschwindigkeit des mit ihm in Kontakt befindlichen Materials die gleichen Projektionen auf die Normale zu $AE$ haben. Folglich hat das plastische Material überall die Geschwindigkeit $v_2 = \sqrt{2} \sin \beta$.

Die Oberfläche $AB$ der Lippe erfährt somit eine Translation in der Richtung von $CB$ mit der Geschwindigkeit $v_2 = \sqrt{2} \sin \beta$. Die Projektion dieser Geschwindigkeit auf die Normale zu $AB$ ist $v_2 \cos (\pi/4) = \sin \beta$. Die Schneide $E$ des Keils bewegt sich vertikal nach abwärts mit der Geschwindigkeit 1. Die Projektion dieser Geschwindigkeit auf die Normale zu $AB$ ist gleich $\cos (\beta - \alpha)$. Der Abstand des Punktes $E$ von $AB$ wächst also in der Zeiteinheit um $\sin \beta + \cos (\beta - \alpha)$. Da das Fließen als pseudostationär angenommen wurde, bleibt diese Abstandszunahme pro Zeiteinheit konstant. Seit dem Beginn des Eindringens, das heißt also zur Zeit $t$, hat daher der Abstand des Punktes $E$ von $AB$ den Wert

$$t \, [\sin \beta + \cos (\beta - \alpha)]. \tag{29,2}$$

Andererseits ersehen wir aus Abb. 70, daß dieser Abstand gleich

$$b + t \cos (\beta - \alpha) \tag{29,3}$$

ist. Der Vergleich dieser beiden Werte liefert

$$b = t \sin \beta. \tag{29,4}$$

Setzen wir (29,4) in die zweite Gl. (29,1) ein, dann erhalten wir nach einigen trigonometrischen Umformungen

$$\beta = \frac{1}{2}\left[\alpha + \text{arc cos tan}\left(\frac{\pi}{4} - \frac{\alpha}{2}\right)\right].\qquad(29,5)$$

Diese Beziehung zwischen $\alpha$ und $\beta$ ist in Abb. 71 dargestellt. Der Winkel $\alpha$ des Gleitliniennetzes ist also eindeutig bestimmt durch den Keilwinkel.

Bei der Ermittlung des Geschwindigkeitsfeldes haben wir die Unzusammendrückbarkeit des Materials bereits in Rechnung gezogen. Das Volumen der aufgestauchten Lippen wird daher von selbst gleich dem vom Keil verdrängten Volumen sein.

Der Leser möge jedoch die Probe machen, und dies direkt aus Abb. 70 und mit Hilfe der Beziehung (29,5) zwischen $\alpha$ und $\beta$ nachweisen.

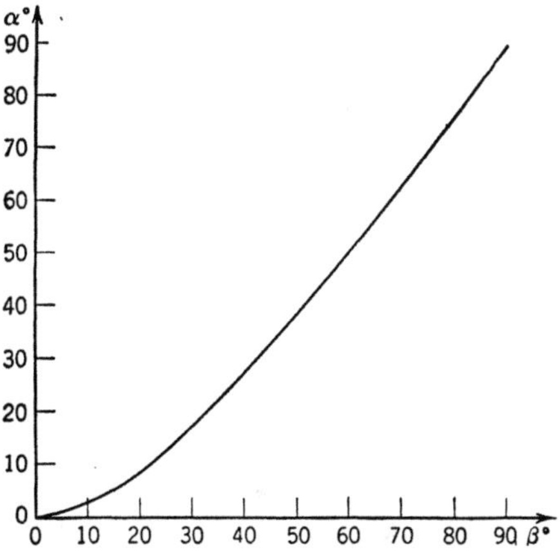

Das plastische Spannungsfeld in $ABCDE$ ist das gleiche wie jenes in dem Gebiet $ADFGC$ der Abb. 60, wenn wir den dortigen Winkel $\gamma$ gleich dem Winkel $\alpha$ der Abb. 70 machen. Daher ist der Druck auf die Flanke des Keils gegeben durch

$$p = 2k(1 + \alpha).\qquad(29,6)$$

Da $AE = AB = a$ ist, ergibt sich für die gesamte nach abwärts gerichtete Kraft $K$, die nötig ist, um den Keil in das plastische Material zu treiben[1],

Abb. 71. Fächerwinkel $\alpha$ in Abhängigkeit vom Keilwinkel $\beta$ (s. Abb. 70).

$$K = 2p\,a\sin\beta = 4kt(1 + \alpha)\frac{\sin\beta}{\cos\beta - \sin(\beta - \alpha)},\qquad(29,7)$$

Die Bestimmung der Bahn eines Teilchens ist im Fall des pseudostationären Fließens schwieriger als im Fall des stationären Fließens. Beim stationären Fließen wird die Geschwindigkeit eines Teilchens lediglich durch seine Bewegung relativ zu dem konstanten Geschwindigkeitsfeld beeinflußt. Im pseudostationären Fall müssen wir jedoch nicht bloß die Bewegung des Teilchens gegen das Feld berücksichtigen, sondern auch die fortschreitende Ausbreitung des Feldes. LEE, HILL und TUPPER [6] führten das *Einheitsdiagramm* (unit diagram) ein, welches die

---

[1] $K$ bezieht sich auf einen Keil, dessen Breite senkrecht zur Zeichenebene der Abb. 70 gleich der Einheit ist. (D. Übers.)

Diskussion der Bahnen bei Problemen des pseudostationären Fließens
sehr erleichtert. Wir bezeichnen den Ortsvektor eines beliebigen Teilchens
$P$ mit $\mathfrak{r}$ und setzen

$$\mathfrak{r} = \mathfrak{r}^* \, t. \tag{29,8}$$

Wir beschreiben nun die tatsächliche Bewegung des Teilchens (in der
physikalischen Ebene) durch die Bewegung des Punktes $P^*$ mit dem
Ortsvektor $\mathfrak{r}^*$ im Einheitsdiagramm.

Während sich das wirkliche (physikalische) Gleitliniennetz pro-
portional mit $t$ ausdehnt, bleibt sein Bild im Einheitsdiagramm fest.
Nach (29,8) muß die Eindringungstiefe des Keils als Längeneinheit im
Einheitsdiagramm erscheinen (Abb. 72).

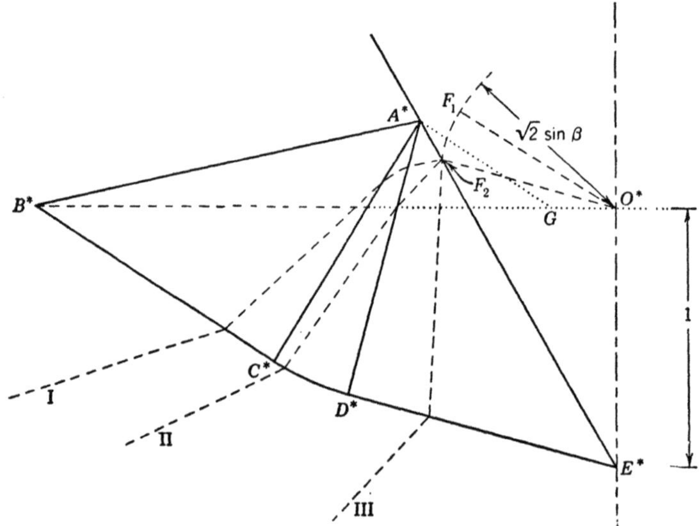


Abb. 72. Bahnen von Teilchen im Einheitsdiagramm.

Wir bezeichnen den Geschwindigkeitsvektor $d\mathfrak{r}/dt$ des Teilchens $P$
in der physikalischen Ebene mit $\mathfrak{v}$ und den Geschwindigkeitsvektor $d\mathfrak{r}^*/dt$
des entsprechenden Punktes $P^*$ im Einheitsdiagramm mit $\mathfrak{v}^*$. Differenzieren wir (29,8) nach der Zeit, so finden wir

$$t\,\mathfrak{v}^* = -\,(\mathfrak{r}^* - \mathfrak{v}). \tag{29,9}$$

Tragen wir den Geschwindigkeitsvektor $\mathfrak{v}^*$ vom Punkt $P^*$ aus auf und
den Geschwindigkeitsvektor $\mathfrak{v}$ vom Punkt $O^*$ des Einheitsdiagramms aus,
so zeigt diese Gleichung, daß $\mathfrak{v}^*$ gegen die Spitze $F$ des Vektors $\mathfrak{v}$ gerichtet
ist. $F$ soll im folgenden *Fokus* genannt werden.

In der hier behandelten Aufgabe hat der Geschwindigkeitsvektor $\mathfrak{v}$
im gesamten plastischen Fließfeld den konstanten Betrag $\sqrt{2}\sin\beta$. Die

Endpunkte der vom Punkt $O$ aufgetragenen Vektoren $\mathfrak{v}$ liegen daher auf einem Kreis mit dem Radius $\sqrt{2} \sin \beta$, der Fokalkreis genannt werden soll. Da die Richtung von $\mathfrak{v}$ bloß zwischen den Richtungen von $C^*B^*$ und $E^*D^*$ variieren kann, wird jener Teil $F_1F_2$ des Fokalkreises, der für uns in Betracht kommt, durch die Radien $O^*F_1$, bzw. $O^*F_2$ parallel zu $C^*B^*$, bzw. $E^*D^*$ ausgeschnitten.

Wir können nun das Bild der Bahn eines beliebigen Teilchens $P$ im Einheitsdiagramm zeichnen. Bis zu dem Augenblick, wo die Grenze des sich ausdehnenden Gleitliniennetzes $P$ erreicht, ist $\mathfrak{v} = 0$. Nach (29,9) bewegt sich daher das Bild $P^*$ des Punktes $P$ anfänglich gegen den Punkt $O^*$ hin. Wenn $P^*$ die Linie $B^*C^*D^*E^*$ im Einheitsdiagramm überschreitet, so bedeutet dies, daß das Teilchen von dem sich ausdehnenden plastischen Fließfeld verschluckt worden ist. Im Einheitsdiagramm haben wir nun drei Arten von Bahnen, je nachdem ob der Punkt $P^*$ in das Abbild des plastischen Fließfeldes über die Linien $B^*C^*$, $C^*D^*$ oder $D^*E^*$ eintritt. In Abb. 72 kennzeichnen die mit $I$, $II$ und $III$ bezeichneten gestrichelten Linien diese drei Arten von möglichen Bahnen. Um zu zeigen wie diese Bahnen zu konstruieren sind, wollen wir kurz die Bahn $I$ besprechen. Links von $B^*C^*$ ist die Bahn gerade und gegen $O^*$ gerichtet; zwischen $B^*C^*$ und $A^*C^*$ ist sie ebenfalls gerade und gegen $F_1$ gerichtet. Zwischen $A^*C^*$ und $A^*D^*$ ist sie gekrümmt. Denn während sich $P^*$ von der Linie $A^*C^*$ zur Linie $A^*D^*$ bewegt, bewegt sich der zugehörige Fokus von $F_1$ nach $F_2$. Wenn beispielsweise $P^*$ auf die Symmetrale des Winkels $C^*A^*D^*$ zu liegen kommt, dann bewegt er sich gegen den Mittelpunkt des Bogens $F_1F_2$. Schließlich ist die Bahn zwischen den Linien $A^*D^*$ und $A^*E^*$ wieder gerade und gegen $F_2$ gerichtet.

Das Einheitsdiagramm der Abb. 72 stellt die Verformung dar, welche bei einer Eindringungstiefe gleich der Einheit eingetreten ist. Die Bahnen im Einheitsdiagramm zeigen, daß sich das Material in $D^*E^*F_2$ durchwegs in der Richtung von $O^*F_2$ bewegt hat. Somit hat dieses Material ursprünglich das Dreieck $D^*E^*O^*$ eingenommen. Analog hat sich das Material in $B^*C^*A^*$ durchwegs in der Richtung $O^*F_1$ bewegt; es hat daher ursprünglich das Dreieck $B^*C^*G^*$ eingenommen, wo $G$ der Schnittpunkt der Parallelen zu $O^*F_1$ durch $A^*$ mit $O^*B^*$ ist. Während wir in diesen beiden Gebieten reine Schubverzerrung haben, findet in dem Gebiet $C^*D^*O^*G$, welches in $C^*D^*F_2A^*$ übergeführt wird, eine kompliziertere Verformung statt. Hill, Lee und Tupper [6] haben diese Deformation berechnet und die Verformung der ursprünglich quadratischen Maschen des Gitters bestimmt (Abb. 73).

Hodge (s. Kap. V: [15]) hat eine Näherungsmethode zur Bestimmung der Verbiegung des Gitters angegeben, welche die bei der exakten Methode von Hill, Lee und Tupper nötige numerische Integration vermeidet.

Die Grundidee dieser Methode ist, den engen Fächer $CAD$ der Abb. 70 durch eine Unstetigkeitslinie $AH$ längs der Winkelhalbierenden des Fächers zu ersetzen (Abb. 74). Die Stromlinien in $ABH$ und $AEH$ fallen mit den zweiten Gleitlinien zusammen, welche parallel zu $HB$, bzw. $EH$ sind. Die Geschwindigkeit hat wieder den konstanten Wert $\sqrt{2}\sin\beta$ über das ganze Fließfeld. Es sei jedoch betont, daß dieses unstetige Feld keine wirkliche Lösung darstellt, sondern bloß eine einfache Näherung der in Abb. 72 dargestellten Lösung. Obwohl sowohl das Spannungs- als auch das Geschwindigkeitsfeld, die zu dem unstetigen

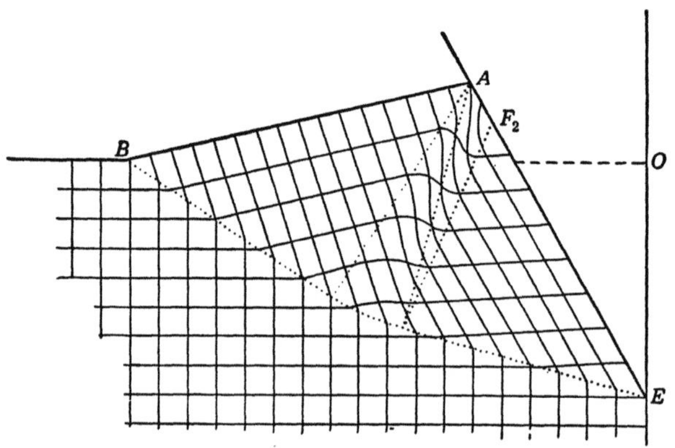


Abb. 73. Das verformte Gitter nach dem Eindringen eines geschmierten Keils in einen halb-unendlichen Körper (nach R. Hill, E. H. Lee und S. J. Tupper [6]).

Netz der Abb. 74 gehören, alle Randbedingungen befriedigen, erfüllt das Geschwindigkeitsfeld nicht die in Abschn. 26 aufgestellte Bedingung, daß sich die Unstetigkeitslinie $AH$ als ein vollkommen biegsamer aber unausdehnbarer Faden bewegen soll. Die Linie $AH$ ist vielmehr nicht bloß eine Unstetigkeitslinie für die Spannungen, sondern auch für die Geschwindigkeiten, unter Verletzung der Regel, daß Unstetigkeitslinien im Geschwindigkeitsfeld Gleitlinien sein müssen.

Wenn wir die Eindringungstiefe in Abb. 74 als Längeneinheit wählen, dann können wir der Abb. 74 das Einheitsdiagramm überlagern. Die Punkte $F_1$ und $F_2$ werden wie oben gefunden, doch fehlt jetzt der Fokalkreis, der dem Fächer in Abb. 72 entspricht. Es gibt jetzt bloß zwei Arten von Bahnen im Einheitsdiagramm ($I$ und $II$ in Abb. 74). Wie früher werden die Gebiete $HEO$ und $BHG$ des unverformten Körpers durch eine reine Schubverzerrung in die Gebiete $HEF_2$, bzw. $BHA$ transformiert. Wir brauchen daher nur die Transformation von $GHO$ in $AHF_2$ zu betrachten. Im Einheitsdiagramm sind die Bahnen sämtlicher Teilchen dieses Gebiets vom Typus $I$. Das bedeutet, daß sich ein beliebiges Teilchen dieses Gebiets zunächst in der Richtung von $HB$ zu bewegen beginnt, nachdem es vom plastischen Fließfeld eingefangen worden ist; daß es jedoch seine Bewegungsrichtung in die Richtung von $EH$ umlenkt, sobald die Linie $AH$ des sich ausbreitenden Gleitliniennetzes das Teilchen überholt. Während dieser ganzen Bewegung hat die Geschwindigkeit des Teilchens stets denselben Wert $\sqrt{2}\sin\beta$.

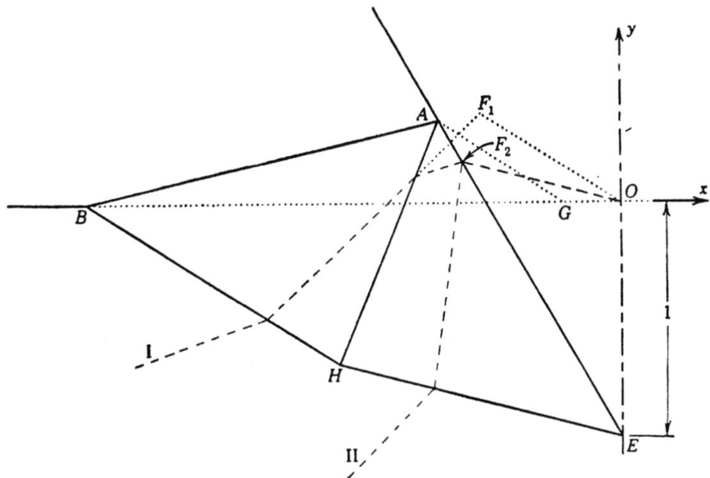

Abb. 74. Einheitsdiagramm für ein unstetiges Spannungsfeld.

Verfolgen wir die Bewegung eines beliebigen Teilchens $P$, das sich zur Zeit $t = 0$ in $GHO$ befand und die Koordinaten $x_0$, $y_0$ hatte. Da sich das ganze Gleitliniennetz gleichförmig mit der Zeit ausdehnt, beginnend vom Wert Null zur Zeit $t = 0$, so ist die Gleichung irgend einer Geraden des sich ausdehnenden Netzes, wie etwa der Geraden $BH$ oder $AH$, von der Form $a\,x + b\,y = c\,t$. Es sei etwa

$$a_0\,x + b_0\,y = c_0\,t \tag{29,10}$$

die Gleichung der Geraden $BH$ und

$$a_1\,x + b_1\,y = c_1\,t \tag{29,11}$$

die von $AH$. Die Zeit $t_0$, zu welcher die Linie $BH$ über das Teilchen $P$ mit den Anfangskoordinaten $x_0$, $y_0$ hinwegstreicht, finden wir, indem wir in Gl. (29,10) $x$, $y$, $t$ durch $x_0$, $y_0$, $t_0$ ersetzen und nach $t_0$ auflösen:

$$t_0 = \frac{1}{c_0}\,(a_0\,x_0 + b_0\,y_0). \tag{29,12}$$

Zur Zeit $t = t_0$ beginnt sich das Teilchen $P$ mit konstanter Geschwindigkeit zu bewegen. Bezeichnen wir die Komponenten dieser Geschwindigkeit mit $v_x{}'$, $v_y{}'$, so ist die Lage von $P$ zu einem späteren Zeitpunkt $t$ gegeben durch

$$x = x_0 + v_x{}'\,(t - t_0), \qquad y = y_0 + v_y{}'\,(t - t_0). \tag{29,13}$$

Diese Beziehungen gelten nur bis zu dem Augenblick $t = t_1$, wo die Linie $AH$ das Teilchen $P$ überholt. Diesen Zeitpunkt finden wir, indem wir in (29,11) für $x$ und $y$ die Werte aus (29,13) und für $t = t_1$ einsetzen. Für das Folgende ist bloß wichtig, daß der Ausdruck für $t_1$, den wir auf diese Weise erhalten, in $x_0$ und $y_0$ linear ist.

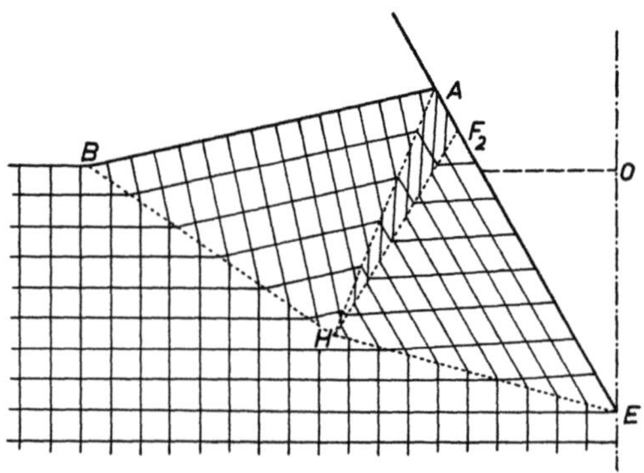

Abb. 75. Das verformte Gitter unter Annahme eines unstetigen Spannungsfeldes.

Betrachten wir zu einem bestimmten Zeitpunkt $t$ bloß jene Teilchen, welche durch Überschreitung der Linie $BH$ in das plastische Feld eingetreten sind, jedoch noch nicht von $AH$ überholt worden sind. Wir wollen sagen, daß diese Teilchen die gleiche *Vorgeschichte* (field history) haben, da sie wohl in das Gebiet $ABH$ des plastischen Feldes hineingezogen worden sind, dieses jedoch noch nicht durch Überschreitung von $AH$ verlassen haben. Die Gln. (29,12) und (29,13) zeigen, daß das Gebiet, bestehend aus allen jenen Teilchen, welche diese besondere Vorgeschichte haben, eine affine Transformation erfahren hat (das heißt $x$ und $y$ sind lineare Funktionen von $x_0$ und $y_0$). Wie leicht zu beweisen ist, führt eine solche Transformation eine Schar paralleler Geraden gleichen Abstandes in eine andere solche Schar über.

Nachdem das Teilchen $P$ von der Linie $AH$ überholt worden ist, bewegt es sich mit einer anderen, aber wiederum konstanten Geschwindigkeit, deren Komponenten mit $v_x{}''$ und $v_y{}''$ bezeichnet werden mögen. Für $t > t_1$ ist daher die Lage von $P$ gegeben durch

$$\begin{aligned}
x &= x_0 + v_x{}'\,(t_1 - t_0) + v_x{}''\,(t - t_1), \\
y &= y_0 + v_y{}'\,(t_1 - t_0) + v_y{}''\,(t - t_1).
\end{aligned} \tag{29,14}$$

Wenn die oben gefundenen Werte von $t_0$ und $t_1$ und ferner ein beliebig angenommener Wert $t > t_1$ in (29,14) eingesetzt werden, dann sieht man, daß $x$ und $y$ wiederum lineare Funktionen von $x_0$ und $y_0$ sind. Wir wollen nun in einem bestimmten Augenblick $t$ jene Teilchen betrachten, die durch Überschreitung von $BH$ in das plastische Feld eingetreten, aber dann von $AH$ überholt worden sind. Unsere Betrachtung zeigt, daß das ganze Gebiet, bestehend aus sämtlichen Teilchen mit dieser Vorgeschichte, eine affine Transformation erfahren hat. Es werden demnach die zwei orthogonalen Scharen unverformter Gitterlinien im Gebiet $GHO$ in zwei Scharen paralleler Linien im Gebiet $AHF_2$ transformiert. Da die

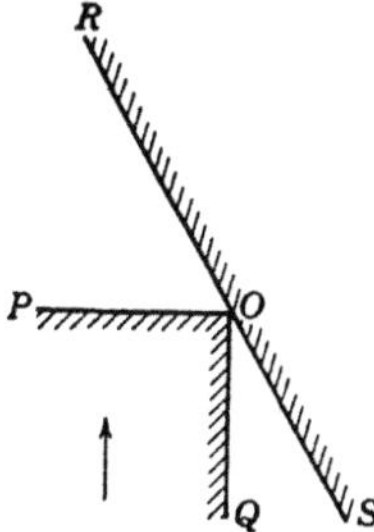

Abb. 76. Pressen eines Blocks durch eine sich verengende Düse.

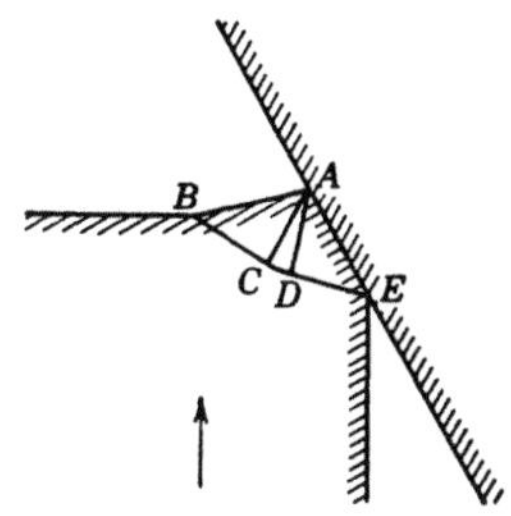

Abb. 77. Spannungsfeld für das Pressen eines Blocks durch eine sich verengende Düse.

Schnittpunkte der verformten Gitterlinien mit $AH$ und mit $F_2H$ von den reinen Schubverzerrungen in den angrenzenden Gebieten her bekannt sind, kann das verformte Gitter leicht konstruiert werden (Abb. 75). Im großen und ganzen herrscht überraschend gute Übereinstimmung mit Abb. 73.

HODGE (s. Kap. V: [15]) hat noch andere Anwendungen dieser Methode gegeben, die in der Approximation des tatsächlichen Gleitliniennetzes durch eine Anzahl von Feldern konstanten Zustands bestehen, die durch Unstetigkeitslinien voneinander getrennt sind. Der Gebrauch dieser Methode ist keineswegs auf Probleme des pseudostationären Fließens beschränkt.

Abb. 76 zeigt eine andere Verwendung des Gleitliniennetzes der Abb. 70. $POQ$ stellt die rechtwinkelige Ecke eines Blocks dar, der sich in der Richtung des eingezeichneten Pfeils bewegt, und der durch eine geschmierte, sich verengende Düse hindurchgepreßt wird. $RS$ ist die starre Düsenwand, mit der der Punkt $O$ eben in Berührung gekommen ist. In dem Maße als sich der Block vorwärts bewegt, nimmt die Ecke die in Abb. 77 dargestellte Form an, wobei das Gleitliniennetz das gleiche ist wie in der linken Hälfte der Abb. 70.

Ein anderes Problem, wo derselbe Typus des Gleitliniennetzes benützt werden kann, ist der Fall, daß die Schneide eines Keils von einer geschmierten, starren Platte breitgequetscht wird. Abb. 78 stellt diesen Fall dar, der von HILL [7] untersucht worden ist. $POP'$ ist die ursprüngliche Form des Keils. Die starre Platte bleibt stets senkrecht zur Symmetrieachse des Keils und bewegt sich in der Richtung dieser Achse. Wenn sie die Lage $RS$ erreicht hat, hat der Keil die Form $PBAA'B'P'$. Der Leser möge die den Gln. (29,5) und (29,7) entsprechenden Beziehungen für diesen Fall des gequetschten Keils aufstellen.

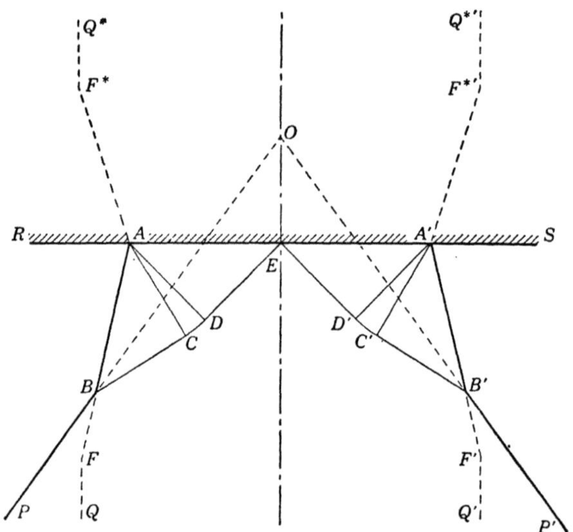

Abb. 78. Quetschen eines Keils mittels einer geschmierten Platte.

LEE [8] hat von dem Gleitliniennetz der Abb. 78 eine weitere, interessante Anwendung gemacht. Da das plastische Fließen nur oberhalb der Linie $BCDED'C'B'$ stattfindet, macht es i. a. nichts aus, wie wir uns den Körper unterhalb $BB'$ geformt denken. So können wir etwa die Berandung $BP$ zunächst durch die Verlängerung $BF$ von $AB$ ersetzen und weiter durch $FQ$, die Parallele zur Symmetrieachse. Fügen wir zu der auf diese Art unterhalb von $RS$ entstandenen Form ihr Spiegelbild in bezug auf $RS$ hinzu, dann erhalten wir ein gekerbtes Werkstück, das linksseitig durch die Linie $Q^*F^*AFQ$ begrenzt ist. Wenn wir nun den Verformungsprozeß, der von dem scharfen Keil $OBB'$ zu dem stumpfen Keil $BAA'B'$ führte, umkehren und gleichzeitig auch die Vorzeichen sämtlicher Spannungen verkehren, wenn wir schließlich noch das Gleitliniennetz durch Spiegelung an $RS$ vervollständigen, dann erhalten wir eine vollständige Lösung für das Einschnüren (necking) eines gekerbten Zugstabes. Wir überlassen es dem Leser, die Einzelheiten dieses *umgekehrten pseudo-stationären plastischen Fließens* auszuarbeiten, und insbesondere festzustellen, wie ein ursprünglich quadratisches Gitter durch den Einschnürungsprozeß verbogen wird.

Auf eine weitere, möglicherweise wichtige Type eines modifizierten pseudo-stationären plastischen Fließens kamen HILL, LEE und TUPPER (s. Kap. V: [16]) bei ihrer Behandlung der Pressung eines flachen Körpers aus plastischem Material durch zwei parallele, rauhe, starre Platten, die nicht so breit sind wie der gepreßte Körper selbst (Abb. 79). Plastisches Fließen findet nur in dem Gebiet $ABC'B'A'C$ statt, und das Gleitliniennetz, etwa im ersten Quadranten, ist dadurch bestimmt, daß $BC'$

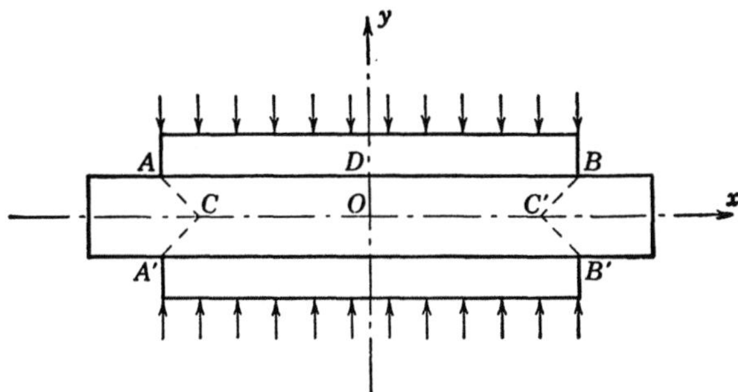



Abb. 79. Pressung einer schmalen Schicht zwischen rauhen, starren Platten.

eine Gleitlinie sein muß, während $BD$ entweder eine Gleitlinie oder die Einhüllende von Gleitlinien sein muß (s. Abb. 52). Die Symmetrieachsen $OC'$ und $OD$ müssen die Gleitlinien unter $45^0$ schneiden. Während der Körper zwischen den Platten gequetscht wird, ändern sich diese Randbedingungen nicht. Abgesehen davon, daß sich der Abstand $BB'$ verringert, während $BD$ konstant bleibt, behält daher das Gleitliniennetz seine Form bei, während sich bloß sein Maßstab verkleinert. Um das Gleitliniennetz im ersten Quadranten zu irgend einer Zeit zu ermitteln, verlängern wir das zu Anfang des Prozesses geltende Gleitliniennetz ohne Rücksicht auf die Symmetriebedingung an der Linie $OD$ über diese Linie hinaus. Wenn nun der Körper gequetscht wird, muß der Maßstab dieses Netzes im selben Verhältnis verkleinert werden, wie $BB'$ abnimmt. Gleichzeitig muß aber mehr und mehr von der Verlängerung jenseits von $OD$ hinzugenommen werden, um den Umstand auszugleichen, daß die Länge $BD$ konstant bleibt, während die Dicke abnimmt.

## Aufgaben

**1.** Vervollständige die in Abb. 60 eingetragene Lösung und bestimme die Gesamtkraft, welche von dem Stempel während des beginnenden plastischen Fließens ausgeübt werden muß.

**2.** Konstruiere für den Keil in Abb. 61 eine „zweifach unstetige" Lösung ("double discontinuity" solution), indem die Felder konstanten Zustands $ABG$ und $ADF$ in Teile des Fächers hinein fortgesetzt werden und indem ein weiteres Gebiet konstanten Zustands $F^*AG$ hinzugefügt wird, wie es die Abb. 80 zeigt.

a) Zeige, daß die Winkel, welche die Unstetigkeitslinien bilden, die Gleichung $a_2 = a_1 + a_3 = \beta - \pi/4$ erfüllen müssen.

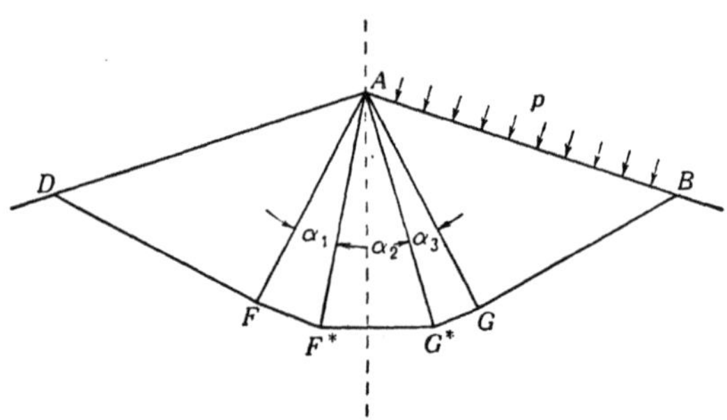

Abb. 80. Zu Aufgabe 2.

b) Berechne den durch den Stempel ausgeübten Druck als Funktion von $a_1$, und zeige, daß dieser Druck für sämtliche Werte von $a_1$ kleiner ist als für die stetige Lösung.

c) Zeige, daß der Druck für $a_1 = a_3 = \frac{1}{2}(\beta - \pi/4)$ ein Maximum ist. Trage diesen Wert $p/k$ als Funktion von $\beta$ auf, und vergleiche das so erhaltene Schaubild mit Abb. 62.

**3.** * Konstruiere für den Keil in Abb. 61 eine „$n$-fache Unstetigkeit" ("$n$-fold discontinuity"), welche aus $n + 1$ Gebieten konstanten Zustands besteht, die voneinander durch gerade, durch den Punkt $A$ gehende Unstetigkeitslinien getrennt sind.

a) Bestimme die Beziehungen, welche für die Winkel gelten müssen, die die Unstetigkeitslinien miteinander einschließen, und zwar für die Fälle, daß $n$ gerade oder ungerade ist.

b) Bestimme den Stempeldruck und zeige, daß er stets kleiner ist als bei der stetigen Lösung.

c) Bestimme die Winkel zwischen den Unstetigkeitslinien derart, daß der Druck ein Maximum wird.

d) Zeige, daß der Druck dem Wert aus der stetigen Lösung zustrebt, wenn $n$ gegen unendlich geht.

**4.** Betrachte einen vollkommen rauhen Keil, der in eine Nut gepreßt wird, die in eine halb-unendliche plastische Masse eingearbeitet ist.

a) Zeige, daß durch die Gebiete konstanten Zustands und die zentrierten Fächer, wie sie in Abb. 81 dargestellt sind, zueinander passende Spannungs- und Geschwindigkeitsfelder geliefert werden können.

b) Bestimme den Winkel des Fächers.

c) Berechne die auf den Keil ausgeübte Kraft, welche diesem Spannungsfeld entspricht.

**5.** Eine Alternativlösung zu Aufgabe 4 wird erhalten, indem man den
Keil beim Eindringen in die plastische Materie eine „falsche Nase" ("false
nose") aus starrem Material vor sich
her schieben läßt, wie dies in Abb. 82
dargestellt ist.

a) Beschreibe das Spannungs- und
das Geschwindigkeitsfeld.

b) Berechne den Keilwinkel und
die Kraft auf den Keil als Funktionen
des Winkels der Nase $\gamma$.

c) Bestimme $\gamma$ so, daß die Kraft
ein Minimum wird.

d) Bestimme, für verschiedene Werte
von $\beta$, welche von den Lösungen (Aufgabe 4 oder Aufgabe 5) endgültig ausgeschieden werden kann.

**6.** Berechne die verbogenen Gitterlinien in dem Fächer $OAB$ der Abb. 65.

**7.** Zeige, daß für jedes der Gleitliniennetze der Abb. 66, 67, 68 und 69
zugehörige Geschwindigkeitsfelder existieren.

**8.** Bestimme die für die Ausstoßung
nötigen Kräfte in den Fällen der
Abb. 67, 68 und 69.

**9.** Führe die Lösung für das Ausflußpressen mit einer Dickenvermin-
derung um ein Drittel in allen Einzelheiten durch, wobei, wo immer es nötig
ist, die numerischen Methoden aus
Kap. V zu benützen sind.

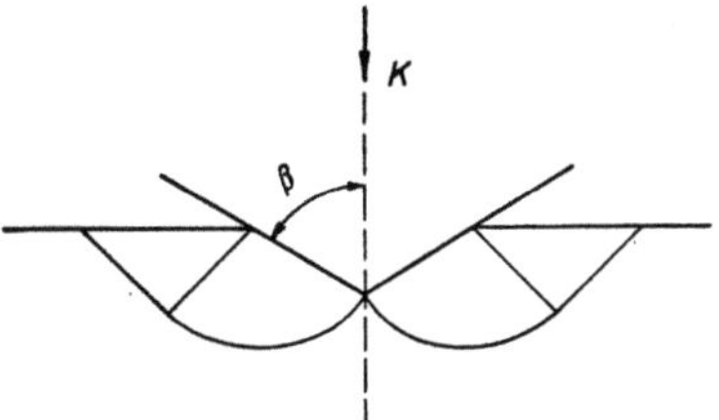


Abb. 81. Zu Aufgabe 4.

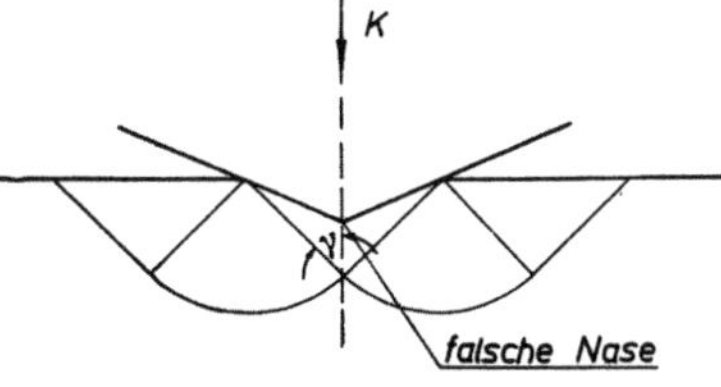


Abb. 82. Zu Aufgabe 5.

Abb. 83. Zu Aufgabe 11.

a) Berechne das Gleitliniennetz.
b) Berechne die Geschwindigkeiten im gesamten Feld.
c) Bestimme die für die Ausstoßung benötigte Kraft.
d) Berechne die Bahnen der Teilchen.
e) Berechne das verbogene Gitter in dem verformten Material.

**10.** Ermittle eine vollständige Lösung für das Ausflußpressen durch eine
Düse mit vollkommen rauhen Wänden. Das Gleitliniennetz wird ähnlich
demjenigen der Abb. 67 sein, nur ist jetzt der Punkt $B$ so zu bestimmen, daß
$ABE$ die Wand tangiert (warum?).

**11.** Ermittle eine vollständige Lösung für das Ausflußpressen durch eine
sich verengende Düse mit glatten Wänden, für beliebige Verjüngung der
Düse und beliebig große Dickenreduktion (Abb. 83).

13*

**12.** Betrachte einen flachen Körper aus plastischem Material, dessen Dicke durch *Ziehen* (drawing) durch eine sich unter dem Winkel $2\,\alpha$ verengende, glatte Düse von ihrem ursprünglichen Wert $2\,h$ auf $2\,\lambda\,h$ reduziert wird (Abb. 84).

a) Zeige, daß das Gleitliniennetz in der Nachbarschaft der Düse aufgebaut werden kann, indem man von einem Gebiet konstanten Zustands $CBE$ und von den Fächern mit den Mittelpunkten in $B$ und $C$ ausgeht.

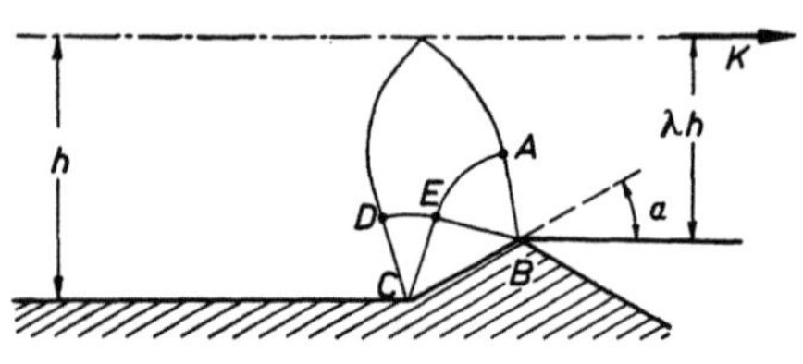

Abb. 84. Zu Aufgabe 12.

b) Zeige, daß für dieses Gleitliniennetz ein mit ihm verträgliches Geschwindigkeitsfeld existiert [4].

**13.** Betrachte in Aufgabe 12 $\alpha$ als fest und $\lambda$ als veränderlich.

a) Zeige, daß sich das plastische Gebiet für einen genügend großen Wert $\lambda_1$ längs des Materials hinter der Düse ausbreiten wird. Diskutiere qualitativ das Gleitliniennetz für $\lambda < \lambda_1$.

b) Zeige, daß der Fächer $CDE$ für einen genügend kleinen Wert $\lambda_2$ zu einer Linie zusammenschrumpft. Konstruiere das Gleitliniennetz für diesen Fall.

c) Zeige, daß sich, für einen gewissen Bereich des Verhältnisses $\lambda_3 < \lambda < \lambda_2$, das plastische Gebiet längs der Mittellinie hin erstreckt. Ermittle die vollständige Lösung für diesen Fall.

d) Zeige, daß für einen gewissen Bereich des Verhältnisses $\lambda_4 < \lambda < \lambda_3$ die Spannungslösung der Aufgabe 13 c keine brauchbare Geschwindigkeitslösung zuläßt.

**14.** Zeige, daß für einen bestimmten Wert von $\lambda$ das Problem des Ziehens nur für Werte des Winkels $\alpha$ unterhalb eines gewissen kritischen Wertes $\alpha^*$ gelöst werden kann, da sonst das gezogene Material infolge einachsigen Zuges fließen wird. Zeige, daß für den besonderen, in Aufgabe 13 b behandelten Fall, $\alpha^* \sin \alpha^* = \tfrac{1}{2}$ ist.

**15.** Weise nach, daß das Volumen der Lippen in Abb. 70 gleich dem Volumen ist, das durch den Keil verdrängt wurde.

**16.** * Ermittle eine Näherung für das verbogene Gitter des Problems des eindringenden Keils durch Benützung der „zweifach-unstetigen" Lösung (s. Aufgabe 2). Vergleiche das Ergebnis mit den Abb. 73 und 75 (s. Kap. V: [15]).

**17.** * Stelle eine zweifach-unstetige Lösung für das Problem des Ausflußpressens auf, mit dem Dickenreduktionsverhältnis $\tfrac{1}{2}$. Konstruiere das verformte Netz in der Düse und in dem ausgestoßenen Material. Vergleiche das Ergebnis mit Abb. 65.

**18.** Löse das pseudo-stationäre Problem für den gequetschten Keil der Abb. 78.

a) Stelle die den Gln. (29,1) bis (29,5) entsprechenden Beziehungen auf.

b) Ermittle den Druck, welcher von der Platte auf den Keil ausgeübt wird.

c) Ermittle die auf die Platte ausgeübte Gesamtkraft.

d) Ermittle den kleinsten Keilwinkel, für den diese Lösung noch gültig ist.

e) Benütze eine einfach-unstetige Näherungslösung, um das deformierte Gitter zu berechnen.

**19.** * Löse die Aufgabe der Einschnürung eines gekerbten Stabes (Abb. 78).

a) Ermittle die Kraft in Abhängigkeit von der Zeit.

b) Konstruiere unter Benützung numerischer Integration das verformte Netz für den Fall, daß die Einschnürung auf die Hälfte ihrer ursprünglichen Breite reduziert wird. Wähle den Winkel $BAF^* = \pi/4$ [8].

c) Löse die Aufgabe 19 b unter Benützung einer einfach-unstetigen Näherung.

d) Löse die Aufgabe 19 b unter Benützung einer zweifach-unstetigen Näherung.

### Literatur


1. PRANDTL, L.: Über die Härte plastischer Körper. Göttinger Nachr., math.-phys. Kl. **1920**, 74—85 (1920).

2. HILL, R.: The plastic yielding of notched bars under tension. Q. J. Mech. Appl. Math. **2**, 40—52 (1949).

3. HILL, R.: A theoretical analysis of the stresses and strains in extrusion and piercing. J. Iron and Steel Institute **158**, 177—185 (1948).

4. HILL, R. and S. J. TUPPER: A new theory of the plastic deformation in wire drawing. J. Iron and Steel Institute **159**, 353—359 (1948).

5. LEE, E. H. and B. W. SHAFFER: The theory of plasticity applied to a problem of machining. J. Appl. Mech. **18**, 405—413 (1951).

6. HILL, R., E. H. LEE, and S. J. TUPPER: The theory of wedge indentation of ductile materials. Proc. Roy. Soc. London (A) **188**, 273—289 (1947).

7. HILL, R.: Some special problems of indentation and compression in plasticity. Proc. 7th Internat. Congr. Appl. Mech. (London, 1948), Vol. 1, pp. **365—377**.

8. LEE, E. H.: Plastic flow in a $V$-notched bar pulled in tension. J. Appl. Mech. **19**, 331—336 (1952).

# VII. Ebener Verzerrungszustand: Eingeschränkte plastische Verformung. Traglastverfahren

## 30. Die Plattenanalogie

Die beträchtlichen mathematischen Schwierigkeiten, die bei der Lösung von Problemen der eingeschränkten plastischen Verformung auftreten, sind in Abschn. 19 bereits kurz erwähnt worden. Bisher sind diese Schwierigkeiten nur in wenigen speziellen Fällen überwunden worden, von denen einer im nächsten Abschnitt behandelt werden soll. In diesem Abschnitt wollen wir eine nützliche mathematische Analogie besprechen, die zuerst von PRAGER [1] vorgeschlagen wurde und die später von GALIN [2] im Detail diskutiert wurde. Leider gilt diese *Plattenanalogie* (plate analogy) für die Probleme der ebenen Verzerrung nicht so allgemein wie die Seifenhaut-Sandhügelanalogie im Fall des Torsionsproblems. Dort wo sie jedoch gilt, mag sie dazu verhelfen, ein qualitatives Bild der elastisch-plastischen Spannungsverteilung sowie der Form der elastisch-plastischen Grenze zu liefern.

Wegen dieser begrenzten Gültigkeit der Plattenanalogie wollen wir nicht versuchen, sie in voller Allgemeinheit zu beschreiben, sondern wollen sie bloß im Zusammenhang mit einem speziellen Problem darstellen. Der Leser wird keine Schwierigkeiten haben, sie auf andere Probleme auszudehnen.

Abb. 85 zeigt einen beliebigen Querschnitt eines quadratischen Prismas, das in seiner Achse eine zylindrische Bohrung besitzt. Auf die zwei Paare einander gegenüberliegender Seitenflächen des Prismas sollen gleichmäßig verteilte Zugspannungen ausgeübt werden, die, beginnend vom Wert Null zur Zeit $t = 0$, proportional mit der Zeit $t$ anwachsen. Der Proportionalitätsfaktor sei gleich $A$, bzw. gleich $B$. Die innere Oberfläche des Loches sei spannungsfrei. Für die Ermittlung der Spannungen in dem Prisma wollen wir annehmen, daß ebene Verzerrung herrsche. Das rechtwinkelige und das Polarkoordinatensystem, das wir im folgenden benützen werden, ist in Abb. 85 eingetragen.

Für genügend kleine Werte von $t$ ist das ganze Prisma elastisch gespannt, trotz der Spannungskonzentration an der Bohrung. Wenn jedoch $t$ zunimmt, dann werden sich an der Bohrung plastische Zonen entwickeln. Diese werden wachsen und schließlich zu einem ringförmigen plastischen Gebiet verschmelzen, welches das Loch umgibt. Wir wollen das Spannungsfeld für einen Belastungszustand dieser Art untersuchen.

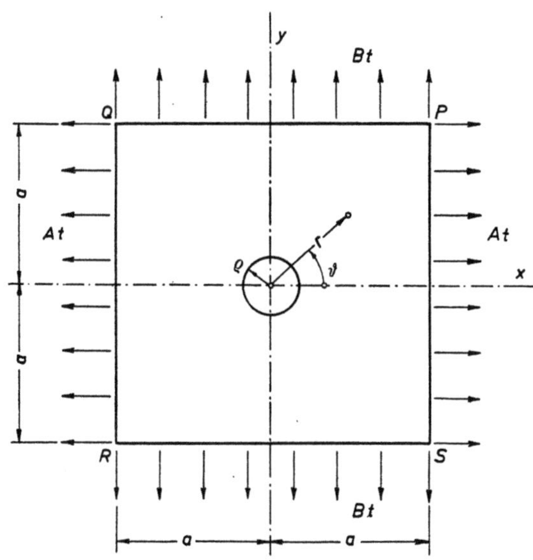


Abb. 85. Quadratisches Prisma mit zylindrischer Bohrung in der Achse, das einer zweiachsigen Zugbeanspruchung ausgesetzt ist.

Die Gleichgewichtsbedingungen (20,14) lassen sich identisch erfüllen, wenn wir die Spannungen von einer Spannungsfunktion $\psi(x, y, t)$ ableiten, indem wir setzen:

$$\sigma_x = \frac{\partial^2 \psi}{\partial y^2}, \qquad \sigma_y = \frac{\partial^2 \psi}{\partial x^2}, \qquad \tau_{xy} = -\frac{\partial^2 \psi}{\partial x\,\partial y}. \qquad (30,1)$$

Das Spannungsfeld bestimmt die Spannungsfunktion lediglich bis auf eine beliebige, lineare Funktion von $x$ und $y$. Wir wollen diese Funktion so wählen, daß die Spannungsfunktion in $x$ und $y$ gerade ist und in den vier Ecken des quadratischen Querschnitts verschwindet. Die Randbedingungen längs der Quadratseiten fordern dann, daß gilt:

$$\psi = \frac{1}{2} A t (y^2 - a^2), \qquad \frac{\partial \psi}{\partial x} = \pm B t a \qquad \text{längs} \qquad x = \pm a,$$

$$\psi = \frac{1}{2} B t (x^2 - a^2), \qquad \frac{\partial \psi}{\partial y} = \pm A t a \qquad \text{längs} \qquad y = \pm a.$$

(30,2)

Die Randbedingungen an der Bohrung lassen sich einfacher formulieren, wenn die Spannungsfunktion $\psi$ durch die in Abb. 85 eingezeichneten

Polarkoordinaten $r$, $\vartheta$ ausgedrückt wird. Die Spannungskomponenten drücken sich in den Polarkoordinaten wie folgt aus (s. Kap. I: [1], S. 53):

$$\sigma_r = \frac{1}{r}\frac{\partial\psi}{\partial r} + \frac{1}{r^2}\frac{\partial^2\psi}{\partial\vartheta^2}, \qquad \sigma_\vartheta = \frac{\partial^2\psi}{\partial r^2}, \qquad \tau_{r\vartheta} = \frac{1}{r^2}\frac{\partial\psi}{\partial\vartheta} - \frac{1}{r}\frac{\partial^2\psi}{\partial r\,\partial\vartheta}. \qquad (30,3)$$

Da auf die Lochwand keine Spannungen wirken, da also $\sigma_r = \tau_{r\vartheta} = 0$ ist für $r = \varrho$, haben wir

$$\psi = f(t), \qquad \frac{\partial\psi}{\partial r} = 0 \qquad \text{längs} \qquad r = \varrho. \qquad (30,4)$$

Die Funktion $f(t)$ auf der rechten Seite der ersten Bedingung (30,4) ist nicht gegeben, sondern ist selbst eine Unbekannte des Problems (s. z. B. [3]).

In dem plastischen Ring müssen die Spannungen die Fließbedingung (20,7) erfüllen, bzw. das Äquivalent dieser Gleichung in Polarkoordinaten:

$$(\sigma_r - \sigma_\vartheta)^2 + 4\,\tau_{r\vartheta}{}^2 - 4\,k^2 = 0. \qquad (30,5)$$

Dies liefert die folgende nicht lineare Differentialgleichung für $\psi$:

$$\left(\frac{1}{r}\frac{\partial\psi}{\partial r} + \frac{1}{r^2}\frac{\partial^2\psi}{\partial\vartheta^2} - \frac{\partial^2\psi}{\partial r^2}\right)^2 + \frac{4}{r^2}\left(\frac{1}{r}\frac{\partial\psi}{\partial\vartheta} - \frac{\partial^2\psi}{\partial r\,\partial\vartheta}\right)^2 - 4\,k^2 = 0. \qquad (30,6)$$

Im elastischen Gebiet außerhalb dieses Ringes muß die Spannungsfunktion biharmonisch sein (s. z. B. Kap. I: [1], S. 25):

$$\frac{\partial^4\psi}{\partial x^4} + 2\frac{\partial^4\psi}{\partial x^2\,\partial y^2} + \frac{\partial^4\psi}{\partial y^4} = 0. \qquad (30,7)$$

Wie in Abschn. 10 kann gezeigt werden, daß die Spannungsfunktion sowie ihre ersten und zweiten Ableitungen quer zur elastisch-plastischen Grenze stetig sein müssen.

Für genügend kleine Werte von $t$ ist der ganze Querschnitt elastisch, und die Spannungsfunktion ist dann eine biharmonische Funktion, welche die Randbedingungen (30,2) und (30,4) befriedigt. Wie WIEGHARDT [4] gezeigt hat, kann die elastische Spannungsfunktion auf folgende Art experimentell erhalten werden: Von einer quadratischen, elastischen Platte mit der Seite $2\,a$ wird in der Mitte ein kreisförmiges Gebiet vom Radius $\varrho$ dadurch verstärkt, daß an ihm zu beiden Seiten der Platte starre, kreisförmige Scheiben befestigt werden. Nun werden die Ränder dieser verstärkten Platte durch geeignete Kräfte und Momente (die an den Kanten der Platte angreifen, während das Innere frei von quer gerichteten Kräften bleibt) derart verbogen, daß den Gln. (30,2) entsprochen wird. Die Durchbiegungen der Platte stellen dann die elastische Spannungsfunktion dar.

Offensichtlich spielt die WIEGHARDTsche Plattenanalogie für Probleme ebener elastischer Verzerrung die gleiche Rolle wie die PRANDTLsche Seifenhautanalogie für das Torsionsproblem. Es erhebt sich daher die

Frage, ob diese Plattenanalogie für Probleme ebener elastisch-plastischer
Verzerrung erweitert werden kann, so ähnlich wie es seinerzeit im Fall der
Seifenhaut-Sandhügelanalogie gelungen war. Unter gewissen Einschränkungen ist dies tatsächlich möglich.

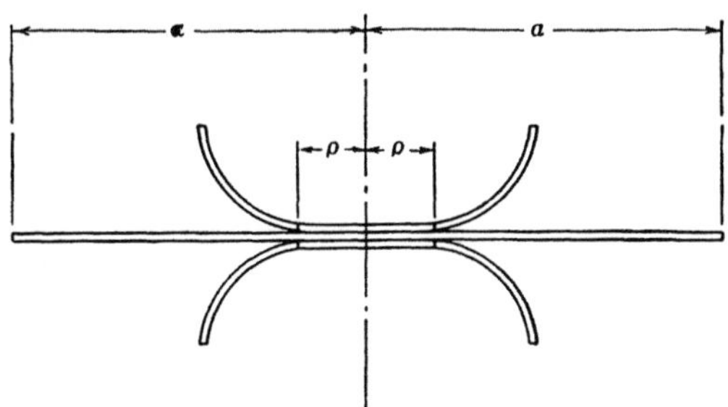

Abb. 86. Plattenanalogie für das Problem der Abb. 85.

In dem plastischen Ring rund um das Loch ist das Spannungsfeld
statisch bestimmt. Da $\sigma_r$ und $\tau_{r\vartheta}$ längs $r = \varrho$ verschwinden, verlangt die
Fließbedingung (30,5), daß längs dieses Kreises $\sigma_\vartheta = \pm 2\,k$ ist. Mit
diesen Randwerten bestimmen die Gleichgewichtsbedingungen und die
Fließbedingung das plastische Spannungsfeld
in der Umgebung des Loches. In diesem
ganzen Feld sind die Spannungskomponenten
$\sigma_r$, $\sigma_\vartheta$ und $\tau_{r\vartheta}$ unabhängig von $\vartheta$, da die
Randbedingungen $\vartheta$ nicht enthalten. Die
plastische Spannungsfunktion ergibt sich zu

$$\psi = f(t) \pm k \left( r^2 \log \frac{r}{\varrho} - \frac{r^2}{2} + \frac{\varrho^2}{2} \right),$$

$$(30,8)$$

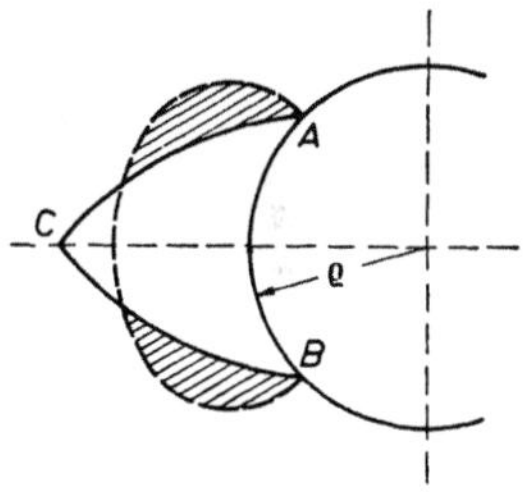

wo $f(t)$ dieselbe Funktion bezeichnet wie in
(30,4). Für die Plattenanalogie bedeutet $f(t)$ die
Höhe, in der sich der verstärkte Mittelteil der

Abb. 87. Bedingungen, unter
denen die Plattenanalogie
versagt.

Platte befindet, wenn die Kanten der Platte gemäß (30,2) verbogen
werden. Wir befestigen nun an den beiden, der Verstärkung des Mittelteils dienenden kreisförmigen Scheiben starre Becher, welche nach dem
zweiten Term auf der rechten Seite der Gl. 30,8 geformt sind (Abb. 86).
Wenn die Kanten der Platte in der oben beschriebenen Weise gebogen
werden, dann wird ein gewisser zentraler Teil der Platte an seiner freien
Durchbiegung durch den Doppelbecher behindert werden, während sich
der Rest frei verbiegen wird. Die so erhaltenen Durchbiegungen der
Platte stellen dann die elastisch-plastische Spannungsfunktion dar. Denn
dort, wo die Platte in Kontakt mit dem Becher ist, befriedigt ihre Durch-

biegung $\psi$ die Gl. (30,6), da der Becher nach dieser nicht linearen Differentialgleichung geformt wurde. Wo hingegen die Platte durch den Becher nicht behindert wird, dort genügt ihre Durchbiegung $\psi$ der Gl. (30,7). Dazu kommt noch, daß die Platte so verbogen wurde, daß sie die Randbedingungen (30,2) und (30,4) erfüllt, und schließlich sind die Durchbiegungen $\psi$ selbst wie auch ihre ersten und zweiten Ableitungen in dem ganzen betrachteten Gebiet stetig.

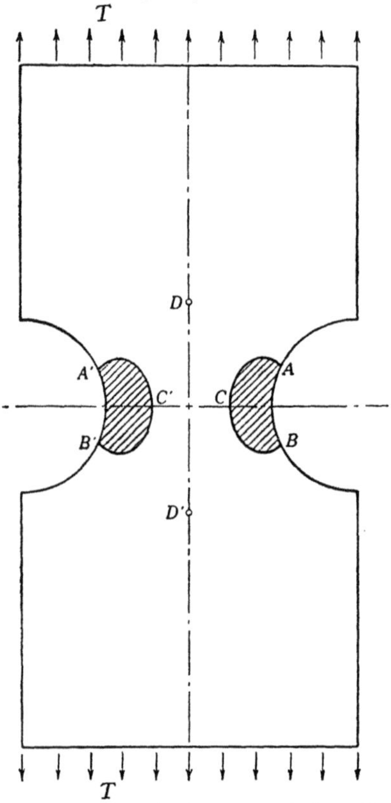

Es ist jedoch zu beachten, daß die Plattenanalogie auf einer wichtigen Annahme bezüglich der Gestalt der plastischen Zone beruht. Bei der Bestimmung der Form des Bechers haben wir angenommen, daß die plastische Zone einen Ring rund um das Loch bildet. Wenn aber die gegebenen Spannungen an der Oberfläche derart sind, daß bloß einzelne Teile des Kreises $r = \varrho$ plastisch werden, dann kann die Plattenanalogie versagen. Denn wenn z. B. in Abb. 87 der Bogen $A B$ ein plastischer Teil dieses Kreises ist, dann ist das vollplastische Spannungsfeld in der Nachbarschaft von $A B$ durch die Randbedingungen längs $A B$ nur innerhalb des Einflußgebiets von $A B$, das heißt innerhalb des Kurvendreiecks $A B C$ bestimmt, welches durch den Bogen $A B$ und durch die Gleitlinien $A C$ und $B C$ durch seine Endpunkte begrenzt ist. Wenn das auf $A B$ basierende plastische Gebiet die durch die strichlierte Linie in Abb. 87 angedeutete Form haben sollte, und wir konstruieren aus den Randbedingungen längs des Kreises $r = \varrho$ einen Becher, dann muß dieser nicht unbedingt die plastische Spannungsfunktion in den schraffierten Teilen dieses plastischen Gebiets darstellen.

Abb. 88. Entwicklung plastischer Gebiete in einem auf Zug beanspruchten Werkstück mit halbkreisförmigen Kerben (ebene Verzerrung) (nach D. N. DE G. ALLEN und R. V. SOUTHWELL, s. Kap. V: [1]).

Eine ähnliche Schwierigkeit, die Seifenhaut-Sandhügelanalogie betreffend, ist in Abschn. 10 diskutiert worden, im Zusammenhang mit Abb. 13 *b*. Im Fall der Anwendung der Seifenhaut-Sandhügelanalogie scheint diese Schwierigkeit jedoch praktisch keine Ungelegenheiten zu verursachen. Hingegen ist bekannt, daß dieser Umstand in der Form, wie wir ihn an Hand der Abb. 87 besprochen haben, die Plattenanalogie in gewissen Fällen ungültig macht. Abb. 88 zeigt ein gekerbtes Werkstück, das von ALLEN und SOUTHWELL durch Relaxationsmethoden untersucht worden ist (s. Kap. V: [1]). Es wird angenommen, daß die Spannungen in dem Werkstück einen ebenen Verzerrungszustand hervorrufen. Die schraffierten Flächen $ABC$ und $A'B'C'$ sind die plastischen Gebiete, welche unter einer bestimmten Axiallast auftreten. Hier ist, wie auch im Fall der Abb. 87, das Einflußgebiet des Bogens $AB$ durch logarithmische Spiralen begrenzt, welche mit den Radien der kreisförmigen Kerben Winkel von $45^0$ einschließen. Das schraffierte plastische Gebiet liegt also ersichtlich nicht vollständig in diesem Einflußgebiet. Ferner stellt sich heraus, daß, sobald die plastischen Zonen die in Abb. 88 durch Schraffen angedeutete Größe erreicht haben, sich neue plastische Gebiete zu bilden beginnen, und zwar in den mit $D$ und $D'$ bezeichneten Punkten. Die Spannungen in diesen plastischen Gebieten sind nun weit mehr durch die Spannungen in dem umgebenden elastischen Material bestimmt, als durch die Bedingungen an den Einkerbungen. Es ist daher nicht möglich, an den halbkreisförmigen Kerben Becher zu befestigen, die verhindern würden, daß die Platte Durchbiegungen $\psi$ annimmt, welche die Fließbedingung (30,6) in der Nachbarschaft der Punkte $D$ und $D'$ verletzen. Somit ist die Plattenanalogie auf dieses Problem nicht anwendbar.

## 31. Analytische Behandlung eines speziellen Falles[1]

GALIN [5] behandelte das in Abb. 85 dargestellte Problem analytisch, und zwar für den Fall, daß der Radius $\varrho$ des Loches im Vergleich zur halben Seitenlänge $a$ des Prismas vernachlässigbar klein ist. Der Einfachheit halber wollen wir $\varrho$ als Längeneinheit wählen. Da in unserem Fall $\varrho/a \to 0$ geht, bedeutet dies, daß die äußere Berandung des von uns betrachteten Gebiets in das Unendliche projiziert wird. Wir benützen die in Abb. 85 eingezeichneten rechtwinkeligen Koordinaten $x, y$, und wollen Größen im plastischen, bzw. im elastischen Gebiet durch die Indizes 1, bzw. 2 unterscheiden. Wie vorhin diskutieren wir die Spannungsverteilung zu einem bestimmten Zeitpunkt $t$, der so gewählt sei, daß das Loch bereits von einem plastischen Ring umgeben ist.

Im elastischen Gebiet muß die Spannungsfunktion $\psi_2$ biharmonisch sein. Sie kann daher in der Form

$$\psi_2(x, y) = \Re\left[\bar{z}\, f_2(z) + g_2(z)\right] \qquad (31,1)$$

---

[1] Der mit den Elementen der Lehre von den komplexen Funktionen nicht vertraute Leser kann diesen Abschnitt überschlagen.

dargestellt werden, wo $f_2$ und $g_2$ analytische Funktionen der komplexen Variablen $z = x + i\,y$ sind, und der Querstrich die konjugiert komplexe Größe bezeichnet[1].

Es wird sich als zweckmäßig erweisen, die folgenden Differentialoperatoren einzuführen:

$$L\,(\psi) = \varDelta\,\psi = \frac{\partial^2 \psi}{\partial x^2} + \frac{\partial^2 \psi}{\partial y^2} = \sigma_x + \sigma_y,$$

$$M(\psi) = \frac{\partial^2 \psi}{\partial x^2} - \frac{\partial^2 \psi}{\partial y^2} - 2\,i\,\frac{\partial^2 \psi}{\partial x\,\partial y} = \sigma_y - \sigma_x + 2\,i\,\tau. \qquad (31,2)$$

Die Spannungskomponenten sind dann gegeben durch

$$\sigma_x = \frac{1}{2}\,(L - \Re\,M), \qquad \sigma_y = \frac{1}{2}\,(L + \Re\,M), \qquad \tau = \frac{1}{2}\,\Im\,M. \qquad (31,3)$$

Wenn wir also $M$ und $L$ in dem gesamten betrachteten Gebiet bestimmt haben, so ist damit auch das Spannungsproblem gelöst.

Setzen wir (31,1) in (31,2) ein, dann erhalten wir

$$L(\psi_2) = 4\,\Re\,f_2{}' = 4\,\Re\,F_2, \qquad (31,4)$$

$$M(\psi_2) = 2\,(\overline{z}\,f_2{}'' + g_2{}'') = 2\,(\overline{z}\,F_2{}' + G_2),$$

worin die Striche eine Differentiation nach $z$ und

$$F_2 = f_2{}', \qquad G_2 = g_2{}'' \qquad (31,5)$$

bedeuten.

Die Spannungsfunktion $\psi_1$ im plastischen Gebiet ist durch Gl. (30,8) gegeben. Wenn die Spannungen $\sigma_x$ und $\sigma_y$ im Unendlichen Zugspannungen sind, dann ist die Ringspannung $\sigma_\vartheta$ am Rand des Loches ebenfalls eine Zugspannung. Folglich muß in (30,8) das obere Zeichen genommen werden. Setzen wir $\varrho = 1$ und bezeichnen wir mit $c$ den Wert von $t$ in jenem Augenblick, wo wir die Spannungen ermitteln wollen, so haben wir

$$\psi_1 = f(c) + k\left(r^2\,\log r - \frac{r^2}{2} + \frac{1}{2}\right). \qquad (31,6)$$

Es ist leicht gezeigt, daß $\psi_1$ ebenfalls eine biharmonische Funktion ist. Setzen wir nämlich für $z = r\,e^{i\vartheta}$, so können wir schreiben

$$\psi_1 = \Re\,[\,\overline{z}\,f_1(z) + g_1(z)], \qquad (31,7)$$

worin

$$f_1 = k\,z\left(\log z - \frac{1}{2}\right), \qquad g_1 = f(c) + \frac{1}{2}\,k \qquad (31,8)$$

ist. Wenn in den Gln. (31,4) der Index 2 durch den Index 1 ersetzt wird, dann liefern diese Gleichungen mit den Werten aus (31,8):

---

[1] S. z. B. [6], wo sich auch eine umfassende Liste weiterer Literaturangaben findet.

$$L(\psi_1) = 4\,\Re\left[k\left(\log z + \frac{1}{2}\right)\right] = 4\,k\left(\log r + \frac{1}{2}\right),$$

$$M(\psi_1) = \frac{2\,k\,\overline{z}}{z} = 2\,k\,e^{-2\,i\,\vartheta} \tag{31,9}$$

Im folgenden ist es zweckmäßig, das Problem für die Funktion

$$\psi_3 = \psi_2 - \psi_1 \tag{31,10}$$

zu formulieren. $\psi_3$ ist offenbar ebenfalls biharmonisch und kann daher in der Form

$$\psi_3 = \Re\left[\overline{z}\,f_3(z) + g_3(z)\right] \tag{31,11}$$

dargestellt werden. Die Funktionen $L(\psi_3)$ und $M(\psi_3)$ sind durch Ausdrücke von der Form der Gln. (31,4) gegeben.

Diskutieren wir nun die Randbedingungen. Wenn $z$ unendlich wird, müssen $L(\psi_2)$ und $M(\psi_2)$ gegen $c\,(B + A)$, bzw. gegen $c\,(B - A)$ streben. Wegen (31,9) haben wir also

$$\lim_{z\to\infty} L(\psi_3) = 4\,k\left[\frac{c\,(B + A)}{4\,k} - \frac{1}{2} - \log r\right],$$

$$\lim_{z\to\infty} M(\psi_3) = 2\,k\left[\frac{c\,(B - A)}{2\,k} - e^{-2\,i\,\vartheta}\right]. \tag{31,12}$$

Da alle Spannungen quer zu der noch unbekannten elastisch-plastischen Grenze $\varGamma$ stetig sind, muß längs dieser $L(\psi_2) = L(\psi_1)$ und $M(\psi_2) = M(\psi_1)$ sein. Somit ist

$$L(\psi_3) = M(\psi_3) = 0 \qquad \text{auf} \qquad \varGamma. \tag{31,13}$$

Wir wollen nun das elastische Gebiet der $z$-Ebene auf das Äußere des Einheitskreises in einer $\zeta$-Ebene abbilden, und zwar so, daß die unendlich fernen Punkte dieser beiden Ebenen einander entsprechen. Es sei

$$z = \omega\,(\zeta) = a\,\zeta + g(\zeta) \tag{31,14}$$

die Abbildungsfunktion, worin die positive Konstante $a$ und die Funktion $g(\zeta)$, welche für $|\zeta| > 1$ analytisch sein soll, noch zu bestimmen sind. Da der unendlich ferne Punkt erhalten bleiben soll, können wir $g(\infty) = 0$ setzen.

Wir setzen analog zu (31,5)

$$F_3 = f_3', \qquad G_3 = g_3'' \tag{31,15}$$

und definieren

$$F_3^*(\zeta) = F_3\,[\omega\,(\zeta)], \qquad G_3^*(\zeta) = G_3\,[\omega\,(\zeta)]. \tag{31,16}$$

Dann liefern die Gln. (31,4), auf $\psi_3$ angewandt,

$$L(\psi_3) = 4\,\Re F_3^*,$$

$$M(\psi_3) = 2\left[\frac{\overline{\omega}\,F_3^{*\prime}}{\omega'} + G_3^*\right], \tag{31,17}$$

wo der Strich nunmehr eine Differentiation nach $\zeta$ bedeutet.

Wir wollen

$$F_3{}^* = -k \log \zeta + h(\zeta) \tag{31,18}$$

setzen, wo $h(\zeta)$ noch zu bestimmen bleibt. Die elastisch-plastische Grenze $\Gamma$ in der $z$-Ebene soll auf den Einheitskreis der $\zeta$-Ebene abgebildet werden. Im Hinblick auf (31,17) und (31,18) fordert dann die erste Bedingung (31,13), daß auf dem Einheitskreis in der $\zeta$-Ebene gelten muß:

$$\Re F_3{}^* = \Re h(\zeta) = 0. \tag{31,19}$$

Andererseits verlangt die erste Bedingung (31,12), daß im Unendlichen

$$\Re h(\zeta) = k\left\{ \log |\zeta| + \frac{c(B+A)}{4k} - \frac{1}{2} - \log |z| \right\} \tag{31,20}$$

ist. Da im Unendlichen $z = a\,\zeta$ ist, haben wir

$$\log |\zeta| - \log |z| = \log \left| \frac{\zeta}{z} \right| = -\log a, \tag{31,21}$$

wenn $z$ und $\zeta$ gegen unendlich gehen. Somit zeigt Gl. (31,20), daß der Realteil von $h(\zeta)$ im Unendlichen beschränkt ist. Nun ist die einzige analytische Funktion, deren Realteil am Einheitskreis verschwindet und im Unendlichen beschränkt ist, die identisch verschwindende Funktion. Es ist also

$$h(\zeta) = 0. \tag{31,22}$$

Setzen wir (31,21) und (31,22) in (31,20) ein, dann finden wir

$$a = \exp\left[ \frac{c(B+A)}{4k} - \frac{1}{2} \right]. \tag{31,23}$$

Die zweite Bedingung (31,13) verlangt, daß auf dem Einheitskreis der $\zeta$-Ebene

$$\frac{\overline{\omega}\,F_3{}^{*\prime}}{\omega'} + G_3{}^* = -\frac{k\,\overline{\omega}}{\zeta\,\omega'} + G_3{}^* = 0$$

ist, woraus

$$k\,\overline{\omega} = G_3{}^*\,\zeta\,\omega' \tag{31,24}$$

folgt. Da die Funktion $g(\zeta)$ in (31,14) außerhalb des Einheitskreises als regulär vorausgesetzt wurde, können wir schreiben:

$$\omega = a\,\zeta + g(\zeta) = a\,\zeta + \sum_{n=1}^{\infty} \beta_n\,\zeta^{-n}. \tag{31,25}$$

Die elastisch-plastische Grenze muß zur $y$-Achse symmetrisch sein; infolgedessen sind die Konstanten $\beta_n$ alle reell. Auf dem Einheitskreis ist daher

$$\overline{\omega} = a\,\zeta^{-1} + \sum_{n=1}^{\infty} \beta_n\,\zeta^{n}. \tag{31,26}$$

Setzen wir dies in (31,24) ein, multiplizieren wir beide Seiten dieser Gleichung mit $\zeta^{-m-1}$ $(m = 1, 2, \ldots)$ und integrieren rund um den Einheitskreis, so erhalten wir nach dem CAUCHYschen Residuensatz

$$\oint_{|\zeta|=1} \frac{G_3^* \omega'}{\zeta^m} d\zeta = k \oint \left\{ \frac{a}{\zeta^{m+2}} + \sum_{n=1}^{\infty} \frac{\beta_n}{\zeta^{m+1-n}} \right\} d\zeta = 2\pi i k \beta_m. \tag{31,27}$$

Die zweite Bedingung (31,12) fordert, daß im Unendlichen

$$-\frac{k\overline{\omega}}{\zeta \omega'} + G_3^* = k \left[ \frac{c(B-A)}{2k} - e^{-2i\vartheta} \right] \tag{31,28}$$

ist. Wir wissen jedoch, daß im Unendlichen gilt:

$$\omega = a\zeta, \qquad \overline{\omega} = a\overline{\zeta}, \qquad \omega' = a.$$

Setzen wir diese Werte in (31,28) ein und lösen nach dem Wert, den $G_3^*$ im Unendlichen hat, auf, so finden wir

$$G_3^* = \frac{c(B-A)}{2}, \tag{31,29}$$

denn $\overline{\zeta}/\zeta = e^{-2i\vartheta}$.

Da $G_3^* \omega'/\zeta^m$ in der unendlichen Ebene außerhalb des Einheitskreises für alle positiven $m$ regulär ist, muß das Integral über diese Größe, erstreckt über den Einheitskreis, gleich sein demselben Integral, genommen längs eines Kreises im Unendlichen. Wegen (31,27) und (31,29) haben wir daher

$$\frac{1}{2\pi i} \oint_{|\zeta|=1} \frac{G_3^* \omega'}{\zeta^m} d\zeta = k\beta_m = \frac{1}{2\pi i} \oint_{|\zeta|=\infty} \frac{G_3^* \omega'}{\zeta^m} d\zeta = \begin{cases} \dfrac{ac(B-A)}{2} & \text{für } m = 1, \\ 0 & \text{für } m > 1. \end{cases} \tag{31,30}$$

Es ist also

$$\beta_1 = \frac{ac(B-A)}{2k}, \qquad \beta_2 = \beta_3 = \ldots = 0. \tag{31,31}$$

Nach (31,25) ist daher die Abbildungsfunktion gegeben durch

$$\omega = a\left(\zeta + \frac{\gamma}{\zeta}\right), \tag{31,32}$$

wo

$$\gamma = \frac{c(B-A)}{2k} \tag{31,33}$$

ist. Setzen wir (31,32) in (31,24) ein, dann sehen wir, daß auf dem Einheitskreis

$$G_3^* = \frac{k\overline{\omega}}{\zeta \omega'} = k\frac{1 + \gamma \zeta^2}{\zeta^2 - \gamma} \tag{31,34}$$

ist. Nun sind $cA$ und $cB$ die Hauptspannungen im Unendlichen. Da sich die plastische Zone nicht bis ins Unendliche erstrecken soll, muß die Differenz dieser beiden Hauptspannungen dem absoluten Betrag nach kleiner sein als $2k$. Es ist also $|\gamma| < 1$. Die einzigen Pole der rechten Seite von (31,34) liegen daher innerhalb des Einheitskreises. Daraus folgt, daß $G_3{}^*(\zeta)$ überall durch Gl. (31,34) gegeben ist.

Die Lösung kann nunmehr auf Grund elementarer Rechnungen erhalten werden. Die Ausdrücke für die Spannungskomponenten sind ziemlich lang und sollen hier nicht wiedergegeben werden. Die elastisch-plastische Grenze ist das Bild des Einheitskreises $|\zeta| = 1$ in der $z$-Ebene. Es ist leicht zu zeigen, daß dies die Ellipse

$$\frac{x^2}{a^2(1+\gamma)^2} + \frac{y^2}{a^2(1-\gamma^2)} = 1 \tag{31,35}$$

ist. Die hier entwickelte Lösung ist nur dann gültig, wenn diese Ellipse das kreisförmige Loch umschließt. Diese Bedingung läßt sich wie folgt ausdrücken:

$$a(1-|\gamma|) > 1, \tag{31,36}$$

wo $a$ und $\gamma$ aus den Spannungen im Unendlichen, $cA$ und $cB$, mittels der Gln. (31,23) und (31,33) zu berechnen sind.

Offensichtlich beruht die Art, wie dieses Problem behandelt werden konnte, weitgehend darauf, daß die Spannungsfunktion zufällig biharmonisch war. Es ist PARASYUK [7] gelungen, gewisse Fälle unter Aufhebung dieser Einschränkung zu behandeln.

## 32. Das Prinzip der virtuellen Arbeiten bei ebener Verzerrung

Das im vorigen Abschnitt behandelte Beispiel zeigt so richtig die Schwierigkeiten des allgemeinen Problems der eingeschränkten plastischen Verformung. Analytische Methoden, die auf größere Gruppen solcher Probleme anwendbar wären, sind bisher noch nicht entwickelt worden. Es ist daher von Wichtigkeit zu bemerken, daß für Belastungsvorgänge, bei denen die anwachsenden Lasten stets in konstanten Verhältnissen zueinander bleiben (proportionale Belastung), der Zustand des unmittelbar bevorstehenden plastischen Fließens rechnerisch leichter erfaßbar ist als die ihm vorhergehenden Zustände der eingeschränkten plastischen Verformung, als deren *Grenzzustand* das bevorstehende plastische Fließen betrachtet werden kann. Theoreme, welche die Aufstellung von Schranken für die Belastungsintensität im Fall des bevorstehenden plastischen Fließens bei ebener Verzerrung ermöglichen, sollen im folgenden Abschnitt gebracht werden. In diesem Abschnitt soll das Prinzip der virtuellen Arbeiten (principle of virtual work) hergeleitet und besprochen werden, das ein wichtiges Hilfsmittel des Traglastverfahrens (limit analysis) darstellt, welches im Abschn. 33 behandelt werden soll.

Die Prinzipe und Sätze der Abschn. 32 und 33 stellen Spezialfälle von allgemeineren Erkenntnissen dar, welche in Kap. VIII besprochen werden sollen. Die Ableitung dieser allgemeinen Ergebnisse würde ohne Zuhilfenahme der Tensorbezeichnung sehr mühsam sein. Da manche Leser mit diesem Kalkül nicht vertraut sein dürften, ist es wohl zweckmäßig, die Grundgedanken des Traglastverfahrens an Hand von Problemen der ebenen Verzerrung darzustellen, wo die Tensorbezeichnung ohne Schwierigkeit vermieden werden kann.

Wir besprechen das Prinzip der virtuellen Arbeiten zunächst für den Fall stetig differenzierbarer Spannungs- und Geschwindigkeitsfelder. Diese Felder sind durch die Angabe der Spannungskomponenten $\sigma_x$, $\sigma_y$, $\tau$ und der Geschwindigkeitskomponenten $v_x$ und $v_y$ als Funktionen von $x$ und $y$ definiert. Bis auf weiteres soll angenommen werden, daß diese Funktionen in dem gesamten betrachteten Gebiet $R$ stetig seien und stetige Ableitungen nach $x$ und $y$ besitzen. Ferner sollen die Spannungskomponenten die Gleichgewichtsbedingungen (20,14) erfüllen.

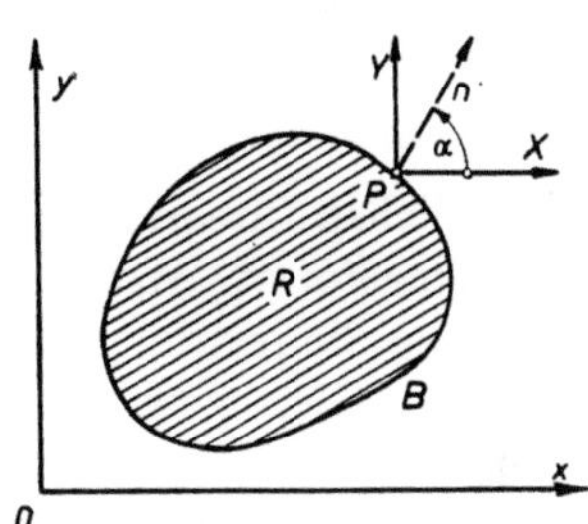

Abb. 89. Komponenten der Spannung an der Oberfläche.

Es sei $P$ ein beliebiger Punkt der Berandung $B$ von $R$ (Abb. 89) und $n$ die nach außen gerichtete Normale von $B$ in $P$. Die Spannung, welche in $P$ auf die Oberfläche des betrachteten Körpers[1] wirkt (surface traction), muß mit dem gegebenen Spannungsfeld in $R$ im Gleichgewicht sein, woraus sich für ihre Komponenten

$$X = \sigma_x \cos \alpha + \tau \sin \alpha,$$
$$Y = \sigma_y \sin \alpha + \tau \cos \alpha \tag{32,1}$$

ergibt [s. Gl. (1,1)].

Sind $\dot{\varepsilon}_x$, $\dot{\varepsilon}_y$ und $\dot{\gamma}$ die Verzerrungsgeschwindigkeiten, die zu dem gegebenen Geschwindigkeitsfeld gehören, indem sie mit ihm gemäß den beiden ersten Gln. (2,8) und der letzten Gl. (2,9) zusammenhängen, so wird das Prinzip der virtuellen Arbeiten durch die folgende Gleichung ausgedrückt:

$$\int_R (\sigma_x \dot{\varepsilon}_x + \sigma_y \dot{\varepsilon}_y + \tau \dot{\gamma})\, dF = \int_B (X v_x + Y v_y)\, ds. \tag{32,2}$$

Darin ist $dF$ das Flächenelement von $R$ und $ds$ das Bogenelement von $B$. Die Integration auf der linken Seite ist über $R$ zu erstrecken, die auf der rechten Seite über $B$.

---

[1] Die Oberfläche erscheint hier in ihrer Projektion, in Gestalt der Randkurve $B$. (D. Übers.)

Zum Beweis der Gl. (32,2) schreiben wir die linke Seite als Summe von drei Integralen und formen das erste wie folgt um:

$$\int\limits_R \sigma_x \, \dot\varepsilon_x \, dF = \int\limits_R \sigma_x \frac{\partial v_x}{\partial x} \, dF \quad [\text{nach der ersten Gl. (2,8)}]$$

$$= \int\limits_R \frac{\partial}{\partial x} (\sigma_x v_x) \, dF - \int\limits_R v_x \frac{\partial \sigma_x}{\partial x} \, dF = \int\limits_B \sigma_x v_x \cos\alpha \, ds - \int\limits_R v_x \frac{\partial \sigma_x}{\partial x} \, dF$$

(nach dem GAUSSschen Integralsatz).

Die restlichen Integrale auf der linken Seite von (32,2) werden in gleicher Weise umgeformt. Wegen (32,1) ergeben die so erhaltenen Linienintegrale zusammen die rechte Seite von (32,2), während sich die Flächenintegrale wegen der Gleichgewichtsbedingungen (20,14) wegheben.

Es ist wichtig zu bemerken, daß in (32,2) die Spannungen im Innern von $R$ und die Verzerrungsgeschwindigkeiten, bzw. die Spannungen an der Oberfläche und die Geschwindigkeiten nicht miteinander in Form von Ursache und Wirkung zusammen zu hängen brauchen. Sofern die oben genannten Bedingungen eingehalten werden, können Spannungs- und Geschwindigkeitsfeld in (32,2) völlig unabhängig voneinander gewählt werden.

Das Prinzip der virtuellen Arbeiten kann auch auf ein Gleichgewichtssystem von Spannungsgeschwindigkeiten (stress rates) im Innern des Körpers, $\dot\sigma_x$, $\dot\sigma_y$, $\dot\tau$, und Spannungsgeschwindigkeiten an der Oberfläche (rates of surface tractions) $\dot X$, $\dot Y$ angewandt werden, wobei die Oberflächenwerte mit den Werten im Innern durch Gleichungen analog (32,1) zusammenhängen. Es gilt also

$$\int\limits_R (\dot\sigma_x \, \dot\varepsilon_x + \dot\sigma_y \, \dot\varepsilon_y + \dot\tau \, \dot\gamma) \, dF = \int\limits_B (\dot X v_x + \dot Y v_y) \, ds. \tag{32,3}$$

Als nächstes wollen wir ein Spannungsfeld mit Unstetigkeitslinien betrachten, etwa von der Art des in Abschn. 26 besprochenen Feldes. Wir setzen voraus, daß diese Unstetigkeitslinien das Gebiet $R$ in eine endliche Anzahl von Teilen $R_1$, $R_2$, ... $R_n$ zerlegen, so daß die Spannungskomponenten $\sigma_x$, $\sigma_y$, $\tau$ in jedem dieser Teilgebiete stetige Funktionen von $x$ und $y$ sind, mit stetigen ersten Ableitungen nach diesen Variablen. Ferner sollen die Spannungskomponenten in jedem dieser Teilgebiete die Gleichgewichtsbedingungen (20,14) erfüllen.

Sind $R_h$ und $R_k$ zwei aneinander grenzende Teilgebiete, so wollen wir die Unstetigkeitslinie, die sie trennt, mit $L_{hk}$ bezeichnen. Mit der in Abschn. 26 an Hand der Abb. 54 eingeführten Bezeichnungsweise können die längs $L_{hk}$ herrschenden Verhältnisse wie folgt ausgedrückt werden: während die innere Spannungskomponente $N'$ quer zu $L_{hk}$ unstetig sein kann, müssen die äußeren Komponenten $N$ und $T$ stetig sein. In Abschn. 26 war angenommen worden, daß die Spannungen zu beiden Seiten der Unstetigkeitslinie die Fließbedingung befriedigen; wir machen aber jetzt keine solche Annahme.

Wenn wir die Gleichungen, welche das Prinzip der virtuellen Arbeiten für jedes der Teilgebiete $R_1, R_2, \ldots R_n$ ausdrücken, addieren, dann ist die Summe der linken Seiten gleich der linken Seite von (32,2). Die Summe der rechten Seiten enthält jedoch nicht nur das Randintegral, welches in (32,2) erscheint, sondern auch noch eine Reihe ähnlich gebauter Linienintegrale, die sich über die verschiedenen Unstetigkeitslinien erstrecken. Wir werden zeigen, daß die Summe dieser letzteren Linienintegrale verschwindet. Tatsächlich erscheint jedes Linienelement einer Unstetigkeitslinie, etwa der Linie $L_{hk}$, immer zweimal, nämlich sowohl als Teil der Berandung von $R_h$ wie auch als Teil des Randes von $R_k$. Die Spannungen, welche diese beiden Gebiete quer durch dieses Linienelement hindurch aufeinander ausüben, sind von gleicher Größe, aber von entgegengesetzter Richtung. Da die Geschwindigkeitskomponenten quer zu dem betrachteten Linienelement stetig sind, werden sich die Beiträge, welche dieses Element zu den Linienintegralen für die Gebiete $R_h$ und $R_k$ liefert, wegheben. Infolgedessen beeinträchtigt das Vorhandensein von Unstetigkeiten der Spannung (oder der Spannungsgeschwindigkeit) vom oben beschriebenen Typus die Gültigkeit der Gl. (32,2) [oder (32,3)] nicht.

Zum Schluß wollen wir noch den Fall eines unstetigen Geschwindigkeitsfeldes betrachten. Wir wollen annehmen, daß die Unstetigkeitslinien des Geschwindigkeitsfeldes das Gebiet $R$ in eine endliche Anzahl von Teilgebieten $R_1, R_2, \ldots R_n$ zerspalten, so daß die Geschwindigkeitskomponenten $v_x$ und $v_y$ in jedem dieser Teilgebiete stetige Funktionen von

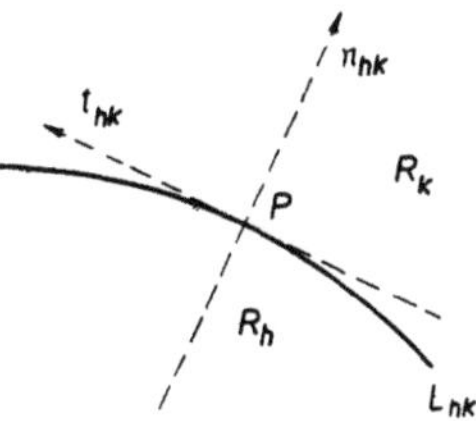

Abb. 90. Bedingungen, welche an einer Unstetigkeitslinie herrschen.

$x$ und $y$ mit stetigen ersten Ableitungen nach den Koordinaten sind. Mit Bezugnahme auf Abb. 90 stellen wir für die Unstetigkeitslinie $L_{hk}$, welche die einander benachbarten Teilgebiete $R_h$ und $R_k$ trennt, die folgenden Bedingungen auf: Wir bezeichnen mit $n_{hk}$ und $t_{hk}$ die Einheitsvektoren normal und tangential zur Linie $L_{hk}$ in einem beliebigen Punkt $P$ dieser Linie. Der Vektor $n_{hk}$ sei vom Gebiet $R_h$ in das Gebiet $R_k$ hinein gerichtet, und der Vektor $t_{hk}$ möge aus $n_{hk}$ durch eine Drehung um $90^0$ im Gegenzeigersinn hervorgehen. Sind $v_N{}^{(h)}$, $v_T{}^{(h)}$ die Geschwindigkeitskomponenten in der Richtung von $n_{hk}$ und $t_{hk}$ auf der Seite von $R_h$ der Linie $L_{hk}$, und $v_N{}^{(k)}$, $v_T{}^{(k)}$ die entsprechenden Komponenten auf der Seite von $R_k$, dann werden wir fordern, daß $v_N{}^{(h)}$ und $v_N{}^{(k)}$ einander gleich sein sollen; hingegen werden wir zulassen, daß $v_T{}^{(h)}$ und $v_T{}^{(k)}$ allenfalls voneinander verschiedene Werte haben.

Wir addieren nun wiederum die Gleichungen, welche das Prinzip der virtuellen Verschiebungen für die einzelnen Teilgebiete $R_1, R_2, \ldots R_n$ ausdrücken. Die Summe der Flächenintegrale ist wieder gleich der linken Seite von (32,2). Die Summe der Linienintegrale hingegen enthält nicht bloß das Randintegral auf der rechten Seite von (32,2), sondern noch eine Reihe ähnlich gebauter Integrale längs der Unstetigkeitslinien. Um den Beitrag, der von einem beliebigen Linienelement $dl_{hk}$ von $L_{hk}$ herrührt, zu berechnen, bezeichnen wir mit $N^{(hk)}$ und $T^{(hk)}$ die Normal- und die Schubspannung, welche durch dieses Linienelement von $R_k$ auf $R_h$ übertragen wird. Wir wollen diese Spannungen als positiv bezeichnen, wenn sie die Richtung von $\mathfrak{n}_{hk}$, bzw. von $\mathfrak{t}_{hk}$ haben. Als Teil des Randes von $R_h$ liefert dann das Linienelement $dl_{hk}$ den Beitrag

$$[N^{(hk)}\, v_N{}^{(h)} + T^{(hk)}\, v_T{}^{(h)}]\, dl_{hk},$$

und als Teil des Randes von $R_k$ liefert es

$$- [N^{(hk)}\, v_N{}^{(k)} + T^{(hk)}\, v_T{}^{(k)}]\, dl_{hk},$$

denn die Spannungen, die durch $dl_{hk}$ von $R_h$ auf $R_k$ übertragen werden, sind gleich $-N^{(hk)}$, bzw. gleich $-T^{(hk)}$. Da $v_N{}^{(h)} = v_N{}^{(k)}$ ist, reduziert sich die Summe dieser Beiträge auf

$$T^{(hk)}\, [v_T{}^{(h)} - v_T{}^{(k)}]\, dl_{hk}.$$

Für ein unstetiges Geschwindigkeitsfeld von der hier betrachteten Art nimmt daher das Prinzip der virtuellen Arbeiten die folgende Form an:

$$\int\limits_R (\sigma_x\, \dot\varepsilon_x + \sigma_y\, \dot\varepsilon_y + \tau\, \dot\gamma)\, dF =$$

$$= \int\limits_B (X\, v_x + Y\, v_y)\, ds + \sum \int\limits_{L_{hk}} T^{(hk)}\, [v_T{}^{(h)} - v_T{}^{(k)}]\, dl_{hk}, \qquad (32,4)$$

wobei die Summe auf der rechten Seite über sämtliche Unstetigkeitslinien zu erstrecken ist.

Gl. (32,4) ist eine Verallgemeinerung von Gl. (32,2). In gleicher Weise kann auch Gl. (32,3) verallgemeinert werden und liefert dann

$$\int\limits_R (\dot\sigma_x\, \dot\varepsilon_x + \dot\sigma_y\, \dot\varepsilon_y + \dot\tau\, \dot\gamma)\, dF =$$

$$= \int\limits_B (\dot X\, v_x + \dot Y\, v_y)\, ds + \sum \int\limits_{L_{hk}} \dot T^{(hk)}\, [v_T{}^{(h)} - v_T{}^{(k)}]\, dl_{hk}. \qquad (32,5)$$

Es soll noch bemerkt werden, daß Gl. (32,4) bestehen bleibt, wenn das Spannungsfeld Unstetigkeiten von der oben betrachteten Art aufweist, und sogar auch dann, wenn einige oder alle Unstetigkeitslinien des Spannungsfeldes mit Unstetigkeitslinien des Geschwindigkeitsfeldes zusammenfallen. Den Beweis hiefür mag der Leser als Übungsaufgabe durchführen.

## 33. Traglastverfahren bei ebener Verzerrung

Die Ergebnisse, welche in diesem Abschnitt abgeleitet werden sollen, stammen von DRUCKER, GREENBERG und PRAGER [8]; sie beziehen sich auf einen elastisch-plastischen Körper unter ebener Verzerrung. Da in allen Querschnittsebenen dieselben Verhältnisse herrschen, genügt es, einen beliebigen Querschnitt $R$ zu betrachten. Was die Randbedingungen anlangt, wollen wir voraussetzen, daß die Berandung $B$ des Querschnitts $R$ aus einer endlichen Anzahl von Kurvenstücken bestehe, welche in die eine oder die andere der folgenden Gruppen fallen: 1. Kurvenstücke, längs denen der Spannungsvektor an der Oberfläche vorgeschrieben ist, oder 2. Kurvenstücke, längs denen der Verschiebungsvektor verschwinden muß. Wir werden diese Kurvenstücke als Randbogen erster, bzw. zweiter Art bezeichnen.

Da das mechanische Verhalten im plastischen Bereich von der Belastungsvorgeschichte abhängt, müssen wir erklären, wie die Spannungen an der Oberfläche auf ihre gegebenen Werte gebracht worden sind. Wir wollen annehmen, daß sämtliche Spannungen an der Oberfläche von Null beginnend stetig angewachsen sind, und zwar so, daß während dieses Prozesses ihre gegenseitigen Größenverhältnisse ständig dieselben geblieben sind. Wir nennen dies *proportionale Belastung* (proportional loading). Wir wollen ferner annehmen, daß die an der Oberfläche gegebenen Spannungen noch so klein seien, daß der Bereich der eingeschränkten plastischen Formänderungen während dieses Belastungsprozesses noch nicht überschritten worden ist.

Wenn wir fortfahren, die Spannungen an der Oberfläche über die gegebenen Werte hinaus proportional zu erhöhen, dann wird schließlich ein Zustand des *bevorstehenden plastischen Fließens* erreicht werden, was bedeutet, daß zum ersten Mal während des Belastungsvorgangs ein Anwachsen der plastischen Verzerrungen unter *konstanten* Spannungen an der Oberfläche möglich wird. Das Verhältnis $S$ der Spannung in irgend einem Punkt der Oberfläche im Augenblick des unmittelbar bevorstehenden plastischen Fließens zu der ursprünglich gegebenen Spannung in diesem Punkt wird als der *Sicherheitsfaktor* (safety factor) bezeichnet. Für die Berechnung des Sicherheitsfaktors für einen elastisch-plastischen Körper bei ebener Verzerrung wollen wir annehmen, daß bis zum Erreichen des

Zustands des bevorstehenden plastischen Fließens alle Formänderungen so klein geblieben seien, daß wir die Gleichgewichtsbedingungen sowie die Randbedingungen anstatt auf den verformten Körper stets auf den noch unverformten Körper anwenden dürfen.

Der Hauptzweck dieses Abschnitts ist die Darstellung zweier Theoreme, welche untere und obere Schranken für den Sicherheitsfaktor liefern. Formulierung und Diskussion dieser beiden Sätze wird durch die folgenden Bezeichnungen erleichtert, die von GREENBERG und PRAGER [9] eingeführt wurden.

Ein stetiges oder unstetiges Spannungsfeld von der Art, wie wir es in Abschn. 32 betrachtet haben, soll für die gegebenen Spannungen an der Oberfläche $X$, $Y$ als *statisch zulässig* (statically admissible) bezeichnet werden, wenn es 1. die Gleichgewichtsbedingungen (20,14) erfüllt, und zwar entweder in ganz $R$ oder in allen Punkten jedes der endlich vielen Teilgebiete, in die $R$ durch die Unstetigkeitslinien zerfällt, 2. die Randbedingungen (32,1) längs jedes Randbogens der ersten Art befriedigt, und 3. überall in $R$ der *Fließungleichung* (yield inequality)

$$(\sigma_x - \sigma_y)^2 + 4\,\tau^2 - 4\,k^2 \leqq 0 \tag{33,1}$$

genügt. Wir erkennen, daß wir ein für die gegebenen Spannungen an der Oberfläche $X$, $Y$ statisch zulässiges Spannungsfeld erhalten, wenn wir sämtliche Spannungen des unmittelbar vor Beginn des plastischen Fließens tatsächlich bestehenden Spannungsfeldes durch den Sicherheitsfaktor $S$ dividieren.

Eine Zahl $m_S \geqq 1$ soll ein *statisch zulässiger Multiplikator* (statically admissible multiplier) genannt werden, wenn es mindestens ein statisch zulässiges Spannungsfeld mit den Spannungen $m_S X$, $m_S Y$ an der Oberfläche gibt.

Ein stetiges oder unstetiges Geschwindigkeitsfeld von der in Abschn. 32 betrachteten Art soll *kinematisch zulässig* (kinematically admissible) genannt werden, wenn es 1. der Bedingung der Inkompressibilität (25,3) genügt, und zwar entweder in ganz $R$ oder in jedem der endlich vielen Teilgebiete, in die $R$ durch die Unstetigkeitslinien zerfällt, 2. der Bedingung genügt, daß die Geschwindigkeitskomponenten $v_x$, $v_y$ längs jedes Randbogens der zweiten Art verschwinden, und 3. die Bedingung erfüllt, daß

$$\int_B (X\,v_x + Y\,v_y)\,ds > 0 \tag{33,2}$$

ist. Wir beachten, daß für ein Geschwindigkeitsfeld, das den beiden ersten Bedingungen genügt, in der Regel auch die dritte Bedingung erfüllt werden kann, indem man allenfalls beide Geschwindigkeitskomponenten mit $-1$ multipliziert. Wir stellen ferner fest, daß das während des *beginnenden* plastischen Fließens wirklich vorhandene Geschwindigkeitsfeld kinematisch zulässig ist; es befriedigt Gl. (33,2), da während des plastischen Fließens mechanische Energie verzehrt wird. Der *Multiplikator* $m_K$, welcher zu dem kinematisch zulässigen Geschwindigkeitsfeld $v_x, v_y$ gehört, soll definiert werden als

$$m_K = \frac{k\left[\int\limits_R \dot{\Gamma}\, dF + \Sigma \int\limits_{L_{hk}} \left|v_T{}^{(k)} - v_T{}^{(h)}\right| dl_{hk}\right]}{\int\limits_B (X\, v_x + Y\, v_y)\, ds}. \tag{33,3}$$

Hierin ist

$$\dot{\Gamma} = \left[\left(\frac{\partial v_x}{\partial x} - \frac{\partial v_y}{\partial y}\right)^2 + \left(\frac{\partial v_x}{\partial y} + \frac{\partial v_y}{\partial x}\right)^2\right]^{1/2},$$

und bezeichnet die maximale Schiebungsgeschwindigkeit in dem Punkt mit den Geschwindigkeiten $v_x, v_y$. Die übrigen Bezeichnungen in (33,3) entsprechen jenen in (32,4).

Die sämtlichen Multiplikatoren, die sich für alle kinematisch zulässigen Geschwindigkeitsfelder ergeben, sollen *kinematisch zulässige Multiplikatoren* (kinematically admissible multipliers) genannt werden.

Mit dieser Bezeichnungsweise lauten die von DRUCKER, GREENBERG und PRAGER [8] aufgestellten Sätze wie folgt:

*Satz 1:* Der Sicherheitsfaktor ist der größte statisch zulässige Multiplikator.

*Satz 2:* Der Sicherheitsfaktor ist der kleinste kinematisch zulässige Multiplikator.

Aus diesen Sätzen folgt, daß, wenn $m_S$ ein statisch zulässiger Multiplikator ist und $m_K$ ein kinematisch zulässiger Multiplikator, der Sicherheitsfaktor durch

$$m_S \leqslant S \leqslant m_K \tag{33,4}$$

eingegrenzt wird.

Bevor wir darangehen, diese Sätze zu beweisen, wollen wir kurz ein Beispiel besprechen, welches zeigt, wie diese Sätze dazu benützt werden können, um den Sicherheitsfaktor abzuschätzen. Die Abb. 91 *a* und 91 *b* beziehen sich auf dasselbe auf Zug beanspruchte Werkstück wie die Abb. 88. Abb. 91 *a* zeigt das statisch zulässige Spannungsfeld, das von PRAGER angegeben wurde [10]. Dieses Feld ist symmetrisch zur Achse $OO$; die schraffierten, dreieckigen Gebiete unterhalb dieser Symmetrieachse bilden zusammen jenes trapezförmige Feld, welches wir an Hand der Abb. 47 besprochen haben, mit der einzigen Ausnahme, daß die Normalspannungen, die längs der Ober- und der Unterseite des Trapezes wirken, nun Zugspannungen anstatt Druckspannungen sind. Das rechteckige Gebiet unterhalb des Trapezes ist ein Gebiet reinen axialen Zuges, welcher gleich der Normalspannung ist, die längs der Basis des Trapezes wirkt. Die nicht schraffierten Teile links und rechts von dem Trapez sind voll-

kommen spannungsfrei.  Da längs der Flanken des Trapezes keine
Spannungen übertragen werden, können wir das Spannungsfeld in dieser
Weise fortsetzen.  Wir überlassen es dem Leser als Übungsaufgabe, zu
zeigen, daß sich auf diese Art bloß zwei Trapeze in die untere Hälfte des
Werkstücks einschreiben lassen.  Von diesen müssen wir jenes nehmen, das

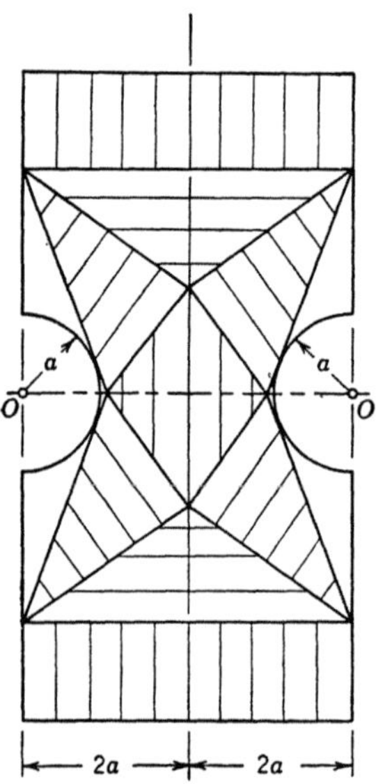


Abb. 91 a. Statisch zulässiges
Spannungsfeld.

Abb. 91 b. Kinematisch zulässiges
Geschwindigkeitsfeld.

die größere axiale Zugspannung an der Basis aufweist.  Der Leser wird
sich überzeugen, daß diese größere axiale Zugspannung gleich $1{,}26\,k$ ist.
Wenn die tatsächlich auf die Endflächen des Werkstücks aufgebrachte
axiale Zugspannung wie in Abb. 88 mit $T$ bezeichnet wird, dann ist der
Quotient

$$m_S = \frac{1{,}26\,k}{T} \tag{33,5}$$

ein statisch zulässiger Multiplikator.

Abb. 91 b zeigt ein kinematisch zulässiges Geschwindigkeitsfeld.  Die
Gerade $A\,B$ ist eine Unstetigkeitslinie: der schraffierte Teil oberhalb dieser
Linie bewegt sich als starrer Körper mit einer Geschwindigkeit gleich der
Einheit in der Richtung des Pfeils, während der nicht schraffierte Teil in
Ruhe bleibt.  Gl. (33,3) liefert den zu diesem Feld gehörigen Multiplikator:

$$m_K = \frac{k \cdot 3\,a\,\sqrt{2}}{\frac{1}{2}\sqrt{2} \cdot 4\,a\,T} = \frac{1{,}5\,k}{T}\,. \tag{33,6}$$

Der Leser möge zeigen, daß sich für $m_K$ ein größerer Wert ergeben hätte, wenn die Unstetigkeitslinie in Abb. 91 b mit einer von 45° verschiedenen Neigung gewählt worden wäre. Mit den Werten gemäß (33,5) und (33,6) zeigt die fortlaufende Ungleichung (33,4), daß der Sicherheitsfaktor innerhalb von $\pm$ 8,7% gleich 1,38 $k/T$ ist.

Wie in Abschn. 34 gezeigt werden wird, kann die obere Schranke für den Sicherheitsfaktor auf 1,39 $k/T$ heruntergedrückt werden, indem man ein der Wirklichkeit näher kommendes Geschwindigkeitsfeld heranzieht. Wenn diese obere Schranke mit der unteren Schranke (33,5) kombiniert wird, dann ergibt sich der Sicherheitsfaktor mit einer Genauigkeit von $\pm$ 5% zu 1,325 $k/T$.

Wir wollen nun den Beweis der Sätze von DRUCKER, GREENBERG und PRAGER durchführen. Dieser Beweis stützt sich auf die folgenden drei Hilfssätze:

I. Während des beginnenden plastischen Fließens verschwinden die Spannungsgeschwindigkeiten an jeder Stelle des betrachteten Körpers.

II. Es seien $\sigma_x{}^0$, $\sigma_y{}^0$, $\tau^0$ die Spannungen eines Feldes, das für jene Oberflächenwerte der Spannungen statisch zulässig ist, die aus den gegebenen Oberflächenwerten durch Multiplikation mit einem statisch zulässigen Multiplikator $m_S$ hervorgehen; es seien ferner $\sigma_x$, $\sigma_y$, $\tau$ und $\dot\varepsilon_x{}''$, $\dot\varepsilon_y{}''$, $\dot\gamma''$ die Spannungen und die plastischen Verzerrungsgeschwindigkeiten, die während des beginnenden plastischen Fließens tatsächlich vorhanden sind; dann gilt:

$$(\sigma_x - \sigma_x{}^0)\,\dot\varepsilon_x{}'' + (\sigma_y - \sigma_y{}^0)\,\dot\varepsilon_y{}'' + (\tau - \tau^0)\,\dot\gamma'' \geqslant 0. \qquad (33,7)$$

III. Es seien $\dot\varepsilon_x{}^*$, $\dot\varepsilon_y{}^*$, $\dot\gamma^*$ die Verzerrungsgeschwindigkeiten, die aus einem kinematisch zulässigen Geschwindigkeitsfeld $v_x{}^*$, $v_y{}^*$ abgeleitet wurden und $\sigma_x$, $\sigma_y$, $\tau$ die Spannungen, die während des beginnenden plastischen Fließens tatsächlich vorhanden sind; dann gilt:

$$\sigma_x\,\dot\varepsilon_x{}^* + \sigma_y\,\dot\varepsilon_y{}^* + \tau\,\dot\gamma^* \leqslant k\,\dot\Gamma^*, \qquad (33,8)$$

wo

$$\dot\Gamma^* = [(\dot\varepsilon_x{}^* - \dot\varepsilon_y{}^*)^2 + \dot\gamma^{*2}]^{1/2}$$

die maximale Schiebungsgeschwindigkeit ist, die sich aus den Verzerrungsgeschwindigkeiten $\dot\varepsilon_x{}^*$, $\dot\varepsilon_y{}^*$, $\dot\gamma^*$ ergibt.

Um den ersten dieser Sätze zu beweisen, nehmen wir an, daß die Spannungsgeschwindigkeiten nicht verschwinden, und zeigen, daß diese Annahme zu einem Widerspruch führt. Es seien $v_x$, $v_y$ die zu Beginn des plastischen Fließens wirklich vorhandenen Geschwindigkeiten, $\dot\varepsilon_x$, $\dot\varepsilon_y$, $\dot\gamma$ die Verzerrungsgeschwindigkeiten und $\dot\sigma_x$, $\dot\sigma_y$, $\dot\tau$ die Spannungsgeschwindigkeiten. Im Hinblick auf gewisse, in Kap. VI besprochene Lösungen, werden wir die Möglichkeit nicht ausschließen, daß das Geschwindigkeitsfeld Unstetigkeitslinien von der in Abschn. 32 betrachteten Art besitzt. Wie am Ende des Abschn. 26 gezeigt wurde, muß eine solche Unstetigkeitslinie des zu Beginn des plastischen Fließens bestehenden Geschwindigkeitsfeldes mit einer Gleitlinie zusammenfallen. Um die Allgemeinheit unserer Beweisführung nicht zu beschränken, wollen wir auch zulassen, daß das Feld der Spannungsgeschwindigkeiten Unstetigkeiten besitze, die von der gleichen Art seien wie die Unstetigkeiten der Spannung, die wir in Abschn. 32 besprochen haben.

Wir wenden nun Gl. (32,5) auf die zu Beginn des plastischen Fließens tatsächlich vorhandenen Geschwindigkeiten, Verzerrungsgeschwindigkeiten und Spannungsgeschwindigkeiten an. Für dieses Fließen verschwinden definitionsgemäß $\dot{X}$ und $\dot{Y}$ längs jedes Randbogens der ersten Art, und $v_x$ und $v_y$ verschwinden längs jedes Randbogens der zweiten Art. Somit ist in (32,5) das Integral über die Berandung gleich Null.

Was das Integral unter dem Summenzeichen in (32,5) betrifft, so muß, wie oben erwähnt, jede Unstetigkeitslinie unseres Geschwindigkeitsfeldes eine Gleitlinie sein. Folglich muß die Schubspannung $T^{(hk)}$ dem Absolutwert nach gleich $k$ sein und muß diesen Wert während des beginnenden plastischen Fließens beibehalten. Somit ist $\dot{T}^{(hk)} = 0$ und das Integral unter dem Summenzeichen von (32,5) verschwindet also gleichfalls. Damit ergibt sich, daß auch das Integral auf der linken Seite von (32,5) verschwinden muß. Da wegen der Unzusammendrückbarkeit des Materials $\dot{\varepsilon}_y = - \dot{\varepsilon}_x$ ist, kann dieses Integral wie folgt umgeformt werden

$$\int\limits_{R} (\dot{\sigma}_x \dot{\varepsilon}_x + \dot{\sigma}_y \dot{\varepsilon}_y + \dot{\tau} \dot{\gamma})\, dF = \int\limits_{R} \left[ \frac{1}{2} (\dot{\sigma}_x - \dot{\sigma}_y)(\dot{\varepsilon}_x - \dot{\varepsilon}_y) + \dot{\tau} \dot{\gamma} \right] dF =$$

$$= \int\limits_{R} \left[ \frac{1}{2} (\dot{\sigma}_x - \dot{\sigma}_y)(\dot{\varepsilon}_x{}' - \dot{\varepsilon}_y{}') + \dot{\tau} \dot{\gamma}' \right] dF +$$

$$+ \int\limits_{R} \left[ \frac{1}{2} (\dot{\sigma}_x - \dot{\sigma}_y)(\dot{\varepsilon}_x{}'' - \dot{\varepsilon}_y{}'') + \dot{\tau} \dot{\gamma}'' \right] dF. \tag{33,9}$$

Darin bezeichnen einfache Striche die elastischen Verzerrungsgeschwindigkeiten und Doppelstriche die plastischen Verzerrungsgeschwindigkeiten.

Bisher haben wir noch keinen Gebrauch von der Tatsache gemacht, daß für die gegenwärtige Anwendung von (32,5) die Spannungsgeschwindigkeiten aus den Verzerrungsgeschwindigkeiten mittels des Spannungs-Verzerrungsgesetzes folgen. Wegen (5,4) und infolge der Unzusammendrückbarkeit des Materials kann der Integrand des Integrals in der zweiten Zeile von (33,9) folgendermaßen umgeformt werden:

$$\frac{1}{2}(\dot{\sigma}_x - \dot{\sigma}_y)(\dot{\varepsilon}_x' - \dot{\varepsilon}_y') + \dot{\tau}\,\dot{\gamma}' = \frac{1}{2}(\dot{s}_x - \dot{s}_y)(\dot{\varepsilon}_x' - \dot{\varepsilon}_y') + \dot{\tau}\,\dot{\gamma}' =$$

$$= \frac{1}{4G}\,[(\dot{s}_x - \dot{s}_y)^2 + 4\,\dot{\tau}^2], \qquad (33,10)$$

wo $\dot{s}_x$, $\dot{s}_y$ die Normalkomponenten der zeitlichen Ableitung des Spannungsdeviators sind. Gl. (33,10) zeigt, daß das Integral in der zweiten Zeile von (33,9) positiv ist, sofern nicht $\dot{s}_x - \dot{s}_y = \dot{\sigma}_x - \dot{\sigma}_y$ und $\dot{\tau}$ identisch verschwinden.

Was das Integral in der dritten Zeile von (33,9) anlangt, so verschwindet sein Integrand in jenen Teilgebieten von $R$, wo kein plastisches Fließen stattfindet. Wo hingegen plastisches Fließen herrscht, dort kann der Integrand mittels (5,3) wie folgt geschrieben werden:

$$\frac{1}{2}(\dot{\sigma}_x - \dot{\sigma}_y)(\dot{\varepsilon}_x'' - \dot{\varepsilon}_y'') + \dot{\tau}\,\dot{\gamma}'' = \frac{1}{2}(\dot{s}_x - \dot{s}_y)(\dot{\varepsilon}_x'' - \dot{\varepsilon}_y'') + \dot{\tau}\,\dot{\gamma}'' =$$

$$= \frac{\lambda}{4G}\,[(s_x - s_y)(\dot{s}_x - \dot{s}_y) + 4\tau\,\dot{\tau}] =$$

$$= \frac{\lambda}{8G}\frac{d}{dt}\,[(s_x - s_y)^2 + 4\,\tau^2] =$$

$$= \frac{\lambda}{8G}\frac{d}{dt}\,[(\sigma_x - \sigma_y)^2 + 4\,\tau^2]. \qquad (33,11)$$

Da die Fließbedingung während des plastischen Fließens stets erfüllt bleibt, hat der Ausdruck in der eckigen Klammer in der letzten Zeile von (33,11) den konstanten Wert $4\,k^2$. Gl. (33,11) zeigt also, daß das Integral in der dritten Zeile von (33,9) gleich Null ist. Die gesamte rechte Seite und folglich die linke Seite von (32,5) ist also positiv, sofern nicht $\dot{s}_x - \dot{s}_y = \dot{\sigma}_x - \dot{\sigma}_y$ und $\dot{\tau}$ identisch verschwinden. Nun haben wir aber oben gezeigt, daß die linke Seite von (32,5) verschwinden muß. Es muß daher gelten

$$\dot{\sigma}_x - \dot{\sigma}_y = 0, \qquad \dot{\tau} = 0. \qquad (33,12)$$

Nun müssen die Spannungsgeschwindigkeiten die Gleichgewichtsbedingungen erfüllen:

$$\frac{\partial\dot{\sigma}_x}{\partial x} + \frac{\partial\dot{\tau}}{\partial y} = 0, \qquad \frac{\partial\dot{\sigma}_y}{\partial y} + \frac{\partial\dot{\tau}}{\partial x} = 0. \qquad (33,13)$$

Die Gln. (33,12) und (33,13) erfordern, daß

$$\dot{\sigma}_x = \dot{\sigma}_y = \text{const.}, \qquad \dot{\tau} = 0 \qquad (33,14)$$

ist. Die Änderungsgeschwindigkeiten der Spannungen an der Oberfläche, $\dot{X}$ und $\dot{Y}$, welche aus den Spannungsgeschwindigkeiten (33,14) nach Gleichungen von der Form der Gln. (32,1) zu berechnen sind, müssen gemäß der Definition des beginnenden plastischen Fließens verschwinden.

Folglich muß die Konstante in (33,14) gleich Null sein. Damit ist der Beweis für den Hilfssatz I erbracht.

Die Beweise für die beiden anderen Hilfssätze sind weniger umständlich. Die Beziehung (33,7) ist jedenfalls in jenem Gebiet erfüllt, wo kein plastisches Fließen stattfindet, denn dort verschwinden die plastischen Verzerrungsgeschwindigkeiten. Wo hingegen plastisches Fließen herrscht, dort müssen die Spannungen die Fließbedingung erfüllen. Um zu zeigen, daß (33,7) auch im plastischen Gebiet gilt, transformieren wir diese Beziehung unter Benützung von (5,3) sowie der Bedingung der Unzusammendrückbarkeit $\dot{\varepsilon}_x'' = -\dot{\varepsilon}_y''$ und erhalten:

$$(\sigma_x - \sigma_x^0)\,\dot{\varepsilon}_x'' + (\sigma_y - \sigma_y^0)\,\dot{\varepsilon}_y'' + (\tau - \tau^0)\,\dot{\gamma}'' =$$

$$= \frac{1}{2}\,[(\sigma_x - \sigma_x^0) - (\sigma_y - \sigma_y^0)]\,(\dot{\varepsilon}_x'' - \dot{\varepsilon}_y'') + (\tau - \tau^0)\,\dot{\gamma}'' =$$

$$= \frac{\lambda}{4\,G}\,\{[(\sigma_x - \sigma_x^0) - (\sigma_y - \sigma_y^0)]\,(\sigma_x - \sigma_y) + 4\,(\tau - \tau^0)\,\tau\} \geqslant 0. \quad (33,15)$$

Da $\lambda/4\,G$ positiv ist und da $\sigma_x,\,\sigma_y,\,\tau$ der Fließbedingung (20,7) genügen, ist die Beziehung (33,15) gleichwertig der folgenden

$$4\,k^2 - [(\sigma_x - \sigma_y)\,(\sigma_x^0 - \sigma_y^0) + 4\,\tau\,\tau^0] \geqslant 0. \quad (33,16)$$

Nach der SCHWARZschen Ungleichung[1] kann der Ausdruck in der eckigen Klammer nicht größer sein als

$$[(\sigma_x - \sigma_y)^2 + 4\,\tau^2]^{\frac{1}{2}}\,[(\sigma_x^0 - \sigma_y^0)^2 + 4\,(\tau^0)^2]^{\frac{1}{2}}.$$

Die erste der beiden Quadratwurzeln ist gleich $2\,k$, da $\sigma_x,\,\sigma_y,\,\tau$ die Fließbedingung (20,7) erfüllen, und die zweite Wurzel kann nicht den Wert $2\,k$ überschreiten, da $\sigma_x^0,\,\sigma_y^0,\,\tau^0$ statisch zulässig sein sollen und daher der Fließungleichung (33,1) genügen müssen. Somit ist die Gültigkeit von (33,16) nachgewiesen, und damit auch die der Beziehung (33,7), aus der (33,16) abgeleitet wurde.

Um schließlich die Beziehung (33,8) zu beweisen, formen wir sie mittels der Bedingung der Unzusammendrückbarkeit $\varepsilon_y^* = -\varepsilon_x^*$ um. Dann finden wir, daß (33,8) gleichwertig ist der folgenden Beziehung:

$$\sigma_x\,\dot{\varepsilon}_x^* + \sigma_y\,\dot{\varepsilon}_y^* + \tau\,\dot{\gamma}^* = \frac{1}{2}\,(\sigma_x - \sigma_y)\,(\dot{\varepsilon}_x^* - \dot{\varepsilon}_y^*) + \tau\,\dot{\gamma} \leqslant k\,\dot{\Gamma}^*. \quad (33,17)$$

---

[1] Diese Ungleichung besagt, daß das Skalarprodukt der beiden Vektoren $(a_x,\,a_y)$ und $(b_x,\,b_y)$ nicht größer sein kann als das Produkt ihrer absoluten Beträge:

$$a_x\,b_x + a_y\,b_y \leqslant (a_x^2 + a_y^2)^{\frac{1}{2}}\,(b_x^2 + b_y^2)^{\frac{1}{2}}.$$

Um dies auf (33,16) anzuwenden, setzen wir $a_x = \sigma_x - \sigma_y$, $a_y = 2\,\tau$; $b_x = \sigma_x^0 - \sigma_y^0$, $b_y = 2\,\tau^0$.

Nach der SCHWARZschen Ungleichung kann die linke Seite von (33,17) nicht den Wert

$$\left[\frac{1}{4}(\sigma_x - \sigma_y)^2 + \tau^2\right]^{\frac{1}{2}} \left[(\dot{\varepsilon}_x{}^* - \dot{\varepsilon}_y{}^*)^2 + \dot{\gamma}^{*2}\right]^{\frac{1}{2}}$$

überschreiten. Hier ist die zweite Quadratwurzel gleich der maximalen Schiebungsgeschwindigkeit $\dot{\Gamma}^*$, und die erste kann nicht den Wert $k$ überschreiten, da die Spannungen $\sigma_x$, $\sigma_y$, $\tau$, die während des beginnenden plastischen Fließens wirklich auftreten, der Fließungleichung (33,1) genügen müssen. Somit ist die Richtigkeit von (33,17) erwiesen, und damit auch die von (33,8), aus der (33,17) abgeleitet wurde.

Wir sind nun in der Lage, den Beweis für die Sätze von DRUCKER, GREENBERG und PRAGER zu führen. Gemäß (33,7) ist

$$\int_R \left[(\sigma_x - \sigma_x{}^0)\, \dot{\varepsilon}_x{}'' + (\sigma_y - \sigma_y{}^0)\, \dot{\varepsilon}_y{}'' + (\tau - \tau^0)\, \dot{\gamma}''\right] dF \geqq 0. \qquad (33,18)$$

Da die Spannungsgeschwindigkeiten während des beginnenden plastischen Fließens verschwinden, folgt aus dem HOOKEschen Gesetz, daß auch die *elastischen* Verzerrungsgeschwindigkeiten $\dot{\varepsilon}_x{}'$, $\dot{\varepsilon}_y{}'$, $\dot{\gamma}'$ verschwinden. Infolgedessen können die plastischen Verzerrungsgeschwindigkeiten $\dot{\varepsilon}_x{}''$, $\dot{\varepsilon}_y{}''$, $\dot{\gamma}''$ in (33,18) gleich den Gesamt-Verzerrungsgeschwindigkeiten $\dot{\varepsilon}_x$, $\dot{\varepsilon}_y$, $\dot{\gamma}$ des beginnenden plastischen Fließens gesetzt werden, und das Integral in (33,18) kann mittels des Prinzips der virtuellen Arbeiten umgeformt werden. Nun sind während des beginnenden plastischen Fließens die tatsächlichen Spannungen $\sigma_x$, $\sigma_y$, $\tau$ im Gleichgewicht mit den Spannungen $SX$, $SY$ an der Oberfläche, wo $S$ der Sicherheitsfaktor ist. Andererseits haben wir von den statisch zulässigen Spannungen $\sigma_x{}^0$, $\sigma_y{}^0$, $\tau^0$ vorausgesetzt, daß sie mit den Spannungen $m_S X$, $m_S Y$ an der Oberfläche im Gleichgewicht sind. Die Anwendung von (32,4) auf (33,18) liefert daher

$$(S - m_S) \int_B (X v_x + Y v_y)\, ds +$$

$$+ \sum \int_{L_{hk}} \left[T^{(hk)} - T^{0\,(hk)}\right] \left[v_T{}^{(h)} - v_T{}^{(k)}\right] dl_{hk} \geqq 0. \qquad (33,19)$$

Nun ist das $S$-fache des ersten Integrals in (33,19) gleich der Arbeit, welche die an der Oberfläche wirklich vorhandenen Spannungen $SX$, $SY$ während des beginnenden plastischen Fließens pro Zeiteinheit leisten. Diese Arbeit und damit das erste Integral (33,19) muß positiv sein, da während des plastischen Fließens Energie aufgezehrt wird. Weiters ist, nach den Bemerkungen am Ende des Abschn. 26,

$$\int\limits_{L_{hk}} T^{(hk)}\,[v_T^{(k)} - v_T^{(h)}]\,dl_{hk} > 0. \qquad (33{,}20)$$

Und schließlich ist

$$\int\limits_{L_{hk}} T^{0\,(hk)}\,[v_T^{(k)} - v_T^{(h)}]\,dl_{hk} \leqslant \int\limits_{L_{hk}} T^{(hk)}\,[v_T^{(k)} - v_T^{(h)}]\,dl_{hk}, \qquad (33{,}21)$$

da $T^{0(hk)}$ dem Absolutwert nach nicht größer als $k$ sein kann, während $|T^{(hk)}| = k$ ist. Wegen (33,20) und (33,21) liefert die Beziehung (33,19):

$$S - m_S \geqslant \frac{\Sigma \int\limits_{L_{hk}} [T^{(hk)} - T^{0\,(hk)}]\,[v_T^{(k)} - v_T^{(h)}]\,dl_{hk}}{\int\limits_B (X\,v_x + Y\,v_y)\,ds} \geqslant 0. \qquad (33{,}22)$$

Dies besagt, daß der Sicherheitsfaktor $S$ nicht kleiner sein kann als der beliebig herausgegriffene statisch zulässige Multiplikator $m_S$. Da die während des beginnenden plastischen Fließens wirklich vorhandenen Spannungen statisch zulässig sind und mit den Spannungen an der Oberfläche $SX$, $SY$ im Gleichgewicht stehen, ist der Sicherheitsfaktor selbst ein statisch zulässiger Multiplikator. Damit ist Satz 1 bewiesen.

Um Satz 2 zu beweisen, beachten wir, daß gemäß (33,8) gilt:

$$\int\limits_R (\sigma_x\,\dot\varepsilon_x{}^* + \sigma_y\,\dot\varepsilon_y{}^* + \tau\,\dot\gamma{}^*)\,dF \leqslant k \int\limits_R \dot\Gamma{}^*\,dF. \qquad (33{,}23)$$

Formen wir die linke Seite nach (32,4) um und beachten, daß die während des beginnenden plastischen Fließens tatsächlich herrschenden Spannungen $\sigma_x$, $\sigma_y$, $\tau$ im Gleichgewicht mit den Spannungen $SX$, $SY$ an der Oberfläche sind, so erhalten wir

$$S \int\limits_B (X\,v_x{}^* + Y\,v_y{}^*)\,ds + \sum \int\limits_{L_{hk}} T^{(hk)}\,[v_T^{*(h)} - v_T^{*(k)}]\,dl_{hk} \leqslant k \int\limits_R \dot\Gamma{}^*\,dF.$$
$$(33{,}24)$$

Gemäß der Bedingung (33,2) ist das erste Integral in (33,24) positiv. Somit ist

$$S \leqslant \frac{k \int\limits_R \dot\Gamma{}^*\,dF + \Sigma \int\limits_{L_{hk}} T^{(hk)}\,[v_T^{*(k)} - v_T^{*(h)}]\,dl_{hk}}{\int\limits_B (X\,v_x{}^* + Y\,v_y{}^*)\,ds}. \qquad (33{,}25)$$

Da $T^{(hk)}$ dem Absolutwert nach gleich $k$ ist, folgt aus (33,25)

$$S \leqslant \frac{k\,\big[\int\limits_R \dot\Gamma{}^*\,dF + \Sigma \int\limits_{L_{hk}} |v_T^{*(k)} - v_T^{*(h)}|\,dl_{hk}\big]}{\int\limits_B (X\,v_x{}^* + Y\,v_y{}^*)\,ds} = m_K{}^*, \qquad (33{,}26)$$

wo $m_K{}^*$ der zu dem Geschwindigkeitsfeld $v_x{}^*$, $v_y{}^*$ gehörige Multiplikator ist. Die Beziehung (33,26) zeigt, daß der Sicherheitsfaktor nicht größer sein kann als der beliebig herausgegriffene kinematisch zulässige Multiplikator $m_K{}^*$. Zur Vervollständigung des Beweises von Satz 2 haben wir nur noch zu zeigen, daß der Sicherheitsfaktor selbst auch ein kinematisch zulässiger Multiplikator ist. Dazu wenden wir (32,4) auf das während des beginnenden plastischen Fließens wirklich vorhandene Spannungs- und Geschwindigkeitsfeld an:

$$\int_R (\sigma_x \dot\varepsilon_x + \sigma_y \dot\varepsilon_y + \tau \dot\gamma)\, dF = S \int_B (X v_x + Y v_y)\, ds +$$

$$+ \sum \int_{L_{hk}} T^{(hk)} [v_T{}^{(h)} - v_T{}^{(k)}]\, dl_{hk}. \tag{33,27}$$

Der Integrand auf der linken Seite ist die spezifische Leistung während der plastischen Deformation (das ist die Arbeit, die in der Zeiteinheit pro Flächeneinheit der Querschnittsfläche geleistet wird) und ist daher unabhängig von dem Koordinatensystem, auf das Spannungen und Verzerrungen bezogen werden. Wählen wir in einem beliebigen Punkt $P$ die Koordinatenachsen nach den Richtungen der Hauptschubspannungen, so kann unschwer gezeigt werden, daß dieser Integrand, berechnet für den Punkt $P$, gleich $k\,\dot\Gamma$ ist, wo $\dot\Gamma$ die maximale Schiebungsgeschwindigkeit in $P$ ist. Die linke Seite von Gl. (33,27) ist also gleich

$$k \int_R \dot\Gamma\, dF\,.$$

Das erste Integral auf der rechten Seite von (33,27) ist positiv, da das während des beginnenden plastischen Fließens wirklich vorhandene Geschwindigkeitsfeld kinematisch zulässig ist. Was das Integral unter dem Summenzeichen anlangt, so folgt aus den Bemerkungen am Ende des Abschn. 26, daß dieses Integral negativ ist und daß $T^{(hk)}$ dem absoluten Betrag nach gleich $k$ ist. Gl. (33,27) kann daher wie folgt geschrieben werden:

$$S = \frac{k\left[\int_R \dot\Gamma\, dF + \Sigma \int_{L_{hk}} |v_T{}^{(k)} - v_T{}^{(h)}|\, dl_{hk}\right]}{\int_B (X v_x + Y v_y)\, ds}\,. \tag{33,28}$$

Dies zeigt, daß $S$ der Multiplikator ist, der zu dem wirklich vorhandenen Geschwindigkeitsfeld des beginnenden plastischen Fließens gehört. Damit ist der Beweis von Satz 2 erbracht.

## 34. Lösungen nach der Saint Venant-Misesschen Theorie und das beginnende plastische Fließen eines Prandtl-Reußschen Materials

Die in Abschn. 33 gewonnenen Ergebnisse klären das Verhältnis zwischen der PRANDTL-REUSSschen Theorie und der älteren Theorie von SAINT VENANT-MISES, ein Verhältnis, das bisher noch nicht ganz richtig verstanden worden ist. Während die PRANDTL-REUSSsche Theorie sowohl die elastischen als auch die plastischen Verzerrungen in vollem Ausmaß berücksichtigt, betrachtet die Theorie von SAINT VENANT-MISES die elastischen Verzerrungen als vernachlässigbar klein gegenüber den plastischen Verzerrungen. Demnach erfordert die Behandlung der Probleme der eingeschränkten plastischen Deformation in der Regel die Benützung der PRANDTL-REUSSschen Theorie, was auch allgemein zugegeben wird. Gleichzeitig wird die SAINT VENANT-MISESsche Theorie allgemein als geeignet für die Behandlung von Problemen des uneingeschränkten plastischen Fließens anerkannt. Da der Zustand der eingeschränkten plastischen Verformung dem Zustand des uneingeschränkten plastischen Fließens vorangeht, mag die Ablehnung der SAINT VENANT-MISESschen Theorie für den ersteren Zustand und ihre Anwendung auf den letzteren insofern als inkonsequent erscheinen, als bekanntlich die Vorgeschichte der Verformung im gesamten plastischen Bereich eine wichtige Rolle spielt. Die Ergebnisse des Abschn. 33 ermöglichen es uns jedoch, diese Schwierigkeit zu beseitigen und den Wert, der den von der SAINT VENANT-MISESschen Theorie gelieferten „Lösungen" zukommt, richtig einzuschätzen.

Um diese Anwendung der Sätze des Abschn. 33 zu illustrieren, behandeln wir das folgende Beispiel: Ein hohles, quadratisches Prisma von dem in Abb. 92 dargestellten Querschnitt werde unter den Bedingungen der ebenen Verzerrung durch einen langsam ansteigenden Innendruck verformt. Wir wünschen den Wert $p$ dieses Druckes für beginnendes plastisches Fließen zu bestimmen. Abb. 92 zeigt ein Spannungs- und ein Geschwindigkeitsfeld, welche eine „Lösung" im Sinne der SAINT VENANT-MISESschen Theorie darstellen: plastisches Fließen herrscht nur in dem Kurvendreieck $ABA'$ und in den Dreiecken, die aus ihm durch Spiegelung an der $x$-Achse, bzw. an der Diagonale des Quadrats hervorgehen. Das Gebiet $ABCDE$ bewegt sich als starrer Körper in der Richtung der Diagonale $OC$, und ähnliches gilt für die Gebiete, die aus $ABCDE$ durch Spiegelung an der Quadratdiagonale $OC'$ und an den Achsen $x$ und $y$ erhalten werden. Da wir an der Randkurve $AA'$ des plastischen Gebiets einen konstanten Normaldruck haben und da an der Oberfläche in $B$ keine Spannung wirkt, ist die Spannungsverteilung in $ABA'$ identisch mit jener, die wir in Abschn. 18 behandelt haben. Insbesondere ist der Innendruck $p_0$, der zu dieser „Lösung" gehört, durch Gl. (18,1) gegeben.

Das Geschwindigkeitsfeld der vorliegenden „Lösung" ist nicht ganz so einfach wie das Feld des rein radialen Fließens des in Abschn. 18 betrachteten Beispiels. Der Umstand, daß sich $ABCDE$ und $A'BC'D'E'$ mit etwa der Geschwindigkeit 1 als starre Körper in der Richtung $OC$, bzw. $OC'$ bewegen, gibt uns die Normalkomponenten der Geschwindigkeit längs der Gleitlinien $AB$ und $A'B$. Diese Angaben bestimmen das Geschwindigkeitsfeld in $ABA'$ (s. Abschn. 23). Es stellt sich heraus, daß die Gleitlinien $AB$ und $A'B$ Unstetigkeitslinien des Geschwindigkeits-

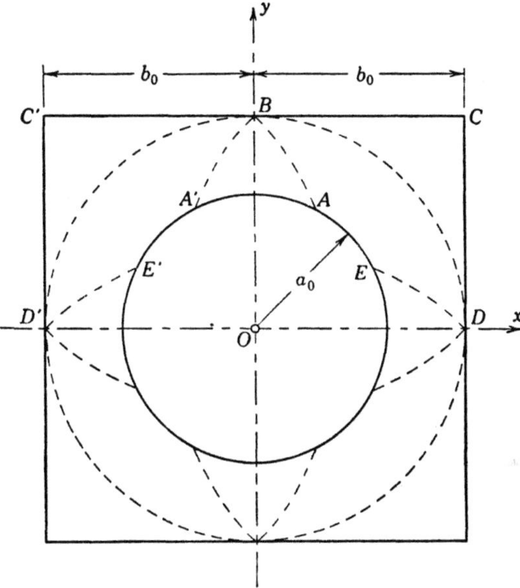


Abb. 92. SAINT VENANT-MISESsche Lösung für ein hohles, quadratisches Prisma unter Innendruck.

feldes sind, und auch ohne dieses Feld im Detail zu untersuchen, können wir uns leicht überzeugen, daß die Schubspannung längs dieser Linien jene Bedingung erfüllt, die am Ende des Abschn. 26 aufgestellt worden ist. Auch die Bedingung (33,2) ist erfüllt, in der $X$, $Y$ die Spannungen an der Oberfläche darstellen, wobei in unserem Fall die Seiten des Quadrats unbelastet sind, während das kreisförmige Loch dem obgenannten Druck $p_0$ ausgesetzt ist. Es existiert hier also ein kinematisch zulässiges Geschwindigkeitsfeld, welches mit dem oben betrachteten Spannungsfeld in $ABA'$ vereinbar ist.

Wenden wir nun das Prinzip der virtuellen Arbeiten (32,4) auf dieses Spannungs- und Geschwindigkeitsfeld an. Der Umstand, daß die Spannungen bloß in jenen Teilgebieten bekannt sind, in denen plastisches Fließen herrscht, bereitet keine Schwierigkeiten, da in den übrigen Gebieten die Verzerrungsgeschwindigkeiten gleich Null sind. Diese letzteren Gebiete tragen daher zu dem Integral auf der linken Seite von (32,4) nichts bei. Formen wir dieses Integral in der gleichen Weise um, wie dies am Ende des Abschn. 33 im Zusammenhang mit Gl. (33,27) geschehen ist, so erhalten wir

$$k \int_R \dot{\Gamma}\, dF = \int_B (X\, v_x + Y\, v_y)\, ds + \sum \int_{L_{hk}} T^{(hk)}\, [v_T^{(h)} - v_T^{(k)}]\, dl_{hk}, \qquad (34,1)$$

wo $\dot{\Gamma}$ die maximale Schiebungsgeschwindigkeit bezeichnet. Das erste Integral rechts ist positiv, da das betrachtete Geschwindigkeitsfeld kinematisch zulässig ist. Was das Integral unter dem Summenzeichen anlangt, so kann es in der Form

$$- k \int_{L_{hk}} \left| v_T^{(k)} - v_T^{(h)} \right|\, dl_{hk}$$

geschrieben werden, da das vorliegende Geschwindigkeitsfeld die am Ende des Abschn. 26 aufgestellten Bedingungen erfüllt. Somit folgt aus (34,1):

$$1 = \frac{k \left[ \int_R \dot{\Gamma}\, dF + \Sigma \int_{L_{hk}} \left| v_T^{(k)} - v_T^{(h)} \right|\, dl_{hk} \right]}{\int_B (X\, v_x + Y\, v_y)\, ds}. \qquad (34,2)$$

Diese Gleichung zeigt, daß das betrachtete Geschwindigkeitsfeld den kinematisch zulässigen Multiplikator 1 liefert, wenn der Druck in der Bohrung den Wert

$$p_0 = 2\, k \log \frac{b_0}{a_0} \qquad (34,3)$$

hat [s. Gl. (18,1)]. Nach Satz 2 des Abschn. 33 kann daher der während des beginnenden plastischen Fließens wirklich vorhandene Druck $p$ nicht größer sein als $p_0$.

Das oben betrachtete Spannungsfeld ist nur innerhalb der vier dreieckigen Gebiete, in denen plastisches Fließen herrscht (wie etwa in $A\,B\,A'$), definiert. Obwohl es dort die Gleichgewichtsbedingungen, die Fließbedingung und die Randbedingungen erfüllt, stellt es noch kein statisch zulässiges Spannungsfeld dar. Um ein solches zu erhalten, müssen wir dieses Spannungsfeld in die starren Gebiete hinein derart fortsetzen, daß dort die Fließungleichung (33,1) und die Randbedingungen erfüllt sind, wobei die letzteren fordern, daß auf die Seiten des Quadrats keine Spannungen von außen einwirken, während das kreisförmige Loch unter dem gleichförmigen Druck $p_0$ steht. Diese Fortsetzung gelingt leicht. Betrachten wir die vollplastische Spannungsverteilung in dem kreisförmigen Rohr mit dem Innenradius $a_0$ und dem Außenradius $b_0$, das unter den Bedingungen der ebenen Verzerrung dem Innendruck $p_0$ ausgesetzt ist (s. Abschn. 18). In den dreieckigen plastischen Gebieten wie etwa $A B A'$ stimmt diese Spannungsverteilung mit dem oben betrachteten Spannungsfeld überein. Da bei der dem Rohr zugehörigen vollplastischen Spannungsverteilung keine Spannungen über den Kreis mit dem Mittelpunkt $O$ und dem Radius $b_0$ hinaus übertragen werden, kann dieses Spannungsfeld jenseits dieses Kreises durch ein identisch verschwindendes Spannungsfeld fortgesetzt werden. In dem durch diese Fortsetzung erhaltenen Spannungsfeld ist der Kreis mit dem Mittelpunkt $O$ und dem Radius $b_0$ eine Unstetigkeitslinie von der in Abschn. 26 besprochenen Art. Da außerhalb dieses Kreises alle Spannungskomponenten verschwinden, bleiben die Quadratseiten frei von Spannungen an der Oberfläche. Damit haben wir ein statisch zulässiges Spannungsfeld für den Innendruck $p_0$ konstruiert. Nach Satz 1 des Abschn. 33 kann demnach der während des beginnenden plastischen Fließens wirklich vorhandene Innendruck $p$ nicht kleiner sein als $p_0$. Da wir jedoch bereits gezeigt haben, daß $p$ nicht größer sein kann als $p_0$, folgt, daß $p = p_0$ sein muß.

In dem vorliegenden Beispiel hat eine Saint Venant-Misessche Lösung die richtige Größe der Belastung für das beginnende plastische Fließen geliefert. Wie die obige Erörterung zeigt, muß ein Spannungsfeld, das nach der Saint Venant-Misesschen Theorie bestimmt wurde, damit es die richtige Belastungsintensität liefert, die folgenden Bedingungen erfüllen: 1. es muß diesem Spannungsfeld ein kinematisch zulässiges Geschwindigkeitsfeld zugeordnet sein, und 2. es muß möglich sein, dieses Spannungsfeld (welches bloß in den Gebieten des plastischen Fließens definiert ist) so fortzusetzen, daß sich für den ganzen Körper ein statisch zulässiges Spannungsfeld ergibt.

Diese beiden Bedingungen wurden in den Arbeiten über ebenes plastisches Fließen größtenteils nicht beachtet. So wurden, um nur ein Beispiel zu nennen, in den meisten Problemen, welche in dem Buch von Sokolovski (s. Kap. II: [7]) behandelt sind, bloß die Spannungsfelder in den plastischen Fließgebieten betrachtet. Für sich allein gibt jedoch ein solches Spannungsfeld keinerlei Auskunft bezüglich der Belastungsintensität für beginnendes plastisches Fließen; erst wenn es in einer statisch zulässigen Form über den ganzen Körper hin erweitert werden kann, liefert es eine untere Schranke für die gewünschte Belastungsintensität. Wenn dann diesem Spannungsfeld noch ein kinematisch zulässiges Geschwindigkeitsfeld zugeordnet werden kann, dann liefert das Spannungsfeld die richtige Größe der Belastung während des beginnenden plastischen Fließens.

Im allgemeinen scheint es leichter zu sein, ein kinematisch zulässiges Geschwindigkeitsfeld zu finden, das einem Spannungsfeld für die plastischen Fließgebiete zugeordnet ist, als solch ein Spannungsfeld in einer statisch zulässigen Form zu erweitern. Es ist jedoch zu bemerken, daß, so schwierig dieses Problem der Fortsetzung auch sein mag, es doch viel weniger mühsam ist, als die folgende Aufgabe, deren Lösung häufig als notwendig erklärt worden ist, um von einer SAINT VENANT-MISESschen Lösung behaupten zu können, daß sie die richtige Lösung sei: nämlich die elastisch-plastische Grenze derart zu bestimmen, daß es möglich ist, das SAINT VENANT-MISESsche Feld auf der einen Seite dieser Grenze mit dem elastischen Feld auf der anderen Seite so zusammen zu passen, daß alle Spannungskomponenten quer zu dieser Grenze stetig sind. Wenn gezeigt werden könnte, daß die Lösung dieses Problems existiert und daß sie eindeutig ist, dann würde sie das während des beginnenden plastischen Fließens wirklich vorhandene Spannungsfeld darstellen.

In vielen praktisch wichtigen Aufgaben wird jedoch lediglich nach der während des beginnenden plastischen Fließens herrschenden Belastungsintensität gefragt, und die Bestimmung des gesamten Feldes ist nicht notwendig. In diesem Fall kann die außerordentlich schwierige *elastische Fortsetzung* des SAINT VENANT-MISESschen Spannungsfeldes durch die einfachere *statisch zulässige Fortsetzung* ersetzt werden.

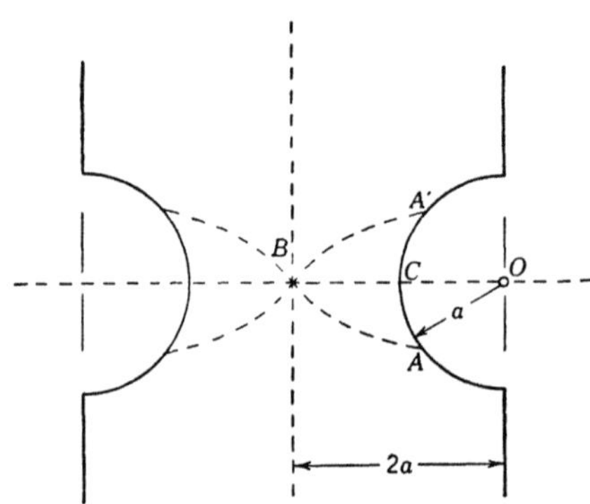

Abb. 93. SAINT VENANT-MISESsche Lösung für ein auf Zug beanspruchtes Werkstück mit halbkreisförmigen Nuten (ebene Verzerrung).

Selbst in jenen Fällen, wo sich die statisch zulässige Fortsetzung des SAINT VENANT-MISESschen Spannungsfeldes als schwierig erweist, liefern die Sätze des Abschn. **33** brauchbare Ergebnisse. Um dies zu illustrieren, wollen wir auf das in Abb. 88 dargestellte, auf Zug beanspruchte Werkstück zurückgreifen. Ein MISESsches Spannungsfeld ist in Abb. 93 eingezeichnet: plastisches Fließen findet bloß in dem Kurvendreieck $ABA'$ und in dem zu ihm in bezug auf die Längsachse des Körpers symmetrischen Dreieck statt. Bezogen auf Polarkoordinaten mit dem Ursprung $O$ ist das Spannungsfeld in $ABA'$ von der Art des in Abschn. 16 besprochenen Feldes, nur daß jetzt $\varrho = 2\,a$ ist und für $r = a$ $\sigma_r = 0$ ist. Nach den Formeln des Abschn. 16 ergibt sich für die Ringspannung $\sigma_\vartheta$ oder, was dasselbe bedeutet, für die Axialspannung, welche quer zu $BC$ übertragen wird,

$$\sigma_\vartheta = 2\,k\left(1 + \log\frac{r}{a}\right).$$

Dementsprechend ist die Axialkraft $P_0$, welche dieser Spannung entspricht, gegeben durch

$$P_0 = 2 \int\limits_a^{2a} \sigma_\vartheta \, dr = 4\,k \int\limits_a^{2a} \left(1 + \log\frac{r}{a}\right) dr = 8\,k\,a\log 2.$$

Den Mittelwert der Axialspannung[1] $T_0$, der sich daraus für den unverschwächten Querschnitt des Werkstücks ergibt finden wir, indem wir $P_0$ durch die Breite $4\,a$ des Werkstücks dividieren:

$$T_0 = 2\,k\log 2 = 1{,}39\,k. \tag{34,4}$$

Für sich allein liefert diese Berechnung keinerlei Anhaltspunkt bezüglich des Mittelwerts der Axialspannung während des beginnenden plastischen Fließens. Es ist jedoch leicht zu sehen, daß das Spannungsfeld der Abb. 93 mit einem kinematisch zulässigen Geschwindigkeitsfeld verknüpft werden kann. Der Umstand, daß sich die Teile unterhalb und oberhalb des plastischen Gebiets als starre Körper mit etwa der Geschwindigkeit 1 nach unten, bzw. nach oben bewegen, liefert die Normalkomponenten der Geschwindigkeit längs $A\,B$ und $A'B$. Von diesen Werten längs der Gleitlinien $A\,B$ und $A'B$ ausgehend, kann dann das Geschwindigkeitsfeld innerhalb von $A\,B\,A'$ nach den Methoden des Abschn. 23 bestimmt werden. Das so erhaltene Geschwindigkeitsfeld hat $A\,B$ und $A'B$ als Unstetigkeitslinien und genügt der Bedingung, welche am Ende des Abschn. 26 aufgestellt worden ist. Weiters wurde durch die Art, in der wir die starren Teile sich bewegen lassen, die Bedingung (33,2) erfüllt. Somit kann dem Spannungsfeld, welches für die Axialspannung den Mittelwert (34,4) lieferte, ein kinematisch zulässiges Geschwindigkeitsfeld zugeordnet werden. Diese Tatsache besagt, daß die tatsächliche Spannung $T$, die während des plastischen Fließens herrscht, den durch (34,4) gegebenen Wert $T_0$ nicht überschreiten kann. Andererseits lieferte das statisch zulässige Spannungsfeld der Abb. 91 $a$ für $T$ die untere Grenze $1{,}26\,k$. Somit ist

$$1{,}26\,k \leqslant T \leqslant 1{,}39\,k. \tag{34,5}$$

## Aufgaben

**1.** Führe die Ableitungen des Abschn. 31 in allen Einzelheiten aus. Insbesondere:

a) zeige, daß die Gln. (31,4) aus (31,1) und (31,2) folgen;

b) zeige, daß $\psi_1$ [Gl. (31,6)] biharmonisch ist;

c) führe die Berechnung der Spannungskomponenten vollständig durch.

**2.** Löse das in Abschn. 31 behandelte Problem für den Fall, daß der Innenrand einem Druck $p\,t$ ausgesetzt ist; die Spannungen im Unendlichen seien dieselben wie in Abb. 85.

---

[1] Im Original „nominal axial stress" genannt. (D. Übers.)

**3.** Ermittle die plastische Spannungsfunktion für einen unendlichen Keil vom Winkel $a$, der mit der einen Flanke auf einem vollkommen rauhen Tisch ruht, während auf die andere eine gleichmäßig verteilte Schubspannung wirkt. Drücke die Spannungsfunktion in Form der Gl. (31,7) aus.

**4.** Verallgemeinere das Prinzip der virtuellen Arbeiten [Gl. (32,2)] für den Fall, daß Massenkräfte vorhanden sind.

**5.** Zeige, daß Gl. (32,4) auch in dem Fall gilt, daß sowohl das Spannungs- als auch das Geschwindigkeitsfeld Unstetigkeitslinien von der in Abschn. 32 beschriebenen Art haben. Die Unstetigkeitslinien der beiden Felder mögen zusammenfallen oder auch nicht.

**6.** Zeige, daß das Spannungsfeld in Abb. 91 $a$ statisch zulässig ist, und ermittle die zulässigen Basiswinkel des Trapezes. Bestimme für jeden Fall die Axialspannung und ermittle das „beste" Trapez.

**7.** Die Unstetigkeitslinie des Geschwindigkeitsfeldes in Abb. 91 $b$ sei unter einem beliebigen Winkel $a$ (anstatt unter 45°) geneigt. Berechne $m_K$ als Funktion von $a$. Zeige, daß $m_K$ für $a = 45°$ ein Minimum hat und verifiziere Gl. (33,6).

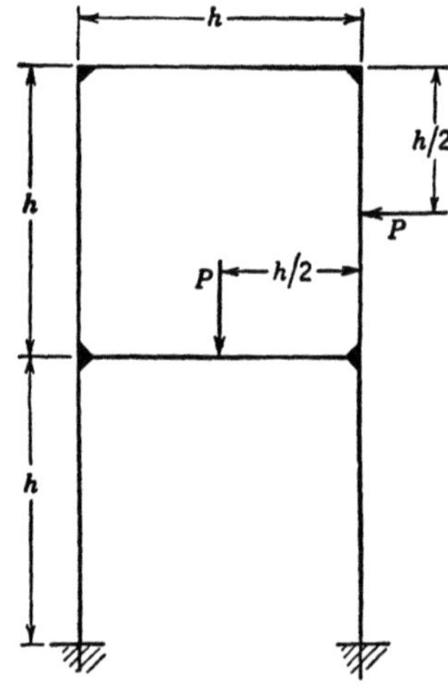

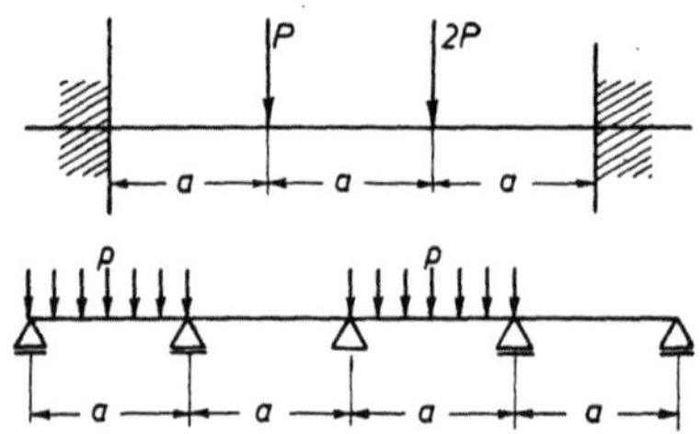

Abb. 94. Zu Aufgabe 9.         Abb. 95. Zu Aufgabe 10.

**8.** Betrachte einen $n$-fach statisch unbestimmten Balken oder ebenen Rahmen unter einer gegebenen Belastung. Es seien $M(x)$ die Biegemomente in den Punkten des Balkens oder Rahmens und $M_0(x)$ die Fließmomente [yield bending moments, das sind jene Biegemomente, bei denen der Querschnitt vollplastisch wird (s. Abschn. 7)].

a) Zeige, daß durch die Momentenverteilung $M(x)$ ein statisch zulässiges Spannungsfeld definiert wird, sofern 1. $M(x)$ im Gleichgewicht ist mit den gegebenen Lasten und beliebigen Werten der Auflagerreaktionen (welche bloß mit den Lasten im Gleichgewicht sein müssen), und 2. die Beziehung $|M(x)| \leqslant |M_0(x)|$ in jedem Punkt erfüllt ist.

b) Zeige, daß ein kinematisch zulässiges Geschwindigkeitsfeld definiert werden kann, dadurch daß man den Balken oder Rahmen in einen beweglichen Mechanismus verwandelt, indem man eine genügende Anzahl von

Fließgelenken" (yield hinges) einschaltet, in denen $|M(x)| = |M_0(x)|$ ist, während zwischen diesen Gelenken der Balken als starr betrachtet wird.

c) Definiere für den obigen Fall die Begriffe Sicherheitsfaktor, statisch und kinematisch zulässiger Multiplikator.

**9.** Benütze die Ergebnisse der Aufgabe 8, um obere und untere Schranken für die Sicherheitsfaktoren der in Abb. 94 dargestellten Balken, die konstante Querschnitte besitzen mögen, zu bestimmen [9].

**10.** * Benütze die Ergebnisse der Aufgabe 8, um obere und untere Schranken für den Sicherheitsfaktor des in Abb. 95 dargestellten ebenen Rahmens zu bestimmen, wobei $M_0$ für alle Querschnitte den gleichen Wert haben soll [9].

## Literatur

1. PRAGER, W.: Theory of plasticity. Mimeographed lecture notes, Brown University, Providence, R.I., 1942, p. 148.

2. GALIN, L. A.: An analogy for the plane elastic-plastic problem (russisch). Prikladnaia Matematika i Mekhanika **12**, 757—760 (1948).

3. PRAGER, W.: On plane elastic strain in doubly connected domains. Q. Appl. Math. **3**, 377—381 (1946).

4. WIEGHARDT, K.: Über ein neues Verfahren, verwickelte Spannungsverteilungen in elastischen Körpern auf experimentellem Wege zu finden. Mitteilungen a. d. Gebiete d. Ingenieurwesens **49**, 15—30 (1908).

5. GALIN, L. A.: Plane elastic-plastic problem: Plastic regions around circular holes in plates and beams (russisch). Prikladnaia Matematika i Mekhanika **10**, 365—386 (1946).

6. SOKOLNIKOFF, I. S.: Some new methods of solution of two-dimensional problems in elasticity. Bull. Amer. Math. Soc. **48**, 539—555 (1942).

7. PARASYUK, O. S.: An elastic-plastic problem with a non-biharmonic plastic state (russisch). Prikladnaia Matematika i Mekhanika **13**, 367—370 (1948).

8. DRUCKER, D. C., H. J. GREENBERG, and W. PRAGER: The safety factor of an elastic-plastic body in plane strain. J. Appl. Mech. **18**, 371—378 (1951).

9. GREENBERG, H. J. and W. PRAGER: On limit design of beams and frames. Transactions, Amer. Soc. Civ. Engrs. **117**, 447—484 (1952).

10. PRAGER, W.: On the boundary value problems of the mathematical theory of plasticity. Proc. Internat. Congr. of Mathematicians (Harvard University, 1950), Providence, R.I., 1952, vol. 2, pp. 297—303.

# VIII. Extremalprinzipe

## 35. Einführung

In der mathematischen Elastizitätstheorie sind die Prinzipe vom Minimum der Formänderungsarbeit und vom Minimum der Ergänzungsarbeit [Satz von CASTIGLIANO (d. Übers.)] wirksame Hilfsmittel zur Gewinnung von Näherungslösungen schwieriger Randwertaufgaben. In der Plastizitätstheorie sind exakte Lösungen noch schwieriger zu gewinnen als in der Elastizitätstheorie. Es ist daher zu erwarten, daß hier Extremalprinzipe die gleiche, wenn nicht eine noch wichtigere Rolle spielen werden[1].

Die mathematische Plastizitätstheorie ist eine noch verhältnismäßig junge Wissenschaft. Dies ist wahrscheinlich der Grund, daß in der Literatur bisher nur so wenige Anwendungen der Extremalprinzipe zu finden sind. Es wendet sich daher die Darstellung dieser Extremalprinzipe im vorliegenden Kapitel in erster Linie an diejenigen Leser, die an der Entwicklung eines neuen und möglicherweise sehr leistungsfähigen Werkzeugs zur Gewinnung von Lösungen praktischer Probleme interessiert sind. Im letzten Abschnitt (Abschn. 40) wird auf Anwendungsmöglichkeiten hingewiesen werden.

In diesem Kapitel wollen wir der Einfachheit halber annehmen, daß die betrachteten Spannungs- und Geschwindigkeitsfelder stetig sind und stetige erste Ableitungen nach den Koordinaten besitzen. Es wird dem Leser nicht schwer fallen, die Betrachtungen auf unstetige Spannungs- und Geschwindigkeitsfelder, von der Art der in den Kap. V und VII behandelten, auszudehnen.

Die Darstellung der Extremalprinzipe für kontinuierliche Medien wird erheblich vereinfacht durch den Gebrauch einer Bezeichnungsweise, wie sie beim Rechnen mit cartesischen Tensoren üblich ist. Diese Bezeichnungsweise wird daher in den meisten Abhandlungen über diesen Gegenstand angewandt und soll auch in dem vorliegenden Kapitel benützt werden. Der folgende Abschnitt enthält einen kurzen Überblick über die Tensorbezeichnung, und ist für jene Leser bestimmt, die mit ihr noch nicht vertraut sind. Für die Zwecke des vorliegenden Kapitels

---

[1] Bezüglich einer vollständigen Übersicht über die Variations- und Extremalprinzipe der Plastizitätstheorie s. [1].

wird dieser Abriß genügen; Leser, die sich für eine vollständigere Darstellung des Rechnens mit cartesischen Tensoren interessieren, seien auf das Buch von JEFFREYS [2] verwiesen.

## 36. Cartesische Tensoren

Der vorliegende Überblick über die cartesische Tensorbezeichnung beschränkt sich auf den dreidimensionalen Raum. Die wesentlichen Vereinfachungen beim Gebrauch dieser Bezeichnung werden erstens durch den systematischen Gebrauch von *Buchstabenindizes*, welche einen der Werte 1, 2, 3 annehmen können, und zweitens durch die Einführung des *Summationsübereinkommens*, welches unten erklärt werden soll, erreicht. So benützen wir, um die rechtwinkeligen cartesischen Koordinaten zu bezeichnen, $x_1$, $x_2$, $x_3$ an Stelle von $x$, $y$, $z$, und fassen diese drei Koordinaten kurz unter der Bezeichnung $x_i$ zusammen. Auf das Summationsübereinkommen wurde man durch den Umstand geführt, daß Ausdrücke wie

$$a_1\,b_1 + a_2\,b_2 + a_3\,b_3 = \sum_{i=1}^{3} a_i\,b_i \tag{36,1}$$

häufig vorkommen. Das Summationsübereinkommen gestattet uns, das Summenzeichen auf der rechten Seite von (36,1) wegzulassen, indem wir festsetzen: *Wenn derselbe Buchstabenindex in einem einzelnen Glied zweimal vorkommt, dann ist dieses Glied als eine Abkürzung für die Summe zu betrachten, die man erhält, wenn man dem doppelt vorkommenden Buchstabenindex der Reihe nach die Werte 1, 2, 3 gibt und die so erhaltenen Ausdrücke addiert.* Entsprechend diesem Summationsübereinkommen können wir die rechte Seite von (36,1) einfach in der Form $a_i\,b_i$ schreiben.

Der Vektor mit den Komponenten $a_1$, $a_2$, $a_3$ wird kurz als der Vektor $a_i$ bezeichnet. Das Produkt des Vektors $a_i$ und des Skalars $\lambda$ ist der Vektor $\lambda\,a_i$. Die Summe der Vektoren $a_i$ und $b_i$ ist der Vektor $a_i + b_i$. Die linke Seite von (36,1) ist das Skalarprodukt der Vektoren $a_i$ und $b_i$; nach dem Summationsübereinkommen wird dieses Skalarprodukt in der Form $a_i\,b_i$ geschrieben. Was die Kürze der Schreibweise anlangt, so besteht wenig Unterschied zwischen der Bezeichnung $a_i\,b_i$ und der symbolischen (GIBBSschen) Bezeichnung $\mathfrak{a}\cdot\mathfrak{b}$ für das Skalarprodukt. Die Indexbezeichnung hat jedoch den großen Vorteil, daß sie, falls es sich um kompliziertere Ausdrücke handelt, nicht das Auswendiglernen zahlreicher spezieller Regeln erfordert. So muß z. B. die Tatsache, daß das Skalarprodukt dem distributiven Gesetz gehorcht, das heißt, daß gilt

$$\mathfrak{a}\cdot(\mathfrak{b}+\mathfrak{c}) = \mathfrak{a}\cdot\mathfrak{b} + \mathfrak{a}\cdot\mathfrak{c}, \tag{36,2}$$

sofern die symbolische Bezeichnung benützt wird, eigens nachgewiesen werden, während die entsprechende Beziehung

$$a_i\,(b_i + c_i) = a_i\,b_i + a_i\,c_i \qquad (36,3)$$

keines Beweises bedarf. Dieser Vorteil der Indexbezeichnung wird noch augenfälliger, wenn Skalar-, Vektor- und Tensorfelder behandelt werden.

Ein Skalarfeld $\lambda$ wird definiert durch Angabe von $\lambda$ als Funktion der Koordinaten $x_1$, $x_2$, $x_3$. Es ist zweckmäßig, für $\partial\lambda/\partial x_i$ die Abkürzung $\lambda,_i$, für $\partial^2\lambda/\partial x_i\,\partial x_j$ die Abkürzung $\lambda,_{ij}$ usw. einzuführen. Ganz allgemein sollen Indizes, die einem Komma folgen, Differentiationen nach den entsprechenden Koordinaten bedeuten.

Der *Gradient* des Skalarfeldes $\lambda$ ist der Vektor $\lambda,_i$, und die *Divergenz* des Vektorfeldes $a_i$ ist der Skalar $a_i,_i$. In der symbolischen Bezeichnung werden diese Ausdrücke als $\operatorname{grad}\lambda$ (oder $\nabla\lambda$) und $\operatorname{div}\mathfrak{a}$ (oder $\nabla\cdot\mathfrak{a}$) geschrieben, und abermals sind spezielle Regeln zu merken bezüglich der Ausführungen der Operationen grad und div (oder der Multiplikation mit dem Vektoroperator $\nabla$). Wird jedoch die Indexschreibweise benützt, dann benötigt man keinerlei solche Regeln. So wird z. B. die Formel

$$\operatorname{div}(\lambda\,\mathfrak{a}) = \mathfrak{a}\cdot\operatorname{grad}\lambda + \lambda\operatorname{div}\mathfrak{a} \qquad (36,4)$$

ganz trivial, wenn man sie in der Form schreibt

$$(\lambda\,a_i),_i = \lambda,_i\,a_i + \lambda\,a_i,_i. \qquad (36,5)$$

Wenn die infinitesimalen Verschiebungen $u_i$ der Teilchen eines Körpers als Funktionen der Koordinaten gegeben sind, dann folgt der *Verzerrungstensor* $\varepsilon_{ij}$ aus

$$\varepsilon_{ij} = \frac{1}{2}\,(u_{i,j} + u_{j,i}). \qquad (36,6)$$

Wenn wir $x_1$, $x_2$, $x_3$ mit $x$, $y$, $z$ identifizieren, dann zeigt der Vergleich von (36,6) mit (2,1) und (2,2), daß gilt:

$$\varepsilon_{11} = \varepsilon_x, \qquad \varepsilon_{22} = \varepsilon_y, \qquad \varepsilon_{33} = \varepsilon_z,$$
$$\varepsilon_{23} = \varepsilon_{32} = \frac{1}{2}\gamma_{yz}, \qquad \varepsilon_{31} = \varepsilon_{13} = \frac{1}{2}\gamma_{zx}, \qquad \varepsilon_{12} = \varepsilon_{21} = \frac{1}{2}\gamma_{xy}. \qquad (36,7)$$

Der Faktor $\tfrac{1}{2}$, welcher auf der rechten Seite jeder Gleichung der zweiten Zeile von (36,7) erscheint, wurde bereits in Abschn. 2 erwähnt.

Wenn $v_i$ das Geschwindigkeitsfeld bezeichnet, dann wird der *Tensor der Verzerrungsgeschwindigkeiten* $\dot\varepsilon_{ij}$ analog (36,6) definiert durch

$$\dot\varepsilon_{ij} = \frac{1}{2}\,(v_{i,j} + v_{j,i}). \qquad (36,8)$$

Schließlich erhalten wir für die Komponenten des *Spannungstensors* $\sigma_{ij}$, wenn wir unter $x_1$, $x_2$, $x_3$ wiederum $x$, $y$, $z$ verstehen,

$$\sigma_{11} = \sigma_x, \qquad \sigma_{22} = \sigma_y, \qquad \sigma_{33} = \sigma_z,$$
$$\sigma_{23} = \sigma_{32} = \tau_{yz}, \qquad \sigma_{31} = \sigma_{13} = \tau_{zx}, \qquad \sigma_{12} = \sigma_{21} = \tau_{xy}. \qquad (36,9)$$

Im folgenden benötigen wir den *Einheitstensor* mit den Komponenten

$$\delta_{ij} = \begin{cases} 1 & \text{wenn} \quad i = j, \\ 0 & \text{wenn} \quad i \neq j. \end{cases} \tag{36,10}$$

Aus dieser Definition folgt, daß für einen beliebigen Vektor $a_i$ gilt:

$$a_i\,\delta_{ij} = a_j. \tag{36,11}$$

Wir sind nun in der Lage, eine Reihe der in Kap. I benützten Ausdrücke in weitaus kürzerer Form darzustellen. So sind z. B. die mittlere Normalspannung [Gl. (1,5)] und die mittlere Dehnung [Gl. (2,3)] gegeben durch

$$s = \frac{1}{3}\,\sigma_{kk}, \qquad e = \frac{1}{3}\,\varepsilon_{kk}. \tag{36,12}$$

Der Spannungsdeviator $s_{ij}$ ist definiert durch

$$s_{ij} = \sigma_{ij} - s\,\delta_{ij} = \sigma_{ij} - \frac{1}{3}\,\sigma_{kk}\,\delta_{ij}, \tag{36,13}$$

und der Verzerrungsdeviator $e_{ij}$ durch

$$e_{ij} = \varepsilon_{ij} - e\,\delta_{ij} = \varepsilon_{ij} - \frac{1}{3}\,\varepsilon_{kk}\,\delta_{ij}. \tag{36,14}$$

Wenn der Vektor der Massenkraft pro Volumseinheit mit $X_i$ bezeichnet wird, dann können die Gleichgewichtsbedingungen [Gln. (3,1)] wie folgt geschrieben werden:

$$\sigma_{ij,j} + X_i = 0. \tag{36,15}$$

Hier kann der Index $i$ die Werte 1, 2, 3 annehmen, so daß (36,15) drei Gleichungen darstellt. In jeder von ihnen ist der erste Term, gemäß dem Summationsübereinkommen, eine Summe von drei Gliedern. Bei Abwesenheit von Massenkräften nehmen die Gleichgewichtsbedingungen die Form an

$$\sigma_{ij,j} = 0. \tag{36,16}$$

Die Gleichgewichtsbedingungen (36,15) und (36,16) müssen überall im Innern des betrachteten Körpers erfüllt sein. An der Oberfläche haben wir eine andere Form von Gleichgewichtsbedingung, welche besagt, daß die auf ein beliebiges Oberflächenelement des Körpers von außen einwirkende Spannung im Gleichgewicht sein muß mit dem Spannungsvektor, der von dem Körper durch dieses Oberflächenelement auf das umgebende Medium übertragen wird. Wenn $n_i$ der Einheitsvektor längs der nach außen gerichteten Normale des betrachteten Oberflächenelements ist und $T_i$ der Vektor der von außen auf dieses Oberflächenelement einwirkenden Spannung, dann erfordert das Gleichgewicht, daß gilt:

$$T_i = \sigma_{ij}\,n_j. \tag{36,17}$$

Die MISESsche Fließbedingung [Gl. (4,5)] kann in der Form

$$s_{ij}\,s_{ij} - 2\,k^2 = 0 \tag{36,18}$$

geschrieben werden, wo $s_{ij}\, s_{ij}$ gemäß dem Summationsübereinkommen

$$\sum_{i=1}^{3} \sum_{j=1}^{3} s_{ij}\, s_{ij}$$

bedeutet. Wenn die linke Seite von (36,18) negativ ist, dann haben die Spannungen noch nicht die für eine plastische Verformung notwendige Größe erreicht, und jede kleine Änderung der Spannung verursacht eine rein elastische Änderung der Verzerrung. Andererseits kann die linke Seite von (36,18) in einem ideal plastischen Körper niemals positiv werden. Während jeder Änderung der bleibenden Verzerrungen müssen sich daher die Spannungen in solcher Weise ändern, daß (36,18) bestehen bleibt. Mit anderen Worten, eine Änderung der bleibenden Verzerrungen kann nur dann erfolgen, wenn die Spannungen und die Spannungsgeschwindigkeiten den folgenden Gleichungen genügen:

$$s_{ij}\, s_{ij} - 2\, k^2 = 0, \qquad s_{ij}\, \dot{s}_{ij} = 0. \tag{36,19}$$

Wir wollen nun die Gesetze von MISES und von PRANDTL-REUSS in der neuen Schreibweise darstellen, wobei wir uns der Kürze halber auf inkompressible Körper beschränken. Nach beiden Gesetzen verschwindet die plastische Verzerrungsgeschwindigkeit, sobald die Gln. (36,19) nicht erfüllt sind. Sind jedoch diese Gleichungen erfüllt, dann liefern die Gesetze von PRANDTL-REUSS [Gln. (5,5)] und MISES [Gln. (5,14)] die folgenden Verzerrungsgeschwindigkeiten:

PRANDTL-REUSS:

$$\dot{\varepsilon}_{ij} = \frac{1}{2\, G}\, (\dot{s}_{ij} + \lambda\, s_{ij}), \tag{36,20}$$

MISES:

$$\dot{\varepsilon}_{ij} = \mu\, s_{ij}. \tag{36,21}$$

Darin sind $\lambda$ und $\mu$ positive Proportionalitätsfaktoren, die mittels der Fließbedingung eliminiert werden können, wie in Kap. I gezeigt wurde.

In diesem Kapitel werden wir mehrmals einen Integralsatz benützen, der in verschiedenen Formen unter den Namen GAUSSscher Satz, GREENscher Satz usw. bekannt ist. (Bezüglich des Beweises s. z. B. Kap. V: [3].) In der cartesischen Tensorbezeichnung können alle diese Darstellungen in folgender Weise zusammengefaßt werden:

Es sei $\Phi$ ein Skalar-, Vektor- oder Tensorfeld, welches in einem geschlossenen räumlichen Gebiet $V$ stetig differenzierbar ist. $V$ sei begrenzt durch eine geschlossene Fläche $F$, deren nach außen gerichteter Einheitsvektor in der Normalenrichtung $n_i$ ist. Dann gilt[1]

---

[1] Die Bedingungen, unter denen dieser Satz gilt, können noch schärfer gefaßt werden (s. z. B. Kap. IV: [4]).

$$\int\limits_{V} \Phi_{,i}\, dV = \int\limits_{F} \Phi\, n_i\, dF. \tag{36,22}$$

Diese Gleichung liefert, wenn sie z. B. auf das Geschwindigkeitsfeld $v_i$ angewandt wird,

$$\int\limits_{V} v_{i,i}\, dV = \int\limits_{F} v_i\, n_i\, dF, \tag{36,23}$$

was nichts anderes ist, als der GAUSSsche Integralsatz, welcher gewöhnlich in der Form

$$\int\limits_{V} \operatorname{div} \mathfrak{v}\, dV = \int\limits_{F} \mathfrak{v} \cdot \mathfrak{n}\, dF \tag{36,24}$$

geschrieben wird.

Aus Gl. (36,22) kann auch das Prinzip der virtuellen Arbeiten abgeleitet werden. Es sei $\sigma_{ij}$ ein in einem Körper im Gleichgewicht befindliches Spannungsfeld und $u_i$ ein Feld infinitesimaler Verschiebungen, welches ganz unabhängig von dem Spannungsfeld $\sigma_{ij}$ gewählt werden kann. Wir betrachten das Integral

$$\int\limits_{V} \sigma_{ij}\, \varepsilon_{ij}\, dV, \tag{36,25}$$

wo

$$\varepsilon_{ij} = \frac{1}{2}\left(u_{i,j} + u_{j,i}\right) \tag{36,26}$$

die Verzerrungen sind, die zu den Verschiebungen $u_i$ gehören. Da der Spannungstensor symmetrisch ist ($\sigma_{ij} = \sigma_{ji}$), kann der Integrand von (36,25) in der Form $\sigma_{ij}\, u_{i,j}$ geschrieben werden. Bei Abwesenheit von Massenkräften kann nun dieser Ausdruck in der Form $(\sigma_{ij}\, u_i)_{,j}$ geschrieben werden, da der Spannungstensor die Gleichgewichtsbedingungen (36,16) erfüllt. Wenden wir darauf (36,22) an, so erhalten wir

$$\int\limits_{V} \sigma_{ij}\, \varepsilon_{ij}\, dV = \int\limits_{V} (\sigma_{ij}\, u_i)_{,j}\, dV = \int\limits_{F} \sigma_{ij}\, u_i\, n_j\, dF = \int\limits_{F} T_i\, u_i\, dF, \tag{36,27}$$

wo die $T_i$ die Spannungen an der Oberfläche bedeuten, welche mit den Spannungen $\sigma_{ij}$ im Gleichgewicht sind [s. Gl. (36,17)]. Gl. (36,27) drückt das Prinzip der virtuellen Arbeiten für stetig differenzierbare Spannungs- und Geschwindigkeitsfelder aus. Der Leser möge zur Übung dieses Prinzip auf unstetige Felder ausdehnen, von der Art, wie wir sie in Abschn. 32 betrachtet haben.

Betrachten wir schließlich abermals ein im Gleichgewicht befindliches Spannungsfeld $\sigma_{ij}$ und ferner ein Geschwindigkeitsfeld $v_i$, das unabhängig von diesem Spannungsfeld gewählt werden kann. Wenn $\dot{\varepsilon}_{ij}$ das zu diesem Geschwindigkeitsfeld $v_i$ gehörige Feld der Verzerrungsgeschwindigkeiten ist, so gilt analog (36,27):

$$\int\limits_V \sigma_{ij}\,\dot{\varepsilon}_{ij}\,dV = \int\limits_F \sigma_{ij}\,v_i\,n_j\,dF = \int\limits_F T_i\,v_i\,dF. \tag{36,28}$$

## 37. Extremalprinzipe der Misesschen Theorie

Die Extremalprinzipe, welche in diesem Abschnitt aufgestellt werden sollen, beziehen sich auf einen Körper, der dem Spannungs-Verzerrungsgesetz von MISES gehorcht [Gl. (36,21)]. Die Teilchen eines gewissen Stückes $F_v$ der Oberfläche $F$ des Körpers sollen sich mit gegebenen Geschwindigkeiten $v_i$ bewegen, während auf den Rest $F_T$ der Oberfläche $F$ die gegebenen Spannungen $T_i$ einwirken mögen. Es sei angenommen, daß diese Geschwindigkeiten und Spannungen an der Oberfläche des Körpers derartig sind, daß sich der *ganze* Körper in einem Zustand plastischen Fließens befindet, und es sei verlangt, die Spannungen $\sigma_{ij}$ oder die Verzerrungsgeschwindigkeiten $\dot{\varepsilon}_{ij}$ in allen Punkten des Körpers zu bestimmen. Wenn $F_v$ die gesamte Oberfläche ausmacht, dann müssen die gegebenen Geschwindigkeiten der Oberflächenteilchen die auf den ganzen Körper angewandte Bedingung der Inkompressibilität erfüllen, das heißt es muß das Oberflächenintegral über die Normalkomponenten der Geschwindigkeiten verschwinden [s. Gl. (36,23)]. Wenn $F_T$ die ganze Oberfläche umfaßt, dann müssen die an der Oberfläche gegebenen Spannungen, die für den Körper als ganzen aufgestellten Gleichgewichtsbedingungen erfüllen.

Ein über den ganzen betrachteten Körper definiertes Spannungsfeld $\sigma_{ij}^0$ soll *statisch zulässig* genannt werden, wenn es überall in dem Körper die Gleichgewichtsbedingung (36,16) und die Fließbedingung (36,18) erfüllt, und ferner die Randbedingung (36,17) auf $F_T$.

Ein über den ganzen betrachteten Körper definiertes Feld von Verzerrungsgeschwindigkeiten $\dot{\varepsilon}_{ij}^*$ soll *kinematisch zulässig* genannt werden, wenn es aus einem Geschwindigkeitsfeld $v_i^*$ abgeleitet ist, das überall in dem Körper die Bedingung der Unzusammendrückbarkeit $v_{i,i}^* = 0$ erfüllt und ferner die Randbedingungen auf $F_v$.

Gemäß diesen Definitionen ist das wirklich vorhandene Spannungsfeld $\sigma_{ij}$ statisch zulässig und das wirklich vorhandene Verzerrungsgeschwindigkeitsfeld $\dot{\varepsilon}_{ij}$ kinematisch zulässig.

Wir sind nun in der Lage die folgenden Sätze zu beweisen:

*Satz 1.* Unter sämtlichen statisch zulässigen Spannungsfeldern $\sigma_{ij}{}^0$ macht das wirklich vorhandene den Ausdruck

$$I^0 = \int\limits_{F_v} \sigma_{ij}{}^0 \, v_i \, n_j \, dF \qquad (37,1)$$

zu einem Maximum.

*Satz 2.* Unter sämtlichen kinematisch zulässigen Verzerrungsgeschwindigkeitsfeldern $\dot{\varepsilon}_{ij}{}^*$ macht das wirklich vorhandene den Ausdruck

$$J^* = k \sqrt{2} \int\limits_V \sqrt{\dot{\varepsilon}_{ij}{}^* \, \dot{\varepsilon}_{ij}{}^*} \, dV - \int\limits_{F_T} T_i \, v_i{}^* \, dF \qquad (37,2)$$

zu einem Minimum.

Um den ersten dieser beiden Sätze zu beweisen, müssen wir zeigen, daß der durch (37,1) definierte Ausdruck $I^0$ nicht größer sein kann als der Ausdruck $I$, der aus (37,1) folgt, wenn auf der rechten Seite $\sigma_{ij}{}^0$ durch das wirklich vorhandene Spannungsfeld $\sigma_{ij}$ ersetzt wird. Da laut Voraussetzung gelten muß:

$$\sigma_{ij}{}^0 \, n_j = \sigma_{ij} \, n_j = T_i \qquad \text{auf} \qquad F_T, \qquad (37,3)$$

können wir die Differenz $I - I^0$ wie folgt schreiben:

$$I - I^0 = \int\limits_F (\sigma_{ij} - \sigma_{ij}{}^0) \, v_i \, n_j \, dF. \qquad (37,4)$$

Wenden wir das Prinzip der virtuellen Arbeiten Gl. (36,28) an, so erhalten wir

$$I - I^0 = \int\limits_V (\sigma_{ij} - \sigma_{ij}{}^0) \, \dot{\varepsilon}_{ij} \, dV, \qquad (37,5)$$

wo $\dot{\varepsilon}_{ij}$ das wirkliche Verzerrungsgeschwindigkeitsfeld ist. Da wegen der Unzusammendrückbarkeit des Materials $\dot{\varepsilon}_{ii} = 0$ ist, haben wir

$$\sigma_{ij} \, \dot{\varepsilon}_{ij} = \left( s_{ij} + \frac{1}{3} \sigma_{kk} \, \delta_{ij} \right) \dot{\varepsilon}_{ij} = s_{ij} \, \dot{\varepsilon}_{ij} + \frac{1}{3} \sigma_{kk} \, \dot{\varepsilon}_{ii} = s_{ij} \, \dot{\varepsilon}_{ij}, \qquad 37,6)$$

und, auf die gleiche Weise

$$\sigma_{ij}{}^0 \, \dot{\varepsilon}_{ij} = s_{ij}{}^0 \, \dot{\varepsilon}_{ij}. \qquad (37,7)$$

Schließlich ist nach dem Misesschen Gesetz [Gl. (36,21)] $\dot{\varepsilon}_{ij} = \mu \, s_{ij}$, und damit ergibt sich

$$I - I^0 = \int\limits_V \mu \, s_{ij} (s_{ij} - s_{ij}{}^0) \, dV. \qquad (37,8)$$

Nun ist nach der Schwarzschen Ungleichung (s. z. B. [5], S. 12)

$$s_{ij} \, s_{ij}{}^0 \leq \sqrt{s_{ij} \, s_{ij}} \, \sqrt{s_{kl}{}^0 \, s_{kl}{}^0}, \qquad (37,9)$$

worin das Gleichheitszeichen nur gelten kann, falls

$$s_{ij}{}^0 = c\, s_{ij} \qquad\qquad (37,10)$$

ist. Da sowohl $s_{ij}$ als auch $s_{ij}{}^0$ die Fließbedingung (36,18) befriedigt, folgt, daß die rechte Seite von (37,9) gleich $2\,k^2$ ist, und ferner, falls (37,10) überhaupt gilt, daß der Proportionalitätsfaktor $c = 1$ ist. Somit ist

$$s_{ij}\,(s_{ij} - s_{ij}{}^0) = 2\,k^2 - s_{ij}\,s_{ij}{}^0 \geqslant 0, \qquad\qquad (37,11)$$

worin das Gleichheitszeichen nur dann gilt, wenn $s_{ij}{}^0 = s_{ij}$ ist.

Da $\mu$ positiv ist, folgt aus (37,11), daß der Integrand in (37,8) nicht negativ sein kann. Es ist also

$$I - I^0 \geqslant 0, \qquad\qquad (37,12)$$

wo das Gleichheitszeichen nur dann gilt, wenn $s_{ij}{}^0 = s_{ij}$ ist. Satz 1 ist somit bewiesen, wenn wir zeigen können, daß unter den Bedingungen unseres Randwertproblems aus der Beziehung $s_{ij}{}^0 = s_{ij}$ folgt, daß $\sigma_{ij}{}^0 = \sigma_{ij}$ ist. Dies ist tatsächlich der Fall und kann folgendermaßen bewiesen werden. Nach (36,13) und (36,16) haben wir

$$\sigma_{ij,j} = s_{ij,j} + s_{,j}\,\delta_{ij} = s_{ij,j} + s_{,i} = 0. \qquad\qquad (37,13)$$

Da $\sigma_{ij}{}^0$ ebenfalls die Gleichgewichtsbedingung erfüllen muß, gilt

$$\sigma_{ij,j}{}^0 = s_{ij,j}{}^0 + s_{,i}{}^0 = 0. \qquad\qquad (37,14)$$

Wenn nun $s_{ij}{}^0 = s_{ij}$ ist, so folgt aus (37,13) und (37,14)

$$(s^0 - s)_{,i} = 0 \qquad \text{oder} \qquad s^0 - s = \text{const.} \qquad\qquad (37,15)$$

Dies bedeutet, daß sich, falls $s_{ij}{}^0 = s_{ij}$ ist, die Spannungsfelder $\sigma_{ij}$ und $\sigma_{ij}{}^0$ höchstens um einen konstanten hydrostatischen Druck unterscheiden können. Die Bedingung (37,3) schließt jedoch einen solchen Unterschied aus. Aus der Beziehung $s_{ij}{}^0 = s_{ij}$ folgt also $\sigma_{ij}{}^0 = \sigma_{ij}$, ausgenommen in dem Fall, daß $F_v$ die gesamte Oberfläche $F$ des betrachteten Körpers ausmacht. In diesem Fall wird jedoch der durch die gegebenen Oberflächengeschwindigkeiten in dem Körper hervorgerufene Fließvorgang durch Überlagerung eines konstanten hydrostatischen Druckes nicht beeinflußt. Dementsprechend bestimmen die an der Oberfläche gegebenen Geschwindigkeiten die Spannungen nur bis auf einen konstanten hydrostatischen Druck.

Um Satz 2 zu beweisen, müssen wir zeigen, daß der durch (37,2) definierte Ausdruck $J^*$ für jedes kinematisch zulässige Verzerrungsgeschwindigkeitsfeld $\dot\varepsilon_{ij}{}^*$ nicht kleiner sein kann als der Ausdruck $J$, den wir erhalten, wenn wir auf der rechten Seite von (37,2) $\dot\varepsilon_{ij}{}^*$ durch das wirkliche Verzerrungsgeschwindigkeitsfeld $\dot\varepsilon_{ij}$ ersetzen. Indem wir die Differenz $J^* - J$ in ähnlicher Weise umformen, wie dies beim Beweis von Satz 1 geschehen ist, erhalten wir

$$J^* - J = k \sqrt{2} \int_V (\sqrt{\dot{\varepsilon}_{ij}{}^* \, \dot{\varepsilon}_{ij}{}^*} - \sqrt{\dot{\varepsilon}_{ij} \, \dot{\varepsilon}_{ij}}) \, dV -$$

$$- \int_V \frac{1}{\mu} \, \dot{\varepsilon}_{ij} \, (\dot{\varepsilon}_{ij}{}^* - \dot{\varepsilon}_{ij}) \, dV. \tag{37,16}$$

Der Proportionalitätsfaktor $\mu$ kann aus dem Spannungs-Verzerrungs-gesetz (36,21) und der Fließbedingung (36,18) berechnet werden. Wir haben

$$\dot{\varepsilon}_{ij} \, \dot{\varepsilon}_{ij} = \mu^2 \, s_{ij} \, s_{ij} = 2 \, k^2 \mu^2, \tag{37,17}$$

und daraus folgt

$$\mu = \frac{\sqrt{\dot{\varepsilon}_{ij} \, \dot{\varepsilon}_{ij}}}{k \sqrt{2}}. \tag{37,18}$$

Setzen wir dies in (37,16) ein und vereinfachen, dann erhalten wir

$$J^* - J = k \sqrt{2} \int_V \frac{\sqrt{\dot{\varepsilon}_{ij}{}^* \, \dot{\varepsilon}_{ij}{}^*} \sqrt{\dot{\varepsilon}_{kl} \, \dot{\varepsilon}_{kl}} - \dot{\varepsilon}_{ij}{}^* \, \dot{\varepsilon}_{ij}}{\sqrt{\dot{\varepsilon}_{mn} \, \dot{\varepsilon}_{mn}}} \, dV. \tag{37,19}$$

Nach der Schwarzschen Ungleichung kann der Zähler des Integranden von (37,19) nicht negativ sein; er kann nur verschwinden, falls $\dot{\varepsilon}_{ij}{}^* = c \, \dot{\varepsilon}_{ij}$ ist, wo $c$ ein skalarer Proportionalitätsfaktor ist, der von den Koordinaten abhängen kann.

Mit dem Wert $\mu$ aus Gl. (37,18) liefert das Misessche Gesetz [Gl. (36,21)] für die Verzerrungsgeschwindigkeiten $\dot{\varepsilon}_{ij}$ und $c \, \dot{\varepsilon}_{ij}$ den gleichen Spannungsdeviator $s_{ij}$. Wenn also $J^* = J$ ist, dann kann das Verzerrungsgeschwindigkeitsfeld $\dot{\varepsilon}_{ij}{}^*$ dem Spannungsfeld $\sigma_{ij}{}^* = \sigma_{ij}$ zugeordnet werden, welches die Gleichgewichtsbedingungen, die Fließbedingung und die Randbedingungen auf $F_T$ erfüllt. Da ferner das Verzerrungsgeschwindigkeitsfeld $\dot{\varepsilon}_{ij}{}^*$ aus einem Geschwindigkeitsfeld abgeleitet wurde, das die Bedingung der Unzusammendrückbarkeit und die Randbedingungen auf $F_v$ erfüllt, stellt es eine Lösung unserer Randwertaufgabe dar. Infolgedessen zeigt Gl. (37,19), daß für jedes Verzerrungsgeschwindigkeitsfeld $\dot{\varepsilon}_{ji}{}^*$, welches keine Lösung dieses Randwertproblems ist, $J^* > J$ ist. Mit anderen Worten, in der Formulierung von Satz 2 muß die Bezeichnung „das wirklich vorhandene" als eine Abkürzung aufgefaßt werden für „jedes, das eine Lösung des vorliegenden Randwertproblems darstellt".

Der Umstand, daß mehr als eine Lösung unserer Aufgabe existieren kann, wird durch den Spezialfall illustriert, wo die Randwerte der Spannungen auf der gesamten Oberfläche vorgeschrieben sind. Da die Misessche Theorie keine inneren Reibungseffekte mit einschließt, sind die Verzerrungsgeschwindigkeiten nur bis auf einen konstanten Faktor bestimmt.

Satz 1 wurde zuerst von HILL (s. Kap. III: [18]) für den speziellen
Fall bewiesen, daß die Geschwindigkeiten auf der ganzen Oberfläche vorgeschrieben sind. Satz 2 stammt von MARKOV [6]. Historisch ging diesen
beiden Sätzen das heuristische Prinzip von SADOWSKY vom „Maximum
des plastischen Widerstands" (maximum plastic resistance) voraus [7].
Dieses besagt, daß unter allen statisch zulässigen Spannungsverteilungen
die wirklich vorhandene ein Maximum äußerer Anstrengung (maximum
external effort) erfordert, um das Fließen aufrecht zu erhalten. SADOWSKY
und andere ([8], [9]) haben gezeigt, daß dieses Prinzip in speziellen Fällen
zu richtigen Ergebnissen führt. HILL hat festgestellt, daß sich in diesen
Fällen das SADOWSKYsche Prinzip mit dem HILLschen Satz deckt, daß es
jedoch im allgemeinen nicht zu richtigen Resultaten führt, selbst wenn
die „Anstrengung" in unzweideutiger Weise definiert werden kann.

Die Sätze 1 und 2 können kombiniert werden und liefern dann obere
und untere Schranken für die Arbeit pro Zeiteinheit, welche von den
unbekannten, auf dem Oberflächenteil $F_v$ wirklich vorhandenen Spannungen $\sigma_{ij}\, n_j$ infolge der gegebenen Geschwindigkeiten $v_i$ geleistet wird.
Multiplizieren wir nämlich beide Seiten von (36,21) mit $s_{ij}$ und benützen
wir (36,18) und (37,18), so finden wir

$$s_{ij}\,\dot{\varepsilon}_{ij} = k\,\sqrt{2}\,\sqrt{\dot{\varepsilon}_{ij}\,\dot{\varepsilon}_{ij}}. \tag{37,20}$$

Damit ergibt sich

$$k\,\sqrt{2}\int_V \sqrt{\dot{\varepsilon}_{ij}\,\dot{\varepsilon}_{ij}}\,dV = \int_V s_{ij}\,\dot{\varepsilon}_{ij}\,dV = \int_V \sigma_{ij}\,\dot{\varepsilon}_{ij}\,dV = \int_F \sigma_{ij}\,v_i\,n_j\,dF, \tag{37,21}$$

wobei (37,6) und (36,28) benützt wurden. Die Gln. (37,2), (37,21) und
(37,1) zeigen dann, daß gilt

$$J = k\,\sqrt{2}\int_V \sqrt{\dot{\varepsilon}_{ij}\,\dot{\varepsilon}_{ij}}\,dV - \int_{F_T} T_i\,v_i\,dF =$$

$$= \int_F \sigma_{ij}\,v_i\,n_j\,dF - \int_{F_T} \sigma_{ij}\,v_i\,n_j\,dF = \int_{F_v} \sigma_{ij}\,v_i\,n_j\,dF = I. \tag{37,22}$$

Die Sätze 1 und 2 können daher wie folgt kombiniert werden [12]:

$$I^0 \leqslant I \leqslant J^*. \tag{37,23}$$

## 38. Extremalprinzipe der Prandtl-Reußschen Theorie

Die Extremalprinzipe, welche in diesem Abschnitt besprochen werden
sollen, betreffen einen Körper, der dem PRANDTL-REUSSschen Spannungs-
Verzerrungsgesetz gehorcht [Gl. (36,20)]. Die folgende Aufgabe ist ein
typisches Randwertproblem im Bereich der eingeschränkten plastischen
Verformung: Gegeben seien der augenblickliche Spannungszustand im

ganzen Körper, die Geschwindigkeiten $v_i$ der Teilchen auf dem Stück $F_v$ der Oberfläche des Körpers und die Spannungsgeschwindigkeiten $\dot{T}_i$, welche auf dem restlichen Teil $F_T$ der Oberfläche herrschen; zu bestimmen seien die Spannungsgeschwindigkeiten und die Verzerrungsgeschwindigkeiten in allen Punkten des Körpers. Die Bedingungen dieser Aufgabe schließen nicht die Möglichkeit aus, daß der Körper entweder in gewissen Teilgebieten oder als ganzer in rein elastischer Weise auf die seiner Oberfläche aufgeprägten Spannungen, bzw. Geschwindigkeiten reagiert. Um sämtliche Möglichkeiten einzuschließen, ist es daher notwendig, das Spannungs-Verzerrungsgesetz sehr sorgfältig zu formulieren.

Sobald die Gln. (36,19) erfüllt sind, ist die Verzerrungsgeschwindigkeit $\dot{\varepsilon}_{ij}$ durch (36,20) gegeben. Multiplizieren wir beide Seiten dieser Gleichung mit $s_{ij}$ und berücksichtigen (36,19), so erhalten wir:

$$2\,G\,\dot{\varepsilon}_{ij}\,s_{ij} = s_{ij}\,\dot{s}_{ij} + \lambda\,s_{ij}\,s_{ij} = 2\,k^2\,\lambda. \tag{38,1}$$

Diese Beziehung liefert den Wert von $\lambda$ für den Fall, daß die Gln. (36,19) erfüllt sind. Ist hingegen auch nur eine dieser Gleichungen nicht erfüllt, dann ist die Verzerrungsgeschwindigkeit rein elastisch, und wir haben nach dem Hookeschen Gesetz $2\,G\,\dot{\varepsilon}_{ij} = \dot{s}_{ij}$. Zusammenfassend können wir daher das vollständige Prandtl-Reusssche Gesetz wie folgt schreiben:

$$2\,G\,\dot{\varepsilon}_{ij} = \dot{s}_{ij} + \lambda\,s_{ij}, \tag{38,2}$$

wo

$$\lambda = 0, \qquad \text{wenn} \qquad s_{ij}\,s_{ij} < 2\,k^2 \qquad \text{oder} \qquad s_{ij}\,\dot{s}_{ij} < 0,$$

$$\lambda = \frac{G}{k^2}\,s_{ij}\,\dot{\varepsilon}_{ij}, \qquad \text{wenn} \qquad s_{ij}\,s_{ij} = 2\,k^2 \qquad \text{und} \qquad s_{ij}\,\dot{s}_{ij} = 0. \tag{38,3}$$

Infolge dieser beiden Beziehungen ist im ganzen Körper die Gleichung

$$\lambda\,s_{ij}\,\dot{s}_{ij} = 0 \tag{38,4}$$

erfüllt.

Für die Aufstellung und den Beweis des Minimalprinzips, welches die Verzerrungsgeschwindigkeiten betrifft, ist es notwendig, die Spannungs-Verzerrungsbeziehungen nach den Spannungsgeschwindigkeiten aufzulösen, und das Kriterium $s_{ij}\,\dot{s}_{ij} \leqslant 0$ durch ein anderes zu ersetzen, welches $\dot{\varepsilon}_{ij}$ an Stelle von $\dot{s}_{ij}$ enthält. Aus (38,2) folgt

$$2\,G\,s_{ij}\,\dot{\varepsilon}_{ij} = s_{ij}\,\dot{s}_{ij}, \qquad \text{wenn} \qquad \lambda = 0. \tag{38,5}$$

Da $\lambda$ keine negativen Werte annehmen kann, folgt aus der zweiten Gl. (38,3), daß andererseits gelten muß:

$$s_{ij}\,\dot{\varepsilon}_{ij} > 0, \qquad \text{wenn} \qquad s_{ij}\,s_{ij} = 2\,k^2 \qquad \text{und} \qquad s_{ij}\,\dot{s}_{ij} = 0. \tag{38,6}$$

Das Prandtl-Reusssche Gesetz kann also wie folgt geschrieben werden:

$$\dot{s}_{ij} = \begin{cases} 2\,G\,\dot{\varepsilon}_{ij}, & \text{wenn } s_{ij}\,s_{ij} < 2\,k^2, \text{ oder wenn } s_{ij}\,s_{ij} = 2\,k^2 \text{ und } s_{ij}\,\dot{\varepsilon}_{ij} \leqslant 0, \\[2ex] 2\,G\left(\dot{\varepsilon}_{ij} - \dfrac{s_{kl}\,\dot{\varepsilon}_{kl}}{2\,k^2}\,s_{ij}\right), & \text{wenn } s_{ij}\,s_{ij} = 2\,k^2 \text{ und } s_{ij}\,\dot{\varepsilon}_{ij} > 0. \end{cases} \tag{38,7}$$

Wir müssen nun die Definition eines statisch zulässigen Feldes der Spannungsgeschwindigkeiten wie folgt modifizieren: Ein Spannungsgeschwindigkeitsfeld $\dot{\sigma}_{ij}{}^0$, das in dem ganzen Körper definiert ist, soll *statisch zulässig* genannt werden, wenn es die folgenden drei Bedingungen befriedigt:

1. Die Gleichgewichtsbedingung

$$\dot{\sigma}_{ij,j}{}^0 = 0 \quad \text{in allen Punkten des Körpers,} \tag{38,8}$$

2. Die *Fließeinschränkung* (yield restriction)

$$s_{ij}\,\dot{s}_{ij}{}^0 \leqslant 0 \quad \text{überall dort, wo } s_{ij}\,s_{ij} = 2\,k^2, \tag{38,9}$$

3. Die Randbedingung

$$\dot{\sigma}_{ij}{}^0\,n_j = \dot{T}_i \qquad \text{auf} \qquad F_T. \tag{38,10}$$

Wie früher wird ein Verzerrungsgeschwindigkeitsfeld $\dot{\varepsilon}_{ij}{}^*$ *kinematisch zulässig* genannt, wenn es aus einem Geschwindigkeitsfeld $v_i{}^*$ abgeleitet ist, das die Bedingung der Inkompressibilität $v_{i,i}{}^* = 0$ erfüllt, sowie die Randbedingungen auf $F_v$.

Gemäß diesen Definitionen ist das wirkliche Spannungsgeschwindigkeitsfeld statisch zulässig und das wirkliche Verzerrungsgeschwindigkeitsfeld kinematisch zulässig.

Auf Grund dieser Festsetzungen können wir die Extremalprinzipe der PRANDTL-REUSSSchen Theorie wie folgt ausdrücken:

*Satz 1.* Unter allen statisch zulässigen Spannungsgeschwindigkeitsfeldern macht das wirklich vorhandene den Ausdruck

$$K^0 = \frac{1}{4\,G} \int\limits_V \dot{s}_{ij}{}^0\,\dot{s}_{ij}{}^0\,dV - \int\limits_{F_v} \dot{\sigma}_{ij}{}^0\,v_i\,n_j\,dF \tag{38,11}$$

zu einem Minimum.

*Satz 2.* Unter allen kinematisch zulässigen Verzerrungsgeschwindigkeitsfeldern macht das wirklich vorhandene den Ausdruck

$$L^* = \frac{1}{2} \int\limits_V \dot{\sigma}_{ij}{}^*\,\dot{\varepsilon}_{ij}{}^*\,dV - \int\limits_{F_T} \dot{T}_i\,v_i{}^*\,dF \tag{38,12}$$

zu einem Minimum. Darin bedeutet $\dot{\sigma}_{ij}{}^*$ ein Spannungsgeschwindigkeitsfeld, das durch die Gln. (38,7) dem Verzerrungsgeschwindigkeitsfeld $\dot{\varepsilon}_{ij}{}^*$ zugeordnet ist.

Um Satz 1 zu beweisen, müssen wir zeigen, daß der durch (38,11) definierte Ausdruck $K^0$ für jedes statisch zulässige Spannungsgeschwindigkeitsfeld $\dot{\sigma}_{ij}{}^0$ nicht kleiner sein kann als der Ausdruck $K$, den wir erhalten, wenn wir in (38,11) $\dot{\sigma}_{ij}{}^0$ durch das wirkliche Spannungsgeschwindigkeitsfeld $\dot{\sigma}_{ij}$ ersetzen. Da die Spannungsgeschwindigkeiten $\dot{\sigma}_{ij}{}^0$ die

Gleichgewichtsbedingung (36,16) erfüllen, können wir analog (36,28) schreiben:

$$\int\limits_{F} \dot{\sigma}_{ij}{}^{0}\, v_i\, n_j\, dF = \int\limits_{V} \dot{\sigma}_{ij}{}^{0}\, \dot{\varepsilon}_{ij}\, dV. \tag{38,13}$$

Wegen der Unzusammendrückbarkeit des Materials kann der Integrand auf der rechten Seite von (38,13) gemäß (37,7) durch $\dot{s}_{ij}{}^{0}\, \dot{\varepsilon}_{ij}$ ersetzt werden. Mittels des Spannungs-Verzerrungsgesetzes (38,2) folgt dann weiter

$$\int\limits_{F} \dot{\sigma}_{ij}{}^{0}\, v_i\, n_j\, dF = \frac{1}{2\,G} \int\limits_{V} \dot{s}_{ij}{}^{0}\, (\dot{s}_{ij} + \lambda\, s_{ij})\, dV. \tag{38,14}$$

Da das wirkliche Spannungsgeschwindigkeitsfeld $\dot{\sigma}_{ij}$ statisch zulässig ist, kann in (38,14) für $\dot{\sigma}_{ij}{}^{0}$ auch $\dot{\sigma}_{ij}$ gesetzt werden. Subtrahieren wir die so erhaltene Gleichung von (38,14), und benützen die Tatsache, daß gilt:

$$\dot{\sigma}_{ij}{}^{0}\, n_j = \dot{\sigma}_{ij}\, n_j = \dot{T}_i \qquad \text{auf} \qquad F_T, \tag{38,15}$$

dann erhalten wir

$$\int\limits_{F_v} (\dot{\sigma}_{ij}{}^{0} - \dot{\sigma}_{ij})\, v_i\, n_j\, dF = \frac{1}{2\,G} \int\limits_{V} (\dot{s}_{ij}{}^{0} - \dot{s}_{ij})\, (\dot{s}_{ij} + \lambda\, s_{ij})\, dV. \tag{38,16}$$

Wegen (38,4) kann dies wie folgt geschrieben werden:

$$\int\limits_{F_v} (\dot{\sigma}_{ij}{}^{0} - \dot{\sigma}_{ij})\, v_i\, n_j\, dF = \frac{1}{2\,G} \left[ \int\limits_{V} (\dot{s}_{ij}{}^{0}\, \dot{s}_{ij} - \dot{s}_{ij}\, \dot{s}_{ij})\, dV + \int\limits_{V} \lambda\, \dot{s}_{ij}{}^{0}\, s_{ij}\, dV \right].$$

$$\tag{38,17}$$

Wir sind nun imstande, die Differenz $K^0 - K$ auszuwerten. Nach (38,11) und (38,17) können wir schreiben:

$$K^0 - K = \frac{1}{4\,G} \left[ \int\limits_{V} (\dot{s}_{ij}{}^{0} - \dot{s}_{ij})\, (\dot{s}_{ij}{}^{0} - \dot{s}_{ij})\, dV - 2 \int\limits_{V} \lambda\, \dot{s}_{ij}{}^{0}\, s_{ij}\, dV \right].$$

$$\tag{38,18}$$

Wenn $\dot{s}_{ij}{}^{0} \neq \dot{s}_{ij}$ ist, dann ist der erste Integrand auf der rechten Seite von (38,18) positiv. Was den zweiten Integranden anlangt, so wissen wir, daß der Proportionalitätsfaktor $\lambda$ nicht negativ sein kann. In allen Punkten des Körpers, wo $\lambda = 0$ ist, verschwindet der zweite Integrand. Wo hingegen $\lambda > 0$ ist, dort müssen die Spannungen $\sigma_{ij}$ die Fließbedingung $s_{ij}\, s_{ij} = 2\, k^2$ erfüllen. Nach (38,9) ist aber in diesen Punkten $s_{ij}\, \dot{s}_{ij}{}^{0} \leqslant 0$, und folglich kann der zweite Integrand auf der rechten Seite von (38,18) nicht positiv sein. Daher ist, falls $\dot{s}_{ij}{}^{0} \neq \dot{s}_{ij}$ ist,

$$K^0 - K > 0. \tag{38,19}$$

Die Beziehung $\dot{s}_{ij}{}^0 = \dot{s}_{ij}$ würde nach (37,15) und (38,10) bedeuten, daß $\dot{\sigma}_{ij}{}^0 = \dot{\sigma}_{ij}$ ist, ausgenommen den Fall, daß auf der gesamten Oberfläche lediglich Geschwindigkeiten vorgeschrieben sind, in welchem Fall dann die Änderungsgeschwindigkeit eines hydrostatischen Druckes unbestimmt bleibt. Damit ist Satz 1 bewiesen.

Der Beweis von Satz 1 wurde dadurch erleichtert, daß das PRANDTL-REUSSsche Gesetz, wenn es nach Verzerrungsgeschwindigkeiten aufgelöst wird, sowohl für rein elastische als auch für elastisch-plastische Verzerrungsänderungen in derselben Form (38,2) geschrieben werden kann. Wenn dieses Gesetz jedoch nach den Spannungsgeschwindigkeiten aufgelöst wird, dann ist eine solche einheitliche Schreibweise nicht mehr möglich, und dies kompliziert den Beweis von Satz 2. Im folgenden wollen wir mit $V_e{}^*$ und $V_p{}^*$ jene Teile von $V$ bezeichnen, wo die kinematisch zulässigen Verzerrungsgeschwindigkeiten $\dot{\varepsilon}_{ij}{}^*$ rein elastische, bzw. elastisch-plastische Verzerrungsänderungen bedeuten. Nach (38,7) ist in $V_e{}^*$ entweder $s_{ij}\,s_{ij} < 2\,k^2$ oder es ist $s_{ij}\,s_{ij} = 2\,k^2$ und $s_{ij}\,\dot{\varepsilon}_{ij}{}^* \leqq 0$, und in $V_p{}^*$ $s_{ij}\,s_{ij} = 2\,k^2$ und $s_{ij}\,\dot{\varepsilon}_{ij}{}^* > 0$. Analog werden wir mit $V_e$ und $V_p$ jene Teile von $V$ bezeichnen, wo die wirklichen Verzerrungsgeschwindigkeiten rein elastische, bzw. elastisch-plastische Änderungen der Verzerrungen bewirken. Während die Gebiete $V_e{}^*$ und $V_p{}^*$ bekannt sind, sobald ein kinematisch zulässiges Verzerrungsgeschwindigkeitsfeld gegeben ist, können $V_e$ und $V_p$ erst bestimmt werden, nachdem das wirkliche Verzerrungsgeschwindigkeitsfeld gefunden worden ist. Schließlich wollen wir mit $V'$ jenes Gebiet bezeichnen, das $V_e$ und $V_p{}^*$ gemeinsam ist, und mit $V''$ jenes, das $V_e{}^*$ und $V_p$ gemeinsam haben. Demnach ist

$$V_p{}^* = V_p + V' - V''. \tag{38,20}$$

Wegen der Unzusammendrückbarkeit des Materials kann der erste Integrand in (38,12) durch $\dot{s}_{ij}{}^*\,\dot{\varepsilon}_{ij}{}^*$ [s. Gl. (37,7)] ersetzt werden. Benützen wir (38,7), so können wir schreiben:

$$L^* = G \int\limits_V \dot{\varepsilon}_{ij}{}^*\,\dot{\varepsilon}_{ij}{}^*\,dV - \frac{G}{2\,k^2} \int\limits_{V_p{}^*} (s_{ij}\,\dot{\varepsilon}_{ij}{}^*)^2\,dV - \int\limits_{F_T} \dot{T}_i\,v_i{}^*\,dF. \tag{38,21}$$

Um Satz 2 zu beweisen, müssen wir zeigen, daß der durch Gl. (38,21) definierte Ausdruck $L^*$ für jedes kinematisch zulässige Verzerrungsgeschwindigkeitsfeld $\dot{\varepsilon}_{ij}{}^*$ nicht kleiner sein kann als der Ausdruck $L$, der aus (38,21) folgt, wenn dort $\dot{\varepsilon}_{ij}{}^*$ durch das wirkliche Verzerrungsgeschwindigkeitsfeld $\dot{\varepsilon}_{ij}$ und ferner $V_p{}^*$ durch $V_p$ ersetzt wird.

Bei Bildung der Differenz $L^* - L$ erhalten wir unter anderem das Glied

$$\int\limits_{F_T} \dot{T}_i\,(v_i{}^* - v_i)\,dF. \tag{38,22}$$

Da auf $F_v$ $v_i^* = v_i$ ist, kann die Integration in (38,22) über die gesamte Oberfläche $F$ erstreckt werden, anstatt bloß über $F_T$. Nach dem Prinzip der virtuellen Arbeiten ist dann das Integral (38,22) gleich

$$\int_V \dot{\sigma}_{ij} \, (\dot{\varepsilon}_{ij}{}^* - \dot{\varepsilon}_{ij}) \, dV, \qquad (38,23)$$

und dieses Integral kann dann mittels des Spannungs-Verzerrungs-gesetzes (38,7) geschrieben werden als

$$2\,G \int_V \dot{\varepsilon}_{ij} \, (\dot{\varepsilon}_{ij}{}^* - \dot{\varepsilon}_{ij}) \, dV - \frac{G}{k^2} \int_{V_p} s_{ij} \, (\dot{\varepsilon}_{ij}{}^* - \dot{\varepsilon}_{ij}) \, s_{kl} \, \dot{\varepsilon}_{kl} \, dV. \qquad (38,24)$$

Wir haben daher

$$L^* - L = G \int_V (\dot{\varepsilon}_{ij}{}^* \, \dot{\varepsilon}_{ij}{}^* - \dot{\varepsilon}_{ij} \, \dot{\varepsilon}_{ij}) \, dV - \frac{G}{2\,k^2} \int_{V_p{}^*} (s_{ij} \, \dot{\varepsilon}_{ij}{}^*)^2 \, dV +$$

$$+ \frac{G}{2\,k^2} \int_{V_p} (s_{ij} \, \dot{\varepsilon}_{ij})^2 \, dV - 2\,G \int_V \dot{\varepsilon}_{ij} \, (\dot{\varepsilon}_{ij}{}^* - \dot{\varepsilon}_{ij}) \, dV +$$

$$+ \frac{G}{k^2} \int_{V_p} s_{ij} \, (\dot{\varepsilon}_{ij}{}^* - \dot{\varepsilon}_{ij}) \, s_{kl} \, \dot{\varepsilon}_{kl} \, dV. \qquad (38,25)$$

Setzen wir an Stelle des über $V_p{}^*$ erstreckten Integrals gemäß Gl. (38,20) ein Integral, das sich über $V_p + V' - V''$ erstreckt und ordnen die Glieder etwas um, so erhalten wir

$$L^* - L = G \int_V (\dot{\varepsilon}_{ij}{}^* - \dot{\varepsilon}_{ij}) \, (\dot{\varepsilon}_{ij}{}^* - \dot{\varepsilon}_{ij}) \, dV - \frac{G}{2\,k^2} \int_{V_p} [s_{ij} \, (\dot{\varepsilon}_{ij}{}^* - \dot{\varepsilon}_{ij})]^2 \, dV -$$

$$- \frac{G}{2\,k^2} \int_{V'} (s_{ij} \, \dot{\varepsilon}_{ij}{}^*)^2 \, dV + \frac{G}{2\,k^2} \int_{V''} (s_{ij} \, \dot{\varepsilon}_{ij}{}^*)^2 \, dV. \qquad (38,26)$$

Nun ist $V'$ in $V_p{}^*$ enthalten, und folglich ist in $V'$ $s_{ij} s_{ij} = 2\,k^2$ und $s_{ij} \, \dot{\varepsilon}_{ij}{}^* > 0$. Ferner ist $V'$ in $V_e$ enthalten, und da wir eben festgestellt haben, daß in $V'$ $s_{ij} s_{ij} = 2\,k^2$ ist, so bedeutet dies, daß in $V'$ $s_{ij} \, \dot{\varepsilon}_{ij} \leqslant 0$ ist. Somit haben wir:

$$s_{ij} \, \dot{\varepsilon}_{ij}{}^* \, s_{kl} \, \dot{\varepsilon}_{kl} \leqslant 0 \quad \text{in} \quad V'. \qquad (38,27)$$

Aus (38,27) folgt, daß

$$[s_{ij} \, (\dot{\varepsilon}_{ij}{}^* - \dot{\varepsilon}_{ij})]^2 = (s_{ij} \, \dot{\varepsilon}_{ij}{}^*)^2 - 2\,s_{ij} \, \dot{\varepsilon}_{ij}{}^* \, s_{kl} \, \dot{\varepsilon}_{kl} +$$
$$+ (s_{ij} \, \dot{\varepsilon}_{ij})^2 \geqslant (s_{ij} \, \dot{\varepsilon}_{ij}{}^*)^2 \quad \text{in} \quad V'. \qquad (38,28)$$

Es ist daher

$$\int_{V'} (s_{ij} \, \dot{\varepsilon}_{ij}{}^*)^2 \, dV \leqslant \int_{V'} [s_{ij} \, (\dot{\varepsilon}_{ij}{}^* - \dot{\varepsilon}_{ij})]^2 \, dV \leqslant \int_{V_e} [s_{ij} \, (\dot{\varepsilon}_{ij}{}^* - \dot{\varepsilon}_{ij})]^2 \, dV,$$
$$\qquad (38,29)$$

wo die letzte Ungleichung daraus folgt, daß der Integrand nicht negativ ist und daß $V_e$ das Volumen $V'$ enthält.

Setzen wir (38,29) in (38,26) ein und beachten, daß $V_e + V_p = V$ ist, dann erhalten wir

$$L^* - L \geqslant \frac{G}{2\,k^2} \int\limits_{V} \{\, 2\,k^2\, (\dot{\varepsilon}_{ij}{}^* - \dot{\varepsilon}_{ij})\, (\dot{\varepsilon}_{ij}{}^* - \dot{\varepsilon}_{ij}) - [s_{ij}\,(\dot{\varepsilon}_{ij}{}^* - \dot{\varepsilon}_{ij})]^2 \}\, dV\; +$$

$$+ \frac{G}{2\,k^2} \int\limits_{V''} (s_{ij}\,\dot{\varepsilon}_{ij}{}^*)^2\, dV. \tag{38,30}$$

Nach der SCHWARZschen Ungleichung haben wir

$$(\dot{\varepsilon}_{ij}{}^* - \dot{\varepsilon}_{ij})\,(\dot{\varepsilon}_{ij}{}^* - \dot{\varepsilon}_{ij})\, s_{kl}\, s_{kl} - [s_{ij}\,(\dot{\varepsilon}_{ij}{}^* - \dot{\varepsilon}_{ij})]^2 \geqslant 0. \tag{38,31}$$

Hier gilt das Gleichheitszeichen nur in dem Fall, daß

$$\dot{\varepsilon}_{ij}{}^* - \dot{\varepsilon}_{ij} = a\, s_{ij} \tag{38,32}$$

ist, wo $a$ ein skalarer Proportionalitätsfaktor ist, der speziell auch den Wert Null annehmen kann. Wegen der Fließungleichung

$$s_{kl}\, s_{kl} \leqslant 2\,k^2 \tag{38,33}$$

folgt aus der Beziehung (38,31), daß der erste Integrand in (38,30) nicht negativ sein kann. Somit kann $L^*$ nicht kleiner sein als $L$.

Um den Beweis von Satz 2 zu vollenden, hätten wir noch die Bedingungen zu untersuchen, unter denen $L^*$ gleich $L$ werden kann, und zu zeigen, daß jedes Verzerrungsgeschwindigkeitsfeld $\dot{\varepsilon}_{ij}{}^*$, für das dies der Fall ist, eine Lösung unserer Randwertaufgabe darstellt. Diese Erörterung würde jedoch die Behandlung einer großen Zahl von speziellen Fällen erfordern und damit den Rahmen dieses Kapitels überschreiten. Wir wollen uns daher im folgenden auf den besonders einfachen Fall beschränken, daß $V_p = V_p{}^* = V$ ist. Dann ist im ganzen Körper $s_{kl} s_{kl} = 2\,k^2$ und $V'' = 0$. Infolgedessen ist dann und nur dann $L^* = L$, wenn im ganzen Körper die Gl. (38,32) erfüllt ist. Unter Ausschluß des trivialen Falles $a = 0$ wollen wir zeigen, daß dann $\dot{\varepsilon}_{ij}$ und

$$\dot{\varepsilon}_{ij}{}^* = \dot{\varepsilon}_{ij} + a\, s_{ij} \tag{38,34}$$

zu den gleichen Werten der Änderungsgeschwindigkeit des Spannungsdeviators führen. In der Tat, wenn wir (38,34) in das Spannungs-Verzerrungsgesetz (38,7) einsetzen, erhalten wir

$$\dot{s}_{ij}{}^* = 2\,G \left[ \dot{\varepsilon}_{ij} + a\, s_{ij} - \frac{1}{2\,k^2}\,(\dot{\varepsilon}_{kl} + a\, s_{kl})\, s_{kl}\, s_{ij} \right] =$$

$$= 2\,G \left( \dot{\varepsilon}_{ij} - \frac{1}{2\,k^2}\,\dot{\varepsilon}_{kl}\, s_{kl}\, s_{ij} \right) = \dot{s}_{ij}. \tag{38,35}$$

Somit kann das Feld der Verzerrungsgeschwindigkeiten $\dot{\varepsilon}_{ij}{}^*$ dem Feld der Spannungsgeschwindigkeiten $\dot{\sigma}_{ij}{}^* = \dot{\sigma}_{ij}$ zugeordnet werden, welches die Gleichgewichtsbedingung, die Fließeinschränkung und die Randbedingungen längs $F_T$ befriedigt. Da ferner $\dot{\varepsilon}_{ij}{}^*$ aus einem Geschwindigkeitsfeld $v_i{}^*$ abgeleitet ist, das die Bedingung der Inkompressibilität und die Randbedingungen auf $F_v$ erfüllt, stellt es eine Lösung unserer Randwertaufgabe dar.

Bei der Diskussion der Extremalprinzipe der PRANDTL-REUSSschen Theorie haben wir uns stillschweigend auf die Betrachtung stetiger Felder beschränkt. Es ist aber auch möglich, daß das Feld, welches die Lösung unserer Randwertaufgabe darstellt, unstetig ist. Ein Beispiel für diesen Fall bietet die Torsion eines Kreiszylinders vom Radius $a$. Die volle und die gestrichelte Linie in Abb. 96 $a$ möge die Schubspannung $\tau\,(r, t)$ zur Zeit $t = t_1$, bzw. $t = t_1 + h$ darstellen. Abb. 96 $b$ zeigt die Differenz $\tau\,(r, t_1 + h) - \tau\,(r, t_1)$. Da $\delta \to 0$ geht, wenn $h \to 0$ geht, ist die Spannungsgeschwindigkeit $\dot{\tau}\,(r, t_1)$ unstetig, wie in Abb. 96 $c$ dargestellt.

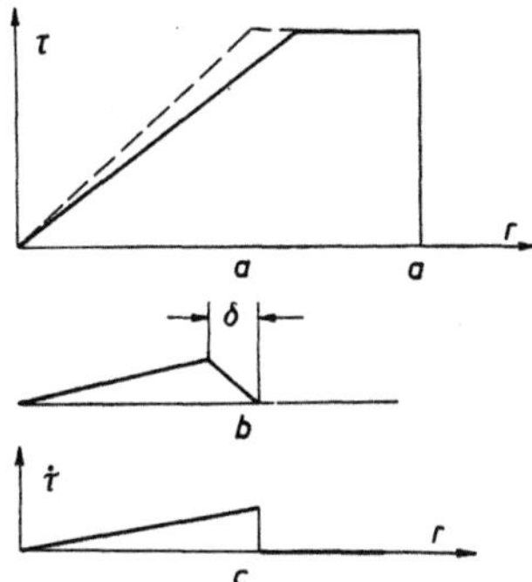

Abb. 96. Spannung und Spannungsgeschwindigkeit bei der Torsion eines Kreiszylinders.

Im Hinblick darauf, daß die Randwertprobleme, die wir in diesem Abschnitt behandelt haben, auch unstetige Lösungen haben können, ergibt sich die Notwendigkeit, die Extremalprinzipe der PRANDTL-REUSSschen Theorie auch auf unstetige Spannungsgeschwindigkeitsfelder und unstetige Geschwindigkeitsfelder auszudehnen. Diese Verallgemeinerung der Extremalprinzipe möge der Leser zur Übung selbst durchführen.

Die Sätze 1 und 2 stammen von GREENBERG [1], [10]. Sie können in ähnlicher Weise kombiniert werden, wie es am Ende des Abschn. 37 mit den dort aufgestellten Sätzen geschehen ist. Man erhält dann

$$ -K^0 \leqslant \frac{1}{2}\left(\int\limits_{F_v} \dot{\sigma}_{ij} v_i n_j \, dF - \int\limits_{F_T} \dot{T}_i v_i \, dF\right) \leqslant L^*. \qquad (38,36) $$

## 39. Traglastverfahren

In Abschn. 33 wurden zwei Extremalprinzipe aufgestellt, welche den Sicherheitsfaktor bei Problemen der ebenen Verzerrung betreffen. Im vorliegenden Abschnitt sollen diese Prinzipe so verallgemeinert werden, daß sie für dreidimensionale Probleme Geltung haben. Was die Beweise dieser verallgemeinerten Prinzipe betrifft, so wollen wir uns der Kürze halber wieder bloß auf stetige Spannungs- und Geschwindigkeitsfelder beschränken. In Abschn. 40 wird an einem Beispiel dargestellt werden, wie unstetige Felder als Grenzfälle stetiger Felder behandelt werden können.

Wir betrachten einen Körper, der dem Spannungs-Verzerrungsgesetz von PRANDTL-REUSS gehorcht. Der Teil $F_T$ der Oberfläche dieses Körpers sei den von außen einwirkenden, gegebenen Spannungen $T_i$ unterworfen, während auf dem restlichen Teil der Oberfläche $F_v$ die Geschwindigkeiten gleich Null sein sollen. Wie in Abschn. 33 nehmen wir an, daß die gegebenen Werte der Spannungen an der Oberfläche durch proportionale Belastung erreicht worden sein sollen, und daß sie genügend klein seien, damit während dieses Belastungsprozesses der Bereich der eingeschränkten plastischen Deformationen noch nicht überschritten worden ist.

Wenn wir nun fortfahren, die Spannungen an der Oberfläche über ihre gegebenen Werte hinaus durch proportionale Belastung weiter anwachsen zu lassen, so wird schließlich ein Zustand des *bevorstehenden plastischen Fließens* erreicht werden, wo zum ersten Mal während des Belastungsprozesses eine Zunahme der plastischen Verzerrungen unter *konstanten* Spannungen an der Oberfläche möglich wird. Wie in Abschn. 33 soll das Verhältnis $S$ der Spannung in einem beliebigen Punkt der Oberfläche im Augenblick des bevorstehenden plastischen Fließens zu dem gegebenen Wert dieser Spannung als der *Sicherheitsfaktor* bezeichnet werden.

Ein über das ganze Volumen $V$ des betrachteten Körpers definiertes Spannungsfeld soll als statisch zulässig für die an der Oberfläche gegebenen Spannungen $T_i$ bezeichnet werden, wenn es erfüllt: 1. in ganz $V$ die Gleichgewichtsbedingung (36,16), 2. auf $F_T$ die Randbedingung (36,17), und 3. in ganz $V$ die Fließungleichung (38,33). Wir beachten, daß wir durch Division sämtlicher Spannungen des unmittelbar vor Beginn des plastischen Fließens wirklich vorhandenen Spannungsfeldes durch den Sicherheitsfaktor $S$ ein Spannungsfeld erhalten, welches für die gegebenen Spannungen an der Oberfläche $T_i$ statisch zulässig ist.

Eine Zahl $m_S \geqslant 1$ soll ein *statisch zulässiger Multiplikator* genannt werden, wenn es wenigstens ein statisch zulässiges Spannungsfeld für die Oberflächenwerte $m_S T_i$ der Spannungen gibt.

Ein Geschwindigkeitsfeld $v_i{}^*$ soll *kinematisch zulässig* genannt werden, wenn es erfüllt: 1. in ganz $V$ die Bedingung der Inkompressibilität $v_{i,i}{}^* = 0$, 2. die Randbedingungen auf $F_v$ und 3. die Bedingung

$$\int_F T_i v_i{}^* \, dF > 0. \tag{39,1}$$

(Da auf $F_v$ $v_i{}^* = 0$ ist, reduziert sich die Integration über $F$ auf eine solche über $F_T$, wo $T_i$ gegeben ist.) Wir beachten, daß das zu Beginn des plastischen Fließens wirklich vorhandene Geschwindigkeitsfeld kinematisch zulässig ist. Es befriedigt Gl. (39,1), da während des plastischen Fließens Energie aufgezehrt wird.

Der *Multiplikator* $m_K$, welcher dem kinematisch zulässigen Geschwindigkeitsfeld $v_i{}^*$ zugeordnet ist, soll definiert werden als

$$m_K = \frac{k \sqrt{2} \int\limits_V \sqrt{\dot{\varepsilon}_{ij}{}^* \, \dot{\varepsilon}_{ij}{}^*} \, dV}{\int\limits_F T_i v_i{}^* \, dF},$$
(39,2)

wo

$$\dot{\varepsilon}_{ij}{}^* = \frac{1}{2} \left( v_{i,j}{}^* + v_{j,i}{}^* \right)$$
(39,3)

das Feld der Verzerrungsgeschwindigkeiten ist, das zu dem Geschwindigkeitsfeld $v_i{}^*$ gehört. Die sämtlichen Multiplikatoren, die allen möglichen kinematisch zulässigen Geschwindigkeitsfeldern zugeordnet sind, sollen *kinematisch zulässige Multiplikatoren* genannt werden.

Auch bei dieser Verallgemeinerung der in Abschn. 33 eingeführten Begriffe bleiben die Sätze bezüglich des Sicherheitsfaktors gültig: der Sicherheitsfaktor ist der größte statisch zulässige Multiplikator und der kleinste kinematisch zulässige Multiplikator. Wie in Abschn. 33 stützt sich der Beweis dieser Theoreme auf drei Hilfssätze:

I. Während des beginnenden plastischen Fließens verschwinden überall in den betrachteten Körper die Spannungsgeschwindigkeiten.

II. Wenn $\sigma_{ij}{}^0$ ein für die Oberflächenwerte $m_S T_i$ der Spannungen statisch zulässiges Spannungsfeld bezeichnet, wo $m_S$ ein statisch zulässiger Multiplikator ist, und wenn mit $\sigma_{ij}$ und mit $\varepsilon_{ij}{}''$ das während des beginnenden plastischen Fließens wirklich vorhandene Spannungsfeld und das wirklich vorhandene Feld der plastischen Verzerrungsgeschwindigkeiten bezeichnet wird, dann ist

$$\left( \sigma_{ij} - \sigma_{ij}{}^0 \right) \dot{\varepsilon}_{ij}{}'' \geqslant 0.$$
(39,4)

III. Wenn $\dot{\varepsilon}_{ij}{}^*$ ein Feld der Verzerrungsgeschwindigkeiten bezeichnet, das aus einem kinematisch zulässigen Geschwindigkeitsfeld $v_i{}^*$ abgeleitet wurde, und wenn $\sigma_{ij}$ das während des beginnenden plastischen Fließens wirklich vorhandene Spannungsfeld ist, dann ist

$$\sigma_{ij} \dot{\varepsilon}_{ij}{}^* \leqslant k \sqrt{2 \, \dot{\varepsilon}_{ij}{}^* \, \dot{\varepsilon}_{ij}{}^*}.$$
(39,5)

Um den ersten dieser Sätze zu beweisen, betrachten wir das Integral

$$\int\limits_V \dot{\sigma}_{ij} \dot{\varepsilon}_{ij} dV,$$
(39,6)

wo $\dot{\sigma}_{ij}$ und $\dot{\varepsilon}_{ij}$ die wirklichen Spannungsgeschwindigkeiten und die wirklichen Verzerrungsgeschwindigkeiten während des beginnenden plastischen Fließens sind. Da die Spannungsgeschwindigkeiten $\dot{\sigma}_{ij}$ die Gleichgewichtsbedingung erfüllen müssen und die Verzerrungsgeschwindigkeiten $\dot{\varepsilon}_{ij}$ aus einem Geschwindigkeitsfeld $v_i$ abgeleitet sind, haben wir nach dem Prinzip der virtuellen Arbeiten

$$\int\limits_V \dot{\sigma}_{ij}\,\dot{\varepsilon}_{ij}\,dV = \int\limits_F \dot{\sigma}_{ij}\,v_i\,n_j\,dF. \tag{39,7}$$

Nun verschwindet $v_i$ auf $F_v$, und weiters verschwindet $\dot{\sigma}_{ij}\,n_i = \dot{T}_i$ gemäß der Definition des beginnenden plastischen Fließens auf $F_T$. Das Integral (39,6) ist also gleich Null. Wegen der Bedingung der Inkompressibilität kann der Integrand von (39,6) in der Form $\dot{s}_{ij}\,\dot{\varepsilon}_{ij}$ geschrieben werden [s. Gl. (37,7)]. Ziehen wir nun das Spannungs-Verzerrungsgesetz (38,2) und die Gl. (38,4) heran, so erhalten wir

$$0 = 2\,G \int\limits_V \dot{\sigma}_{ij}\,\dot{\varepsilon}_{ij}\,dV = \int\limits_V (\dot{s}_{ij}\,\dot{s}_{ij} + \lambda\,s_{ij}\,\dot{s}_{ij})\,dV = \int\limits_V \dot{s}_{ij}\,\dot{s}_{ij}\,dV. \tag{39,8}$$

Das letzte Integral dieser fortlaufenden Gleichung verschwindet nur dann, wenn in ganz $V$ $\dot{s}_{ij} = 0$ ist. Eine Schlußfolgerung analog jener, wie wir sie im Zusammenhang mit den Gln. (37,13) bis (37,15) benützt haben, zeigt, daß dann auch die Spannungsgeschwindigkeiten bis auf eine konstante Änderungsgeschwindigkeit eines hydrostatischen Druckes verschwinden müssen. Daraus, daß auf $F_T$ $\dot{T}_i = 0$ sein muß, folgt schließlich, daß diese konstante Änderungsgeschwindigkeit des hydrostatischen Druckes gleich Null sein muß. Damit ist der erste Hilfssatz bewiesen.

Der Beweis des zweiten Hilfssatzes beruht auf dem Spannungs-Verzerrungsgesetz und auf der SCHWARZschen Ungleichung. Im Spannungs-Verzerrungsgesetz (38,2) stellt das zweite Glied auf der rechten Seite die mit $2\,G$ multiplizierte plastische Verzerrungsgeschwindigkeit $\dot{\varepsilon}_{ij}''$ dar. Gemäß (38,3) ist $\lambda = 0$ und damit $\dot{\varepsilon}_{ij}'' = 0$, sofern nicht $s_{ij}\,s_{ij} = 2\,k^2$ ist. In diesem Falle jedoch ist

$$(\sigma_{ij} - \sigma_{ij}{}^0)\,\dot{\varepsilon}_{ij}'' = (s_{ij} - s_{ij}{}^0)\,\dot{\varepsilon}_{ij}'' = (s_{ij} - s_{ij}{}^0)\,\frac{\lambda}{2\,G}\,s_{ij} = \frac{\lambda}{2\,G}\,(2\,k^2 - s_{ij}\,s_{ij}{}^0).$$
$$\tag{39,9}$$

Nun ist $\lambda$ ein positiver Proportionalitätsfaktor; ferner ist nach der SCHWARZschen Ungleichung

$$s_{ij}\,s_{ij}{}^0 \leqslant \sqrt{s_{ij}\,s_{ij}}\,\sqrt{s_{kl}{}^0\,s_{kl}{}^0} \leqslant 2\,k^2, \tag{39,10}$$

da wir den Fall betrachten, daß $s_{ij}\,s_{ij} = 2\,k^2$ ist und da $s_{ij}{}^0$ die Fließungleichung erfüllt. Damit ist auch der zweite Hilfssatz bewiesen.

Was den dritten Hilfssatz anlangt, so folgt er direkt aus der Tatsache, daß wegen der Unzusammendrückbarkeit des Materials $\sigma_{ij}\,\dot{\varepsilon}_{ij}{}^* = s_{ij}\,\dot{\varepsilon}_{ij}{}^*$ ist und aus der SCHWARZschen Ungleichung.

Wir sind nun so weit, die den Sicherheitsfaktor $S$ betreffenden Extremalprinzipe zu beweisen. Nach (39,4) ist

$$\int\limits_{V} (\sigma_{ij} - \sigma_{ij}{}^{0})\,\dot{\varepsilon}_{ij}{}''\,dV \geqq 0, \qquad (39,11)$$

Da die Spannungsgeschwindigkeiten während des beginnenden plastischen Fließens identisch verschwinden, folgt aus dem HOOKEschen Gesetz, daß die *elastischen* Verzerrungsgeschwindigkeiten ebenfalls verschwinden müssen. In (39,11) können daher die plastischen Verzerrungsgeschwindigkeiten durch die gesamten Verzerrungsgeschwindigkeiten $\dot{\varepsilon}_{ij}$ ersetzt werden, und das Integral kann mittels des Prinzips der virtuellen Arbeiten umgeformt werden. Nun sind die während des beginnenden plastischen Fließens wirklich vorhandenen Spannungen $\sigma_{ij}$ im Gleichgewicht mit den Spannungen $ST_i$ an der Oberfläche, während von den statisch zulässigen Spannungen $\sigma_{ij}{}^{0}$ angenommen wurde, daß sie mit den Oberflächenwerten $m_S T_i$ der Spannungen im Gleichgewicht seien. Das Prinzip der virtuellen Arbeiten transformiert daher (39,11) in

$$(S - m_S) \int\limits_{F} T_i v_i\,dF \geqq 0. \qquad (39,12)$$

Das $S$-fache des Integrals in (39,12) stellt die Energie dar, die in der Zeiteinheit während des beginnenden plastischen Fließens verzehrt wird und muß daher positiv sein. Da $S$ positiv ist, muß dies auch für das Integral gelten. Gl. (39,12) zeigt also, daß der beliebig herausgegriffene statisch zulässige Multiplikator $m_S$ nicht größer sein kann als der Sicherheitsfaktor $S$. Da $S$ selbst ein statisch zulässiger Multiplikator ist, muß er der größte derartige Multiplikator sein.

Nach (39,5) ist

$$\int\limits_{V} \sigma_{ij}\,\dot{\varepsilon}_{ij}{}^{*}\,dV \leqq k\sqrt{2} \int\limits_{V} \sqrt{\dot{\varepsilon}_{ij}{}^{*}\,\dot{\varepsilon}_{ij}{}^{*}}\,dV. \qquad (39,13)$$

Formen wir die linke Seite mit Hilfe des Prinzips der virtuellen Arbeiten um und benützen den Umstand, daß die während des beginnenden plastischen Fließens wirklich vorhandenen Spannungen $\sigma_{ij}$ mit den Spannungen $ST_i$ an der Oberfläche im Gleichgewicht sind, so erhalten wir

$$S \int\limits_{F} T_i v_i{}^{*}\,dF \leqq k\sqrt{2} \int\limits_{V} \sqrt{\dot{\varepsilon}_{ij}{}^{*}\,\dot{\varepsilon}_{ij}{}^{*}}\,dV. \qquad (39,14)$$

Gemäß (39,1) ist das erste Integral in (39,14) positiv. Daher ist

$$S \leqq \frac{k\sqrt{2}\int\limits_{V} \sqrt{\dot{\varepsilon}_{ij}{}^{*}\,\dot{\varepsilon}_{ij}{}^{*}}\,dV}{\int\limits_{F} T_i v_i{}^{*}\,dF} = m_K, \qquad (39,15)$$

wo $m_K$ der Multiplikator ist, welcher zu dem beliebig herausgegriffenen kinematisch zulässigen Geschwindigkeitsfeld $v_i{}^*$ gehört. Somit kann also der kinematisch zulässige Multiplikator $m_K$ nicht kleiner sein als der Sicherheitsfaktor $S$. Um den Beweis zu vollenden, daß der Sicherheitsfaktor der kleinste kinematisch zulässige Multiplikator ist, müssen wir noch zeigen, daß $S$ selbst ein kinematisch zulässiger Multiplikator ist.

Nach dem ersten Hilfssatz ist in ganz $V$ $\dot{s}_{ij} = 0$. Das Spannungs-Verzerrungsgesetz (38,7) zeigt dann, daß

$$\dot{\varepsilon}_{ij} = \begin{cases} 0 & \text{überall, wo } s_{ij}\, s_{ij} < 2\, k^2, \\[2mm] \dfrac{1}{2\, k^2}\, s_{kl}\, \dot{\varepsilon}_{kl}\, s_{ij} & \text{überall, wo } s_{ij}\, s_{ij} = 2\, k^2. \end{cases} \qquad (39,16)$$

Multiplizieren wir jede Seite der zweiten Gl. (39,16) mit sich selbst, so erhalten wir

$$\dot{\varepsilon}_{ij}\, \dot{\varepsilon}_{ij} = \frac{(s_{ij}\, \dot{\varepsilon}_{ij})^2}{2\, k^2} = \frac{(\sigma_{ij}\, \dot{\varepsilon}_{ij})^2}{2\, k^2}\,, \qquad (39,17)$$

da das Material inkompressibel ist. Auf den ersten Blick würde man glauben, daß (39,17) bloß dort gilt, wo $s_{ij}\, s_{ij} = 2\, k^2$ ist. Da jedoch dort, wo $s_{ij}\, s_{ij} < 2\, k^2$ ist, nach der ersten Gl. (39,16) $\dot{\varepsilon}_{ij.} = 0$ ist, gilt (39,17) überall in $V$. Da die während des beginnenden plastischen Fließens wirklich vorhandenen Spannungen $\sigma_{ij}$ mit den Spannungen $ST_i$ an der Oberfläche im Gleichgewicht sind, liefert das Prinzip der virtuellen Arbeiten

$$S \int_F T_i\, v_i\, dF = \int_V \sigma_{ij}\, \dot{\varepsilon}_{ij}\, dV. \qquad (39,18)$$

Setzen wir (39,17) in (39,18) ein und lösen nach $S$ auf, dann erhalten wir

$$S = \frac{k\, \sqrt{2} \int\limits_V \sqrt{\dot{\varepsilon}_{ij}\, \dot{\varepsilon}_{ij}}\, dV}{\int\limits_F T_i\, v_i\, dF}\,. \qquad (39,19)$$

Der Vergleich von (39,2) mit (39,19) zeigt, daß der Sicherheitsfaktor $S$ jener Multiplikator ist, der zu demjenigen Geschwindigkeitsfeld gehört, das während des beginnenden plastischen Fließens wirklich vorhanden ist. Da dieses Feld kinematisch zulässig ist, ist der Sicherheitsfaktor $S$ ein kinematisch zulässiger Multiplikator.

## 40. Einige Bemerkungen betreffend die Anwendung von Extremalprinzipen

Wie bereits in Abschn. 35 erwähnt wurde, sind die Extremalprinzipe der mathematischen Plastizitätstheorie, obwohl sie möglicherweise sehr leistungsfähige Werkzeuge zur Lösung praktischer Aufgaben darstellen, bisher in der Literatur nicht allzu oft verwendet worden. Infolgedessen sind auch noch nicht sehr viele Erfahrungen, betreffend die bestmögliche Anwendung dieser Sätze, gesammelt worden. Die folgenden Bemerkungen müssen daher als unvollständig betrachtet werden; sie mögen immerhin einige der Leser anregen, sich an der Erforschung dieses hochinteressanten Zweiges der Plastizitätstheorie zu beteiligen.

Zur Illustration einer möglichen Anwendung der fortlaufenden Ungleichung (37,23) wollen wir die vollplastische Torsion eines quadratischen Prismas betrachten, dessen Endquerschnitte an der Wölbung gehindert sein sollen. Hier besteht $F_v$ aus den beiden Endquerschnitten, von denen der eine in Ruhe bleibt, während der andere als starre Figur mit der gegebenen Winkelgeschwindigkeit $\dot{\vartheta}$ um die Achse des Stabes rotiert. $F_T$ besteht aus den Seitenflächen des Prismas, wo die von außen einwirkenden Spannungen gleich Null sind. Da die an der Oberfläche vorgeschriebenen Geschwindigkeiten einer Drehung der einen Endfläche als starre Scheibe entsprechen, zeigt Gl. (37,22), daß

$$I = \int_{F_v} \sigma_{ij}\, v_i\, n_j\, dF = T\, \dot{\vartheta}$$

ist, wo $T$ das für den vollplastischen Zustand erforderliche Verdrehungsmoment ist, für den Fall, daß sich die Endquerschnitte nicht wölben können. Die fortlaufende Ungleichung (37,23) liefert nun Grenzen für dieses Verdrehungsmoment. Da die vollplastische Spannungsverteilung, die wir nach den Methoden des Abschn. 9 erhielten, für das hier vorliegende Problem statisch zulässig ist, ist das Verdrehungsmoment $T^0$, das sich aus dieser Spannungsverteilung ergibt, eine untere Schranke für $T$. Um eine obere Schranke für das Verdrehungsmoment zu erhalten, können wir das kinematisch zulässige Geschwindigkeitsfeld derart wählen, daß sich jeder Querschnitt in seiner Ebene dreht, ohne sich zu wölben. Wir überlassen es dem Leser zu zeigen, daß $T^0$ und die so erhaltene obere Schranke das Verdrehungsmoment $T$ innerhalb von rund $\pm\, 6\%$ festlegen.

Die Größe, welche durch die fortlaufende Ungleichung (38,36) eingeschränkt wird, läßt keine so einfache mechanische Deutung zu. Häufig ist jedoch vorgeschrieben, daß $v_i$ auf $F_v$ verschwindet, oder daß $T_i$ auf $F_T$ gleich Null ist, und dann bleibt bloß eines der beiden Integrale von (38,36) übrig. In diesen Fällen sind dann mechanische Deutungen möglich, ähnlich jener, wie wir sie oben gegeben haben.

In den Prinzipen der Abschn. 37 und 39, welche kinematisch zulässige Verzerrungsgeschwindigkeitsfelder enthalten, machen die Wurzeln unter den Integralzeichen der Gln. (37,2) und (39,2) eine analytische Auswertung dieser Integrale, außer in den allereinfachsten Fällen, unmöglich. Wenn man unter diesen Umständen nicht zur numerischen Integration

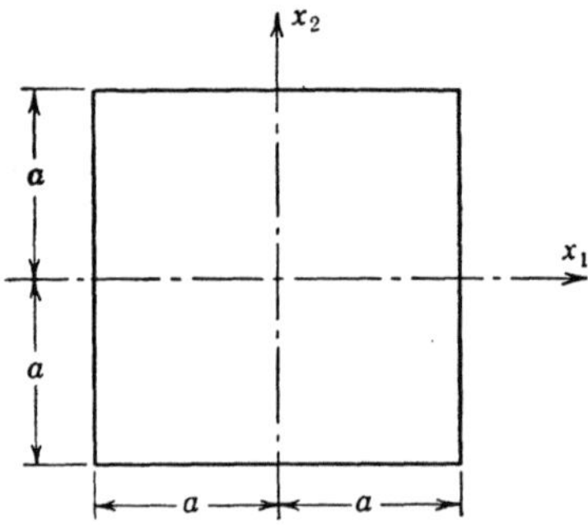


Abb. 97. Frei aufliegende quadratische Platte.

Zuflucht nehmen will, dann muß man die Volumsintegrale in Flächen- oder Linienintegrale umwandeln, indem man geeignete unstetige Geschwindigkeitsfelder betrachtet. Um diesen Vorgang zu illustrieren, wollen wir den Sicherheitsfaktor einer frei aufliegenden quadratischen Platte mit der Seitenlänge $2\,a$ und der konstanten Dicke $2\,h$ diskutieren, die unter einer gleichmäßig verteilten Querbelastung $p$ steht. Wir wählen die Achsen $x_1$ und $x_2$ in der Mittelebene der unverformten Platte (Abb. 97), und folgen der Theorie dünner elastischer Platten (s. z. B. [11]), indem wir annehmen, daß Teilchen, die ursprünglich auf einer Normalen zur Mittelebene lagen, auf einer Normalen zu der verbogenen Mittelfläche der Platte verbleiben. Wir betrachten also das Geschwindigkeitsfeld

$$v_1 = -\,x_3\,w,_1\,, \qquad v_2 = -\,x_3\,w,_2\,, \qquad v_3 = w + \frac{1}{2}\,x_3{}^2\,(w,_{11} + w,_{22}),$$

$$(40,1)$$

wo $w = w(x_1,\,x_2)$ die Änderung der Durchbiegung der Mittelfläche in der Zeiteinheit [Durchbiegungsgeschwindigkeit (rate of deflection)] bezeichnet. Das zweite Glied auf der rechten Seite der letzten Gl. (40,1) ist nötig, wenn das Geschwindigkeitsfeld die Bedingung der Unzusammendrückbarkeit erfüllen soll.

Die Verzerrungsgeschwindigkeiten, welche zu dem Geschwindigkeitsfeld (40,1) gehören, sind

$$\dot\varepsilon_{11} = -\,x_3\,w,_{11}\,, \qquad \dot\varepsilon_{22} = -\,x_3\,w,_{22}\,, \qquad \dot\varepsilon_{33} = x_3\,(w,_{11} + w,_{22}),$$

$$\dot\varepsilon_{23} = \frac{1}{4}\,x_3{}^2\,(w,_{112} + w,_{222}), \qquad \dot\varepsilon_{31} = \frac{1}{4}\,x_3{}^2\,(w,_{111} + w,_{221}), \qquad \dot\varepsilon_{12} = -\,x_3\,w,_{12}.$$

$$(40,2)$$

Da $x_3$ nicht größer sein kann als die halbe Dicke $h$ der Platte, können wir im Sinn einer Theorie *dünner* Platten die Verzerrungsgeschwindigkeiten $\dot\varepsilon_{23}$ und $\dot\varepsilon_{31}$, welche proportional $x_3{}^2$ sind, vernachlässigen. Unter Benützung griechischer Indizes zur Bezeichnung des Wertebereichs 1, 2 erhalten wir

$$\dot{\varepsilon}_{ij}\,\dot{\varepsilon}_{ij} = x_3{}^2\,(w,_{\alpha\beta}\,w,_{\alpha\beta} + w,_{\alpha\alpha}\,w,_{\beta\beta}). \tag{40,3}$$

Folglich ist

$$\int\limits_V \sqrt{\overline{\dot{\varepsilon}_{ij}\,\dot{\varepsilon}_{ij}}}\,dV = h^2 \int\limits_F \sqrt{\overline{w,_{\alpha\beta}\,w,_{\alpha\beta} + w,_{\alpha\alpha}\,w,_{\beta\beta}}}\,dF, \tag{40,4}$$

wo $dF$ das Flächenelement der Mittelebene der Platte bedeutet, und die Integration auf der rechten Seite von $-a \leqslant x_1, x_2 \leqslant a$ zu erstrecken ist (s. Abb. 97).

Die Durchbiegungsgeschwindigkeit $w^* = w^*(x_1, x_2)$ ist kinematisch zulässig, wenn sie längs der Kanten der frei aufliegenden Platte verschwindet. Der Multiplikator $m_K$, der zu dieser kinematisch zulässigen Durchbiegungsgeschwindigkeit $w^*$ gehört, ist

$$m_K = \frac{k\,h^2\,\sqrt{2}\,\int\limits_F \sqrt{\overline{w,_{\alpha\beta}{}^*\,w,_{\alpha\beta}{}^* + w,_{\alpha\alpha}{}^*\,w,_{\beta\beta}{}^*}}\,dF}{\int\limits_F p\,w^*\,dF} \tag{40,5}$$

[s. die Gln. (39,2) und (40,4)]. Nach Satz 2 ist jeder kinematisch zulässige Multiplikator eine obere Schranke für den Sicherheitsfaktor $S$ der Platte.

Die Wurzel in (40,5) verhindert die analytische Auswertung des Integrals selbst dann, wenn $w^*$ unter Beachtung der Randbedingungen so einfach als möglich gewählt wird, wobei die Randbedingungen fordern, daß für $x_1 = \pm a$ und $x_2 = \pm a$ $w^* = 0$ ist (s. Abb. 97). Wir werden dadurch veranlaßt, solche Funktionen $w^*$ zu betrachten, die nicht all die Stetigkeitseigenschaften besitzen, die üblicherweise in der Plattentheorie von der Durchbiegungsgeschwindigkeit erwartet werden. So können wir etwa die folgenden Durchbiegungsgeschwindigkeiten betrachten:

$$
\begin{aligned}
w^* &= c\,(a - x_1) &&\text{für}&& x_1 > 0, && -x_1 \leqslant x_2 \leqslant x_1, \\
w^* &= c\,(a - x_2) &&\text{für}&& x_2 > 0, && -x_2 \leqslant x_1 \leqslant x_2, \\
w^* &= c\,(a + x_1) &&\text{für}&& x_1 < 0, && x_1 \leqslant x_2 \leqslant -x_1, \\
w^* &= c\,(a + x_2) &&\text{für}&& x_2 < 0, && x_2 \leqslant x_1 \leqslant -x_2.
\end{aligned} \tag{40,6}
$$

Diese Durchbiegungsgeschwindigkeit trachtet die ursprünglich ebene Mittelfläche der Platte zu einer quadratischen Pyramide zu verformen. Für jeden der vier Definitionsbereiche von (40,6) ist $w,_{\alpha\beta}{}^* = 0$, so daß anscheinend das Integral im Zähler von (40,5) verschwindet. Indessen haben wir bei der Herleitung von (40,5) stillschweigend angenommen, daß die zweiten Ableitungen $w,_{\alpha\beta}{}^*$ überall in $-a \leqslant x_1, x_2 \leqslant a$ existieren. Wir müssen daher die scharfen Kanten der „Pyramidenfunktion" (40,6) als Grenzfälle abgerundeter Kanten betrachten. Um den Grenzübergang zu verfolgen, ist es besser, mit einem Fall zu beginnen, der etwas einfacher ist als der durch (40,6) dargestellte. Ohne Rücksicht auf Randbedingungen wollen wir die Durchbiegungsgeschwindigkeit betrachten, die gegeben ist durch

$$w^* = c\,(2\,x_1 - \delta) \qquad \text{für} \qquad x_1 > \delta,$$

$$w^* = \frac{c\,x_1{}^2}{\delta} \qquad \text{für} \qquad -\delta \leqslant x_1 \leqslant \delta, \qquad (40,7)$$

$$w^* = -c\,(2\,x_1 + \delta) \qquad \text{für} \qquad x_1 < -\delta.$$

Hier ist

$$w,_{11}{}^* = \frac{2\,c}{\delta} \qquad \text{für} \qquad -\delta \leqslant x_1 \leqslant \delta, \qquad (40,8)$$

während überall sonst $w,_{11}{}^* = 0$ ist. Für einen Plattenstreifen von der Breite 1 in der $x_2$-Richtung liefert dann das Integral im Zähler von (40,5) den Wert $4\,c\,\sqrt{2}$. Nun ergeben die erste und die dritte der Gln. (40,7)

$$w,_1{}^* = 2\,c \qquad \text{für} \qquad x_1 > \delta,$$

$$w,_1{}^* = -2\,c \qquad \text{für} \qquad x_1 < -\delta. \qquad (40,9)$$

Somit kann der Wert $4\,c\,\sqrt{2}$, den wir eben als Beitrag eines Stückes von der Länge 1 einer abgerundeten Kante zum Zählerintegral in (40,5) erhalten haben, gedeutet werden als der $\sqrt{2}$-fache Absolutwert der Änderung, die $w,_1{}^*$ erfährt, wenn wir von der einen Seite der abgerundeten Kante auf die andere hinübergehen. Da sich dieser Beitrag als unabhängig von der Breite $2\,\delta$ der Übergangszone ergibt, gilt dieses Ergebnis auch für eine scharfe Kante. Wenn $w^*$ sowohl von $x_1$ als auch von $x_2$ abhängt, dann muß der Sprung $[w,_1{}^*]$ von $w,_1{}^*$ durch

$$\sqrt{[w,_1{}^*]^2 + [w,_2{}^*]^2} \qquad (40,10)$$

ersetzt werden.

Für die Durchbiegungsgeschwindigkeit (40,6) erhalten wir somit als Beitrag des Geradenstückes $0 \leqslant x_1 = x_2 \leqslant a$ zum Zählerintegral in (40,5) den Wert $a\,\sqrt{2}\,\sqrt{c^2 + c^2}\,\sqrt{2} = 2\,a\,c\,\sqrt{2}$. Da wir vier solche Kanten haben, erhalten wir aus Gl. (40,5)

$$m_K = 12\,\frac{k}{p}\left(\frac{h}{a}\right)^2. \qquad (40,11)$$

Dies ist eine obere Schranke für den Sicherheitsfaktor. Wir überlassen es dem Leser, noch andere „polyedrische“ Durchbiegungsgeschwindigkeiten zu betrachten und zu versuchen, eine niedrigere obere Schranke für den Sicherheitsfaktor zu finden.

# Aufgaben

**1.** Es seien $x_i$ und $\overline{x}_i$ zwei cartesische Koordinatensysteme mit demselben Ursprung, und es seien $a_{ij}$ die Richtungscosinus zwischen der $x_i$- und der $\overline{x}_j$-Achse.

a) Zeige, daß die Gln. (1,6) gleichwertig sind der folgenden Gleichung:

$$a_{ij}\, a_{ik} = a_{ji}\, a_{ki} = \delta_{jk}.$$

b) Zeige, daß die Gln. (1,2) für die Transformation des Spannungstensors gleichwertig sind dem Ausdruck $\overline{\sigma}_{ij} = a_{mi}\, a_{nj}\, \sigma_{mn}$.

c) Multipliziere beide Seiten der obigen Gleichung mit $a_{ki}\, a_{lj}$ und gewinne auf diese Art Gleichungen für $\sigma_{kl}$, ausgedrückt durch $\overline{\sigma}_{ij}$ und die Richtungscosinus.

**2.** Zeige unter Benützung der Gln. (36,13) und (36,14), daß gilt

$$\sigma_{ij}\, \varepsilon_{ij} = s_{ij}\, e_{ij} + 3\, s\, e.$$

**3.** Das Gesamtvolumen $V$ sei in eine endliche Anzahl von Teilgebieten $V^{(h)}$ unterteilt, und es sei $F^{(hk)}$ die Fläche, welche $V^{(h)}$ von $V^{(k)}$ trennt, und $n_i^{(hk)}$ der Einheitsvektor in der Normalenrichtung der Fläche $F^{(hk)}$, gerichtet von $V^{(h)}$ nach $V^{(k)}$. Das Spannungs- und das Geschwindigkeitsfeld sollen folgende Eigenschaften haben: 1. sie sollen stetig differenzierbar sein in jedem Teilgebiet $V^{(h)}$; 2. die an den Trennungsflächen übertragenen Spannungen (tractions) sollen quer zu jeder Fläche $F^{(hk)}$ stetig sein, das heißt es soll $[\sigma_{ij}^{(h)} - \sigma_{ij}^{(k)}]\, n_i^{(hk)} = 0$ sein; 3. die Normalkomponenten der Geschwindigkeit soll quer zu $F^{(hk)}$ stetig sein, das heißt es soll $[v_i^{(h)} - v_i^{(k)}]\, n_i^{(hk)} = 0$ sein.

a) Zeige, daß Gl. (36,28) noch gültig ist, wenn das Geschwindigkeitsfeld in ganz $V$ stetig differenzierbar ist.

b) Ermittle eine Formel analog (36,28) für den Fall, daß das Geschwindigkeitsfeld bloß die obige Bedingung 3 erfüllt.

**4.** Führe die Herleitung der Gl. (37,16) im Detail durch.

**5.** * Verallgemeinere die Extremalprinzipe des Abschn. 38 für den Fall unstetiger Spannungs- und Geschwindigkeitsfelder von der in Aufgabe 3 betrachteten Art.

**6.** Führe die Herleitung der fortlaufenden Ungleichung (38,36) in ihren Einzelheiten aus.

**7.** * Erweitere und beweise die Sätze des Abschn. 39 für den Fall, daß die Spannungs- und Geschwindigkeitsfelder Unstetigkeiten von der in Aufgabe 3 betrachteten Art besitzen.

**8.** Ermittle obere und untere Schranken für das Verdrehungsmoment in dem Torsionsproblem, welches am Anfang des Abschn. 40 betrachtet wurde.

**9.** Ermittle eine obere Schranke für den Sicherheitsfaktor einer gleichmäßig belasteten, frei aufliegenden, dünnen, rechteckigen Platte.

**10.** Zeige, daß im Sinne der Theorie dünner Platten ein *statisch zulässiges Momentenfeld* für die frei aufliegende Platte der Abb. 97 die folgenden drei Bedingungen erfüllen muß, in denen

$$M_{\alpha\beta} = \int_{-h}^{h} \sigma_{\alpha\beta}\, x_3\, dx_3$$

bedeutet:

1. die Gleichgewichtsbedingung

$$M_{\alpha\beta,\,\alpha\beta} + p = 0,$$

2. die Fließungleichung

$$3\, M_{\alpha\beta}\, M_{\alpha\beta} - M_{\alpha\alpha}\, M_{\beta\beta} \leqslant 6\, k^2\, h^4,$$

3. die Randbedingungen

$$M_{11} = 0 \qquad \text{längs} \qquad x_1 = \pm a,$$
$$M_{22} = 0 \qquad \text{längs} \qquad x_2 = \pm a$$

**11.** Nach Aufgabe 10 stellt

$$M_{11} = c\,(a^2 - x_1{}^2), \qquad M_{22} = c\,(a^2 - x_2{}^2), \qquad M_{12} = 0$$

ein statisch zulässiges Momentenfeld dar, falls die Konstante $c$ so bestimmt wird, daß die Gleichgewichtsbedingung erfüllt ist, wenn in dieser $p$ durch $m_S\, p$ ersetzt wird, wo $m_S$ ein statisch zulässiger Multiplikator ist. Benütze die Fließungleichung, um den größtmöglichen Wert von $m_S$ zu bestimmen. Zeige, daß die untere Schranke für den Sicherheitsfaktor, welche man auf diese Art erhält, gleich

$$4\,\sqrt{3}\,\frac{k}{p}\,\frac{h^2}{a^2}$$

ist.

**12.** * Die Randbedingungen in Aufgabe 10 enthalten nicht das Torsionsmoment $M_{12}$. Daher können die Bedingungen der Aufgabe 10 wie folgt erfüllt werden:

a) Nimm an $M_{11} = c\, f(x_1, x_2)$, $M_{22} = c\, f(x_2, x_1)$, so daß die Randbedingungen erfüllt sind.

b) Benütze die Gleichgewichtsbedingung (in der $p$ durch $m_S p$ ersetzt ist) zur Bestimmung des Torsionsmoments $M_{12}$.

c) Benütze die Fließungleichung, um den größtmöglichen Wert des statisch zulässigen Multiplikators $m_S$ zu bestimmen.

Benütze dieses Verfahren, um die untere Schranke für den Sicherheitsfaktor, welche in Aufgabe 11 erhalten wurde, zu verbessern.

**13.** * Benütze die Methoden der Aufgaben 11 und 12, um untere Schranken für den Sicherheitsfaktor der rechteckigen Platte von Aufgabe 9 zu finden.

## Literatur


1. GREENBERG, H. J.: On the variational principles of plasticity. Survey Rep. A11—S4, Contract N7onr-358, Brown University, Providence, R.I., 1949.

2. JEFFREYS, H.: Cartesian tensors. Cambridge University Press, 1931.

3. COURANT, R.: Differential and integral calculus, Vol. II. New York: Nordeman Publishing Co., 1945.

4. KELLOGG, O. D.: Foundations of potential theory. New York: Frederick Ungar Publishing Co , 1929.

5. COURANT, R.: Differential and integral calculus, Vol. I. New York: Nordeman Publishing Co., 1945.

6. MARKOV, A. A.: On variational principles in the theory of plasticity (russisch). Prikladnaia Matematika i Mekhanika 11, 339—350 (1947).

7. SADOWSKY, M. A.: A principle of maximum plastic resistance. J. Appl. Mech. 10, A65—68 (1943).

8. PRAGER, W.: Contribution to the discussion of SADOWSKY's paper (s. [7]). J. Appl. Mech. 10, A65 (1943).

9. HANDELMAN, G. H.: A variational principle for a state of combined plastic stress. Q. Appl. Math. 1, 351—353 (1944).

10. GREENBERG, H. J.: Complementary minimum principles for an elastic-plastic material. Q. Appl. Math. 7, 85—95 (1949).

11. TIMOSHENKO, S.: Theory of plates and shells. New York: McGraw-Hill Book Co., Inc., 1940, Chap. II.

12. HILL, R.: A comparative study of some variational principles in the theory of plasticity. J. Appl. Mech. 17, 64—66 (1950).

# Namenverzeichnis

Sadowsky, M. A. 134, 167, 242, 261
Saint Venant, B. de 11, 12, 26, 34,
    57, 61, 95
Sauer, R. 168
Schmidt, E. 133, 143, 167
Seely, F. B. 56
Shaffer, B. W. 182, 197
Shaw, F. S. 94, 96
Sinitsky, A. K. 109, 122
Sokolnikoff, I. S. 38, 63, 231
Sokolovsky, V. V. 56, 75, 76, 78, 96,
    122, 125, 164, 168, 227
Sopwith, D. G. 109, 122

Southwell, R. V. 96, 167, 202, 203
Süray, S. 134, 168
Symonds, P. W. 45, 56, 122

Taylor, G. I. 164, 168
Timoshenko, S. 38, 261
Tresca, H. 26, 33, 38
Tupper, S. J. 115, 122, 153, 168, 182,
    183, 185, 187, 188, 193, 197

White, G. N. 107, 109, 122
Wieghardt, K. 200, 231
Winzer, A. 155, 158, 166, 168

# Sachverzeichnis

## Verzeichnis der im Text angeführten englischen Fachausdrücke

If you have any concerns about our products,
you can contact us on
ProductSafety@springernature.com

In case Publisher is established outside the EU,
the EU authorized representative is:
Springer Nature Customer Service Center GmbH
Europaplatz 3, 69115 Heidelberg, Germany

Printed by Libri Plureos GmbH
in Hamburg, Germany